"十二五"普通高等教育本科国家级规划教材

U0192792

Materials Science

高等学校教材·材料科学与工程

无机非金属材料学

（第 3 版）

陈照峰　杨丽霞　主　编

西北工业大学出版社

西　安

【内容简介】 "无机非金属材料学"是"材料科学基础"课程的后续拓展课程。本书内容包括水泥、玻璃、先进陶瓷、碳、陶瓷基复合材料和气凝胶等六大类无机非金属材料,是一本全面概括无机非金属材料的教材。书中重点阐述各类无机非金属材料的特点、功能和应用,强调科学性和先进性,融合无机非金属材料领域的新成果,引入无机非金属材料的新发展,注重应用理论解决实际问题。

  本书既可作为高等学校材料科学与工程或相关专业本科生和研究生的教材,也可作为从事无机非金属材料研究、生产和使用的科研人员和工程技术人员的参考书。

图书在版编目(CIP)数据

无机非金属材料学 / 陈照峰,杨丽霞主编. — 3 版
. — 西安 : 西北工业大学出版社,2022.12
  ISBN 978 - 7 - 5612 - 8608 - 1

  Ⅰ. ①无… Ⅱ. ①陈… ②杨… Ⅲ. ①无机非金属材料-教材 Ⅳ. ①TB321

  中国版本图书馆 CIP 数据核字(2022)第 254385 号

WUJI FEIJINSHU CAILIAOXUE

无 机 非 金 属 材 料 学

陈照峰　杨丽霞　主编

责任编辑:胡莉巾	策划编辑:梁　卫
责任校对:朱晓娟	装帧设计:李　飞

出版发行:西北工业大学出版社
通信地址:西安市友谊西路 127 号　　邮编:710072
电　　话:(029)88491757,88493844
网　　址:www.nwpup.com
印 刷 者:陕西向阳印务有限公司
开　　本:787 mm×1 092 mm　　1/16
印　　张:20
字　　数:525 千字
版　　次:2010 年 3 月第 1 版　2022 年 12 月第 3 版　2022 年 12 月第 1 次印刷
书　　号:ISBN 978 - 7 - 5612 - 8608 - 1
定　　价:65.00 元

第3版前言

　　无机非金属材料是现代高科技与国民经济的重要组成部分,也是航空航天、交通、能源和电子等高新技术的重要支撑。现在高校开设材料专业,都会将无机非金属材料课程作为专业核心课程或者专业主干课程,该课程是人才培养体系中非常重要的环节。

　　本教材第1版于2010年出版,第2版是"十二五"普通高等教育本科国家级规划教材,也已经使用六年。在过去多年里,无机非金属材料领域已经得到了迅猛发展,知识体系不断扩充及翻新,交叉学科逐渐涌现,工业领域对人才素质要求也显著提高。为了及时和全面反映无机非金属材料最新发展成果,我们对原教材进行了全面的修订。本次所做的修订主要体现在以下两方面:

　　(1)根据无机非金属材料的科学研究新进展、实践发展新经验、社会需求新变化及时拓展了教材的相关内容,包括补充了玻璃棉、导电玻璃结构、陶瓷增材制造技术、高纯石墨与高强石墨、宽禁带半导体陶瓷等新兴、交叉学科和人才紧缺领域方向内容;补充了氧化铝薄膜、石墨烯电池、抗菌气凝胶、氧化物气凝胶及多组分气凝胶的制备技术等材料学科新知识、新技术和新成果。

　　(2)在原教材知识基础上,有针对性地整合、删除重复和陈旧过时的内容,并联系当前无机非金属材料的生产实际和技术发展水平对内容进行了更新。修订过程力求做到简明扼要、重点鲜明,典型案例与理论教学相结合,注重启发学生的思维,加强能力的培养。

　　本教材由陈照峰负责水泥、玻璃和碳三个章节的修订工作,杨丽霞负责先进陶瓷、陶瓷基复合材料和气凝胶三个章节的修订工作。吕永根、杨永岗、张守阳、艾素芬、于竹青、陈涵、赵彦钊等专家对相应章节进行了斧正。全书由陈照峰统稿、通读、修改和定稿。

　　在本教材的修订过程中得到了南京航空航天大学"十四五"规划教材建设项目和西北工业大学出版社的大力支持,在此向他们表示衷心的感谢。

　　由于水平有限,书中不妥和疏漏之处在所难免,欢迎广大读者批评指正。

编　者

2022年8月

第 1 版前言

无机非金属材料是国民经济的重要基础,也是航空、航天、交通、能源和电子等高技术领域的重要支撑,目前正朝着多元化、复合化、功能化、结构-功能一体化方向发展。随着材料科学与工程学科实行大类招生,"无机非金属材料"已成为在校大学生和研究生的必修课程,也是毕业生走向工作岗位必须掌握的专业基础和技能的一部分。

现有的无机非金属材料学方面的教材基本是根据各高校的专业特点编写的,有的偏重于水泥,有的偏重于陶瓷,没有涉及或较少涉及碳、气凝胶和陶瓷基复合材料等先进无机非金属材料,而上述三种先进无机非金属材料在航空、航天等高技术领域具有无与伦比的地位和重要性,并开始走向民用领域。基于高校大类招生和综合培养的教学特点,本书将水泥、陶瓷、玻璃、碳、气凝胶和陶瓷基复合材料编在一本书中,把传统无机非金属材料和先进无机非金属材料融合在一起,使学生在掌握基本原理和理论的同时,洞悉无机非金属材料的最新发展成果,启发学生的创造性思维,开发学生的创新能力。

本书由陈照峰和张中伟编写,其中陈照峰编写第1,2,3,5章,张中伟编写第4,6章。在本书的编写过程中,参考了大量的图书和期刊资料,在此向这些文献的原作者表示感谢! 同时,吴王平、承涵、陈舟、刘勇、万水成、王世明、关天茹和王娟也为书稿的文字录入提供了很多帮助,向他们表示感谢!

本书的编写是一种新的尝试,由于编者水平有限,经验不多,疏漏之处在所难免,恳请读者提出宝贵意见。

编 者

2009 年 10 月

目　　录

第1章 水 泥

1.1 概 述

水泥是一种胶凝材料,具有水硬性特征。胶凝材料是指在物理、化学作用下,能从浆体变成坚固的石状体,并能胶结其他物料而具有一定机械强度的物质。胶凝材料可分为有机胶凝材料和无机胶凝材料两大类,其中有机胶凝材料有沥青和各种树脂等,无机胶凝材料按照硬化条件又分为水硬性胶凝材料和气硬性胶凝材料两种。水硬性胶凝材料在拌水后既能在空气中硬化又能在水中硬化,如水泥;气硬性胶凝材料只能在空气中吸收水汽和二氧化碳,缓慢反应硬化而不能直接在水中硬化,如石灰和石膏。

1.1.1 水泥的定义

凡能细磨成粉末,加入适量水后可成为塑性浆体,既能在空气中硬化,又能在水中继续硬化,并能将砂、石、金属和纤维等材料胶结在一起的水硬性胶凝材料通称为水泥。

1.1.2 水泥的分类

水泥按用途及性能可分为三类:

① 通用水泥。通用水泥以其中的主要水硬性矿物名称冠以混合材料名称或其他适当名称命名,如硅酸盐水泥、普通硅酸盐水泥、矿渣硅酸盐水泥、火山灰质硅酸盐水泥、粉煤灰质硅酸盐水泥、石灰石硅酸盐水泥和复合硅酸盐水泥等。

② 专用水泥。专用水泥以其用途命名,并可冠以不同型号,如 A 级油井水泥、砌筑水泥、道路水泥和机场水泥等。

③ 特种水泥。特种水泥以其中的主要水硬性矿物名称冠以水泥的主要特性命名,并可冠以不同型号或混合材料名称,如快硬硅酸盐水泥、低热矿渣硅酸盐水泥、膨胀硫铝酸盐水泥、耐高温水泥和耐辐照水泥等。

水泥也可以按其主要水硬性物质名称分为硅酸盐水泥、铝酸盐水泥、硫铝酸盐水泥、铁铝酸盐水泥、氟铝酸盐水泥、以火山灰或潜在水硬性材料及其他活性材料为主要组分的水泥。

1.2 硅酸盐水泥熟料

1.2.1 硅酸盐水泥的定义

凡由硅酸盐水泥熟料、石灰石或粒化高炉矿渣和适量石膏磨细制成的水硬性胶凝材料,称为硅酸盐水泥。硅酸盐水泥分两种类型,不掺杂混合材料的称为Ⅰ型硅酸盐水泥,代号为 P·Ⅰ;在硅酸盐水泥熟料粉磨时,掺杂不超过水泥质量 5% 的石灰石或粒化高炉矿渣混合材料的称为Ⅱ型硅酸盐水泥,代号为 P·Ⅱ。

硅酸盐水泥的主要组分包括以下材料:

硅酸盐水泥熟料,以 CaO、SiO_2、Al_2O_3、Fe_2O_3 为主的原料按适当比例配合,磨成细粉(生料)并烧至部分熔融,得到以硅酸钙为主要成分的水硬性胶凝材料,然后粉碎成细粉。

石膏,用作调节水泥凝结时间的组分,是缓凝剂。

混合材料,在粉磨水泥时与熟料、石膏一起加入,用以改善水泥性能、调节水泥标号、提高水泥产量的矿物质材料。

窑灰,从回转窑窑尾废气中收集下来的粉尘。

另外,水泥磨粉时允许加入助磨剂,其加入量不得超过水泥质量的 1%。

1.2.2 熟料的化学组成

硅酸盐水泥熟料的主要化学成分是 CaO、SiO_2、Al_2O_3 和 Fe_2O_3,其总和通常占熟料总量的 95% 以上;次要化学成分是 MgO、SO_3、Na_2O、K_2O、TiO_2 和 P_2O_5 等氧化物,它们的总量通常占熟料的 5% 以下。当用萤石或其他金属尾矿作矿化剂生产硅酸盐水泥熟料时,熟料中还会有少量 CaF_2 或其他微量金属元素化合物。在实际生产中,硅酸盐水泥熟料中主要氧化物含量的波动范围一般为:CaO 是 62%～67%,SiO_2 是 20%～24%,Al_2O_3 是 4%～7%,Fe_2O_3 是 2.5%～6%。

1.2.3 熟料的矿物组成

在硅酸盐水泥熟料中,CaO、SiO_2、Al_2O_3、Fe_2O_3 等并不是以单独的氧化物存在,而是以两种或两种以上的氧化物反应组合成各种不同的化合物,即以多种熟料矿物的形态存在,这些熟料矿物结晶细小,粒径通常为 30～60 μm。硅酸盐水泥熟料中的主要矿物有以下四种:

①硅酸三钙,$3CaO \cdot SiO_2$,简写成 C_3S。

②硅酸二钙,$2CaO \cdot SiO_2$,简写成 C_2S。

③铝酸三钙,$3CaO \cdot Al_2O_3$,简写成 C_3A。

④铁铝酸四钙,$4CaO \cdot Al_2O_3 \cdot Fe_2O_3$,简写成 C_4AF。

当使用萤石作矿化剂或萤石-石膏作复合矿化剂生产硅酸盐水泥熟料时,熟料中还可能会有氟铝酸钙($C_{11}A_7 \cdot CaF_2$)及过渡相硫铝酸钙($3CA \cdot CaSO_4$,简写为 C_4A_3S)等。

C_3S 和 C_2S 合称为硅酸盐矿物,占 75% 左右,要求最低 66%;C_3A 和 C_4AF 合称为熔剂矿物,占 22% 左右。

1.2.4　熟料矿物的特性

1. 硅酸三钙 C_3S

C_3S 是硅酸盐水泥熟料中的主要矿物,通常在高温液相作用下,由先形成的固相 C_2S 吸收 CaO 而成。纯 C_3S 只有在 1 250～2 065℃温度范围内才稳定,在 2 065℃以上不稳定,熔融为 CaO 和液相,在 1 250℃以下分解为 C_2S 和 CaO,但反应十分缓慢,只有在缓慢降温且伴随还原气氛条件下才明显进行,所以 C_3S 在室温条件下可以介稳状态存在。

纯 C_3S 为白色,密度为 3.14 g/cm^3,其晶体截面为六角形或棱柱形。纯 C_3S 具有同质多晶现象,且相当复杂,到目前为止已发现三种晶系、七种变型,即

$$R \underset{1\,070℃}{\rightleftharpoons} M_{\text{Ⅲ}} \underset{1\,060℃}{\rightleftharpoons} M_{\text{Ⅱ}} \underset{990℃}{\rightleftharpoons} M_{\text{Ⅰ}} \underset{960℃}{\rightleftharpoons} T_{\text{Ⅲ}} \underset{920℃}{\rightleftharpoons} T_{\text{Ⅱ}} \underset{520℃}{\rightleftharpoons} T_{\text{Ⅰ}}$$

其中,R 型为三方晶系,M 型为单斜晶系,T 型为三斜晶系。

在硅酸盐水泥熟料中的硅酸三钙并不是以纯的 C_3S 形式存在,而总是与少量 Al_2O_3、Fe_2O_3、MgO 等形成固溶体。为了区别它与纯 C_3S,将其定名为阿利特(Alite),简称 A 矿。A 矿的化学组成仍接近于纯 C_3S,因而简单地把 A 矿看做是 C_3S。

2. 硅酸二钙 C_2S

C_2S 在熟料中的含量一般为 20%左右,与 C_3S 类似,也不是以纯 C_2S 形式存在,而是与少量 Al_2O_3、Fe_2O_3、MgO 等形成固溶体,通常称为贝利特(Belite)或 B 矿。纯 C_2S 色洁白,当含有 Fe_2O_3 时呈棕黄色,纯 C_2S 在 1 450℃以下有下列多晶转变:

$$\alpha \underset{1\,425℃}{\rightleftharpoons} \alpha'_H \underset{1\,160℃}{\rightleftharpoons} \alpha'_L \underset{630～680℃}{\rightleftharpoons} \beta \underset{<500℃}{\rightleftharpoons} \gamma$$

在室温下,α、α'_H、α'_L、β 等都是不稳定相,有转变成 γ 型的趋势。在熟料中 α 和 α' 一般较少存在,在烧成温度较高、冷却较快的熟料中,由于固溶有少量 Al_2O_3、Fe_2O_3、MgO 等氧化物,故可以 β 型存在。通常所指的硅酸二钙或 B 矿即为 β 型硅酸二钙。

α 和 α' 型 C_2S 强度较高,而 γ-C_2S 几乎无水硬性。在实际生产中,当通风不良、还原气氛严重、烧成温度低、液相量不足及冷却较慢时,C_2S 在低于 500℃下,易由密度为 3.28 g/cm^3 的 β 型转变为密度为 2.97 g/cm^3 的 γ 型,体积膨胀 10% 而导致熟料粉化。但若液相量多,可使熔剂矿物形成玻璃体,将 β-C_2S 晶体包围,然后迅速冷却使之保留。

3. 铝酸三钙 C_3A

C_3A 在熟料煅烧中起熔剂作用,被称为熔剂性矿物,它与 C_4AF 在 1 250～1 280℃时熔融成液相,促使 C_3S 顺利生成。C_3A 晶形随原材料性质、熟料形成与冷却工艺的不同而有所差别,尤其受熟料冷却速度的影响最大。通常在氧化铝含量高的慢冷熟料中,可结晶出较完整的 C_3A 晶体,当冷却速度快时,C_3A 溶入玻璃相或呈不规则的微晶体析出。

4. 铁铝酸四钙 C_4AF

C_4AF 是硅酸盐水泥熟料中一系列连续的铁相固溶体,一般溶有少量 MgO 和 SiO_2,通常称为才利特(Celite)或 C 矿。C_4AF 也是一种熔剂性矿物,常呈棱柱和圆粒状晶体,因其反射能力强,在反光镜下呈亮白色,并填充在 A 矿和 B 矿间,故又称为白色中间相。

5. 玻璃体

在实际生产中,由于冷却较快,熟料中的部分熔融液相来不及结晶而成为过冷凝体,称为

玻璃体。在玻璃体中,质点排列无序,组成也不定,其主要成分是 Al_2O_3、Fe_2O_3、CaO 以及少量 MgO 和 Na_2O+K_2O 等。玻璃体在熟料中的含量取决于熟料煅烧时形成的液相量和冷却条件。当液相一定时,玻璃体含量则随冷却速度而异,快冷时玻璃体较多,而慢冷时玻璃体较少,甚至没有。

6.游离氧化钙和方镁石

游离氧化钙是指熟料中不以化合态存在的 CaO。经高温煅烧的游离氧化钙结构比较致密,水化很慢,通常要在 3 d 后才明显反应。水化生成氢氧化钙体积增加 97.9%,在硬化的水泥浆体中造成局部膨胀应力。随着游离氧化钙含量的增加,先是抗折强度下降,进而引起 3 d 以后强度倒缩,严重时引起安定性不良。因此,在熟料煅烧中要严格控制游离氧化钙含量。

游离方镁石是指熟料中不以化合态存在的 MgO。当熟料煅烧时,一部分 MgO 与熟料结合成固溶体溶于玻璃相中,多余的 MgO 结晶呈游离态。当熟料快速冷却时结晶细小,而慢冷时其晶粒粗大且结构致密。方镁石水化速度很慢,通常认为要经过几个月甚至几年才明显表现出来。水化时生成 $Mg(OH)_2$,体积膨胀 148%,在已硬化的水泥石内部产生很大的破坏应力,造成水泥制品强度下降甚至开裂。

1.2.5　熟料的率值

硅酸盐水泥熟料中各主要氧化物含量之间比例关系的系数称为率值。率值表示化学成分与矿物组成之间的关系,明确给出水泥熟料的性能及其对煅烧的影响,是水泥生产质量控制的基本要素。国内外所采用的率值有多种,而我国主要采用石灰饱和系数(KH)、硅率(n)和铝率(p)三个率值。

1.石灰饱和系数

石灰饱和系数用 KH 表示,其物理意义是:水泥熟料中的总 CaO 含量扣除饱和酸性氧化物(如 Al_2O_3 与 Fe_2O_3)所需要的 CaO 与理论上 SiO_2 全部化合成 C_3S 所需要的 CaO 含量的比值。简言之,石灰饱和系数表示熟料中 SiO_2 被氧化钙饱和成 C_3S 的程度。

KH 值的数学表达式如下:

理论值:

$$KH = \frac{w_{CaO} - 1.65w_{Al_2O_3} - 0.35w_{Fe_2O_3}}{2.8w_{SiO_2}} \tag{1.1}$$

实际值:

$$KH = \frac{w_{CaO} - w_{f\text{-}CaO} - (1.65w_{Al_2O_3} + 0.35w_{Fe_2O_3} + 0.7w_{SO_3})}{2.8w_{SiO_2} - w_{f\text{-}SiO_2}} \tag{1.2}$$

式中:w_{CaO}、w_{SiO_2}、$w_{Al_2O_3}$、$w_{Fe_2O_3}$、w_{SO_3} 分别为熟料中相应氧化物的质量分数;$w_{f\text{-}CaO}$、$w_{f\text{-}SiO_2}$ 分别为熟料中呈游离状态的 CaO、SiO_2 的质量分数。当 $w_{f\text{-}CaO}$、$w_{f\text{-}SiO_2}$ 及 w_{SO_3} 数值很小时,或配料计算时无法预先确定其含量时,通常采用理论值公式计算 KH 值。

通过 KH 值的数学表达式可知,KH 值高,则水泥熟料中 C_3S 较多,C_2S 较少。当 $KH=1$ 时,熟料中只有 C_3S,而无 C_2S;当 $KH>1$ 时,熟料中有游离氧化钙存在,熟料矿物组成为 C_3S、C_3A、C_4AF 及 $f\text{-}CaO$;当 $KH\leqslant0.667$ 时,熟料中无 C_3S,只有 C_2S、C_3A 和 C_4AF。

熟料的 KH 值理论上应控制在 $0.667\sim1.00$ 之间,这样可生成四种主要矿物。但在实际生产中,由于被煅烧物料的性质、煅烧温度、液相量和液相黏度等因素限制,理论计算和实际情况并不完全一致。当 KH 值接近于 1 时,工艺条件难以满足需要,往往 $f\text{-}CaO$ 明显增加,熟料质量反而下降;当 KH 值过低时,熟料中 C_3S 过少,熟料质量必然也会很差。为使熟料顺利形成,而又不至于出现过多的游离 CaO,生产上 KH 值通常控制在 $0.87\sim0.96$ 之间。

欧美国家大多采用石灰饱和系数 LSF 来控制生产。LSF 是英国标准规范的一部分,是指熟料中 CaO 质量分数与全部酸性组分需要结合的 CaO 质量分数之比,用于限定水泥中的最大石灰含量,其表达式为

$$LSF=\frac{100w_{CaO}}{2.8w_{SiO_2}+1.18w_{Al_2O_3}+0.65w_{Fe_2O_3}} \tag{1.3}$$

LSF 值越高,水泥强度也越高,一般硅酸盐水泥熟料的 LSF 为 $90\sim95$,早强型水泥熟料的 LSF 为 $95\sim98$。

2. 硅率

硅率又称硅氧率,用 n 或 SM 表示,其数学表达式为

$$n(\text{或 } SM)=\frac{w_{SiO_2}}{w_{Al_2O_3}+w_{Fe_2O_3}} \tag{1.4}$$

其含义是熟料中 SiO_2 的质量分数与 Al_2O_3 和 Fe_2O_3 质量分数的比例,反映了熟料中硅酸盐矿物(C_3S+C_2S) 和熔剂矿物(C_3A+C_4AF)的相对含量。

n 值高,表示硅酸盐矿物多,熔剂矿物少,对熟料强度有利,但将给煅烧造成困难;n 值低,液相量多,对熟料的易烧性和操作有利。但 n 值过低,熟料中熔剂性矿物过多,煅烧时易出现结大块和结圈等现象,且熟料强度低,操作变得困难。硅酸盐水泥熟料的 n 值一般控制在 $1.7\sim2.7$ 之间。

3. 铝率

铝率又称铝氧率或铁率,用 p 或 IM 表示,其含义是:水泥熟料中 Al_2O_3 质量分数与 Fe_2O_3 质量分数之比。铝率的数学表达式为

$$p=\frac{w_{Al_2O_3}}{w_{Fe_2O_3}} \tag{1.5}$$

铝率反映了熟料中 C_3A 和 C_4AF 的相对质量分数,其数值一般控制在 $0.9\sim1.9$ 之间。当 p 增大时,C_3A 增多,C_4AF 的质量分数相对减少,液相黏度增加,不利于 C_3S 的形成,且由于 C_3A 增多,易引起水泥的快凝;p 过低,则 C_3A 相对质量分数小,C_4AF 量相对较多,液相黏度小,对 C_3S 形成有利,但易使窑内结大块,对操作不利。

为使熟料顺利烧成,同时保证质量,保持矿物组成稳定,应根据原料、燃料和设备等具体条件选择率值,不能单独强调某一率值,三个率值也不能同时都高或同时都低。

1.2.6　熟料矿物组成的计算与换算

1. 熟料矿物组成的计算

熟料的矿物组成可用仪器分析,如用岩相分析、X 射线分析和红外光谱分析等测定,也可采用计算法,即根据化学成分或率值计算。

岩相分析法是先用显微镜测出单位面积中各矿物所占的百分比,再根据各矿物的密度计算出各矿物的质量分数。这种方法测定结果可靠,符合实际情况,但当矿物晶体较小时,可能因重叠而产生误差。

X射线分析则基于熟料中各矿物的特征峰强度与单矿物特征峰强度之比求得其质量分数。这种方法误差较小,但质量分数太小时不易测准。

红外光谱分析误差也较小,近年来广泛采用电子探针和X射线光谱分析仪等对熟料矿物进行定量分析。

根据熟料化学成分或率值计算所得的矿物组成往往与实际情况有些出入,但是,计算结果已能说明矿物组成对水泥性能的影响。因此,这种方法在水泥工业中仍然得到了广泛应用,具体计算熟料矿物的方法较多,现选两种方法加以说明。

(1)化学法

化学法计算熟料矿物的公式如下:

$$w_{C_3S} = 3.80(3KH-2)w_{SiO_2} \tag{1.6}$$

$$w_{C_2S} = 8.60(1-KH)w_{SiO_2} \tag{1.7}$$

$$w_{C_3A} = 2.65(w_{Al_2O_3} - 0.64w_{Fe_2O_3}) \tag{1.8}$$

$$w_{C_4AF} = 3.04w_{Fe_2O_3} \tag{1.9}$$

式中:w_{SiO_2}、$w_{Al_2O_3}$、$w_{Fe_2O_3}$为熟料中相应氧化物的质量分数(%);KH为熟料的石灰饱和系数。

为了说明该方法,下面列举一例。已知熟料化学成分如表1.1所示,试求熟料的矿物组成。

表1.1 熟料的化学成分

氧化物	SiO_2	Al_2O_3	Fe_2O_3	CaO	MgO	SO_3	$f-CaO$
质量分数/(%)	22.40	6.22	4.35	64.60	1.06	0.37	1.00

根据式(1.2),有

$$KH = \frac{w_{CaO} - w_{f-CaO} - (1.65w_{Al_2O_3} + 0.35w_{Fe_2O_3} + 0.7w_{SO_3})}{2.8w_{SiO_2} - w_{f-SiO_2}} =$$

$$\frac{64.60 - 1.00 - (1.65 \times 6.22 + 0.35 \times 4.35 + 0.7 \times 0.37)}{2.8 \times 22.4 - 0} = 0.822$$

按化学法可求得熟料矿物组成如下:

$$w_{C_3S} = 3.80(3KH-2)w_{SiO_2} = 3.80 \times (3 \times 0.822 - 2) \times 22.40 = 39.67\%$$

$$w_{C_2S} = 8.60(1-KH)w_{SiO_2} = 8.60 \times (1-0.822) \times 22.40 = 34.29\%$$

$$w_{C_3A} = 2.65(w_{Al_2O_3} - 0.64w_{Fe_2O_3}) = 2.65 \times (6.22 - 0.64 \times 4.35) = 9.11\%$$

$$w_{C_4AF} = 3.04w_{Fe_2O_3} = 3.04 \times 4.35 = 13.22\%$$

(2)代数法

w_C、w_S、w_A、w_F、w_{SO_3}分别代表熟料中CaO、SiO_2、Al_2O_3、Fe_2O_3和SO_3的质量分数,则四种矿物及$CaSO_4$的化学组成质量分数可按下式计算:

$$w_{C_3S} = 4.07w_C - 7.60w_S - 6.72w_A - 1.43w_F - 2.86w_{SO_3} - 4.07w_{f-CaO} \tag{1.10}$$

$$w_{C_2S} = 8.60 + 5.07w_A + 1.07w_F + 2.15w_{SO_3} - 3.07w_C - 2.87w_S - 0.754w_{C_3S} \tag{1.11}$$

$$w_{C_3A} = 2.65w_A - 1.69w_F \tag{1.12}$$

$$w_{C_4AF} = 3.04w_F \tag{1.13}$$

$$w_{CaSO_4} = 1.70w_{SO_3} \tag{1.14}$$

2.熟料化学组成、矿物组成与率值的换算

(1)由矿物组成计算各率值

若已知熟料矿物组成及质量分数,则可按下式计算各率值:

$$KH = \frac{w_{C_3S} + 0.883\ 8w_{C_2S}}{w_{C_3S} + 1.325\ 6w_{C_2S}} \tag{1.15}$$

$$n = \frac{w_{C_3S} + 1.325\ 6w_{C_2S}}{1.434\ 1w_{C_3A} + 2.046\ 4w_{C_4AF}} \tag{1.16}$$

$$p = \frac{1.150\ 1w_{C_3A}}{w_{C_4AF}} + 0.638\ 3 \tag{1.17}$$

(2)由熟料率值计算化学成分

设 $\Sigma = w_{CaO} + w_{SiO_2} + w_{Al_2O_3} + w_{Fe_2O_3}$,一般 $\Sigma = 95\% \sim 98\%$,实际中 Σ 值的大小受原料化学成分和配料方案的影响。通常情况下可选取 $\Sigma = 97.5\%$。

若已知熟料率值,可按下式求出各熟料化学成分:

$$w_{Fe_2O_3} = \frac{\Sigma}{(2.8KH + 1)(p+1)n + 2.65p + 1.35} \tag{1.18}$$

$$w_{Al_2O_3} = p \times w_{Fe_2O_3} \tag{1.19}$$

$$w_{SiO_2} = n(w_{Al_2O_3} + w_{Fe_2O_3}) \tag{1.20}$$

$$w_{CaO} = \Sigma - (w_{SiO_2} + w_{Al_2O_3} + w_{Fe_2O_3}) \tag{1.21}$$

(3)由矿物组成计算化学成分

$$w_{SiO_2} = 0.263\ 1w_{C_3S} + 0.348\ 8w_{C_2S} \tag{1.22}$$

$$w_{Al_2O_3} = 0.377\ 3w_{C_3A} + 0.209\ 8w_{C_4AF} \tag{1.23}$$

$$w_{Fe_2O_3} = 0.328\ 6w_{C_4AF} \tag{1.24}$$

$$w_{CaO} = 0.736\ 9w_{C_3S} + 0.651\ 2w_{C_2S} + 0.622w_{C_3A} + 0.461\ 6w_{C_4AF} + 0.411\ 9w_{CaSO_4} \tag{1.25}$$

$$w_{SO_3} = 0.588\ 1w_{CaSO_4} \tag{1.26}$$

1.3　硅酸盐水泥的配料

1.3.1　配料的相关概念

1.生料

由石灰质原料、黏土质原料和少量校正原料(有时还加入适量的矿化剂和晶种等,立窑生产时还会加入一定量的煤)按比例配合,粉磨到一定细度的物料,称为生料。生料的化学成分随水泥品种、原燃料质量、生产方法、窑型及其他生产条件等不同而有所差别。生料的形态主要随生产方法而异,有生料粉和生料浆两种。

(1)生料粉

干法生产用的生料为生料粉,一般生料粉含水量要求不超过1%。根据配料方式不同,通常又有白生料、全黑生料和半黑生料等。

白生料:将各种原料按比例配合后进行粉磨,磨出生料因不含煤,颜色不发黑,故称白生料,通常也称为普通生料。

全黑生料:将各种原料和煅烧所需的全部用煤一起配合入磨,所制得的生料发黑,故称为全黑生料,简称黑生料。

半黑生料:将煅烧所需煤总量的一部分和原料配合共同粉磨,所制得的生料称为半黑生料。这"一部分"的煤通常称为入磨煤或预磨煤,除这"一部分"之外的煅烧用煤则常常在生料磨以外加入,故又称为外加煤。

(2)生料浆

湿法生产所用的生料为生料浆,通常是在各种原料中掺入适量水后共同磨制制成的含水32%～40%的料浆。

2.配料

根据水泥品种、原燃料品质、工厂具体生产条件等选择合理的熟料矿物组成或率值,并由此计算所用原料及燃料的配合比,称为生料配料,简称配料。其目的是确定各原料、燃料的消耗比例,改善物料易磨性和生料的易烧性,为窑磨创造良好的操作条件,达到优质、高产和低消耗的生产目的。

配料基本原则:使煅烧出来的熟料具有良好的物理化学性能和较高的强度;确定某一品种的水泥熟料率值,通过计算确定各种原料的正确配比;指导生产,要求易于烧成和粉磨,生产上易于控制和操作。

3.配料计算中的常用基准及换算

(1)干燥基准

物料中物理水分蒸发后处于干燥状态,用干燥状态物料作计算基准时称为干燥基准,简称干基。干基用于计算干燥原料的配合比和干燥原料的化学成分,如果不考虑生产损失,则干燥原料的质量等于生料的质量,即

$$干石灰石＋干黏土＋干铁粉＝干生料(白生料) \tag{1.27}$$

(2)灼烧基准

生料经灼烧去掉烧失量(结晶水、CO_2 与挥发物质等)之后处于灼烧状态,以灼烧状态作计算基准,称为灼烧基准。如不考虑生产损失,在采用有灰分掺入的煤作燃料时,灼烧生料与掺入熟料中的煤灰之和应等于熟料的质量,即

$$灼烧生料＋煤灰(掺入熟料中的)＝熟料 \tag{1.28}$$

若已知某物质干基化学成分与烧失量,则可按下式换算出该物料的灼烧基成分比例:

$$灼烧基成分比例(\%)=\frac{A}{100-L}\times100\% \tag{1.29}$$

式中:A 为干基物料成分比例(%),L 为干基物料烧失量(%)。

物料中的干基用量与灼烧基用量可按下式换算:

$$灼烧基用量=(100-L)\times干基用量/100 \tag{1.30}$$

$$干基用量=100\times灼烧基用量/(100-L) \tag{1.31}$$

(3)湿基准

用含水物料作计算基准称为湿基准,若已知物料含水量为 ω(%),则

$$湿基成分=(100\times干基成分)/(100-\omega) \tag{1.32}$$

1.3.2　配料方案的选择

配料方案,即熟料的矿物组成或熟料的三率值。配料方案的选择,实质上就是选择合理的熟料矿物组成,也就是对熟料三率值 KH、n 和 p 的确定。

1.确定配料方案的依据

(1)水泥品种

不同的水泥品种所要求的熟料矿物组成不同,因而熟料的率值就不同。若生产特殊用途的硅酸盐水泥,应根据其特殊技术要求,选择合适的矿物组成和率值。例如,生产快硬硅酸盐水泥,需要较高的早期强度,则应适当提高熟料中的 C_3S 和 C_3A 的含量,为此,应适当提高 KH 值和 p 值。如果提高 C_3A 含量有困难,可适当提高 C_3S 的含量。C_3A 易烧性下降,为易于烧成,可适当降低 n 值以增加液相量;C_3S 由于 KH 值较高,对易烧性不利,但液相黏度并不增大,熟料并不一定过分难烧,因而 n 值不一定降低过多。

生产水工硅酸盐水泥时,为避免水化热过高,可降低水泥熟料中 C_3S 和 C_3A 含量,但水泥强度和抗冻性等会显著降低。通常会降低熟料中的 C_3A,同时适当降低 C_3S,控制适当的低 p 值与低 KH 值。通用水泥的不同品种的主要区别在于混合材料和掺量不同,因此可使其熟料组成在一定范围内波动,采用多种配料方案进行生产。

(2)原料品质

熟料率值的选取应与原料化学组成相适应。要综合考虑原料中四种主要氧化物的相对含量,尽量减少校正原料的品种,以简化工艺流程,便于生产控制。如果采用三种原料配料,即使熟料率值略偏离原设计要求,也能保证水泥质量和工厂生产,不必考虑更换某种原料或掺加另一种校正原料进行四组分原料配料。如石灰石品位低而黏土中氧化硅含量又不高,则无法提高 KH 值和 n 值,熟料强度难以提高,只有采用品位高的石灰石和氧化硅含量高的黏土才能提高 KH 值和 n 值。若石灰石中的燧石含量较高或黏土中的粗砂含量高,则原料难磨,生料易烧性差,熟料难烧,故熟料的 KH 值不宜太高,而应适当降低 KH 值以适应原料的实际情况。生料易烧性好,可以选择较高的 KH 值和 n 值。

(3)燃料品质

当燃煤质量较差、灰分高及发热量低时,一般烧成温度低,因而熟料中的 KH 值不宜选择过高。因此,除立窑采用全黑生料外,对其他窑型,由于煤灰掺入熟料中是不均匀的,因而生产中常造成一部分熟料的石灰饱和系数偏低,而另一部分相对偏高,结果熟料的矿物形成不均,岩相结构不良。煤粉愈粗,灰分愈高,影响也愈大。因此,当煤质变化大时,除了考虑适当提高煤粉细度外,还该考虑进行燃煤的预均化。

(4)生料质量

熟料的率值,特别是石灰饱和系数应与生料的均匀性及细度相适应。在同样的原料和生产条件下,生料成分均匀性差的在配料时应考虑降低 KH 值,否则熟料中的游离 CaO 增加,熟料质量变差;反之,如原料预均化及生料均化较好时则适当提高 KH 值。若生料粒度粗,或者是原料中晶质 SiO_2 含量高,石灰质原料中方镁石结晶较大时,由于生料的反应能力差,化学反应难以完全进行或分解、扩散和化合相对缓慢,则适当降低 KH 值。

2.熟料率值的选择

(1)KH 值的选择

若工艺和技术条件好,生料成分均匀稳定,生料预烧性好,选择较高的 KH 值;反之,选择较低的 KH 值。在实际生产中,KH 值过高时,一般会使 $f\text{-}CaO$ 剧增,从而导致熟料安定性不良,并且当煅烧操作跟不上时,反而使熟料烧成率大幅度下降,生料较多。在生产过程中,最佳 KH 值可根据生产经验,综合考虑熟料的煅烧难易程度和熟料质量等确定,也可用统计方法找出并不断修正后确定,并且应控制 KH 值在一定范围[$\pm(0.01\sim0.02)$]内波动。

（2）n 值的选择

确定 n 值时既要保证熟料中有一定数量的硅酸盐矿物,又必须与 KH 值相适应。要提高熟料强度,n 值应稍高,以确保硅酸盐矿物含量,但一般应避免以下倾向。

①KH 值与 n 值都偏高,这时熔剂性矿物含量必然少,生料易烧性变差,吸收 $f\text{-}CaO$ 反应不完全,且 $f\text{-}CaO$ 高。

②KH 值低而 n 值偏高,熟料的煅烧温度不必太高,但硅酸盐矿物中的 C_2S 含量将相对增高,从而易造成熟料的"粉化",熟料强度低。

③KH 值高而 n 值偏低,熟料的煅烧温度不需很高,但熔剂矿物的总量较高,以致液相量较高,易产生结窑和结大块现象,由于大块料不易烧透,$f\text{-}CaO$ 还是很高,因而熟料质量差。

（3）p 值的选择

选择 p 值时也要考虑与 KH 值相适应。一般情况下,当提高 KH 值时便应降低 p 值,以降低液相出现的温度和黏度,促进 C_3S 的形成。究竟是采用高铝配料方案还是高铁配料方案,应根据原燃料特点及水泥性能要求等情况综合分析决定。

1.3.3 配料计算

在配料方案确定之后,便可根据所用原料进行配料计算。配料计算的方法很多,如代数法、率值公式法、尝试误差法和最小二乘法等,其中应用较多的是尝试误差法中的递减试凑法、拼凑法和率值公式法。

递减试凑法是从熟料化学成分中依次递减配合比的原料成分,试凑至符合要求为止。通常以 100 kg 熟料为基准,直接利用原料中各氧化物质量分数的原始分析结果,逐步接近要求配比来进行计算。

配料计算的步骤如下:

①列出原料、煤灰的化学成分和煤的工业分析资料;

②计算煤灰掺入量;

③选择熟料率值;

④根据熟料率值计算要求的熟料化学成分;

⑤递减试凑求各原料配合比;

⑥计算熟料化学成分并校验率值;

⑦将干燥原料配合比换算成湿原料配合比。

列出原燃料资料时,原燃料分析数据应精确到小数点后两位。如果分析结果总和超过100%,则应按比例缩减使总和等于100%,即各成分除以分析结果总和;若分析结果总和小于100%,这是由于某些物质没有被分析测定出来,此时可把小于100%的差数注明为"其他"项,不必换算。当已知条件和要求不同时,上述的配料步骤亦可有所不同。大多数情况下都给定原燃料有关数据及熟料率值控制目标值,故此时可以省略上述步骤中的①和③两项。

1.4 硅酸盐水泥熟料的煅烧

1.4.1 煅烧过程物理化学变化

水泥生料入窑后,在加热煅烧过程中发生干燥、脱水、分解、反应、烧成和冷却等物理化学反应,反应温度、反应速度及反应产物不仅与生料的化学成分及熟料的矿物组成有关,也受到生料细度、生料均匀性和传热方式等影响。

1. 干燥

干燥即自由水的蒸发过程。生料中都有一定量的自由水,生料中自由水的含量因生产方法与窑型不同而异。干法窑生料含水量一般不超过1.0%,立窑和立波尔窑生料含水量为12%~14%,湿法生产的料浆含水量为30%~40%。

自由水的蒸发温度为100~150℃。生料加热到100℃左右,自由水分开始蒸发,当温度升到150~200℃时,生料中自由水全部被排除。自由水的蒸发过程消耗热量很大,每千克水蒸发热高达2 257 kJ。如湿法窑料浆含水35%,每生产1 kg水泥熟料用于蒸发水分的热量高达2 100 kJ,占湿法窑热耗的1/3以上。

2. 黏土脱水

黏土脱水即黏土中矿物分解放出结合水。黏土主要由含水硅酸铝所组成,常见的有高岭土和蒙脱石,大部分黏土属于高岭土。

黏土矿物结合水有两种:一种是以OH^-离子状态存在于晶体结构中,称为晶体配位水(也称结构水);另一种是以分子状态吸附于晶层结构间,称为晶间水或层间吸附水。所有的黏土都含有配位水,多水高岭土和蒙脱石还含有层间水,伊利石的层间水因风化程度而异。层间水在100℃左右即可去除,而配位水则必须在400~600℃才能去除,具体温度范围取决于黏土的矿物组成。

高岭土主要由高岭石($2SiO_2 \cdot Al_2O_3 \cdot nH_2O$)组成,加热到100℃时失去吸附水,400~600℃时失去结构水,变为偏高岭石($2SiO_2 \cdot Al_2O_3$),并进一步分解为化学活性较高的无定形Al_2O_3和SiO_2。高岭土发生脱水分解反应,其方程式如下:

$$2SiO_2 \cdot Al_2O_3 \cdot nH_2O \xrightarrow{400\sim600℃} 2SiO_2 \cdot Al_2O_3 + nH_2O \tag{1.33}$$

$$2SiO_2 \cdot Al_2O_3 \xrightarrow{400\sim600℃} 2SiO_2 + Al_2O_3 \tag{1.34}$$

由于偏高岭石中存在因OH^-离子跑出后留下的空位,因而通常把它看成是无定形SiO_2和Al_2O_3,具有较高的化学活性,为下一步与氧化钙反应创造了有利条件。

3. 碳酸盐分解

碳酸盐分解与煅烧温度、颗粒粒径、黏土性质和气体中CO_2的含量等因素有关,碳酸盐分解是熟料煅烧的重要过程之一。石灰石中的碳酸钙和少量碳酸镁在煅烧过程中都要分解放出二氧化碳,其反应式如下:

$$MgCO_3 \underset{}{\overset{600℃}{\rightleftharpoons}} MgO + CO_2 \uparrow \tag{1.35}$$

$$CaCO_3 \underset{}{\overset{900℃}{\rightleftharpoons}} CaO + CO_2 \uparrow \tag{1.36}$$

碳酸盐分解反应的特点如下：

①可逆反应。升温并供给足够的热量，及时排除周围的 CO_2，降低周围的 CO_2 分压，有利于分解反应的顺利进行，否则可能因 CO_2 浓度过高而进行逆向反应。

②强吸热反应。$CaCO_3$ 的分解过程是熟料形成过程中消耗热量最多的一个工艺过程，分解所需总热量约占湿法生产总热耗的 1/3，约占新型干法窑的 1/2。因此，为了使分解反应顺利进行，必须保持较高的反应温度，并提供足够的热量。

③烧失量大。每 100 kg 纯 $CaCO_3$ 分解后排出的挥发性 CO_2 气体为 44 kg，烧失量占 44%。但在实际生产中，由于石灰石不纯，故烧失量一般在 40% 左右。

④分解温度与矿物晶体结构有关。石灰石中伴生矿物和杂质一般会降低分解温度。方解石的结晶程度高、晶体粗大，则分解温度高；反之，微晶的分解温度低。

$CaCO_3$ 在 600℃ 时已开始有微弱分解，800～850℃ 时分解速度加快，894℃ 时分解出的 CO_2 分压达 0.1 MPa，分解反应快速进行，1 100～1 200℃ 时分解速度极为迅速。

$CaCO_3$ 颗粒的分解过程如图 1.1 所示。颗粒表面首先受热，达到分解温度后分解放出 CO_2，表层变为 CaO，分解反应面逐步向颗粒内层推进，分解放出的 CO_2 通过 CaO 层扩散至颗粒表面并进入气流中。反应可分为五个过程，并用等效电路来表示分解各个过程的阻力。气流向颗粒表面的传热过程，其阻值用 R_a 表示；颗粒内部通过 CaO 层向反应面导热，阻值为 R_λ；反应面上的化学反应，阻值为 R_κ；反应产物 CO_2 通过 CaO 层的传质，阻值为 R_δ；颗粒表面 CaO 向外界的传质，阻值为 R_β。

图 1.1 $CaCO_3$ 颗粒的分解过程

在上述五个过程中,四个是物理传递过程,一个是化学动力学过程,阻值最大的过程即为控制环节。随着反应的进行,反应面不断向核心推移,各阻值也在不断变化。五个过程各受不同因素的影响,都可能影响分解过程,各因素影响的程度亦不相同。

$CaCO_3$ 的分解过程受生料粉粒径的影响很大。研究表明,当粒径较大时,如 $D=10$ mm 的料球,整个分解过程的阻力主要是气流向颗粒表面的传热,传热及传质过程为主要影响因素,而化学反应过程不占主导地位;当粒径 $D=2$ mm 时,传热及传质的物理过程与化学反应过程占同样重要的地位。当粒径较小时,如 $D=30$ μm 时,分解过程主要取决于化学反应过程,整个分解过程的阻力由化学分步反应过程所决定。

4.固相反应

黏土和石灰石分解以后分别形成了 CaO、MgO、SiO_2 和 Al_2O_3 等氧化物,这些氧化物随着温度升高会反应形成各种矿物:

800℃:开始反应形成 CA、C_2F 和 C_2S;

800~900℃:开始形成 $C_{12}A_7$ 和 C_2F;

900~1 100℃:早期形成的 C_2AS 再分解形成 C_3A 和 C_4AF;

1 100~1 200℃:大量形成 C_3A 和 C_4AF,C_2S 含量达最大值。

从以上化学反应的温度不难发现,这些反应温度都小于反应物和生成物的熔点(如 CaO、SiO_2 与 $2CaO \cdot SiO$ 的熔点分别为 2 570℃、1 713℃ 与 2 130℃),也就是说,物料在以上这些反应过程中都没有熔融状态物出现,反应是在固体状态下进行的,因而称其为固相反应。

影响固相反应速度的主要因素如下:

(1)生料的细度和均匀性

物料反应速度与颗粒尺寸的二次方成反比。由于固相反应是固体物质表面相互接触而进行的反应,当生料细度较细时,组分之间接触面积增加,固相反应速度也就加快,少量较大颗粒能显著延缓反应过程,所以生料颗粒尺寸分布要在较窄的范围内。生料细度一般控制在 0.080 mm 方孔筛筛余 8%~12%,0.2 mm 方孔筛筛余1.0%~1.5%。

生料均匀混合,将使生料各组分之间充分接触,这有利于固相反应进行。湿法生产的料浆由于流动性好,生料中各组分之间混合较均匀。干法生产的粉料流动性差,通过空气均化实现生料成分均匀化。

(2)原料性质

原料中含有石英砂(结晶型的 SiO_2)时,熟料矿物很难生成,会使熟料中游离 CaO 含量增加。因为结晶型 SiO_2 在加热过程中只发生晶型的转变,晶体未受到破坏,晶体内分子很难离开晶体而参加反应。所以固相反应的速度明显降低,特别是原料中含有粗颗粒石英砂时,影响更大。原料中含的燧石结核(结晶型的 SiO_2)硬度大,不易磨细,它的反应能力亦较无定形 SiO_2 低得多,对固相反应非常不利,因此要求原料中不含或少含燧石结核。

而黏土中的 SiO_2 情况不同,黏土在加热时,分解成游离态的 SiO_2 和 Al_2O_3。其晶体已经破坏,因而容易与 $CaCO_3$ 分解出的 CaO 发生固相反应,形成熟料矿物。

(3)温度和时间

温度升高使质点能量增加,从而增加了质点的扩散速度和化学反应速度,所以固相反应速度加快。为使离子充分扩散和迁移,须保证一定的时间以完成固相反应。

（4）矿化剂

能加速结晶化合物的形成，使水泥生料易烧的少量外加剂称为矿化剂。加入矿化剂可以通过与反应物作用而使晶格活化，从而增强反应能力，加速固相反应。

熟料形成过程中，固相反应次序随着原料性能、粉磨细度和加热速度等条件变化，相互交叉。如 C_2S 虽然在 $800\sim900℃$ 内开始形成，但全部 C_2S 形成要在 $1\ 200℃$，而生料的不均匀性使交叉温度范围变得更宽。

5. 熟料的烧成

物料加热到最低共熔温度（物料在加热过程中，开始出现液相的温度称为最低共熔温度）时，物料中开始出现液相，液相主要由 C_3A 和 C_4AF 所组成，还有少量的 MgO、Na_2O 和 K_2O 等，在液相的作用下进行熟料烧成。

液相出现后，C_2S 和 CaO 都逐渐溶于其中，C_2S 吸收游离 CaO 形成 C_3S，其反应式如下：

$$C_2S(液)+CaO(液)\xrightarrow{\ 1\ 350\sim1\ 450℃\ }C_3S(固) \tag{1.37}$$

熟料的烧结包含三个过程：

① C_2S 和 CaO 逐步溶解于液相中并扩散；

② C_3S 晶核的形成；

③ C_3S 晶核的发育和长大，完成熟料的烧结过程。

随温度升高和时间延长，液相量增加，液相的黏度降低，C_2S 和 CaO 不断溶解、扩散，C_3S 晶核不断形成，并逐渐发育、长大，最终形成几十微米大小、发育良好的阿利特晶体。与此同时，晶体不断重排、收缩、密实化，物料逐渐由疏松状态转变为色泽灰黑、结构致密的熟料，这个过程称为熟料的烧结过程。大量 C_3S 的生成是在液相出现之后，普通硅酸盐水泥物料一般在 $1\ 300℃$ 左右时就开始出现液相，而 C_3S 形成最快温度约在 $1\ 350℃$，一般在 $1\ 450℃$ 以下 C_3S 绝大部分生成，所以熟料烧成温度为 $1\ 300\sim1\ 450℃$。

由上述分析可知，熟料烧成 C_3S 的过程，与液相形成温度、液相量、液相性质以及 CaO、C_2S 溶解液相的溶解速度、离子扩散速度等各种因素有关。液相量的增加和液相黏度的减小，都利于 C_2S 和 CaO 在液相中扩散，有利于 C_2S 吸收 CaO 形成 C_3S。

（1）最低共熔点

物料在加热过程中，两种或两种以上组分开始出现液相的温度称为最低共熔温度，表 1.2 列出了一些系统的最低共熔点。

由表 1.2 可见，系统组分的数目和性质都影响系统的最低共熔温度，组分数愈多，最低共熔温度愈低。适量的矿化剂与其他微量元素等都可降低最低共熔点，使熟料烧结所需的液相提前出现（约 $1\ 250℃$），但含量过多时，会对熟料质量造成影响，故对其含量要有一定控制。

表 1.2 部分矿物系统最低共熔温度

系　　统	最低共熔温度/℃
$C_3S-C_2S-C_3A$	1 455
$C_3S-C_2S-C_3A-Na_2O$	1 430
$C_3S-C_2S-C_3A-MgO$	1 375
$C_3S-C_2S-C_3A-Na_2O-MgO$	1 365

续表

系　　统	最低共熔温度/℃
$C_3S - C_2S - C_3A - C_4AF$	1 338
$C_3S - C_2S - C_3A - Na_2O - Fe_2O_3$	1 315
$C_3S - C_2S - C_3A - Fe_2O_3 - MgO$	1 300
$C_3S - C_2S - C_3A - Na_2O - Fe_2O_3 - MgO$	1 280

(2)液相量

液相量不仅与组分的性质有关,也与组分的含量和熟料烧结温度有关。一般 C_3A 和 C_4AF 在 1 300℃左右时,都能熔成液相,所以称 C_3A 与 C_4AF 为熔剂性矿物。熟料中 Al_2O_3 和 Fe_2O_3 的增加使液相量增加,熟料中 MgO 和 R_2O 等成分也能增加液相量,一般水泥熟料煅烧阶段的液相量为 20%～30%。

硅酸盐水泥熟料成分生成的液相量可近似用下列各式进行计算。

当烧成温度为 1 400℃时

$$L = 2.95A + 2.2F + M + R \tag{1.38}$$

当烧成温度为 1 450℃时

$$L = 3.0A + 2.25F + M + R \tag{1.39}$$

式中:L 为液相质量分数(%);A 为熟料中 Al_2O_3 的质量分数(%);F 为熟料中 Fe_2O_3 的质量分数(%);M 为熟料中 MgO 的质量分数(%);R 为熟料中 R_2O 的质量分数(%)。

从上述公式可知,影响液相量的主要成分是 Al_2O_3、Fe_2O_3、MgO 和 R_2O,后两者在含量较多时为有害成分,只有通过增加 Al_2O_3 和 Fe_2O_3 含量增加液相量,以利于 C_3S 的生成。

(3)液相黏度

液相黏度直接影响 C_3S 的形成速度和晶体尺寸。黏度小,液相中质点的扩散速度增加,有利于 C_3S 的形成和生长。熟料液相黏度随温度和组成(包括少量氧化物)而变化,温度高,液相黏度降低;铝率增加,液相黏度增大。

(4)液相的表面张力

液相的表面张力越小,越易润湿熟料颗粒,越有利于固液反应,促进 C_3S 的形成。液相的表面张力与液相温度、组成和结构有关,MgO 等杂质可降低液相表面张力。

(5)CaO 溶解于液相的速度

C_3S 的形成也可以视为 C_2S 和 CaO 在液相中的溶解过程。C_2S 和 CaO 溶解于液相的速度越大,C_3S 的成核与发展也越快。因此,要加速 C_3S 的形成,实际上就是提高 C_2S 和 CaO 的溶解速度。随着 CaO 粒径减小和温度增高,CaO 溶解速率增大。

6.熟料的冷却

熟料烧成后就要进行冷却,冷却过程可回收熟料余热,改进熟料质量,提高熟料的易磨性。熟料中矿物的结构决定于冷却速度、固液相中的质点扩散速度和固液相的反应速度等。如果冷却很慢,使固液相中的离子扩散足以保证固液相间的反应充分进行,称为平衡冷却;如果冷却速度中等,使液相能够析出结晶,由于固相中质点扩散很慢,不能保证固液相间的反应充分进行,称为独立结晶;如果冷却很快,使液相不能析出晶体成为玻璃体,称为淬冷。

图 1.2 是 $CaO-Al_2O_3-SiO_2$ 三元相图,其高钙区对硅酸盐水泥的生产有重要意义。在这个区域内,按可以共同析出化合物的组成点连成三个分三角形,即 $CaO-C_3S-C_3A$、$C_3S-C_3A-C_2S$ 和 $C_2S-C_3A-C_{12}A_7$,如图 1.3 所示。一般硅酸盐水泥熟料的配料,应控制在 $C_3S-C_3A-C_2S$ 三角形中的小圆圈范围内,因为硅酸盐水泥熟料在 1 450℃ 左右烧成,应有 30% 左右的液相,以利于 C_3S 的生成,同时各主要熟料矿物的质量分数一般是:C_3S 为 40%～60%,C_2S 为 15%～30%,C_3A 为 6%～12% 和 C_4AF 为 10%～16%。熟料的化学成分一般是:CaO 为 60%～67%,SiO_2 为 20%～24%,Al_2O_3 为 5%～7%,Fe_2O_3 为 4%～6%。

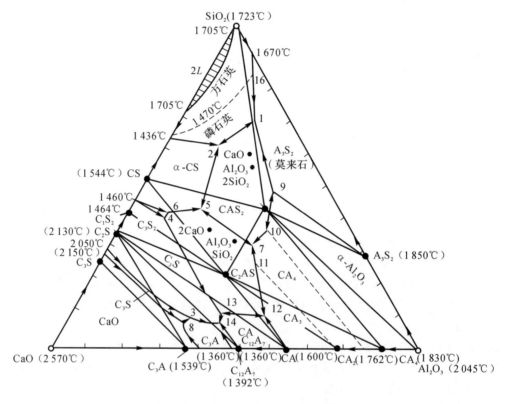

图 1.2　$CaO-Al_2O_3-SiO_2$ 三元相图

在图 1.3 中,点 1 位于 $CaO-C_3S-C_3A$ 三角形内,所以析晶产物是 CaO、C_3S 和 C_3A;点 2 位于 $C_2S-C_3A-C_{12}A_7$ 三角形内,所以析晶产物是 C_2S、C_3A 和 $C_{12}A_7$;点 3 是大多数硅酸盐水泥熟料的组成点,位于 $C_3S-C_3A-C_2S$ 三角形内,所以析晶产物是 C_3S、C_3A 和 C_2S 三晶相,其固相组成点与原始组成点 3 重合。

相图对水泥配料成分的选择有重要的指导意义。若配料组成点在 $CaO-C_3S-C_3A$ 三角形内(如点 1),因为熟料冷却后的析晶产物为 CaO、C_3S 和 C_3A,即使煅烧和冷却过程中精确控制,熟料都难免含有过高的游离 CaO,使水泥安定性不良。若配料组成点在 $C_2S-C_3A-C_{12}A_7$ 三角形内(如点 2),则熟料冷却后的产物没有 C_3S,熟料强度极低,且会有较多水硬性很小的 $C_{12}A_7$。从相平衡的角度讨论相图,即冷却析晶过程是以物料完全熔融,然后缓慢冷却,使析晶过程进行得非常完全,即处于完全平衡状态的理想情况。然而在生产实际中,水泥熟料是在物料部分熔融,而不是在全部熔融的情况下烧成的,且冷却时间不充分,液相来不及与原

先析出的晶体反应完成转熔过程,从而单独析晶。急速冷却对改善熟料质量有许多优点,主要表现在以下几个方面:

(1)防止或减少 β - C_2S 转化成 γ - C_2S

C_2S 有不同结晶形态,而且相互之间能发生转化。煅烧时形成的 β - C_2S 若慢冷就易转化成 γ - C_2S,β - C_2S 的相对密度为 3.28,而 γ - C_2S 的相对密度为 2.97。在 β - C_2S 转变成 γ - C_2S 时其体积增加 10%,由于体积的增加产生了膨胀应力,因而引起熟料的粉化,而且 γ - C_2S 几乎无水硬性。当熟料快冷时,可以迅速越过晶型转变温度使 β - C_2S 来不及转变成 γ - C_2S,玻璃体包裹 β - C_2S 晶体使其稳定下来,从而提高了熟料的水硬性,增强了熟料的强度。

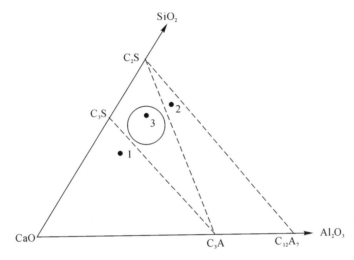

图 1.3 CaO - Al_2O_3 - SiO_2 系统中的高钙区

(2)防止或减少 C_3S 分解

当温度低于 1 280℃,尤其在 1 250℃时,C_3S 易分解成 C_2S 和二次 f - CaO,使熟料强度降低。当熟料急冷时,温度迅速从烧成温度开始下降越过 C_3S 的分解温度,使 C_3S 来不及分解,以介稳状态保存下来,从而防止或减少 C_3S 的分解,保证了水泥熟料的强度。

(3)改善水泥的安定性

当 MgO 含量较高时,急冷可使熟料液相中的 MgO 来不及析晶,或者即使结晶也来不及长大,晶体的尺寸非常细小。其水化速度相比大尺寸的方镁石晶体快,与其他矿物的水化速度大致相等,从而改善水泥安定性。

(4)减少熟料中 C_3A 结晶体

急冷时 C_3A 来不及结晶而存在于玻璃体中,或结晶细小。结晶型的 C_3A 水化后易使水泥浆快凝,而非结晶的 C_3A 水化后不会使水泥浆快凝。因此,急冷的熟料加水后不易产生快凝,凝结时间容易控制。呈玻璃态的 C_3A 很少会受到硫酸钠或硫酸镁的侵蚀,从而有利于提高水泥的抗硫酸盐性能。

(5)提高熟料易磨性

急冷时熟料矿物结晶细小,粉磨时能耗低。急冷使熟料形成较多玻璃体,这些玻璃体由于体积效应在颗粒内部不均衡地发生,造成熟料产生较大的内部应力,从而提高熟料易磨性。

1.4.2 熟料形成热

水泥生料在干燥和燃烧过程中发生的一系列物理化学变化,有些是吸热反应,有些是放热反应,将全过程的总吸热量减去总放热量,并换算为每生成 1 kg 熟料所需要的净热量就是熟料形成热,也是熟料形成的理论热耗,具体见下式:

$$理论热耗 = 吸收总热量 - 放出总热量 \qquad (1.40)$$

1. 熟料形成过程的热效应

水泥生料在加热过程中各反应温度和热效应见表 1.3。

表 1.3　水泥生料在加热过程中的反应温度和热效应

温度/℃	反　　应	相应温度下 1 kg 物料热效应
100	自由水蒸发	吸热,2 249 kJ(水)
450	黏土脱水	吸热,932 kJ(高岭石)
600	碳酸镁分解	吸热,1 421 kJ($MgCO_3$)
900	黏土中无定形物质转为晶体	放热,259~284 kJ(脱水高岭石)
900	碳酸钙分解	吸热,1 655 kJ($CaCO_3$)
900~1 200	固相反应生成矿物	放热,418~502 kJ(熟料)
1 250~1 280	生成部分液相	吸热,105 kJ(熟料)
1 300	$C_2S + CaO \rightarrow C_3S$	微吸热,8.6 kJ(C_2S)

反应热与反应温度有关。例如,高岭石脱水吸热在 450℃时为 932 kJ/kg,而在 20℃时为 606 kJ/kg;$CaCO_3$ 分解吸热在 900℃时为 1 655 kJ/kg,而在 20℃时为 1 775 kJ/kg。

2. 各熟料矿物形成热

凡是在固体状态生成的各水泥熟料矿物均为放热反应,只有 C_3S 是在液相中形成的,一般认为是微吸热反应,具体数值见表 1.4。

表 1.4　水泥熟料矿物形成热

反　　应	20℃时 1 kg 物料热效应	1 300℃时 1 kg 物料热效应
$2CaO + SiO_2$(石英砂)$= C_2S$	放热,723 kJ	放热,619 kJ
$3CaO + SiO_2$(石英砂)$= C_3S$	放热,539 kJ	放热,464 kJ
$3CaO + Al_2O_3 = C_3A$	放热,67 kJ	放热,347 kJ
$4CaO + Al_2O_3 + Fe_2O_3 = C_4AF$	放热,105 kJ	放热,109 kJ
$C_2S + CaO = C_3S$	吸热,2.38 kJ	吸热,1.55 kJ

3. 生成 1 kg 熟料的理论热耗

以 20℃为计算温度基准,假定生成 1 kg 熟料需理论生料量约为 1.55 kg,生料中石灰石和黏土按 78∶22 配比,则熟料理论热耗的计算见表 1.5。

表 1.5 生成 1 kg 水泥熟料的理论热耗

类 别	序 号	项 目	热效应/kJ	所占比例/(%)
吸收热量	1	干生料由 0℃ 加热到 450℃	736.53	17.3
	2	黏土在 450℃ 脱水	100.35	2.4
	3	生料自 450℃ 加热到 900℃	816.25	19.2
	4	碳酸钙在 900℃ 分解	1 982.40	46.5
	5	物料自 900℃ 加热到 1 400℃	516.50	12.0
	6	熔融净热	109	2.6
		合 计	4 261.03	100
放出热量	1	脱水黏土结晶放热	28.47	1.1
	2	矿物组成形成热	405.86	16.1
	3	熟料自 1 400℃ 冷却到 0℃	1 528.80	60.5
	4	CO_2 自 900℃ 冷却到 0℃	512.79	20.3
	5	水蒸气自 450℃ 冷至 0℃	50.62	2.0
		合 计	2 526.54	100

根据表 1.5 可计算出生成 1 kg 熟料的理论热耗为

理论热耗＝4 261.03 kJ－2 526.54 kJ＝1 734.49 kJ

由于原料和燃料不同,以及原料的配比和熟料组成的变化,使煅烧时的理论热耗有所不同,但一般波动在 1 630～1 800 kJ/kg。

从表 1.5 可见,在水泥熟料形成过程中,碳酸盐分解吸收的热量最多,约占总吸热量的 46.5%;而在放热反应中,熟料冷却放出的热量最多,约占总放热量的 60.5%。因此,降低碳酸盐分解吸收的热量和有效提高熟料冷却余热的利用是提高热效率的有效途径。

4．熟料实际热耗

在实际生产中,由于熟料形成过程中物料不可能没有损失,也不可能没有热量损失,而且废气、熟料不可能冷却到计算的基准温度,因此,熟料形成的实际消耗热量要比理论热耗大。每获得 1 kg 熟料,窑内实际消耗的热量称为熟料实际热耗,简称熟料热耗,也叫熟料单位热耗。影响熟料热耗的因素有以下几种:

①生产方法与窑型。生产方法不同,煅烧过程中消耗的热量差异较大。如湿法生产须蒸发大量的水分而耗热巨大,而新型干法生料粉在悬浮态受热,热效率较高。因此,湿法热耗一般均较干法高,而新型干法生产的熟料热耗则较干法中空窑热耗为低。窑的结构、规格大小也是影响熟料热耗的重要因素,因为传热效率高,则热耗低。

②废气余热的利用。熟料冷却时放出大量热,可设法使其最大可能地被回收利用。熟料冷却时产生的废气可用作助燃空气或是利用窑尾废气余热发电;提高煅烧设备的热效率,最大限度降低窑尾排放的废气温度,则可以降低热损失,从而降低熟料热耗。

③生料组成、细度及生料易烧性。若生料的成分合适,细度细,颗粒级配均匀,则生料的易烧性好。易烧性好的生料,则热耗小;而易烧性差的生料,则热耗增大。

④燃料不完全燃烧时的热损失。燃料的不完全燃烧包括机械不完全燃烧和化学不完全燃烧,燃煤质量不稳定及质量差、煤粒过粗或过细、操作不当等均是引起不完全燃烧的原因。煤燃烧不完全,煤耗必然增加,熟料热耗增大。

⑤窑体散热损失。若窑内衬和窑外绝热层隔热保温效果好,则窑体散热损失小;否则散热损失大,熟料热耗增加。

⑥矿化剂及微量元素的作用。适量加入矿化剂或合理利用微量组分,则可以改善易烧性或加速熟料烧成,从而降低熟料热耗。

1.5 硅酸盐水泥的水化和硬化

水泥中加一定量的水拌和,可形成能胶结砂石集料的可塑性浆体,并逐渐失去塑性而凝结硬化成为具有相当强度的石状物体,同时还伴随着水泥浆的放热、水泥石的体积变化及机械强度的增长。水泥加水拌和后产生复杂的物理化学变化,这些变化决定着水泥的建筑性能,如凝结时间、强度、安定性和耐久性等。掌握水泥的水化硬化过程、水化产物及硬化水泥浆体结构,可进一步控制并改善水泥的使用性能。

1.5.1 熟料矿物的水化

一种物质从无水状态变成含水状态叫做水化作用,物质加水分解的作用叫做水解作用,一般水泥熟料的水化作用同时包括水解作用。

1. C_3S 的水化

C_3S 是硅酸盐水泥熟料中的主要矿物,约占 50%,高的可达 60% 以上,因此水泥的水化主要取决于 C_3S 的水化。C_3S 的水化速率较快,大量的水化在 28 d 以内进行,约 1 年后水化过程基本完成。

C_3S 在常温下的水化反应,可近似用下列方程式表示:

$$3CaO \cdot SiO_2 + nH_2O \rightarrow xCaO \cdot SiO_2 \cdot yH_2O + (3-x)Ca(OH)_2 \tag{1.41}$$

式(1.41)简写为

$$C_3S + nH \rightarrow C-S-H + (3-x)CH \tag{1.42}$$

式中:x 为钙硅原子数比(简称 C/S);n 为结合水量。

从以上反应可以看出,C_3S 的水化产物是 C-S-H 凝胶和氢氧化钙。C-S-H 也称为水化硅酸钙,这种物质组成不定,在不同温度、水灰比以及不同浓度的氢氧化钙溶液中,其生成水化产物的 C/S 都不相同。

在水化过程中,溶液中 CaO 浓度不同时,生成的水化硅酸钙的组成也不相同。当溶液中 CaO 浓度小于 0.06~0.112 g/L 时,水化产物为 $Ca(OH)_2$ 和硅酸凝胶;当溶液中 CaO 浓度为 0.112~1.12 g/L 时,水化产物为 $Ca(OH)_2$ 和 C/S 为 0.8~1.5 的水化硅酸钙,其组成可用 $(0.8~1.5)CaO \cdot SiO_2 \cdot (0.5~2.5)H_2O$ 来表示,称为 C-S-H(Ⅰ);当溶液中 CaO 浓度饱和,即 CaO 浓度大于 1.12 g/L 时,则生成更高碱性的、C/S 为 1.5~2.0 的水化硅酸钙,一般用 $(1.5~2.0)CaO \cdot SiO_2 \cdot (1~4)H_2O$ 来表示,称为 C-S-H(Ⅱ)。

根据图 1.4,可将 C_3S 的水化过程划分成初始水解期、诱导期、加速期、衰退期和稳定期五个阶段。

图 1.4　C_3S 水化放热速率和 Ca^{2+} 浓度随时间变化曲线

①初始水解期。加水后立即发生急剧反应并迅速放热，Ca^{2+} 和 OH^- 迅速进入溶液。该阶段持续时间很短，一般在十几分钟到几十分钟即结束。

②诱导期。反应极其缓慢，又称为静止期或潜伏期，持续 $2\sim4$ h，硅酸盐水泥浆体在此时保持塑性，其 Ca^{2+} 和 OH^- 浓度缓慢增长，在诱导期结束前达到过饱和状态。

③加速期。反应重新加快，水化速率随时间延长而增大，出现第二个放热峰，在峰顶达到最大反应速率时本阶段即告结束，持续 $4\sim8$ h，$Ca(OH)_2$ 结晶出来，$C\text{-}S\text{-}H$ 沉淀在水填充的孔隙中，开始早期硬化。

④衰退期。反应速率随时间延长而下降，又称减速期，持续 $12\sim24$ h。水化产物 $Ca(OH)_2$ 和 $C\text{-}S\text{-}H$ 不断结晶沉淀，在 C_3S 表面形成包裹层，水化作用受扩散速率控制而减慢。

⑤稳定期。反应速率很低，基本处于稳定的阶段，水化完全受扩散速率控制，直到水化结束。

2.C_2S 的水化

C_2S 也是硅酸盐水泥熟料中的主要矿物组分之一，约占 20%，常以 $\beta\text{-}C_2S$ 形式存在。$\beta\text{-}C_2S$ 的水化过程和水化产物与 C_3S 极为相似，但其水化速率比 C_3S 要慢得多，约为 C_3S 的 $1/20$，在几十小时后才达到加速期。即使几个星期也只在表面形成一薄层无定形的 $C\text{-}S\text{-}H$，大部分水化反应在 28 d 以后进行，在 1 年以后仍然有明显的水化。与 C_3S 一样，$\beta\text{-}C_2S$ 的水化反应可近似用下列化学方程式表示：

$$2CaO \cdot SiO_2 + mH_2O \rightarrow xCaO \cdot SiO_2 \cdot yH_2O + (2-x)Ca(OH)_2 \tag{1.43}$$

式(1.43)简写为

$$C_2S + mH \rightarrow C\text{-}S\text{-}H + (2-x)CH \tag{1.44}$$

由于 C_2S 水化缓慢，水化放热也较少，故一般不能用放热速率研究其水化。通过电子显

微镜观测到 β-C_2S 的水化产物 $C-S-H$ 与 C_3S 水化形成的 $C-S-H$ 相差不大,但生成的 $Ca(OH)_2$ 晶体较大且较少。

3. C_3A 的水化

C_3A 的水化反应迅速,且放热量大,通常在加水后几分钟内开始快速反应,石膏含量较少时,几小时就基本水化完全。其水化产物的组成与结构受溶液中 CaO 和 Al_2O_3 的浓度和反应温度的影响很大。其化学反应式如下:

$$3CaO \cdot Al_2O_3 + 21H_2O \rightarrow 4CaO \cdot Al_2O_3 \cdot 13H_2O + 2CaO \cdot Al_2O_3 \cdot 8H_2O \qquad (1.45)$$

式(1.45)简写为

$$C_3A + 21H \rightarrow C_4AH_{13} + C_2AH_8 \qquad (1.46)$$

C_4AH_{13} 和 C_2AH_8 在常温下处于介稳状态,随时间延长会逐渐转变为更稳定的等轴立方晶体 C_3AH_6,该反应将随温度升高而加速进行,由于 C_3A 本身水化热很高,所以极易进行反应。当温度升高到 $25\sim40℃$ 或以上时,甚至会直接生成 C_3AH_6 晶体。在温度高于 $80℃$ 时,几乎立即生成 C_3AH_6。

为防止水泥的急凝和瞬凝,在水泥粉磨时须掺有一定量的石膏,以保证正常凝结时间,防止急瞬凝的发生。

当石膏和氧化钙同时存在时,虽然 C_3A 也会快速水化生成 C_4AH_{13},但接着 C_4AH_{13} 就会与石膏反应,其反应方程式如下:

$$4CaO \cdot Al_2O_3 \cdot 13H_2O + 3(CaSO_4 \cdot 2H_2O) + 14H_2O \rightarrow$$
$$3CaO \cdot Al_2O_3 \cdot 3CaSO_4 \cdot 32H_2O + Ca(OH)_2 \qquad (1.47)$$

式(1.47)简写为

$$C_4AH_{13} + 3C\bar{S}H_2 + 14H \rightarrow C_3A \cdot 3C\bar{S} \cdot H_{32} + CH \qquad (1.48)$$

反应产物三硫型水化硫铝酸钙 $C_3A \cdot 3C\bar{S} \cdot H_{32}$ 称为钙矾石,由于其中铝可被铁置换而成为含铝和铁的三硫酸盐相,故常用 AFt 表示。钙矾石不溶于碱溶液而在 C_3A 表面沉淀形成致密的保护层,阻碍了水与 C_3A 进一步反应,因此降低了水化速度,避免了急凝。

当石膏不足而 C_3A 充足时,其水化所形成的 C_4AH_{13} 又能与先前形成的钙矾石继续反应生成单硫型水化硫铝酸钙,以 AFm 表示。反应方程式如下:

$$3CaO \cdot Al_2O_3 \cdot 3CaSO_4 \cdot 32H_2O + 2(4CaO \cdot Al_2O_3 \cdot 13H_2O) \rightarrow$$
$$3(3CaO \cdot Al_2O_3 \cdot CaSO_4 \cdot 12H_2O) + 2Ca(OH)_2 + 20H_2O \qquad (1.49)$$

式(1.49)简写为

$$C_3A \cdot 3C\bar{S} \cdot H_{32} + 2C_4AH_{13} \rightarrow 3(C_3A \cdot C\bar{S} \cdot H_{12}) + 2CH + 20H \qquad (1.50)$$

C_3A 水化产物的组成和结构与实际参加反应的石膏量有重要关系。当 C_3A 单独与水拌和时,几分钟内就开始快速反应,数小时后即完全水化。在掺有石膏时,反应则能延缓几小时再加速水化,这是因为石膏降低了铝酸盐的溶解度,而石膏和 $Ca(OH)_2$ 同时存在时则会更进一步使其溶解度减小到几乎接近于零。

4. C_4AF 的水化

C_4AF 是硅酸盐水泥熟料中一系列铁相的固溶体。C_4AF 的水化反应与 C_3A 极其相似,但水化速率比 C_3A 要慢,水化热较低,即使单独水化也不会产生急凝。Fe_2O_3 基本上起着与 Al_2O_3 相同的作用,也就是水化产物中 Fe 置换部分 Al,形成水化铝酸钙和水化铁酸钙的固溶体,或者水化硫铝酸钙和水化硫铁酸钙的固溶体。

当没有石膏存在时,C_4AF 与 $Ca(OH)_2$ 和水在常温下反应生成 $C_4(A \cdot F)H_{13}$,呈六方状,当温度 $>20℃$ 时会逐渐转化为立方状的 $C_3(A \cdot F)H_6$,其转化速率比 C_3A 水化时晶型转化要慢。当反应温度高于 $50℃$ 时,C_4AF 则会直接形成 $C_4(A \cdot F)H_{13}$。

当有足够石膏存在时,则会生成被铁置换的钙矾石固溶体;当石膏量不足时,则先生成 $C_4(A \cdot F)H_{13}$,然后与被铁置换的钙矾石反应生成单硫型固溶体。

1.5.2 硅酸盐水泥的水化

1. 水化过程

由于硅酸盐水泥矿物组成相当复杂,没有一种熟料矿物是纯净物,每种熟料矿物都是以固溶体形式存在,而且由于原料成分和煅烧条件等许多因素的影响,其中还夹杂有许多可能影响其水化的杂质离子,它们在水化时会产生极其复杂的相互作用,因此,硅酸盐水泥的水化又不单纯是四种主要单矿物水化的综合,而是比之更为复杂的一个过程。当硅酸盐水泥加水拌和时,就立即发生化学反应,水泥中各组分开始迅速溶解进入溶液,经过极短的瞬间,填充在颗粒之间的液相已不再是纯水,而是含有各种离子的溶液。水泥的水化作用在开始后,基本上是在含碱的氢氧化钙和硫酸钙的饱和溶液中进行。在水泥的水化过程中,固相组成与液相之间处于一个随时间不断变化的动态平衡之中。

硅酸盐水泥加水后,C_3A 立即发生水化,C_3S 和 C_4AF 也很快水化,而 C_2S 则较慢。在电子显微镜下观测几分钟后可见,在水泥颗粒表面生成钙矾石针状晶体,由于钙矾石的不断生成,液相中 SO_4^{2-} 逐渐减少,并在耗尽时产生单硫型水化硫铝铁酸钙。若石膏不足,则会生成单硫型水化物和 $C_4(A \cdot F)H_{13}$ 的溶体,甚至单独的 $C_3(A \cdot F)H_6$,而后者将逐渐转变成稳定的等轴晶体 $C_4(A \cdot F)H_{13}$。

图 1.5 是硅酸盐水泥水化放热曲线,硅酸盐水泥的放热速率与 C_3S 的放热速率十分相似,也可分为五个阶段。第一个峰是 AFt 相的形成,第二个峰相当于 C_3S 的水化。由于水泥中硫酸盐含量一般不足以将全部 C_3A 转化为 AFt 相,因而剩余的 C_3A 及 AFt 相将转化为 AFm,即单硫酸盐相,所以在放热曲线上出现了第三个峰。

在实际施工中,水泥浆体的拌和用水量通常并不多,并在水化的过程中不断减少,故其水化是在浓度不断变化的情况下进行的。水泥的水化不可能在较短的时间内就反应完结,而是从表面开始,然后在浓度和温度不断变化的条件下缓慢扩散。即使在充分硬化的浆体中,也并非处于平衡状态,而是长期处于不平衡状态。

2. 水化速度

熟料矿物或水泥的水化速度,通常以单位时间内的水化程度或水化深度来表示。水化程度是指在一定时间内发生水化作用的量与可以完全水化量的比值,而水化深度则是指水泥颗粒已经水化的水化层厚度。

测定水化速度的方法有直接法和间接法两类。直接法主要有岩相分析、X 射线分析、电子探针法及扫描电子显微镜等方法,间接法主要有测定结合水量、水化热、$Ca(OH)_2$ 生成量、水泥石比表面积及水泥石的体积减缩等。其中以测定结合水量法较为简便,将所测定各龄期化学结合水量与完全水化时的结合水量相比,即可计算出不同龄期的水化程度。

图 1.5　硅酸盐水泥的水化放热曲线

各熟料矿物单独水化时所测定的水化深度见表 1.6（结合水量法测得），四种单矿物 28 d 以前的水化速度大小顺序为：$C_3A > C_4AF > C_3S > C_2S$。经 28 d 水化，$C_3S$ 的水化深度为其半径的 3/10，C_3A 约为 2/5，C_4AF 比 C_3S 的水化深度略大，而 C_2S 还不到半径的 1/25；经 180 d 水化，水化深度都已达到半径的一半以上，而 C_2S 的水化部分还未到其深度的 1/5。

表 1.6　单矿物颗粒随时间变化的水化深度　　（单位：μm，$d_m = 50 \mu m$）

矿物	3d	7d	28d	90d	180d
C_3S	3.1	4.2	7.5	14.3	14.7
C_2S	0.6	0.8	0.9	2.5	2.8
C_3A	9.9	9.6	10.3	12.8	13.7
C_4AF	7.3	7.6	8.0	12.2	13.2

注：d_m 为水泥颗粒平均直径。水化深度指水泥颗粒从外到内的水化部分厚度。

3.影响水泥水化的因素

（1）水泥矿物组成和晶体结构

硅酸盐水泥是由各种矿物组成的，其水化也取决于各矿物种类及其比例。C_3A 和 C_3S 含量高的水泥，其水化要快得多，当 C_3A 质量分数超过 11% 时，则引起急凝现象。

各种矿物的水化速度之所以不同，与其晶体结构的缺陷有关。晶体形成条件越复杂，配位越不规则，则其内部缺陷越多，在晶格中造成空腔越多，水化速度就会越快。C_3A 之所以水化快，就是因其晶体配位极不规则而在晶格中造成很大的空腔，水迅速进入晶体内部而剧烈反应。当 C_3A 中有碱金属氧化物 Na_2O 等杂质时，Na_2O 等就会将其空腔填充，增大结构密实度,使水难以透过,活性降低,而且填充越多越密实,水化速度越慢。

(2)水泥细度和水灰比

在水泥水化过程中,水泥粉磨得越细,比表面积就越大,与水接触的面积也越大,在其他条件相同的情况下,水化反应就会越快。此外,细磨时还会使水泥内晶体产生扭曲、错位等缺陷而加速水化。但是增大细度,迅速水化生成的产物层又会阻碍水化作用的进一步深入,所以增加水泥细度,只能提高早期水化速度,对后期强度和水化作用不明显,而对较粗的颗粒,各阶段的反应都较慢。

水灰比在一定范围内变化时,适当增大水灰比,可以增大水化反应的接触面积,使水化速度加快,如图1.6所示。若水化时水灰比过小,水化反应所需水量不足,会延缓反应进行。同时,水灰比小,则没有足够孔隙来容纳水化产物,也会降低水化速度。但水灰比过大,会使水泥结构中孔隙太多,而降低其强度,故水灰比亦不宜太大。

图1.6 水灰比对贝利特和阿利特的水化速度影响曲线

(3)温度

一般化学反应在温度升高时反应速度会加快,水泥的水化也是如此。当水化温度升高时,可使C_3S诱导期缩短,第二放热峰升高变陡,加速期和衰退期也相应提前结束。图1.7是不同温度对水泥水化速度的影响,温度和结合水量都可加速水化。

硅酸盐水泥熟料在低温时,水化机理与常温时并无明显差异。实验证明,硅酸盐水泥在$-5℃$时仍能水化,到$-10℃$时水化就基本停止,尤其是$\beta-C_2S$受到影响最大,此时已基本没有活性。当温度升高并保持在$100℃$以内时,C_3S和$\beta-C_2S$的水化与常温时基本相同,水化产物与常温下也相同。但当温度升至更高时,则有部分水化产物会分解脱去结晶水,形成相当复杂的无定形相或者其他产物。

(4)外加剂

为了改善水泥浆体及混凝土的某些性能,通常要加入少量的添加物质,称为外加剂。促凝剂、早强剂和缓凝剂三种外加剂常用于调节水泥的水化速度。

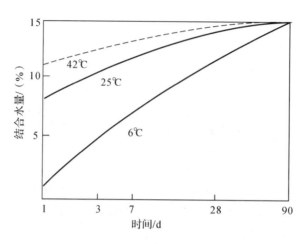

图 1.7 温度对水泥水化速度的影响

4. 水化热

水泥的各种熟料矿物水化过程中所放出的热量,称为水泥的水化热。水泥水化放热的周期很长,但大部分热量是在 3 d 以内释放的,特别是在水泥浆发生凝结、硬化的初期放出。影响水化热的因素有很多,熟料矿物组成、熟料矿物固溶状态、熟料的煅烧与冷却条件、水泥的粉磨细度、水灰比、养护温度、水泥储存时间等均能影响水泥的水化放热,凡能加速水化的各种因素都能相应提高放热速率。由表 1.7 可知,熟料中各单矿物的水化热从大到小的顺序为:$C_3A > C_3S > C_4AF > C_2S$。可通过减少 C_3A 和 C_3S 的质量分数,增加 C_4AF 和 C_2S 的质量分数,降低水泥的水化热。

表 1.7 熟料中各单矿物水化热

矿物名称	水化热/$(J \cdot g^{-1})$
C_3S	500
$\beta - C_2S$	250
C_3A	1 340
C_4AF	420
$f - CaO$	1 150
$f - MgO$	840

1.5.3 硅酸盐水泥的硬化

1. 硬化水泥浆体结构的形成和发展

水泥加水拌和后,很快发生水化,开始具有流动性和可塑性,随着水化反应的不断进行,浆体逐渐失去流动性和可塑性而凝结硬化,由于水化反应的逐渐深入,硬化的水泥浆体不断发展变化,结构变得更加致密,最终形成具有一定机械强度的稳定的水泥石结构。所以,水泥浆体结构是经过一定时间的凝结和硬化过程之后才形成并稳定的,凝结和硬化是同一过程中的不同阶段,凝结标志着水泥浆体失去流动性而具有一定的塑性强度。硬化则表示水泥浆体固化后所形成的结构具有一定的机械强度。

水泥的凝结硬化过程可划分为三个阶段,如图 1.8 所示。

第一阶段:大约从水泥加水起到初凝为止。C_3S 和水迅速反应生成 $Ca(OH)_2$ 过饱和溶液,并析出 $Ca(OH)_2$ 晶体。同时石膏也很快进入溶液与 C_3A 和 C_4AF 反应,生成细小的钙矾石晶体。在这一阶段,由于生成的产物层阻碍了反应进一步进行,且水化产物尺寸细小,而数量又少,不足以在颗粒间架桥连接形成网络状结构,水泥浆体仍呈塑性状态。

第二阶段:大约从初凝到 24 h 为止。水泥水化开始加速,生成较多的 $Ca(OH)_2$ 和钙矾石晶体,同时水泥颗粒上长出纤维状 $C-S-H$。由于钙矾石晶体长大和 $C-S-H$ 的大量形成、增长而相互交错连接成网状结构,将剩留在颗粒之间空隙中的游离水逐渐分割成各种尺寸的水滴。

第三阶段:加水 24 h 以后,直到水化结束。这一阶段,石膏已基本耗尽,钙矾石开始转化为单硫型水化硫铝酸钙,还可能会形成 $C_4(A \cdot F)H_{13}$。随着水化的进行,各种水化产物的数量不断增加,晶体不断长大,使硬化的水泥浆体结构更加致密,强度逐渐提高。

图 1.8　水泥水化产物的形成和浆体结构发展示意图

2.硬化水泥浆体的结构

硅酸盐水泥的凝结硬化过程是一个长期并逐渐发展的过程,因此硬化的水泥浆体结构是一种不断变化的结构材料,它随时间和环境条件的变化而发展变化。硬化的水泥浆体是一个非均质的多相体系,由各种水化产物和残存熟料所构成,包括孔隙及其中的水及空气,即硬化水泥浆体是固、液、气三相共存的多孔体,具有较高的抗压强度和一定的抗折强度。

(1)水化产物结构

在充分水化的水泥浆体中,各种水化产物不但化学组成各异,而且形貌也各不相同,有纤维状、棱柱状、针棒状、管状、粒状、板状、片状、鳞片状以及无定形等多种形式。各种水化产物相对含量为:C-S-H凝胶70%,Ca(OH)₂ 20%,钙矾石和单硫型水化硫铝酸钙7%,未完全水化的残留熟料和其他微量组分3%。

（2）孔隙结构

为保证水泥的正常水化,用水量通常要大大超过理论上水化所需水量。在残留水分蒸发或逸出后,会留下相同体积的孔隙,这些孔的尺寸、形态、数量及其分布,是硬化水泥浆体的重要特征。

硬化浆体中的孔分为毛细孔和凝胶孔两大类。在水化过程中,水不断被消耗,同时本身蒸发,使原来充水的地方形成空间,这些空间被生长的各种水化产物不规则地填充,最后分割成形状极不规则的毛细孔,其尺寸大小一般在 $10\sim100$ nm的范围内。另外,在C-S-H凝胶所占据的空间中存在凝胶孔,孔径为 $1.5\sim2.0$ nm,与水分子大小相近,所以水不能流过凝胶孔。

对于一般的硬化水泥浆体,总孔隙率常常超过50%,但当孔径大于100 nm时,就成了影响强度下降的主要原因。一般在水化24 h以后,硬化浆体70%～80%的孔径小于100 nm。

（3）水及其存在形式

硬化水泥浆体中的水有不同的存在形式,按其与固相组分的结合情况,可分为结晶水、吸附水和自由水三种基本类型。

结晶水,又称化学结合水或化合水,根据其结合力的强弱,又分为强结晶水和弱结晶水两种。强结晶水以 OH^- 离子状态存在于晶格中,结合力强,只有在较高温度下晶格破坏时才能脱去,又称晶体配位水。弱结晶水以中性水分子形式存在于晶格中,由氢键和晶格质点剩余键结合,结合不牢固,在 $100\sim200℃$ 以上即可脱去。当晶体为层状结构时,水分子常存在于层状结构之间,又称层间水,其数量随外界温湿度而变化,从而引起某些物理性质的变化。

吸附水,是在吸附效应或毛细管力的作用下被机械地吸附于固相粒子表面或孔隙中,以中性水分子形式存在,可分为凝胶水和毛细水。凝胶水结合力的强弱可能有较大差别,脱水温度有较大的范围,其数量大致与凝胶体成正比。毛细孔水结合力较弱,脱水温度较低,其数量由毛细孔的数量决定。

自由水,又称游离水,主要存在于粗大孔隙中,与一般水性质相同,其对浆体结构及性能无益,应尽量减少。

3. 硬化水泥浆体的体积变化

由于水泥浆体生成了各种水化产物以及反应前后温度、湿度等外界条件的改变,因此硬化水泥浆体必然发生一系列的体积变化。这些体积变化可分为化学收缩、湿胀收缩和碳化收缩。

（1）化学收缩

水泥在水化硬化过程中,无水的熟料矿物转变为水化产物,固相体积大大增加,而水泥浆体的总体积却在不断缩小,由于这种体积减缩是化学反应所致,故称为化学收缩。

水泥熟料中各单矿物收缩作用的大小顺序为: $C_3A > C_4AF > C_3S > C_2S$,收缩量的大小常与 C_3A 的含量呈线性关系。

每100 g硅酸盐水泥水化的收缩量约为 $7\sim9$ cm³,若1 m³混凝土用硅酸盐水泥300 kg,则收缩量将达到 $(21\sim27)\times10^3$ cm³,化学收缩作用产生的孔隙数量相当可观。收缩作用使水泥石的致密度下降,孔隙率上升,对水泥石的耐蚀性、抗渗性、抗冻性不利。

（2）湿胀收缩

硬化水泥浆体的体积随其含水量而变,干燥时水泥收缩,潮湿时体积膨胀,收缩和湿胀大部分可逆,部分不可逆。收缩与失水有关,但二者没有线性关系,较大孔隙中失去自由水,引起的收缩不大,而毛细水和胶凝水失去时则引起较大收缩。水泥不应磨得过细,辅助适量石膏,适当控制水灰比,并加强养护,以减小收缩。

(3)碳化收缩

在一定的相对湿度下,空气中的 CO_2 会与硬化水泥浆体中的水化产物如 $Ca(OH)_2$、$C-S-H$ 等作用,生成 $CaCO_3$ 和 H_2O,造成硬化浆体的体积减小,出现不可逆的收缩现象,称为碳化收缩。在空气中,实际的碳化速度通常很慢,大约在一年后才会在硬化水泥浆体表面产生微裂纹,但对强度并没有影响,只是影响外观质量。

无论是膨胀还是收缩,最重要的是体积变化的均匀性。剧烈而不均匀的体积变化,会引起硬化浆体结构破坏,造成安定性不良。但膨胀如果控制得当,所增加的固相体积恰能使水泥浆体产生均匀的微膨胀,就有利于水泥石结构变得更加致密,从而提高其强度,改善抗冻和抗渗性能。

1.6　硅酸盐水泥的性能

1.6.1　凝结

水泥浆体失去流动性而具有一定塑性强度的过程称为凝结,凝结可分为初凝和终凝。初凝表示水泥浆体失去流动性和部分可塑性,开始凝结;终凝表示水泥浆体已完全失去可塑性,并具有一定的机械强度,能抵抗一定的外来压力。从水泥加水拌和到水泥初凝所经历的时间称为"初凝时间",到终凝所经历的时间称为"终凝时间",根据我国水泥的国家标准规定,硅酸盐水泥初凝时间不小于 45 min,终凝时间不大于 390 min。

1. 凝结速度

水泥开始凝结之前,必须先有水化作用,故凡是影响水泥水化速度的矿物组成、结构、细度、温度和外加剂等因素也同样影响其凝结速度。但水化和凝结又有一定的差异,凝结不仅与水化过程有关,而且与浆体结构形成有关。假如水灰比越大,水化速度就越快,但加水量过多,颗粒间距会增大,网络结构较难形成,所以凝结速度反而变慢。

①熟料矿物组成。决定凝结速度的主要矿物为 C_3A 和 C_3S。一般说来,C_3A 含量高时,硅酸盐水泥加水拌和后,反应迅速,很快生成大量片状水化铝酸钙,并相互连接形成松散的网状结构,出现不可逆的固化现象,称为"快凝"或"闪凝"。产生这种不正常快凝时,浆体迅速放出大量热,温度急剧上升。反之,C_3A 含量低(质量分数≤2%)或掺入石膏缓凝剂,则水泥的凝结由 C_3S 决定。因为熟料中 C_3S 的质量分数一般高达 50%,它本身的凝结正常,因此水泥凝结时间也正常。所以说快凝是由 C_3A 引起的,正常凝结由 C_3S 控制。

②熟料矿物结构和水化产物结构。化学组成和煅烧温度相同的熟料,若冷却制度不同,凝结时间也不同。如急冷熟料凝结正常,而慢冷熟料常出现快凝现象。这是因为慢冷时,C_3A 形成晶体,急冷时 C_3A 形成玻璃体。同样,若水化产物的结构是凝胶状的,则会形成薄膜,包裹在未水化的水泥周围,阻碍进一步水化,延缓水泥的凝结。

③温度。温度升高,水化加快,凝结时间缩短;反之,则凝结时间会延长。在炎热季节及高温条件下施工时,须注意初凝时间的变化;在冬季或寒冷条件下施工时,应注意采取适当的保温措施,以保证正常的凝结时间。

2.石膏的缓凝机理

为控制水泥的凝结时间,一般在熟料的粉磨过程中加入适量石膏,制成含石膏水泥。石膏在 $Ca(OH)_2$ 饱和溶液中与 C_3A 作用,生成溶解度极低的钙矾石,覆盖于 C_3A 颗粒表面并形成一层薄膜,阻滞水分子及离子的扩散,延缓水泥颗粒特别是 C_3A 的进一步水化以防止快凝。当钙钒石固相体积增加,产生的结晶压力达到一定数值时,钙矾石薄膜局部发生胀裂,从而使水化继续进行,接着又生成钙矾石,直至溶液中的 SO_4^{2-} 离子消耗完为止。

3.假凝现象

假凝现象是指水泥的一种不正常的早期固化现象,即在水泥用水拌和的几分钟内,物料就显示凝结。假凝和快凝本质不同,如图1.9所示。假凝放热量较小,而且经剧烈搅拌后,浆体又可恢复塑性,并达到正常凝结,对强度并无不利影响;而快凝放出大量的热,浆体已产生了一定强度,重新搅拌也不能恢复塑性。

图 1.9 典型的凝结现象

假凝现象与很多因素有关,除熟料中 C_3A 含量偏高、石膏掺量较多外,一般认为,主要还是由于水泥在粉磨时,磨内温度过高,或磨内通风不良,二水石膏受到高温作用,部分脱水生成半水石膏的缘故。当水泥加水时,半水石膏迅速溶于水,部分又重新水化为二水石膏析出,形成针状结晶网状构造,从而引起水泥浆体固化。但由于不是水泥组分的水化,所以不像快凝那样放出大量的热。假凝的水泥浆经剧烈搅拌破坏二水石膏的结构网后,水泥浆又能恢复原来的塑性状态。

对于某些含碱较高的水泥,所含的硫酸钾会与石膏生成的钾石膏结晶并迅速长大,造成假凝,反应式如下:

$$K_2SO_4 + CaSO_4 \cdot 2H_2O = K_2SO_4 \cdot CaSO_4 \cdot H_2O + H_2O \tag{1.51}$$

另外,即使在浆体内并不形成二水石膏等晶体所连成的网状构造,有时也会产生不正常凝结现象。有的研究者认为,这是由于水泥颗粒各相的表面上带有相反的电荷,这些表面间相互作用,形成触变性的假凝。酸性溶液中 Al_2O_3 颗粒表面通常带正电荷,SiO_2 颗粒表面通常带负电荷。为避免水泥假凝,防止石膏脱水,在水泥粉磨时,要采用降温措施,或将水泥适当存放一段时间及延长混凝土搅拌时间。

1.6.2 强度

水泥的强度是表征水泥力学性能,评价水泥质量的重要指标,也是划分强度等级的依据。通常将 28 d 以前的强度称为早期强度,28 d 及以后的强度称为后期强度。水泥强度必须按《水泥胶砂强度检验方法(ISO 法)》(GB/T 17671—1999)的规定制作试块,养护并测定其抗压和抗折强度值。

1. 强度产生的原因

水泥加水拌和后,熟料矿物迅速水化,生成大量的水化产物 C－S－H 凝胶、$Ca(OH)_2$ 及 AFt 晶体。经过一定时间,C－S－H 凝胶也以长纤维晶体从熟料颗粒上长出,同时 AFt 晶体逐渐长大,在水泥浆体中相互交织连接,形成网状结构,从而产生强度。随着水化的进一步进行,水化产物数量不断增加,晶体尺寸不断长大,从而使硬化浆体结构更为致密,强度逐渐提高。

2. 影响水泥强度的因素

影响水泥强度的因素较多,主要有熟料的矿物组成、水泥细度、水泥石结构、石膏掺入量、养护温度和湿度、微量成分及外加剂等。

(1)熟料的矿物组成

熟料的矿物组成决定了水泥的水化速度、水化物的性质,因此是影响水泥强度的重要因素。表 1.8 为某种试验条件下,水泥熟料中 4 种单矿物净浆在不同时间的抗压强度数据。

表 1.8 4 种单矿物水泥抗压强度 单位:MPa

矿物名称	7 d	28 d	180 d	365 d
C_3S	31.60	45.70	50.20	57.30
$\beta\text{-}C_2S$	2.35	4.12	18.90	31.90
C_3A	11.60	12.20	0	0
C_4AF	29.40	37.70	48.30	58.30

4 种单矿物 28 d 强度排序:$C_3S>C_4AF>C_3A>\beta\text{-}C_2S$。$C_3S$ 的早期强度最大,后期强度也较高;$\beta\text{-}C_2S$ 早期强度较低,但后期强度增长较快;C_3A 的早期强度增长较快,但其强度值不高,后期强度增长随龄期延长逐渐减少,甚至有倒缩现象;C_4AF 与 C_3A 相比,早期强度较高,后期强度有所增长。试验表明,C_3A 对水泥早期强度的影响较大,当水泥中 C_3A 含量较低时,水泥早期强度随 C_3A 的增多而提高,但超过某一最佳含量后,则对后期强度产生不利影响,因此水泥的强度并非是几种矿物强度的简单加和。

(2)水泥细度

水泥颗粒越细,与水反应的表面积就越大,因而水化反应的速度越快,水化更为完全,水泥的强度,特别是早期强度就越高。但水泥过细,则水泥标准稠度需水量增加,水泥石硬化收缩变大,孔隙率增加,所以对水泥后期强度不利。适当增大水泥细度,能改善水泥浆体泌水性、和易性和黏结力等。粗颗粒水泥只能在表面水化,未水化部分只起填充料作用。

泌水性是指水泥析出水分的性能。有的水泥在配制砂浆或混凝土时,会将拌和水保留起来,有的在凝结过程中会析出一部分拌和水。水泥的这种保留水分的性能就称为保水性,水泥析出水分的性能称为泌水性或析水性。泌水性妨碍了混凝土层与层之间的结合,由于分层现象在内外都发生,将降低混凝土的强度和抗水性。

和易性是指在一定施工条件下,便于操作,并能获得质量均匀密实的混凝土的性能,包括流动性、可塑性、稳定性和致密性等各方面含义。影响混凝土和易性的因素主要有用水量、水泥浆量和砂率等,存在一个最佳砂率,改变砂率可以适当调整和易性。为调整和易性,尽量采用较粗砂石,改善砂子和石子的级配,尽可能降低用砂量。

(3)水泥石结构

从水泥石的物理结构看,水泥的水化程度越高,单位体积内水化产物就越多,水泥浆体内毛细孔被水化产物填充的程度就高,水泥浆体的密实程度就高,水泥强度也相应提高。

采用特定粒径范围的水泥和减水剂,并采用强烈搅拌、碾轧和加压成型等工艺措施,能使水灰比降低,硬化浆体的孔隙率降低到 20% 以下,可使尺寸超过 $100~\mu m$ 的大孔不多于总体积的 2%,甚至可使 $15~\mu m$ 以上的总孔隙率控制在 0.5% 以内,减少微裂缝的数量和尺寸,增大水泥石的致密程度,使强度特别是抗折强度有较大的提高。

(4)石膏掺入量

石膏主要用于调节凝结时间,也会影响水泥强度,但对强度的影响受细度、C_3A 含量和碱含量等因素控制。加入适量石膏,有利于提高水泥强度,特别是早期强度,但加入量过多时,则会使水泥产生体积膨胀而使强度降低。

(5)养护温度和湿度

温度和湿度是影响水泥水化速度的重要因素。水泥水化过程中,必须在一定的时间内保持适当的温度和足够的湿度,以使水泥充分水化。提高养护温度(即水化的温度),可以使早期强度得到较快发展,但后期强度,特别是抗折强度反而会降低,如图 1.10 所示。

图 1.10 养护温度对水泥浆体强度的影响

（6）微量成分

熟料中通常会有微量成分与熟料矿物形成固溶体，若含有适量P_2O_5和Cr_2O_3或者TiO_2和Mn_2O_3等氧化物，并以固溶体的形式存在时，都能促进水泥的水化，提高早期强度。

当水泥加水拌和时，熟料中所含的Na_2SO_4、K_2SO_4和NC_8A_3等含碱矿物，能迅速以K^+、Na^+和OH^-等离子形式进入溶液，使溶液pH值升高，Ca^{2+}浓度减少，进而使C_3S等熟料矿物的水化速度加快，水泥的早期强度提高，但28 d以后的强度有所下降。

（7）外加剂

在现代建筑工程中，绝大部分混凝土中都采用外加剂，调节水泥石结构强度。掺入减水剂，可减少用水量，降低水灰比，提高强度；掺入早强剂，可提高早期强度；掺入引气剂、膨胀剂和速凝剂等则可能会降低后期强度，故在使用时应根据施工现场情况通过试验确定外加剂品种和掺量。

1.6.3 耐久性

硅酸盐水泥的耐久性是指硬化水泥浆体结构在一定环境条件下长期保持稳定质量和使用功能的性质。硅酸盐水泥的耐久性主要包括抗渗性、抗冻性以及对环境介质的抗蚀性等。

1. 抗渗性

抗渗性是水泥石或混凝土抵抗水、油和溶液等有压介质渗透的能力，抗渗性常用渗透系数K表示。绝大多数有害的流动水、溶液和气体等介质，都是从水泥浆体或混凝土中的孔隙和裂缝中渗入的，引起混凝土耐久性下降。有些工程，如水工构筑物以及储油罐、压力管和蓄水塔等，对抗渗性有非常严格的要求。

当水进入硬化水泥浆体这类多孔材料时，开始渗入速率取决于水压以及毛细管力的大小。待硬化浆体达到水饱和，毛细管力不再存在，就达到一个稳定流动的状态，其渗水速率可用下式表示：

$$\frac{dq}{dt} = KA\frac{\Delta h}{L} \tag{1.52}$$

式中：$\frac{dq}{dt}$为渗水速率（$mm^3 \cdot s^{-1}$）；A为试件的横截面积（mm^2）；Δh为作用于试件两侧的压力差（mmH_2O，1 mm $H_2O = 9.8$ Pa）；L为试件的厚度（mm）；K为渗透系数（$mm \cdot s^{-1}$）。

由式（1.52）可知，当试件两侧压力差一定时，渗水速率和渗透系数成正比，所以常用渗透系数K表示抗渗性的高低，渗透系数K越大，抗渗性越差。

渗透系数K还可用下式表示：

$$K = C\frac{\varepsilon r^2}{\eta} \tag{1.53}$$

式中：ε为总孔隙率；r为孔的水力半径（孔隙体积/孔隙表面积）；η为流体黏度；C为常数。

当采用不同的水灰比时，经长期水化后，测定其渗透系数K，可发现渗透系数随水灰比的增加而提高，如图1.11所示。

水灰比为0.7的硬化浆体，其渗透系数要超过水灰比为0.4的几十倍。当水灰比较低时，毛细孔常被水泥凝胶所堵隔，不易连通，渗透系数较小；当水灰比较大时，总孔隙率提高，毛细孔径增大且基本连通，渗透系数显著提高。因此，毛细孔，特别是连通的毛细孔对抗渗性极为不利。当绝大部分毛细孔均较细小且不连通时,水泥浆体的渗透系数一般可低至10^{-12} cm·s^{-1}。所以,适当降低水灰比,减小孔径和连通孔隙率,是提高硬化浆体结构抗渗性的主要途径。一般认为,水灰比在 0.5 以下,硬化水泥浆体的抗渗性较好。

图 1.11　硬化水泥浆体和混凝土的渗透系数与水灰比的关系

2.抗冻性

水泥在寒冷地区使用时,其耐久性主要取决于抵抗冻融循环的能力,即抗冻性。水泥的抗冻性一般是以试块能经受-15℃和 20℃的冻融循环而抗压强度损失率小于 25％时的最高冻融循环次数来表示的,如 200 次或 300 次冻融循环等,次数越多,说明水泥的抗冻性越好。

水在结冰时,体积增加约 9％,硬化水泥浆体的线膨胀系数是冰的 5％～10％。硬化水泥浆体中的水结冰时会使毛细孔壁承受一定的膨胀应力,当应力超过浆体结构的抗拉强度时,就会使水泥石内产生微细裂缝等不可逆变化,在冰融化后,不能完全复原,再次冻结时,又会将原来的裂缝膨胀得更大,反复冻融循环使裂缝越来越大,最后导致严重破坏。

硬化浆体中水的存在形式有化合水、吸附水(包括凝胶水和毛细水)和自由水三种。其中化合水不会结冰,凝胶水由于凝胶孔极小只能在极低温度(如-78℃)下才能结冰。在自然条件的低温下,只有毛细孔内的水(毛细水)和自由水才会结冰,而毛细水由于溶有 Ca(OH)$_2$ 和碱形成盐溶液,并非纯水,其冰点至少在-1℃以下,加之表面张力作用,使冰点更低。另外,毛细孔径越小,冰点就越低,如 10 nm 孔径中的水到-5℃时结冰,而 3.5 nm 孔径中的水要到-20℃才结冰。但就一般混凝土而言,在-30℃时,毛细孔水能够完全结冰,因此,寒冷地区的冻融循环对混凝土的破坏相当严重。

水泥的抗冻性与水泥的矿物组成、强度、水灰比和孔结构等因素有密切关系。一般增加熟料中 C$_3$S 含量可以改善其抗冻性,适当提高水泥石中石膏掺入量也可提高其抗冻性。在其他条件相同的情况下,所用水泥的强度越高,其抗冻性就越好。在保证水泥完全水化的情况下,水灰比越小,其抗冻性越好。当水灰比控制在 0.4 以下时,硬化浆体通常是高度抗冻的;而水灰比大于 0.55 时,其抗冻性将显著下降。这是因为水灰比较大,硬化浆体内毛细孔数增多,孔的尺寸也增大,导致抗冻性下降。另外,加入引气剂、减水剂和防冻剂等外加剂也是提高抗冻性的重要途径。

3.环境介质的侵蚀

硬化的水泥浆体在正常使用条件下具有较好的耐久性,但在淡水、酸、酸性水、硫酸盐溶液和碱溶液等的侵蚀作用下,硬化的水泥石结构会发生一系列物理化学变化,强度下降,甚至溃裂破坏。

(1)淡水侵蚀

硬化水泥浆体受淡水侵蚀时,其组成逐渐被水溶解并在水流动时被带走,最终导致水泥石结构破坏。硅酸盐水泥的各种水化产物中,$Ca(OH)_2$ 溶解度最大,所以最先被溶解。若水量不多,且处于静止状态,则溶液会很快饱和,溶出即停止,侵蚀的作用仅限于表面,影响不大;若在流动水中,特别是在有水压作用,且混凝土渗透性又较大时,溶出的 $Ca(OH)_2$ 不断被水流带走,并使其他水化产物溶解和分解,水泥石的密实度与强度下降。

(2)酸和酸性水侵蚀

酸类离解出 H^+ 和酸根 R^-,分别与浆体中 $Ca(OH)_2$ 的 OH^- 和 Ca^{2+} 结合生成水和钙盐,侵蚀作用的强弱取决于溶液的 H^+ 浓度的高低。溶液酸性越强,H^+ 越多,结合并带走的 $Ca(OH)_2$ 就越多,侵蚀就越严重。当 H^+ 达到足够高的浓度时,还能直接与水化硅酸钙、水化铝酸钙甚至未水化的硅酸钙和铝酸钙等作用而严重破坏水泥结构。盐酸、硫酸、醋酸、蚁酸、乳液、硬脂酸和软脂酸等高分子有机酸,也会与 $Ca(OH)_2$ 作用生成可溶性钙盐。

自然界中,对水泥有侵蚀作用的主要是从大气中溶入水中的 CO_2 产生的碳酸。水中有碳酸存在时,先与水泥石中的 $Ca(OH)_2$ 反应生成难溶于水的 $CaCO_3$,再与 $CaCO_3$ 反应生成易溶于水的 $Ca(HCO_3)_2$,甚至还会引起水化硅酸钙和水化铝酸钙的分解。当水中 CO_2 和 $Ca(HCO_3)_2$ 之间的浓度达到平衡时,反应即停止。由于天然水中本身常含有少量 $Ca(HCO_3)_2$,因而必须有一定量的碳酸与之平衡,这部分碳酸不会溶解碳酸钙,没有侵蚀作用,称为平衡碳酸。当水中含有的碳酸超过平衡碳酸量时,其多余碳酸就会与 $CaCO_3$ 反应,对水泥产生侵蚀作用,这一部分碳酸称为侵蚀性碳酸。因此碳酸的含量越大,溶液酸性越强,侵蚀也会越严重。暂时硬度大的水中含 $Ca(HCO_3)_2$ 或 $Mg(HCO_3)_2$,与硬化浆体中的 $Ca(OH)_2$ 作用,生成溶解度极小的碳酸钙或碳酸镁,沉积在硬化浆体结构的孔隙内及表面,提高结构密实性,阻碍水化产物的进一步溶出,降低侵蚀作用。水的暂时硬度越大,所需的平衡碳酸量越多,即使有较多的 CO_2 存在也不会产生侵蚀。而在暂时硬度不高的水中,即使 CO_2 含量不多,但只要是大于当时相应的平衡碳酸量,也会产生一定的侵蚀作用。

磷酸和草酸与 $Ca(OH)_2$ 反应生成难溶钙盐,在毛细孔中形成栓塞,阻滞了侵蚀的进展,草酸钙在水泥石表面形成保护层,还可增加对酸的抗蚀性。

(3)盐类侵蚀

硫酸盐对水泥石结构的侵蚀主要是由于可溶性酸根能与硬化浆体中的 $Ca(OH)_2$ 反应,生成 $CaSO_4 \cdot 2H_2O$,如下式:

$$Ca(OH)_2 + Na_2SO_4 \cdot 10H_2O \rightarrow CaSO_4 \cdot 2H_2O + 2NaOH + 8H_2O \qquad (1.54)$$

上述反应使固相体积增大 114%,在水泥石内产生很大结晶压力,从而引起水泥石开裂以致破坏。但上述反应形成的 $CaSO_4 \cdot 2H_2O$ 在溶液中的 SO_4^{2-} 浓度必须足够大(达 2 020~2 100 mg/L 时),才能析出晶体。当溶液中 SO_4^{2-} 浓度小于 1 000 mg/L 时,由于石膏的溶解度较大,$CaSO_4 \cdot 2H_2O$ 晶体不能溶出,但生成的 $CaSO_4 \cdot 2H_2O$ 会继续与浆体结构中的水化铝酸钙反应生成钙矾石。因钙矾石的溶解度很小,当 SO_4^{2-} 浓度较低时就能析出晶体,使固相体积膨胀 94%,同样会使水泥石结构胀裂破坏。在硫酸盐浓度较低的情况 (250~1 500 mg/L)下,产生的是硫铝酸盐侵蚀;当其浓度达到一定值时,就会转变为石膏侵蚀或硫铝酸钙与石膏混合侵蚀。除硫酸钡以外,绝大部分硫酸盐对硬化水泥浆体都有明显的侵蚀作用。

在一般的河水和湖水中,硫酸盐浓度不高,通常小于 60 mg/L,但在海水中 SO_4^{2-} 的浓度常达 2 500~2 700 mg/L。有的地下水流经含有石膏、芒硝(硫酸钠)或其他富含硫酸盐成分的岩石夹层时,将部分硫酸盐溶入水中,也会提高水中 SO_4^{2-} 浓度而引起侵蚀。

(4)强碱侵蚀

一般情况下,水泥混凝土能够抵抗碱类的侵蚀。但如长期处于较高质量分数(>10%)的含碱溶液中,也会发生缓慢破坏。碱溶液与水泥石的组分间发生化学反应,生成胶结力不强、易为碱液溶析的产物,代替了水泥石原有的结构组成:

$$2CaO \cdot SiO_2 \cdot nH_2O + 2NaOH \rightarrow 2Ca(OH)_2 + Na_2SiO_3 + (n-1)H_2O \qquad (1.55)$$

$$CaO \cdot Al_2O_3 \cdot 6H_2O + 2NaOH \rightarrow Ca(OH)_2 + Na_2O \cdot Al_2O_3 + 6H_2O \qquad (1.56)$$

孔隙中的碱液蒸发析晶,产生的结晶压力也引起水泥石膨胀破坏。例如,孔隙中的 NaOH 在空气中的二氧化碳作用下形成 $Na_2CO_3 \cdot 10H_2O$,使体积增加而膨胀。

1.7 其他通用水泥

除硅酸盐水泥外,通用水泥还有普通硅酸盐水泥、矿渣硅酸盐水泥、火山灰质硅酸盐水泥、粉煤灰质硅酸盐水泥、复合硅酸盐水泥及石灰石硅酸盐水泥,它们同属于硅酸盐水泥系列,都是以硅酸盐水泥熟料为主要组分,以石膏作缓凝剂,不同品种水泥之间的差别主要在于所掺加混合材料的种类和数量不同。

1.7.1 混合材料

混合材料是指在粉磨水泥时与熟料和石膏一起加入磨内,用以提高水泥产量、改善水泥性能并调节水泥标号的矿物质材料。根据来源可分为天然混合材料和人工混合材料(主要是工业废渣),根据功能可分为活性混合材料和非活性混合材料两大类。

①活性混合材料。活性混合材料是指具有火山灰性或潜在的水硬性,以及兼有火山灰性和水硬性的矿物质材料,主要包括粒化高炉矿渣、火山灰质混合材料和粉煤灰质混合材料等。

②非活性混合材料。非活性混合材料是指在水泥中主要起填充作用而又不损害水泥性能的矿物质材料,即活性指标不符合要求的材料,或者是无潜在水硬性和火山灰性的一类材料,它主要包括砂岩、石灰石和块状的高炉矿渣等。

1. 粒化高炉矿渣混合材料

粒化高炉矿渣是高炉冶炼生铁后的固体废弃物,以硅酸钙和铝硅酸钙为主要成分,是水泥中用量最大且质量最好的活性混合材料。淬冷废渣具有活性,而缓慢冷却废渣不具有活性。

高炉矿渣的化学成分主要为 CaO、SiO_2 和 Al_2O_3,占矿渣的总量一般大于 90%。高炉矿渣各化学成分质量分数的范围:CaO 35%~46%,SiO_2 26%~42%,Al_2O_3 6%~20%,MgO 4%~13%,FeO 0.2%~1%,MnO 0.1%~1%,TiO_2 小于 2%,S 0.5%~2%。

2. 火山灰质混合材料

与气硬性石灰混合后再加水拌和,能在空气中硬化且能在水中继续硬化的矿物,称为火山灰质混合材料。表 1.9 为具有火山灰性的天然的或人工的矿物质材料分类。

表 1.9 火山灰质混合材料分类

天然火山灰质混合材料	人工火山灰质混合材料
火山灰、凝灰岩、沸石岩、浮石、硅藻土、硅藻石、蛋白石	烧页岩、烧黏土、煤矸石、煤渣、硅质渣、硅灰

火山灰:火山喷发的细粒碎屑,沉积在地面或水中形成的疏松态物质。

凝灰岩:由火山灰沉积而成的致密岩石。

沸石岩:凝灰岩经环境介质作用形成的一种以碱或碱土金属的含水铝硅酸盐矿物为主的岩石。

浮石:火山爆发时从火山口喷出的具有高挥发性的熔岩,大量气体使熔岩膨胀,并在冷却凝固过程中排出大量气体使之成为一种轻质、多孔、可浮在水上的多孔玻璃态物质。

硅藻土:由极微的硅藻外壳聚集沉积而成,外观呈松软多孔粉状,大多为浅灰或黄色,在沉积过程中,可能夹杂部分黏土。

硅藻石:硅藻土经长期的自然堆积,并受到挤压,结构变得致密,即为硅藻石。

蛋白石:天然的含水无定形二氧化硅致密块状凝胶体。

烧页岩:页岩或油母页岩经煅烧或自燃后的产物。

烧黏土:黏土经煅烧后的产物,除了专门烧制的黏土外,还有砖瓦工业生产中的废品有时也能应用。

煤矸石:煤层中煤页岩经自燃或人工燃烧后的产物。

煤渣:用链式炉燃烧煤炭后产生的废渣,呈大小不等的块状。

硅质渣:用矾土提取硫酸铝的残渣,其主要成分是氧化硅。

硅灰:炼硅或硅铁合金过程中得到的副产品。SiO_2 的质量分数在 90% 以上,以无定形球状玻璃体存在,其粒径平均为 $0.1~\mu m$。

3. 粉煤灰质混合材料

粉煤灰是从煤粉炉烟道气体中收集的粉尘。在火力发电厂,煤粉在锅炉内经 1 100~1 500℃的高温燃烧后,一般有 70%~80% 呈粉状灰随烟气排出,经收尘器收集,即为粉煤灰;20%~30% 呈烧结状落入炉底,称为炉底灰或炉渣。

粉煤灰的化学成分随煤种、燃烧条件和收尘方式等条件的不同而在较大范围内波动,但以 SiO_2 和 Al_2O_3 为主,并含有少量 Fe_2O_3 和 CaO。粉煤灰具有火山灰性,其活性大小取决于可熔性的 SiO_2、Al_2O_3 和玻璃体含量,以及它们的细度。粉煤灰的粒径一般在 0.5~$200~\mu m$ 之间,其主要颗粒在 1~$1.5~\mu m$ 范围内,$0.08~mm$ 方孔筛余 35%~40%,质量密度为 2.0~$2.3~g/cm^3$,体积密度为 0.6~$1.0~kg/L$。

1.7.2 普通硅酸盐水泥

根据国家标准,硅酸盐水泥代号为 P·Ⅰ 和 P·Ⅱ,普通硅酸盐水泥代号为 P·O,其组分要求分别见表 1.10 和表 1.11。

表 1.10　硅酸盐水泥的组分要求(质量分数%)

代号	熟料+石膏	粒化高炉矿渣	石灰石
P·I	100	—	—
P·II	95~100	0~5	—
		—	0~5

表 1.11　普通硅酸盐水泥组分要求(质量分数%)

代号	熟料+石膏	主要混合材料			替代混合材料
		粒化高炉矿渣	粉煤灰	火山灰质混合材料	
P·O	80~95	5~20			0~5

注:主要混合材料由符合国家标准规定的粒化高炉矿渣、粉煤灰、火山灰质混合材料组成。
　　替代混合材料为符合国家标准规定的石灰石、砂岩、窑灰中的一种材料。

硅酸盐水泥具有凝结时间短、快硬、早强、高强、抗冻、耐磨、耐热、水化放热集中、水化热较大、抗硫酸盐侵蚀能力较差的性能特点。硅酸盐水泥用于配制高强度混凝土、先张预应力制品、道路、低温下施工的工程和一般受热(<250℃)的工程。不经过专门的检验,一般不适用于大体积混凝土和地下工程,特别是有化学侵蚀的工程。

普通硅酸盐水泥与硅酸盐水泥性能相近,也具有凝结时间短、快硬、早强、高强、抗冻、耐磨、耐热、水化放热集中、水化热较大、抗硫酸盐侵蚀能力较差的性能特点,但相比硅酸盐水泥,早期强度增进率稍有降低,抗冻性和耐磨性稍有下降,抗硫酸盐侵蚀能力有所增强。普通硅酸盐水泥可用于任何无特殊要求的工程,不经过专门检验,一般不适用于受热工程、道路、低温下施工工程、大体积混凝土工程和地下工程,特别是有化学侵蚀的工程。

1.7.3　矿渣硅酸盐水泥

矿渣硅酸盐水泥代号为 P·S,其组分要求见表 1.12。

表 1.12　矿渣硅酸盐水泥的组分要求(质量分数%)

代号	熟料+石膏	粒化高炉矿渣	替代混合材料
P·S·A	50~80	20~50	0~8
P·S·B	30~50	50~70	

注:替代混合材料为符合国家标准规定的粉煤灰、火山灰、石灰石、砂岩、窑灰中的一种材料,替代后 P·S·A 矿渣
　　水泥中的矿渣不小于 20%,P·S·B 水泥中的矿渣不小于 50%。

矿渣硅酸盐水泥具有需水性小、早强低后期增长大、水化热低、抗硫酸盐侵蚀能力强、受热性好的优点,但也具有保水性和抗冻性差的缺点。矿渣硅酸盐水泥可用于无特殊要求的一般结构工程,适用于地下、水利和大体积等混凝土工程,在一般受热工程(<250℃)和蒸汽养护构件中可优先采用,但不宜用于需要早强和受冻融循环、沙漠戈壁等干湿交替工程。

1.7.4　火山灰质硅酸盐水泥和粉煤灰质硅酸盐水泥

火山灰质硅酸盐水泥代号为 P·P,粉煤灰质硅酸盐水泥代号为 P·F,其组分要求见表 1.13。

表 1.13　粉煤灰硅酸盐水泥和火山灰质硅酸盐水泥的组分要求(质量分数％)

代号	熟料＋石膏	粉煤灰	火山灰质混合材料
P·F	60～80	20～40	
P·P	60～80		20～40

火山灰质硅酸盐水泥具有较强的抗硫酸盐侵蚀能力,保水性好、水化热低,但也具有需水量大、低温凝结慢、干缩性大、抗冻性差的缺点。粉煤灰硅酸盐水泥具有与火山灰质硅酸盐水泥相近的性能,但相比火山灰质硅酸盐水泥,其具有需水量小、干缩性小的特点。火山灰质硅酸盐水泥和粉煤灰硅酸盐水泥可用于一般无特殊要求的结构工程,适用于地下、水利和大体积等混凝土工程,而不宜用于冻融循环、干湿交替的工程。

掺 30％粉煤灰的粉煤灰水泥结合水及 $Ca(OH)_2$ 含量的测定结果如图 1.12 所示。后期粉煤灰水泥的结合水量有显著增加,而 $Ca(OH)_2$ 含量在后期逐渐下降,说明粉煤灰的活性组分在后期能很快与 $Ca(OH)_2$ 反应,使水化物增多,结构致密,从而使粉煤灰水泥的后期强度有较大的增长,甚至超过相应硅酸盐水泥的强度。

图 1.12　水泥中结合水与 $Ca(OH)_2$ 的质量分数随龄期变化曲线

1.7.5　复合硅酸盐水泥

复合硅酸盐水泥代号为 P·C,其组分要求见表 1.14。

表 1.14　复合硅酸盐水泥组分要求(质量分数%)

代号	熟料＋石膏	主要混合材料					替代混合材料
		粒化高炉矿渣	粉煤灰	火山灰质混合材料	石灰石	砂岩	
P·C	50～80	20～50					0～8

注:主要混合材料由符合本标准规定的粒化高炉矿渣、粉煤灰、火山灰质混合材料、石灰石和砂岩中的三种(含)以上材料组成。其中石灰石和砂岩的总量小于水泥质量的20%。

　　替代混合材料为符合本标准规定的窑灰。

　　复合硅酸盐水泥除了具有矿渣硅酸盐水泥、火山灰硅酸盐水泥、粉煤灰硅酸盐水泥所具有的水化热低、耐蚀性好、韧性好的优点外,还能通过混合材料的复掺优化水泥的性能,如改善保水性、降低需水性、减少干燥收缩、适宜的早期和后期强度发展。复合硅酸盐水泥可用于无特殊要求的一般结构工程,适用于地下、水利和大体积等混凝土工程,特别是有化学侵蚀的工程,但不宜用于需要早强和受冻融循环、干湿交替的工程。

　　复合水泥的性能与所用复掺混合材料的品种和数量有关。如选用矿渣、化铁炉渣、磷渣或精炼铬铁渣为主,配以其他混合材料,且混合材料的总掺量又较大时,其特性接近矿渣水泥。如选用火山灰质混合材料或粉煤灰混合材料为主,配以其他混合材料,且混合材料的总掺加量较大时,其特性接近火山灰水泥或粉煤灰水泥。

　　例如,矿渣与火山灰双掺复合水泥,其和易性显得格外好;而矿渣与粉煤灰双掺复合水泥的水泥石单位质量的内表面积由矿渣水泥的16.16 $m^2 \cdot g^{-1}$提高到23.5$m^2 \cdot g^{-1}$,从而有效地提高了水泥的抗压强度。

　　图 1.13 表示的是单掺矿渣和复掺矿渣、页岩、石灰石的水泥,在相同条件下配制出的混凝土自然养护时的强度结果,与标准养护时的水泥胶砂和混凝土的变化规律基本一致,双掺的效果比单掺的好,而三掺的效果比双掺的要好。但也有例外,例如矿渣、磷渣双掺时不如单掺矿渣效果好,粉煤灰、煤渣双掺时也不如单掺粉煤灰时效果好。

图 1.13　单掺和复掺水泥的混凝土强度

1.8　特　种　水　泥

相对于一般土木建筑工程所用的通用水泥而言,特种水泥是指具有某些独特性能,适合特定的用途,或能发挥特殊作用并赋予建筑物特别功能的水泥品种,包括特种水泥和专用水泥。

1.8.1　特种水泥的分类

特种水泥种类繁多,分类复杂,目前有三种常见的分类方法:一是按特种水泥所具有的特性分类,二是按特种水泥的用途分类,三是按特种水泥中主要水硬性物质的名称分类。

(1)按特种水泥所具有的特性分类

①快硬高强水泥:具有凝结硬化快,早期强度高的特点,又分为快硬和特快硬两类。

②膨胀和自应力水泥:硬化后体积有一定膨胀,主要用于防水砂浆、修补工程等。

③低水化热水泥:水化放热较小,主要用于水工工程等大体积混凝土工程。

④耐高温水泥:能耐受较高温度,可用于窑炉衬料等。

⑤耐腐蚀水泥:能耐受腐蚀性介质的腐蚀,如抗硫酸盐水泥、耐酸水泥等。

(2)按特种水泥的用途分类

①水工水泥:主要应用于水工大坝或其他大体积混凝土工程、海港工程及其他经常与侵蚀介质接触的地下或水下工程,主要包括抗硫酸盐水泥、中热和低热水泥。

②油井水泥:主要用于油气井固井,按其适用的温度和压力分为 9 个级别及 3 个类型。

③道路水泥:具有耐磨性好及干缩性小等特点,主要用于道路工程。

④装饰水泥:主要用于建筑装饰,包括白色水泥和彩色水泥。

⑤砌筑水泥:主要用于砌筑砂浆、内墙抹面和基础垫层等,一般不用于配制混凝土。

⑥防辐射水泥:用于核辐射的防护和高放废液的固化处理。

1.8.2　快硬高强水泥

1.快硬硅酸盐水泥

凡以硅酸盐水泥熟料和适量的石膏磨细制成的,以 3 d 抗压强度表示水泥标号的水硬性胶凝材料,称为快硬硅酸盐水泥,简称快硬水泥。

快硬硅酸盐水泥早期强度高,1 d 抗压强度为 28 d 的 $30\%\sim35\%$,后期强度仍持续增长。由于水泥粒度细、水化活性高,C_3S 和 C_3A 含量高,因而水化热较高。快硬水泥早期干缩率也较大,但水泥石比较致密,故不透水性和抗冻性往往优于普通水泥。快硬硅酸盐水泥低温性能较好,在 10℃时各龄期强度明显高于普通水泥。

快硬硅酸盐水泥主要用于抢修工程、军事工程以及预应力钢筋混凝土构件等,适用于配制干硬性混凝土,水灰比应控制在 0.40 以下。

2.快硬硫铝酸盐水泥

快硬硫铝酸盐水泥是以 $3CaO \cdot 3Al_2O_3 \cdot CaSO_4$ 和 C_2S 为主要矿物组成的特种水泥。凡以适当成分的生料,经煅烧所得以无水硫铝酸钙和硅酸二钙为主要矿物成分的熟料,加入适量石膏和 $0\sim10\%$ 的石灰石,磨细制成的早期强度高的水硬性胶凝材料,称为快硬硫铝酸盐水泥,代号为 R·SAC。

快硬硫铝酸盐水泥早期强度高,长期强度稳定,并有所增长,密度较硅酸盐水泥低得多,初凝为 $30\sim50$ min,终凝为 $40\sim90$ min,水化热为 $190\sim210$ kJ·kg^{-1}。低温性能较好,在 $-25\sim-15$℃下仍可水化硬化,在 -5℃以上时,不必采取任何特殊措施,就可以正常施工。

快硬硫铝酸盐水泥不含 C_3A,水泥石致密度高,抗硫酸盐性能良好;在空气中收缩小,抗冻性和抗渗性良好;水泥石液相的碱度低,可用于生产耐久性好的玻璃纤维增加水泥制品。然而碱度低也可能在钢筋混凝土成型早期对钢筋有轻微锈蚀,但不影响使用。

快硬硫铝酸盐水泥热稳定性较差,在 100℃以上时,水化产物相继开始脱水,强度逐渐下降,在 150℃以上时,强度急剧下降。

快硬硫铝酸盐水泥可用于紧急抢修工程,如接缝、堵漏、锚喷、抢修飞机跑道和公路等,适合于冬季施工工程、地下工程、配制膨胀水泥和自应力水泥以及玻璃纤维砂浆等。

3. 快硬氟铝酸盐水泥

以矾土、石灰石和萤石(或再加石膏)经配料煅烧得到以氟铝酸钙 $C_{11}A_7\cdot CaF_2$ 为主要矿物的熟料,再与石膏一起磨细而成的水泥为快硬氟铝酸盐水泥。国内的双快(快凝、快硬)和国外的超速硬水泥属于此类。快硬氟铝酸盐水泥凝结硬化快,强度增长以小时计,有小时水泥之称。

快硬氟铝酸盐水泥的主要矿物组成为氟铝酸钙、阿利特、贝利特和铁铝酸钙固溶体,其中 $C_{11}A_7\cdot CaF_2$ 实质上是 $C_{12}A_7$ 中一个 CaO 的 O^{2-} 被两个 F^- 所置换的产物。

快硬氟铝酸盐水泥水化速度很快,氟铝酸钙几乎在几秒钟内就水化生成水化铝酸钙,几分钟内,水化铝酸钙和硅酸钙水化产生的 $Ca(OH)_2$ 以及 $CaSO_4$ 生成低硫型水化硫铝酸钙和钙矾石。水泥石结构以钙矾石为骨架,其间填充 C-S-H 凝胶和铝胶,故能很迅速地达到很高的致密度而具有快硬早强特性。

快硬氟铝酸盐水泥可用于机场跑道、道路的紧急抢修工程,可用作锚喷用的喷射水泥,还可用作铸造业的型砂水泥。

1.8.3　油井水泥

油井水泥是石油、天然气勘探和开采时,油、气井固井工程的专用水泥,又称堵塞水泥。地下岩层结构十分复杂,地层下环境的温度和压力随着井深的增加而提高,一般油井深度每增加 100 m,温度约提高 3℃,压力增加 $1.0\sim2.0$ MPa。如当井深达 7 000 m 以上时,井底温度可达 200℃,压力可达 125 MPa。油井水泥的实际使用条件非常复杂,须具有较好的流动性、较高的沉降稳定性和合适的密度,有利于作业中的泵送;凝结时间适宜,浆体强度发挥较快,固井施工结束后浆体迅速硬化,短期内达到足够的强度,并保持长期稳定;硬化浆体密实性好,有良好的抗渗性,对各类侵蚀介质具有良好的抗蚀能力。

我国将普通油井水泥分为 9 个级别,分别为 A、B、C、D、E、F、G、H 和 J 级油井水泥,均以水硬性硅酸钙和石膏为主要成分。

A 级油井水泥具有可泵性好,凝结硬化快及早期强度高的特点,对于高压井效果特别好,有利于防止油、气上窜,提高固井质量,适用于自地面至 1 800 m 井深的固井作业。

B 级油井水泥与 A 级水泥相比,适用油井深度相同,但 B 级油井水泥具有抗硫酸盐性能。

C 级油井水泥适用于要求较高早期强度,自地面至 1 830 m 井深的固井作业。

D 级油井水泥适用于中温、中压条件下的 1 830～3 050 m 井深的注水泥。

E 级油井水泥适用于高温、高压条件下的 3 050～4 270 m 井深的注水泥。

F 级油井水泥适用于高温、高压条件下的 3 050～4 880 m 井深的注水泥。

G 和 H 级油井水泥为常用的基本油井水泥,生产时允许掺加适量石膏,不得掺加其他任何外加剂,使用时能与多种外加剂配合,能适用于较大的井深和温度变化范围。

J 级油井水泥具有耐高温特性,适用于超高温、高压条件下的 3 600～4 880 m 井深的固井作业,与促凝剂或缓凝剂一起使用,能适用于较大的井深和温度变化范围。

1.8.4　装饰水泥

1. 白水泥

白色硅酸盐水泥简称白水泥,代号为 P·W,以硅酸钙为主要成分。C_3A 含量高、氧化铁含量少的熟料称为白色硅酸盐水泥熟料。熟料中氧化镁的含量不宜超过 4.5%,如果水泥经压蒸安定性试验合格,则熟料中氧化镁的含量允许放宽到 6.0%。

白色硅酸盐水泥是技术最成熟,生产规模最大的装饰水泥品种,适应性广,可用于建筑装饰工程或水泥制品,也是生产彩色水泥的重要基本材料。除白色硅酸盐水泥外,还有一些其他品种的白色水泥,如高炉矿渣白水泥、白色硫酸盐水泥、钢渣白水泥和磷矿渣白水泥等。

2. 彩色水泥

彩色硅酸盐水泥简称彩色水泥,其基本色有红色、黄色、蓝色、绿色、棕色和黑色等。彩色水泥的生产方法可分为两类:一类是以白色水泥或普通水泥为基体,通过掺加颜料的方式粉磨或混合制成;另一类是直接烧制法,在水泥生料中掺入适量着色物质,煅烧成彩色熟料,磨细制成彩色水泥。

白色和彩色水泥不仅可直接配制成各种颜色的灰浆和混凝土,用于建筑装饰工程,还可深加工制成水磨石、彩色地砖、人造大理石和工艺雕塑等各种类型的装饰材料或制品。

1.8.5　膨胀和自应力水泥

CaO 和 MgO 水化生成氢氧化物的体积膨胀和水泥石中形成高硫型水化硫铝酸钙(钙矾石)产生的体积膨胀等都会使水泥膨胀,但 CaO 和 MgO 水化产生的膨胀不易控制,其煅烧温度、颗粒大小等工艺因素对膨胀性能有很大影响,目前广泛利用的是在水泥中形成钙矾石产生体积膨胀。钙矾石并非一开始就提供膨胀,在水泥水化硬化初期,它主要起凝结作用,钙矾石相体积膨胀先填充水泥石内部空隙,使浆体强度随膨胀有所增大,达到某一限度时,强度停止增长,此后若钙矾石相还继续形成,强度随膨胀增加而下降,抗拉强度比抗压强度更为敏感。如向硅酸盐水泥或高铝水泥中加二水石膏,在逐步增加 SO_3 过程中,硬化水泥浆体的强度出现最高点。而对于膨胀水泥,通过 SO_3 量的控制,可使强度与膨胀同时增长,强度不出现倒缩现象;对于自应力水泥,往往会出现强度发展的停顿或下降阶段,至膨胀逐步稳定时,强度再继续回升。

当用膨胀水泥配制钢筋混凝土时,钢筋由于混凝土膨胀,受到一定的拉应力而伸长,混凝土的膨胀则因受到钢筋的限制而受到相应的压应力。此后即使经过干缩,仍不能使膨胀的尺寸全部抵消,尚有一定的剩余膨胀,这种预先具有的压应力可以减轻外界因素所产生的拉应力,从而有效地改善了混凝土抗拉强度低的缺陷。这种预先具有的压应力是依靠水泥本身的水化而产生的,所以称为"自应力",并以"自应力值"表示混凝土中所产生压力的大小。

1.8.6 耐高温水泥

耐高温水泥主要是铝酸盐水泥,以钙质和铝质材料为主要原料,按适当比例配制成生料,煅烧至完全或部分熔融,并经冷却所得以铝酸钙为主要矿物组成的胶凝材料。按水泥中 Al_2O_3 含量(质量分数)分为 CA50、CA60、CA70 和 CA80 四个品种,各品种作如下规定:

① CA50:$50\% \leqslant w_{Al_2O_3} < 60\%$,该品种根据强度分为 CA50 - Ⅰ、CA50 - Ⅱ、CA50 - Ⅲ 和 CA50 - Ⅳ;

② CA60:$60\% \leqslant w_{Al_2O_3} < 68\%$,该品种根据主要矿物组成分为 CA60 - Ⅰ(以 CA 为主)和 CA60 - Ⅱ(以 C2A 为主);

③ CA70:$68\% \leqslant w_{Al_2O_3} < 77\%$;

④ CA80:$w_{Al_2O_3} \geqslant 77\%$。

CA50 水泥成型时,水灰比按 0.44,当胶砂流动度超出 145～165 mm 时,应在 0.44 基数上以 0.01 的整倍数增加或减少水灰比,使制成胶砂流动度达到 145～155 mm 或减至 165～155 mm,试件成型时用达到上述要求流动度的水灰比制备胶砂。CA60、CA70、CA80 水泥成型时水灰比按 0.40 和胶砂流动度达 145～165 mm 来确定,当胶砂流动度超出该流动度范围时,按 CA50 成型的方法进行调整。

高铝水泥水化很快,加水 6～12 h,即可释放出大部分水化热,24 h 的水化热接近于硅酸盐水泥 7d 的水化热。在低温下,高铝水泥可依靠本身水化放热,使混凝土内部维持较高的温度,从而能较好地发挥强度。

高铝水泥具有很好的耐热性,在高温作用下仍能保持一定的强度。这是由于高铝水泥水化产物中无 $Ca(OH)_2$ 存在,在受热情况下无 $Ca(OH)_2$ 分解和再水化产生的膨胀破坏。同时在高温作用下,高铝水泥配制的混凝土中还会产生固相烧结反应,逐步代替原来的水化结合,故使强度不至于过分降低,所以高铝水泥可作为耐热水泥混凝土的胶结料。

1.8.7 机场跑道水泥

碱是混凝土中的有害成分,水泥是混凝土中碱的主要来源之一,因此目前许多机场跑道已开始采用满足施工质量的低碱水泥。国际上通常将碱的质量分数小于或等于 0.6% 的水泥叫做低碱水泥。军用机场建设机场跑道及停机坪全部采用施工要求的低碱水泥,其主要质量指标要求:碱的质量分数 $\leqslant 0.6\%$,初凝和终凝时间差 2 h 左右,水泥熟料 C_3A 的质量分数 $\leqslant 6.5\%$,水泥 28 d 抗压强度 $\geqslant 48$ MPa。

为满足机场对低碱水泥提出的熟料中 $w_{C_3A} \leqslant 6.5\%$ 和水泥 28 d 抗压强度 $\geqslant 48$ MPa 的要求,在设计配料方案时应降低熟料中的 Al_2O_3 含量,提高 Fe_2O_3 含量,适当提高熟料中的 C_3S 含量,采取高 KH 值的配料方案。在生产低碱水泥时,选取的低碱石灰石,其中 CaO 含量高且 MgO 含量较低,生料易烧性好,熟料中有效矿物含量有所提高。具体的配料方案可参考:KH 为 0.92～0.96,n 为 1.95～2.10,p 为 1.0～1.1。

机场跑道用低碱水泥质量稳定,施工性能良好,对减水剂适应范围广,不会出现裂纹现象。

1.8.8 核电站工程用水泥

根据核电站对建设用水泥品质的要求,要严格控制熟料中 f-CaO、C_3A 和 C_3S 的含量,水化热要低,干缩率要低,后期强度要高等,因此在设计配料方案时,三率值方案确定为:$KH=0.91\pm0.01,n=1.95\pm0.1,p=1.0\pm0.1$。

根据核电站建设用水泥的特点,通常采取以下措施:

①选择合适的原料和燃料。要求原煤灰分的质量分数≤26%,挥发物的质量分数≥24%,发热量≥2 170kJ·kg^{-1},采用泥质粉砂岩作硅质校正原料,其 SiO_2 的质量分数平均可达75%~85%,Al_2O_3 的质量分数<8%,各种有害成分极少。

②严格控制生料细度,加强入窑生料的均化。要求出磨生料 0.2 mm 方孔筛筛余<1%,并加强对出磨生料的质量控制,确保满库生料合格率达到90%以上,同时加强搅拌池吹风,以确保入窑生料成分稳定。

③加强对回转窑的管理,严把熟料煅烧关。应采用设备状况良好,工艺条件优越,特别是能独立于其他窑系统(从生料搅拌池到熟料储存,它不受其他窑系统的干扰)的专用生产线。

④采用专用水泥粉磨系统。根据核电站建设用水泥的质量指标调整系统操作参数,以确保水泥质量。

1.8.9 耐酸水泥

耐酸水泥是一种能抵抗酸类侵蚀作用的水泥,包括水玻璃耐酸水泥、硫黄水泥、环氧胶泥和聚醋酸乙烯胶泥,广泛应用于化学工业的构件中,如酸塔、储酸槽、结晶器、沉降槽及中和器等耐酸构件。

(1)水玻璃耐酸水泥

由耐酸填料和硬化剂按适当比例配合,共同磨细或分别磨细后混合均匀的粉状物料,与适量的水玻璃溶液拌匀后,能在空气中硬化,并具有抵抗大多数无机酸和有机酸腐蚀的材料,称为水玻璃耐酸水泥。

水玻璃耐酸水泥以水玻璃为胶结料,其模数为 2.6~3.0,密度为1.38~1.45 g·cm^{-3}。水玻璃耐酸水泥具有优良的耐酸性能,如对浓硫酸和硝酸有足够的化学稳定性,能抵抗大部分无机酸、有机酸及酸性气体的腐蚀,但抵抗稀酸及水侵蚀的能力差。

(2)硫黄耐酸水泥

硫黄耐酸水泥是以硫黄、耐酸填料和增韧剂按一定比例熔融混合,浇注成型的抗蚀胶凝材料。硫黄耐酸水泥能耐受任何浓度的硫酸、盐酸、磷酸,浓度低于 40% 的硝酸,浓度低于50% 的醋酸。硫黄耐酸水泥作为浇注型的耐酸胶结料,用于化工厂连接耐酸槽的衬砖、防腐地面、地板接缝,固定设备基础预埋件,修补混凝土水管及水池等构件。

硫黄耐酸水泥的热稳定性差,使用温度一般不超过 90℃。由于含硫黄较多,材料较脆、易燃,不能用于强烈振动和接触火种的场合,不能用于受强氧化性酸(如浓度高于40%的硝酸)、强碱等侵蚀作用的工程。

(3)聚合物耐酸水泥

聚合物耐酸水泥以合成树脂为胶结料,加入固化剂、填料、增韧剂或稀释剂,经常温或适当升温养护而制成。国内建筑防腐工程中主要使用环氧类、酚醛类及不饱和聚醋酸类聚合水泥,其耐蚀性主要取决于所用聚合物的耐蚀性。聚合物耐酸水泥的耐蚀性能良好,但价格偏高,主要用作结合层、嵌缝及填补材料、黏结材料、密封材料及设备基础覆面等。

思 考 题

1. 简述硅酸盐水泥熟料中四种主要矿物的特性。

2. 已知熟料化学成分(见表 1.15),计算其矿物组成($p>0.64$)。

表 1.15 熟料化学成分

w_{SiO_2}	$w_{Al_2O_3}$	$w_{Fe_2O_3}$	w_{CaO}	w_{MgO}
21.98%	6.15%	4.31%	65.80%	1.02%

3. 配料计算的原则和依据是什么?

4. 简述尝试误差配料计算的步骤。

5. 影响碳酸盐分解的因素主要有哪些?如何加速碳酸盐的分解?

6. 影响固相反应速度的因素有哪些?

7. 什么是熟料形成热?影响熟料热耗的因素有哪些?

8. 硅酸三钙的水化过程是如何进行的?有何特点?

9. 影响硅酸盐水泥水化过程的因素有哪些?

10. 在硬化水泥浆体中,水是以哪几种形式存在的?

11. 为什么要控制水泥的凝结时间?影响水泥凝结时间的因素有哪些?

12. 如何提高水泥的抗渗性及抗冻性?

13. 水泥中掺加混合材料的主要目的是什么?

14. 火山灰质硅酸盐水泥的特性有哪些?

15. 复合水泥的性能与其他通用水泥相比有哪些特殊性?

16. 简述膨胀和自应力水泥产生膨胀的基本原理。

17. 如何提高白水泥的白度?

18. 联合物耐酸水泥的原理和优势分别是什么?

第 2 章　玻　　璃

玻璃是非晶态材料,在科学研究或实际应用中,与单晶体或多晶体(如陶瓷)相比都有它的独特之处。玻璃的品种在不断地增加,已由过去的传统氧化物玻璃(如硅酸盐玻璃和硼酸盐玻璃等)发展到非传统氧化物玻璃(如贵金属氧化物玻璃)和非氧化物玻璃(硫化物玻璃和卤化物玻璃等)。玻璃的应用领域也在不断拓展,由传统的日用及装饰玻璃发展到通信用玻璃纤维、微晶玻璃和防弹玻璃等。

2.1　概　　述

2.1.1　玻璃的定义

玻璃是一种较为透明的固体物质,在熔融时形成连续网络结构,冷却过程中黏度逐渐增大并硬化而不结晶的硅酸盐类非金属材料。普通玻璃化学氧化物的组成为 Na_2O、CaO、SiO_2,主要成分是硅酸盐复盐,主要组分是二氧化硅,具有各向同性、介稳性、可逆渐变性和连续性特征,无固定熔点,可通过混入其他金属氧化物或者盐而显现彩色。

3 000 年前腓尼基人在地中海船运天然苏打晶体矿,船员用天然苏打矿石支在沙滩上烧火,Na_2O 与 SiO_2 发生反应,遗留下亮闪闪的玻璃。起初只能生产玻璃球体,1688 年可制作大块玻璃,1873 年比利时制出平板玻璃,1906 年美国制出平板玻璃引上机,今天玻璃已成为建筑和车辆重要组成构件。

2.1.2　玻璃的性质

硅酸盐玻璃具有较高的硬度、较大的脆性和较好的透明度,并在开裂时呈贝壳及蜡状断裂面。

1. 各向同性

无内应力存在的均质玻璃在各个方向的物理性质,如折射率、导电性、硬度、热膨胀系数、热导率以及机械性能等都是相同的,这与非等轴晶系的晶体具有各向异性的特性不同,却与液体相似,是其内部质点随机分布而呈现统计均质结构的宏观表现。

2. 介稳性

在一定的热力学条件下,系统虽未处于最低能量状态,却处于一种可以长时间存在的状态,称为处于介稳状态。当熔体冷却成玻璃体时,其状态不是处于最低能量状态。它能较长时间在低温下保留高温时的结构而不变化,因而为介稳状态或具有介稳的性质,含有过剩内能。

图 2.1 为熔体冷却过程中物质内能与体积的变化关系。在结晶的情况下,内能与体积随温度变化如折线 abcd 所示,而冷却形成玻璃时的情况如曲线 abefh 所示。由图 2.1 可见,玻璃态是一种高能量状态,有向低能量状态转化的趋势,也即有析晶的可能。然而很多玻璃在常温下经过数百年之久仍未结晶,这是由于在常温下,玻璃黏度非常大,使得玻璃态自发转变为晶态很困难,速率极小,因而动力学上处于稳定态。

图 2.1　物质内能随温度变化图

3.无固定熔点

熔融冷却时,若是结晶过程,则由于出现新相,在熔点 T_m 处内能、体积及其他一些性能都发生突变(内能、体积突然下降与黏度的剧烈上升)。如图 2.1 中由 b 至 c 的变化,整个曲线在 T_m 处出现不连续。若是向玻璃转变,当熔体冷却到 T_m 时,体积和内能不发生异常变化,而是沿着 be 变为过冷液体,当达到 f 点(对应温度 T_g)时,熔体开始固化,这时的温度称为玻璃化转变温度或称为脆性温度,对应黏度为 10^{12} Pa·s,继续冷却,曲线出现弯曲,fh 一段的斜率比以前小了一些,但整个曲线是连续变化的。通常把黏度为 10^8 Pa·s 对应的温度 T_f 称为玻璃软化温度,玻璃加热到此温度即软化,高于此温度玻璃就呈现液态的一般性质。$T_g \sim T_f$ 的温度范围称为玻璃化转变范围,或称反常间距,它是玻璃转变特有的过渡范围。显然,玻璃体转变过程是在较宽范围内完成的,随着温度下降,熔体的黏度越来越大,最后形成固态的玻璃,期间没有新相出现。相反,由玻璃加热变为熔体的过程也是渐变的,因此具有可逆性。玻璃体没有固定的熔点,只有一个从软化温度到转变温度的范围,在这个范围内玻璃由塑性变形转为弹性变形。值得提出的是,不同玻璃成分用同一冷却速率,T_g 一般会有差别。如石英玻璃在1 150℃左右,而钠硅酸盐玻璃约在500~550℃;同一种玻璃,以不同冷却速率冷却得到的 T_g 也会不同,如图 2.1 中 T_{g1} 和 T_{g2};但不管玻璃化转变温度 T_g 如何变化,对应的黏度值却是不变的,均为 10^{12} Pa·s。

黏性流动是一个热激活过程,流动性的稳定关系受阿累尼乌斯(Arrhenius)方程支配:

$$\varphi = \frac{1}{\eta} = \frac{1}{\eta_0} \exp\left(-\frac{Q}{RT}\right) \tag{2.1}$$

式中：η_0 是材料常数；Q 是黏性变形激活能。这一关系式也可以写为

$$\eta = \eta_0 \exp\left(+\frac{Q}{RT}\right) \tag{2.2}$$

在 T_g 以上，式(2.1)和式(2.2)与数据符合很好。

4. 由熔融态向玻璃态转化时物理化学性质随温度变化连续且可逆

图 2.2 表示玻璃性质随温度变化的关系。可见，玻璃体由熔融状态冷却转变为机械固态，或者加热的相反转变过程，其物理化学性质的变化是连续的，且可逆。玻璃性质随温度的变化可分为三类：第一类性质如电导、比体积、黏度等按曲线 Ⅰ 变化；第二类性质如热容、线膨胀系数、密度、折射率等按曲线 Ⅱ 变化；第三类性质如热导率和一些机械性质(弹性系数等)按曲线 Ⅲ 变化，它们在 $T_g \sim T_f$ 转变范围内有极大值的变化。

图 2.2　玻璃性质随温度的变化

图 2.2 中 T_g 与 T_f 是玻璃的两个特征温度。T_g 是玻璃化转变温度，它是玻璃呈现脆性的最高温度，相应的黏度为 10^{12} Pa·s，在该温度可消除玻璃制品因不均匀冷却而产生的内应力，因而也称为退火上限温度。T_f 是玻璃软化温度，为玻璃开始出现液体状态典型性质的温度，相应的黏度为 10^8 Pa·s，在该温度下玻璃可以拉制成丝。

从图 2.2 可见，T_g 以下的低温段(ab，$a'b'$，$a''b''$)和 T_f 以上的高温段(cd，$c'd'$，$c''d''$)其变化几乎呈直线关系，这是因为前者的玻璃为固化状态，而后者则为熔体状态，它们的结构随温度是逐渐变化的。中温部分(bc，$b'c'$，$b''c''$)即 $T_g \sim T_f$ 转变温度范围是固态玻璃向玻璃熔体转变区域，因结构随温度急速变化，性质变化虽有连续性但并不呈直线关系。

5. 物理化学性质随成分变化的连续性

除形成连续固溶体外，二元以上晶体化合物有固定的原子或分子比，因此它们的性质变化是非连续的。但玻璃则不同，玻璃的化学成分在一定范围内，可以连续和逐渐地变化，物理化学性质也随之连续和逐渐变化。玻璃性质因此具有加和性，即玻璃的一些性能随质量分数呈加和性变化，质量分数越大，对这些性质影响的贡献越大，这些性质是玻璃中所含有各氧化物特定部分性质之和。利用玻璃性质的加和性可由已知玻璃成分粗略计算该玻璃的性质。

图 2.3 为 R_2O - SiO_2 系统玻璃分子体积的变化曲线。由图可见,分子体积随 R_2O 质量分数的增加或者连续下降(加入 Li_2O 或 Na_2O 时),或者连续增加(加入 K_2O 时)。

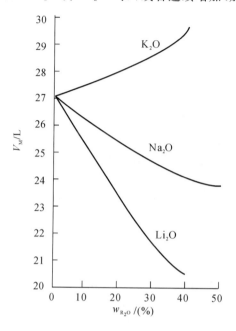

图 2.3　R_2O - SiO_2 系统玻璃分子体积与质量分数的关系

由此可见,$T_g \sim T_f$ 对于控制玻璃的物理性质有重要意义。

2.2　玻璃的形成

玻璃态是物质的一种聚集状态,认识玻璃的形成规律,即形成玻璃的物质及方法、玻璃形成的条件和影响因素,对于揭示玻璃的结构和合成更多具有特殊性能的新型非晶态固体材料具有重要的理论和实际意义。

2.2.1　形成玻璃的物质及方法

目前,形成玻璃的方法有多种,总的来说分为熔融法和非熔融法,表 2.1 为由熔融法形成玻璃的部分物质。

表 2.1　由熔融法形成玻璃的无机非金属物质

种　类	物　质
氧化物	P_2O_5、B_2O_3、As_2O_3、SiO_2、GeO_2、Sb_2O_3、In_2O_3、Te_2O_3、SnO_2、PbO、SeO
硫化物	As_2S_3、Sb_2S_3、CS_2
硒化物	Ti、Si、Sn、Pb、P、As、Sb、Bi、O、S、Te 的硒化物
碲化物	Ti、Sn、Pb、Sb、Bi、O、Se、As、Ge 的碲化物
卤化物	BeF_2、AlF_3、$ZnCl_2$、Ag(Cl、Br、I)、Pb(Cl_2、Br_2、I_2)和多组分混合物

续表

种　类	物　质
硝酸盐	$R^1NO_3 - R^2(NO_3)_2$，其中 R^1 为碱金属离子，R^2 为碱土金属离子
碳酸盐	K_2CO_3、$MgCO_3$
硫酸盐	Ti_2SO_4、$KHSO_4$
硅酸盐	$Na_2O - Al_2O_3 - SiO_2$、$Na_2O - CaO - SiO_2$
硼酸盐	$B_2O_3 - PbO - ZnO_2$、$B_2O_3 - CdO - RO$、$B_2O_3 - La_2O_3 - R_mO_n$
磷酸盐	$ZnO - Al_2O_3 - P_2O_5$、$Na_2O - Al_2O_3 - P_2O_5$

2.2.2　玻璃形成的热力学条件

熔体是物质在液相线温度以上存在的一种高能量状态，随着温度降低，熔体释放能量大小不同，一般分为三种冷却过程：

①结晶化。熔体中的质点进行有序排列，释放出结晶潜热，即有序度不断增加，直到释放全部多余能量而使整个熔体晶化为止，系统在凝固过程中始终处于热力学平衡的能量最低状态。

②玻璃化。质点的重新排列不能达到有序化程度，固态结构仍具有熔体远程无序的结构特点，系统在凝固过程中，始终处于热力学介稳状态，即过冷熔体在转变温度 T_g 硬化为固态玻璃的过程。

③分相。熔体在冷却过程中，不再保持结构的统计均匀性，质点的迁移使系统发生组分偏聚，从而形成互不混溶并且组分不同的两个玻璃相。分相使系统的能量有所降低，但仍处于热力学介稳状态。

玻璃化和分相过程均没有释放出全部多余的能量，因此与结晶化相比，这两个状态都处于能量的介稳状态。大部分玻璃熔体在过冷时，这三种过程总是程度不等地发生。从热力学观点分析，玻璃态物质总有降低内能向晶态转变的趋势，在一定条件下，通过析晶或分相放出能量使其处于低能量稳定状态。如果玻璃与晶体内能差别大，则在不稳定过冷下，晶化倾向大，形成玻璃的倾向小。

表 2.2 为几种硅酸盐晶体和相应组成玻璃体内能的比较。由表可见，玻璃体和晶体两种状态的内能差值不大，故析晶动力较小，因此玻璃这种能量的亚稳态在实际上能够长时间存在，但是，这些热力学参数对玻璃的形成没有直接的关系，不能以此判断玻璃形成能力。

表 2.2　几种硅酸盐晶体与玻璃体的生成热

硅酸盐	状　态	$-\Delta H/(kJ \cdot mol^{-1})$
Pb_2SiO_4	晶态	1 309
	玻璃态	1 294
SiO_2	β-石英	860
	β-鳞石英	854
	β-方石英	858
	玻璃态	848

续表

硅酸盐	状 态	$-\Delta H/(kJ\cdot mol^{-1})$
Na₂SiO₃	晶态	1 528
	玻璃态	1 507

2.2.3　玻璃形成的动力学条件

从动力学的角度讲,析晶过程必须克服一定的势垒,包括形成晶核所需建立新界面的界面能以及晶核长大成晶体所需的质点扩散的活化能等。如果这些势垒较大,尤其当熔体冷却速率很快时,黏度增加甚大,质点来不及进行有规则排列,晶核形成和晶体长大均难以实现,从而有利于玻璃的形成。

近代研究证实,如果冷却速率足够快时,即使金属也有可能保持其高温的无定形状态;反之,如果低于熔点温度内保温足够长的时间,则任何网络形成体都能结晶。因此,从动力学的观点看,形成玻璃的关键是熔体的冷却速率。

图 2.4 为 I 与 U 随过冷度变化的经典曲线,称为物质的析晶特征曲线,图中 I 曲线与 U 曲线上都存在极大值。熔体的冷却析晶行为包括晶核生成与晶体长大两个过程,晶核生成速率(I)和晶体生长速率(U)决定了熔体冷却是形成玻璃还是析晶。晶核生成速率是指单位时间内单位体积熔体中所生成的晶核数目(个·$cm^{-3}\cdot s^{-1}$),晶体生长速率是指单位时间内晶体的线增长速率($cm\cdot s^{-1}$),I 与 U 均与过冷度($\Delta T=T_m-T$,T_m 为熔点)有关。

图 2.4　成核速率和生长速率与过冷度的关系

玻璃的形成是由于过冷熔体中晶核生成的最大速率对应的温度低于晶体生长最大速率对应的温度。因为熔体冷却时,当温度降到晶体生长最大速率时,晶核生成速率最小,只有少量的晶核长大;当熔体继续冷却到晶核生成最大速率时,晶体生长速率则较小,晶核不可能充分长大,最终不能结晶而形成玻璃。因此,晶核生成速率与晶体生长速率的极大值所处的温度相差越小[见图 2.4(a)],熔体越易析晶而不易形成玻璃。反之,熔体就不易析晶而形成玻璃[见图 2.4(b)]。通常将两曲线重叠的区域(见图 2.4 中阴影区域)称为析晶区域或玻璃不易形成区域。如果熔体在玻璃化转变温度(T_g)附近黏度很大,这时晶核产生和晶体生长阻力均很大,熔体易形成过冷液体而不易析晶。因此熔体是析晶还是形成玻璃与过冷度、黏度、成核速率和晶体生长速率均有关。

熔体从熔点温度冷却至玻璃化转变温度 T_g 时,熔体系统凝固,非晶态结构才趋于稳定。通常 T_g/T_m 比值越大,系统越容易形成玻璃。图 2.5 为部分无机物的 T_g 与 T_m 的关系,图中直线斜率为 1,易于形成玻璃的物质位于直线的上方,而较难形成玻璃的物质位于直线的下方。

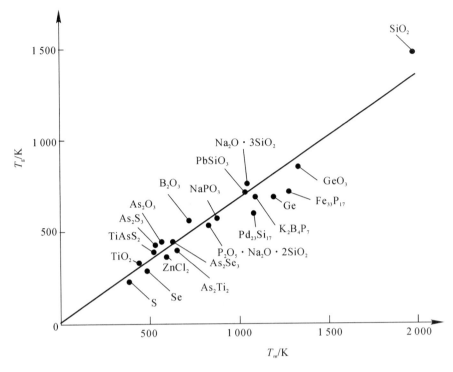

图 2.5　一些化合物的熔点(T_m)和玻璃化转变温度(T_g)的关系

尤曼(D. R. Uhlmann)在 1969 年将冶金工业中使用的 3T 图或 TTT 图(Time - Temperature - Transformation)方法应用于玻璃转变,成为玻璃形成动力学理论的重要方法之一。尤曼认为,判断一种物质能否形成玻璃,首先必须确定玻璃中可以检测到的晶体的最小体积,然后再考虑熔体究竟需要多快的冷却速率才能防止这一结晶量的产生,从而获得检测上合格的玻璃。实验证明,当晶体混乱地分布于熔体中时,晶体的体积分数(晶体体积/玻璃总体积, V^β/V)为 10^{-6} 时,刚好为仪器可探测出来的浓度。根据相变动力学理论,通过下式估算出防止一定的体积分数的晶体析出所必需的冷却速率:

$$\frac{V^\beta}{V} \approx \frac{\pi}{3} I U^3 t^4 \tag{2.3}$$

式中:V^β 为析出晶体体积;V 为玻璃熔体体积;I 为成核速率;U 为晶体生长速率;t 为时间。

如果只考虑均匀成核,为避免得到 10^{-6} 体积分数的晶体,可从式(2.3)通过绘制 3T 曲线来估算必须采用的冷却速率。当绘制这种曲线时,首先选择一个特定的结晶分数,在一系列温度下计算成核速率及体积生长速率。把计算得到的 I,U 代入式(2.3),求出对应的时间 t。用过冷度($\Delta T = T_m - T$)为纵坐标、冷却时间 t 为横坐标作出 3T 图。图 2.6 给出了这类图的实例。由于结晶驱动力(过冷度)随温度降低而增加,原子迁移率随温度降低而降低,因而造成 3T 曲线弯曲出现头部突出点。在图中,3T 曲线凸面部分为该熔点的物质在一定过冷度下形成晶体的区域,而 3T 曲线凸面部分外围是一定过冷度下形成玻璃体的区域。3T 曲线头部的顶点对应析出晶体体体积分数为 10^{-6} 时的最短时间。

为避免形成给定的体积分数,所需要的冷却速率计算式为

$$\left(\frac{\mathrm{d}T}{\mathrm{d}t}\right)_{c} \approx \frac{\Delta T_{n}}{\tau_{n}} \tag{2.4}$$

式中：ΔT_{n} 为过冷度（$\Delta T_{n} = T_{m} - T_{n}$）；$T_{n}$ 和 τ_{n} 分别为 3T 曲线头部顶点对应的温度和时间。

图 2.6　结晶体积分数为 10^{-6} 时具有不同熔点的物质的 3T 曲线

A—T_{m} 为 365.6 K；B—T_{m} 为 316.6 K；C—T_{m} 为 276.6 K

　　对于不同的系统，在同样的晶体体积分数下其曲线位置不同，由式（2.4）计算出的临界速率也不同。因此可以用晶体体积分数为 10^{-6} 时计算得到临界冷却速率来比较不同物质形成玻璃的能力，若临界冷却速率大，则形成玻璃困难，析晶容易。

　　由式（2.3）可知，3T 曲线上任何温度下的时间仅仅随（V^{β}/V）的 1/4 次方变化，形成玻璃的临界冷却速率对析晶晶体的体积分数不敏感。这样有了某熔体的 3T 图，对该熔体求冷却速率才有普遍意义。

　　形成玻璃的临界冷却速率是随熔体组成而变化的，表 2.3 列举了几种化合物的冷却速率和熔融温度下的黏度。

表 2.3　部分化合物和单质生成玻璃的参数

性能	SiO$_2$	GeO$_2$	B$_2$O$_3$	Al$_2$O$_3$	As$_2$O$_3$	BeF$_2$	ZnCl$_2$	LiCl
$T_{m}/\text{℃}$	1 710	1 115	450	2 050	280	540	320	613
$\eta_{m}^{T}/(\text{Pa·s})$	10^7	10^5	10^5	0.6	10^5	10^6	30	0.02
T_{g}/T_{m}	0.74	0.67	0.72	0.5	0.75	0.67	0.58	0.3
$\dfrac{(\mathrm{d}T/\mathrm{d}t)_{c}}{\text{℃·s}^{-1}}$	10^{-5}	10^{-2}	10^{-6}	10^3	10^{-5}	10^{-6}	10^{-1}	10^8

　　由表 2.3 可知，凡是熔体在熔点时具有较高的黏度，并且黏度随温度降低而急剧增高，就使析晶位全增高，这类熔体易形成玻璃。而一些在熔点附近黏度很小的熔体，如 ZnCl$_2$ 和 LiCl 易析晶而不易形成玻璃，ZnCl$_2$ 只有在快速冷却条件下才生成玻璃。

　　黏度和熔点是生成玻璃的重要标志，冷却速率是形成玻璃的重要条件，但这些毕竟是反映物质内部结构的外部属性。因此从物质内部的化学键特性、质点的排列状况等去探求才能得到玻璃形成的本质的解释。

2.2.4 玻璃形成的结晶化学条件

1. 键强

判断氧化物能否生成玻璃主要分析单键能。先计算出氧化物的离解能,并以该氧化物的配位数除之,得出的商数即为单键能。各种氧化物的单键能数值见表 2.4。

表 2.4 一些氧化物的单键强度与形成玻璃的关系

元素	原子价	$\dfrac{MO_x\text{的离解能}}{kJ}$	配位数	$\dfrac{M-O\text{单键能}}{kJ \cdot mol^{-1}}$	$\dfrac{\text{单键能}/T_m}{kJ \cdot (mol \cdot K)^{-1}}$	在结构中的作用
B	3	1 490	3	498	1.10	
			4	373		
Si	4	1 775	4	444	0.44	
Ge	4	1 803	4	451	0.65	网络形成体
P	5	1 850	4	465～369	0.87	
V	5	1 879	4	469～377	0.79	
As	5	1 460	4	364～293	0.62	
Sb	5	1 460	4	360～356	0.39	
Be	2	1 047	4	262	0.15	
Zn	2	603	2	302	0.13	
Pb	2	607	2	304	0.26	网络中间体
Cd	2	498	2	249	0.21	
Al	3	1 505	6	280	0.14	
Ti	4	1 818	6	303	0.14	
Li	1	603	8	151	0.08	
Na	1	502	4	84	0.06	
K	1	482	6	54	0.09	
Rb	1	482	9	48	0.07	
Cs	1	477	10	40	0.05	
Mg	2	930	12	155	0.11	
Ca	2	1 076	6	135	0.10	网络变性体
Ba	2	1 089	8	136	0.07	
Zn	2	603	4	151	0.08	
Sn	2	1 164	6	194	0.10	
La	3	1 696	7	242	0.09	
Y	3	1 670	8	209	0.08	
Ga	3	1 122	6	187	0.09	

根据单键能的大小,可将氧化物分为以下三类:

①网络形成体(其中阳离子为网络形成离子),其单键能>335 kJ·mol^{-1},单键能/熔点大于0.39 kJ·(mol·K)$^{-1}$,这类氧化物能单独形成玻璃。

②网络变性体（又称网络外体或网络修饰体，阳离子称为网络变性离子），其单键能<251 kJ·mol^{-1}，单键能/熔点小于 0.125 kJ·(mol·K)$^{-1}$，这类氧化物不能形成玻璃，但能改变网络结构，从而使玻璃性质改变。

③网络中间体（阳离子称为中间离子），其单键能位于网络形成体和网络变性体之间，其作用也位于玻璃形成体和网络变性体两者之间。

键强因素揭示了化学键性质的一个重要方面。从表 2.4 可知，氧化物熔体中配位多面体能否以负离子团存在而不分解成相应的个别离子，主要与正离子和氧形成键的键强密切相关。键强愈强的氧化物，熔融后负离子团也愈牢固，因此键的破坏和重新组合也愈困难，成核位垒也愈高，故不易析晶而易形成玻璃。

玻璃形成能力还与破坏原有键使之析晶所需的热能有关，用单键能除以熔点的值来作为衡量玻璃形成能力的参数，此判据使网络形成体与网络变性体之间的差别更为悬殊地反映出来。用此判据解释 B_2O_3 易形成稳定的玻璃而难以析晶的原因，是由于 B_2O_3 的单键能/熔点值在所有氧化物中最大。此判据有助于理解在一元或多元系统中，当组成落在低共熔点或共熔界线附近时，易形成玻璃的原因。

2. 键型

化学键的特性是决定物质结构的主要因素，因而它对玻璃形成也有重要的影响，通常具有极性共价键和半金属共价键的离子才能生成玻璃。

离子键化合物（如 NaCl 和 CaF_2 等）在熔融状态以正、负离子形式单独存在，流动性很大，在凝固点靠库仑力迅速组成晶格。离子键作用范围大且无方向性，一般离子键化合物具有较高的配位数(6,8)，离子相遇组成晶格的概率较高，所以，一般离子键化合物析晶活化能小，在凝固点黏度很低，很难形成玻璃。

金属键物质如单质金属或合金，在熔融时失去联系较弱的电子后，以正离子状态存在，金属键无方向性、无饱和性并在金属晶格内出现晶体最高配位数(12)，原子相遇组成晶格的概率最大，也难以形成玻璃。

纯粹共价键化合物大部分为分子结构，分子内部原子以共价键相联系，而作用于分子间的是范德华力，由于分子键无方向性，一般在冷却过程中质点易进入点阵而构成分子晶格。因此以上三种键型都不易形成玻璃。

离子键向共价键过渡的混合键称为极性共价键，它主要在于有 sp 电子成杂化轨道，并构成 σ 键和 π 键。这种混合键既具有离子键易改变键角、易形成无对称变形的趋势，又有共价键的方向性和饱和性、不易改变键长和键角的倾向，前者有利于造成玻璃的远程无序，后者则造成玻璃的近程有序，因此极性共价键的物质比较易形成玻璃态。

金属键向共价键过渡的混合键称为金属共价键，在金属中加入半径小电荷高的半金属离子（Si^{4+}、P^{5+} 和 B^{3+} 等）或加入场强大的过渡元素，它们能对金属原子产生强烈的极化作用，从而形成 spd 或 spdf 杂化轨道，形成金属和加入元素组成的原子团，这种原子团类似于[SiO_4]四面体。也可形成金属玻璃的近程有序，但金属键的无方向性和无饱和性则使这些原子团之间可以自由连接，形成无对称变形的趋势，从而产生金属玻璃的远程无序。

玻璃形成能力与组成、结构、热力学和动力学条件均有关，形成玻璃必须具有以下条件：极性共价键或金属共价键型；阴、阳离子的电负性差 ΔX 在 1.5～2.5 之间；其中阳离子具有较强的极化本领，单链(M—O)强度>335kJ·mol^{-1}；成键时出现 sp 电子形成杂化轨道，这样的键型在能量上有利于形成一种低配位数负离子团构造,如$[SiO_4]^{4-}$、$[BO_3]^{3-}$ 或结构键$[Se-Se-Se]$、$[S-As-S]$,它们互成层状、链状和架状,在熔融时黏度很大,冷却时分子团聚集形成无规则的网络,因而形成玻璃倾向很大。

2.3　　玻璃的结构

玻璃结构具有远程无序的特点以及影响玻璃结构的因素众多,与晶体结构相比,玻璃结构理论发展缓慢,目前人们还不能直接观察到玻璃的微观结构,关于玻璃结构的信息是通过特定条件下某种性质的测量而间接获得的。往往用一种研究方法,根据一种性质只能从一个方面得到玻璃结构的局部认识,而且很难把这些局部认识相互联系起来。一般对晶体结构研究十分有效的研究方法在玻璃结构研究中则效果不够理想。由于玻璃结构的复杂性,人们虽然运用众多的研究方法试图揭示出玻璃的结构本质,从而获得完整的、不失真的结构信息,但至今尚未提出一个统一和完善的玻璃结构理论。

玻璃结构理论最早由门捷列夫提出,他认为玻璃是无定形物质,没有固定化学组成。塔曼则把玻璃看成过冷液体,索克曼等提出玻璃基本结构单元是具有一定化学组成的分子聚合体。蒂尔顿在 1975 年提出玻子理论:玻子是由 20 个$[SiO_4]$四面体组成的一个单元。这种在晶体中不可能形成的五角对称是 SiO_2 形成玻璃的原因,他根据这一论点成功地计算出石英玻璃的密度。

此外,玻璃结构假说还有依肯的核前群理论、阿本的离子配位假说等,但目前主要的玻璃结构学说是晶子学说和无规则网络学说。

2.3.1　晶子学说

苏联学者列别捷夫于 1921 年提出了晶子假说,他认为玻璃是高分散晶体(晶子)的集合体。他对硅酸盐玻璃研究时发现,无论从高温还是从低温,当温度达到 573℃时,性质必然发生反常变化。而 573℃正是石英从 α 相到 β 相晶型转变的温度。

瓦连可夫和波拉依-柯希茨研究了成分递变的钠硅双组分玻璃的 X 射线散射强度曲线。他们发现,第一峰是石英玻璃衍射的主峰,与晶体石英的特征峰相符;第二峰是 $Na_2O \cdot SiO_2$ 玻璃衍射的主峰,与偏硅酸钠晶体的特征峰一致。在钠硅玻璃中上述两个峰同时出现。随着钠硅玻璃中 SiO_2 含量增加,第一峰愈明显,而第二峰愈模糊。他们认为,钠硅玻璃中同时存在方石英晶子和偏硅酸钠晶子,这是 X 射线强度曲线上有两个极大值的原因。他们又研究了升温到 $400 \sim 800$℃再淬火、退火和保温几小时的玻璃,结果表明:玻璃的 X 射线衍射图不仅与成分有关,而且与玻璃制备条件有关。提高温度,延长加热时间,主峰坡度增加,衍射图也愈清晰(见图 2.7)。他们认为这是晶子长大所致。由实验数据推论,普通石英玻璃中的方石英晶子平均尺寸为 1.0 nm。

结晶物质和相应玻璃态物质虽然强度曲线极大值的位置大体相似,但不一致的地方也是明显的。很多学者认为这是玻璃中晶子点阵图变形所致,并估计玻璃中方石英晶子的固定点阵比方石英晶体的固定点阵大 6.6%。

马托西等研究了结晶氧化硅和玻璃态氧化硅在 $3 \sim 26 \mu m$ 的波长范围内的红外反射光谱,玻璃态石英和晶态石英的反射光谱在 12.4 μm 处具有同样的最大值,这种现象可以解释为反射物质的结构相同。

甫洛林斯卡娅的研究工作表明,在许多情况下,观察到玻璃形成之后和析晶时以初晶析出的红外反射和吸收光谱极大值是一致的。这就是说,玻璃中有局部不均匀区,该区原子排列和相应晶体的原子排列大体一致。图 2.8 比较了 $Na_2O \cdot SiO_2$ 系统在原始玻璃态和析晶态的红外反射光谱。

图 2.7　$27Na_2O \cdot 73SiO_2$ 玻璃的 X 射线散射强度曲线

晶子学说的共同点如下:

①玻璃结构是一种不连续的原子集合体,即无数晶子分散在无定形介质中;

②"晶子"的化学性质取决于玻璃的化学组成,可以是独立原子团或一定组成的化合物和固溶体等微观多相体,与该玻璃物系的相平衡有关;

③"晶子"不同于一般微晶,而是带有晶格极度变形的微小有序区域,在"晶子"中心质点排列较有规律,越远离中心则变形程度越大;

④从"晶子"部分到无定形部分的过渡是逐步完成的,两者之间无明显界限。

2.3.2　无规则网络学说

无规则网络学说由德国学者查哈里阿森于 1932 年提出,他认为凡是成为玻璃态的物质与相应的晶体结构一样,也是由离子多面体(四面体或三角体)构筑的三维空间网络所组成的。晶体结构是由多面体无数次有规律重复而构成的,而玻璃中结构多面体重复没有规律性。

在氧化物所组成的玻璃中,氧离子多面体构筑网络。多面体中心总是被多电荷离子——网络形成离子(Si^{4+}、P^{5+} 和 B^{3+})所占有。氧离子有两种类型,凡属两个多面体的称为桥氧离子,凡属一个多面体的称为非桥氧离子。网络中过剩的负电荷则由处于网络间隙中的网络变性离子补偿,这些离子一般都是低正电荷、半径大的金属离子(如 Na^+、K^+、Ca^{2+} 等)。无机氧化物玻璃结构的二度空间示意图示例如图 2.9 所示。显然,多面体的结合程度其至整个网络结合程度都取决于桥氧离子的百分数,而网络变性离子均匀而无序地分布在四面体骨架空隙中。

图 2.8　33.3Na$_2$O · 66.7SiO$_2$ 玻璃的反射光谱

无规则网络学说认为玻璃和其相应的晶体具有相似的内能,并提出形成氧化物玻璃的四条规则:

①每个氧离子最多与两个网络形成离子相联;

②多面体中阳离子的配位数必须是小的,即为 4 或更小;

③氧多面体相互共角而不共棱或共面;

④形成连续的空间结构网要求每个多面体至少有三个顶角是与相邻多面体共用的,以形成连续的无规则空间结构网络。

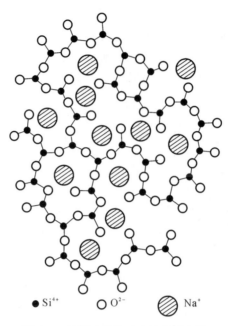

● Si⁴⁺ ○ O²⁻ ▨ Na⁺

图 2.9　钠钙硅酸盐玻璃结构示意图

瓦伦对玻璃的 X 射线衍射光谱的一系列卓越研究,使查哈里阿森的理论获得有力的实验证明。瓦伦的石英玻璃、方石英和硅胶的 X 射线衍射图如图 2.10 所示。玻璃的衍射线与方石英的特征谱线重合,这使一些学者把石英玻璃联想为含有极小的方石英晶体,同时将漫射归结于晶体的微小尺寸。然而瓦伦认为这只能说明石英玻璃与方石英中原子间距离是一致的。他按强度-角度曲线半高宽计算出石英玻璃内如有晶体,其大小也只有 0.77 nm。这与石英单位晶胞尺寸 0.7 nm 相似。晶体必须是由晶胞在空间有规则地重复,因此"晶体"此名称在石英玻璃中失去意义。由图 2.10 可见,硅胶有显著的小角度散射,而玻璃中没有,这是由于硅胶是由尺寸为 1～10 nm 不连续粒子组成的,粒子间有间距和空隙,强烈的散射是由于物质具有不均匀性的缘故。但石英玻璃小角度没有散射,这说明玻璃是一种密实体,其中没有不连续的粒子或粒子间没有很大空隙。

瓦伦又用傅里叶分析法将实验获得的玻璃衍射强度曲线在傅里叶积分公式基础上换算成围绕某一原子的径向分布曲线,再利用该物质的晶体结构数据,即可得到近距离内原子排列的大致图形。在原子径向分布曲线上第一个极大值是该原子与邻近原子间的距离,而极大值曲线下的面积是该原子的配位数。图 2.11 为石英玻璃原子分布曲线。第一个极大值表示出 Si—O 距离为 0.162 nm,这与结晶硅酸盐中发现的 SiO_2 平均间距(0.160 nm)非常吻合。按第一个极大值曲线下的面积计算得出配位数为 4.3,接近硅原子配位数 4。因此,X 射线分析的结果表明,在石英玻璃中的每一个硅原子,平均约为四个氧原子以大致 0.162 nm 的距离所围绕。利用傅里叶法,瓦伦研究了 Na_2O - SiO_2、K_2O - SiO_2、Na_2O - B_2O_3 和 K_2O - B_2O_3 等系统的玻璃结构,随着原子径向距离的增加,分布曲线中极大值逐渐模糊。从瓦伦数据得出,玻璃结构有序部分距离在 1.0～1.2 nm 附近,即接近晶胞大小。

综上所述,瓦伦的实验证明:玻璃物质的主要部分不可能以方石英晶体的形式存在。而每个原子的周围原子配位,对玻璃相和方石英来说都是一样的。

图 2.10　石英等物质的 X 射线衍射图

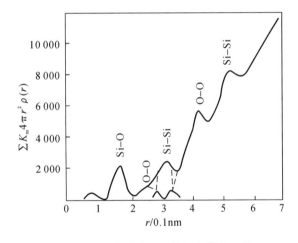

图 2.11　石英玻璃原子的径向分布函数

2.3.3　玻璃结构中阳离子的分类

根据无规则网络学说的观点,一般可按元素与氧结合的单键能(即化合物分解能与配位数之商)大小和能否生成玻璃,将氧化物分为网络形成体氧化物、网络外体氧化物和网络中间体氧化物三大类。

1. 网络形成体氧化物

这类氧化物能单独生成玻璃,如 SiO_2、B_2O_3、P_2O_5、GeO_2 和 As_2O_3 等,在玻璃中能形成

各自特有的网络体系。如 F—O 键(F 代表网络生成离子)是共价和离子的混合键,F—O 单键能较大,一般大于 335 kJ,配位多面体[FO₄]或[FO₃]一般以顶点相连。

2. 网络外体氧化物

这类氧化物不能单独生成玻璃,不参加网络,一般处于网络之外。M—O 键(M 代表网络外离子)主要是离子键,电场强度较小,单键能小于 251 kJ。常见的网络外体离子有 Li^+、Na^+、K^+、Mg^{2+}、Ca^{2+}、Sr^{2+} 和 Ba^{2+} 等;此外还有 Th^{4+}、In^{3+} 和 Zr^{4+} 等离子,其电场强度高,单键能较大,配位数≥6。网络外体氧化物 M—O 键的离子性强,其中 O^{2-} 易摆脱阳离子的束缚,是游离氧的提供者,起断网作用,但其阳离子(特别是高电荷阳离子)又是断键的积聚者。这一特性对玻璃的析晶有一定的作用。当阳离子的电场强度较小时,断网的作用是主要方面;而当电场强度较大时,积聚作用是主要方面。

3. 网络中间体氧化物

这类氧化物一般不能单独形成玻璃,其作用介于网络形成体和网络外体氧化物之间。I—O(I 代表中间体离子)键具有一定的共价性,但主要为离子性,单键能为 250~336 kJ。阳离子的配位数一般为 6,但在夺取游离氧后配位数可以变为 4,能参加网络,起网络形成体的作用(又称补网作用)。

常见的网络中间体氧化物有 BeO、MgO、ZnO、Al_2O_3、GaO_3 和 TiO_2 等,网络中间体氧化物同时存在夺取和给出游离氧的倾向。一般电场强度大,夺取能力大;电场强度小,则给出能力大。在含有两种以上中间体氧化物的复杂系统中,当游离氧不足时,中间体离子大致按下列次序进入网络:

$$[BeO_4] \rightarrow [AlO_4] \rightarrow [GaO_4] \rightarrow [BO_4] \rightarrow [TiO_4] \rightarrow [ZnO_4]$$

决定这一次序的主要因素是阳离子的电场强度,次序在后的未能夺得游离氧的阳离子将处于网络之外,起积聚作用。

2.4 玻璃组成结构与性能之间的关系

尽管玻璃可以近似地看成是原子或离子的一个聚合体,但原子或离子并不是任意毫无规律地集合在一起的,而是在结构化学等规律制约的前提下,根据离子电价和大小等特性,彼此以一定方式组织起来的。当外来因素如热、光、电、机械力和化学介质等作用于玻璃时,玻璃就会做出一定的反应,如抗张和抗压等。玻璃的某些功能,如电导等一般是通过碱金属离子的活动进行的,但是其活动又受到结构的制约,故在导电的同时还呈现电阻。因此,总的规律是玻璃成分通过结构决定性质。

不同玻璃的成分、结构和性能之间的变化规律都有其各自的特殊性,加之玻璃成分及物化性质种类繁多,情况十分复杂。但通过对各种不同性质特定变化规律的归纳和分析,在玻璃性质、成分、结构间仍存在着某些一般规律性。根据不同性质之间的共同特性,可以把常见的玻璃性质分成两大类。第一类性质和玻璃成分间不是简单的加和关系,而可以从离子迁移过程中克服势垒性质来看,一般是逐渐变化的。属于这类性质的包括电导、电阻、黏度、介电损失、离子扩散速度以及化学温度性等。第二类性质和玻璃成分间的关系比较简单,一般可以根据玻璃成分和某些特定的加和法则进行推算。当玻璃从熔融状态经过转变区域冷却时,它们往往往产生突变。属于这类性质的有折射率、分子体积、色散、密度、弹性模数、扭变模数、硬度、热膨胀系数以及介电常数等。

第一类性质一般通过离子(主要是碱金属离子)的活动或迁移体现。因此离子在结构中活动(或迁移)程度的大小,往往是衡量这些性质的标志。例如玻璃的电导和化学侵蚀主要取决于网络外阳离子(如 Na^+)的迁移活性,离子的迁移性越大,电导和化学侵蚀越大,反之越小。

第二类性质是指其对外来因素不是通过某一种离子的活动来做出反应,而是通过玻璃网络(骨架)或网络与网络外阳离子作用。例如玻璃的硬度首先来源于网络(骨架)对外来机械力的反抗能力,网络外阳离子场强愈大,硬度愈大,反之愈小。常温下玻璃的这类性质可大致假设为构成玻璃的各离子性质的总和。例如,玻璃密度决定于离子半径大小预期堆积的紧密程度;折射率决定于密度及离子极化率;膨胀系数决定于阴、阳离子间的吸引力等。这类性质的变化规律可以从各元素或离子在周期表上的位置来判断。

在简单硅酸盐玻璃系统($R_2O - SiO_2$,R 代表碱金属)中,当一种碱金属氧化物被另一种所代替时,第二类性质差不多呈直线变化。而第一类性质的变化完全不同,其在成分-性质图中呈现极大或极小值,这种现象一般称为中和效应,其在第一类性质中反应非常明显。例如,同时含有两种碱金属氧化物玻璃的电阻率可以比只含有一种碱金属氧化物玻璃的电阻率大几千倍,而玻璃的介电损失率和化学稳定性则因氧化物的减少而得到改善。

玻璃分相的结构类型对第一种性质也有重要作用。玻璃的光吸收性能尚未包括在上述性质中。光吸收主要是电子在离子内部不同轨道间的跃迁(在可见光引起吸收)、在不同离子间的电荷迁移(引起紫外吸收),以及原子或原子组团的振动(引起红外吸收)的结构。吸收波长的位置受配位体中阳离子的电子层结构、价态的大小及其周围配位体等因素的影响。

2.5　普通氧化物玻璃

2.5.1　硅酸盐玻璃与硼酸盐玻璃

1.硅酸盐玻璃

硅酸盐玻璃由于资源广泛、价格低廉、对常见试剂和气体介质化学稳定性好、硬度高和生产方法简单等优点而成为实用价值最大的一类玻璃。

熔融石英玻璃与方石英晶体在两个硅氧四面体之间键角的差别如图 2.12 所示,石英玻璃 Si—O—Si 键角分布在 $120°\sim180°$ 的范围内,中心在 $144°$。与石英晶体相比,石英玻璃 Si—O—Si 键角范围比晶体宽,而 Si—O 和 O—O 距离在玻璃中的均匀性几乎与相应的晶体中一样。由于 Si—O—Si 键角变动范围大,使石英玻璃中[SiO_4]四面体排列成无规则网络结构,而不像方石英晶体中四面体那样具有良好的对称性。

二氧化硅是硅酸盐玻璃中的主体氧化物,它在玻璃中的结构状态对硅酸盐玻璃的性质起决定性的影响。当 R_2O 或 RO 等氧化物加入石英玻璃中,形成二元、三元甚至多元硅酸盐玻璃时,由于增加了 O/Si 比例,原来 O/Si 为 2 的三维架状结构破坏,随之玻璃性质也发生变化。尤其从连续三个方向发展的硅氧骨架结构向两个方向层状结构变化以及由层状结构向只有一个方向发展的硅氧链结构变化时,性质变化更大。硅酸盐玻璃中[SiO_4]四面体的网络结构

与加入 R^+ 或 R^{2+} 金属阳离子本性与数量有关，在 $\mathrm{O-\underset{\underset{O}{|}}{\overset{\overset{O}{|}}{Si}}-O-R^+}$ 结构单元中的 Si—O 化学键

随着 R^+ 离子极化力增强而减弱。尤其是使用半径小的离子时，Si—O 键发生松弛。图 2.13 表明，随着连接在四面体上 R^+ 原子数的增加 Si—O—Si 键变弱，同时 $Si—O_{nb}$（O_{nb} 为非桥氧，O_b 为桥氧）键变得更为松弛（相应距离增加）。随着 RO 或 R_2O 加入量增加，连续网状 SiO_2 骨架可以从松弛一个顶角发展至两个甚至四个。Si—O—Si 键合状况的变化，明显影响到玻璃黏度和其他性质的变化。在 Na_2O-SiO_2 系统中，当 O/Si 由 2 增加到 2.5 时，玻璃黏度降低 8 个数量级。

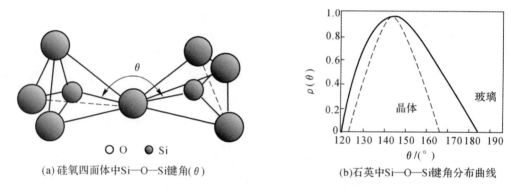

(a) 硅氧四面体中Si—O—Si键角(θ)　　(b)石英中Si—O—Si键角分布曲线

图 2.12　石英玻璃的径向原子及分布曲线

图 2.13　Si—O 距离随连接于四面体的钠原子数的变化

为了表示硅酸盐网络结构特征和便于比较玻璃的物理性质，有必要引入玻璃的四个基本结构参数。

X——每个多面体中非桥氧离子的平均数。

Y——每个多面体中桥氧离子平均数。

Z——每个多面体中氧离子平均总数。

R——玻璃中氧离子总数与硅离子总数之比。

这些参数之间存在着两个简单的关系：

$$X+Y=Z \quad 或 \quad X+Z=2R$$
$$X=2R-Z \quad 或 \quad Y=2Z-2R$$

每个多面体中的氧离子平均总数 Z 一般是已知的,硅酸盐和磷酸盐玻璃 $Z=4$,硼酸盐玻璃 $Z=3$。R 即为通常所说的氧硅比,用它可方便描述硅酸盐玻璃的网络连接特点,R 可以从组成计算出来,因此确定 X 和 Y 就很简单。举例如下：

①石英玻璃：$Z=4$,$R=2$,求得 $X=0$,$Y=4$。

②$10\%Na_2O \cdot 18\%CaO \cdot 72\%SiO_2$ 玻璃(摩尔分数),$Z=4$,则

$$R=\frac{10+18+72\times2}{72}=2.39; \quad X=2R-4=0.78$$
$$Y=4-X=3.22$$

并不是所有玻璃都能简单地计算结构参数,因为有些玻璃中的离子并不属于典型的网络形成离子或网络变性离子。如 Al^{3+} 和 Pb^{2+} 等属于所谓网络中间体离子,这时就不能准确地确定 R 值。在硅酸盐玻璃中,若组成中(R_2O+RO)与 Al_2O_3 数量比 >1,则 Al^{3+} 被认为是占据[AlO_4]四面体的中心位置,Al^{3+} 作为网络形成离子计算。若(R_2O+RO)与 Al_2O_3 数量比 <1,则把 Al^{3+} 作为网络变性离子计算,但这样计算出来的 Y 值比真正 Y 值要小。典型玻璃的网络参数列于表2.5中。

表 2.5　典型玻璃的网络参数 X、Y 和 R 值

组　　成	R	X	Y
SiO_2	2	0	4
$Na_2O \cdot 2SiO_2$	2.5	1	3
$Na_2O \cdot 1/3Al_2O_3 \cdot 2SiO_2$	2.25	0.5	3.5
$Na_2O \cdot Al_2O_3 \cdot 2SiO_2$	2	0	4
$Na_2O \cdot SiO_2$	3	2	2
P_2O_5	2.5	1	3

Y 又称为结构参数,玻璃的很多性质取决于 Y 值,Y 值小于 2 的硅酸盐玻璃就不能构成三维网络。Y 值愈小,网络空间上的聚集也愈小,结构也变得较松,并随之出现较大的间隙,结果使网络变性离子的运动,不论在本身位置振动或从一位置通过网络的网隙跃迁到另一个位置都比较容易。因此随 Y 值递减,出现热膨胀系数增大、电导率增大和黏度减小等变化。

从表 2.6 可见 Y 对玻璃一些性质的影响,表中每一对玻璃的两种化学组成完全不同,但它们都具有几乎相同的 Y 值,因而具有几乎相同的物理性质。

表 2.6　Y 对玻璃性质的影响

组　　成	Y	熔融温度/℃	热膨胀系数/$10^{-7}℃^{-1}$
$Na_2O \cdot 2SiO_2$	3	1 523	146
P_2O_5	3	1 573	140
$Na_2O \cdot SiO_2$	2	1 323	220
$Na_2O \cdot P_2O_5$	2	1 373	220

硅酸盐玻璃与硅酸盐晶体随 O/Si 由 2 增加到 4,从结构上均由三维网络骨架而变为孤岛状四面体。无论是结晶态还是玻璃态,四面体中的 Si^{4+} 都可以被半径相近的离子置换而不破坏骨架。除 Si^{4+} 和 O^{2-} 以外的其他离子相互位置也有一定的配位原则。

成分复杂的硅酸盐玻璃在结构上与相应的硅酸盐晶体有显著区别。

①在晶体中,硅氧骨架按一定的对称规律排列,在玻璃中则是无序的。

②在晶体中,骨架外的 M^+ 或 M^{2+} 金属阳离子占据了点阵的固定位置;在玻璃中,它们统计均匀地分布在骨架的空腔内,并起着平衡氧负电荷的作用。

③在晶体中,只有当骨架外阳离子半径相近时,才能发生同晶置换;在玻璃中则不论半径如何,只要遵守静电价规则,骨架外阳离子均能发生互相置换。

④在晶体中(除固溶体外),氧化物之间有固定的化学计量比;在玻璃中氧化物可以非化学计量比的任意比例混合。

2. 硼酸盐玻璃

B_2O_3 是硼酸盐玻璃中的主要玻璃形成剂。B—O 键之间形成 sp^2 三角杂化轨道,它们之间形成三个 σ 键,还有 π 键成分。X 射线谱证实在 B_2O_3 玻璃中,存在以三角形相互连接的硼氧组基团。图 2.14 是将 B_2O_3 玻璃的径向分布曲线对硼氧组环中的距离作图。横坐标上竖线的长度正比于散射强度,字母表示相应模型中原子间距离。在 800℃ 时,这些峰趋于消失或发生变化,说明这种环在高温下是不稳定的。按无规则网络学说,纯氧化硼玻璃的结构可以看成是由硼氧三角体无序地相连接而组成的向两度空间发展的网络,虽然硼氧键能略大于硅氧键能(见表 2.5),但因为 B_2O_3 玻璃的层状(或链状)结构,即其同一层内 B—O 键很强,而层与层之间却由分子引力相连,所以 B_2O_3 玻璃的一些性能比 SiO_2 玻璃要差。例如 B_2O_3 玻璃软化温度低(约 450℃),化学稳定性差(易在空气中潮解),热膨胀系数高,因而纯 B_2O_3 玻璃实用价值小,它只有与 R_2O 和 RO 等氧化物组合才能制成稳定的有实用价值的硼酸盐玻璃。

图 2.14 X 射线谱数据证明存在硼氧环

瓦伦研究了 $Na_2O \cdot B_2O_3$ 玻璃的径向分态曲线,发现当 Na_2O 的摩尔分数由 10.3% 增加至 30.8% 时,B—O 键间距由 0.137 nm 增至 0.148 nm,B 原子配位数随 Na_2O 摩尔分数增加而由 3 配位数转变为 4 配位数,当数量不多的碱金属氧化物同 B_2O_3 一起熔融时,碱金属所提供的氧不像熔融 SiO_2 作为非桥氧出现在结构中,而是使硼氧三角体转变为桥氧四面体,致使 B_2O_3 玻璃从原来两维空间的层状结构部分转变为三维空间的架状结构,从而加强了网络结构,并使玻璃的各种物理性能变好。这与相同条件下的硅酸盐玻璃相比,其性能随碱金属或碱土金属加入量的变化规律相反,所以称之为硼反常性。

图 2.15 为含 B_2O_3 的二元玻璃中桥氧数目 Y、热膨胀系数随 Na_2O 摩尔分数的变化曲线。随 Na_2O 摩尔分数的增加,Na_2O 引入的"游离"氧使一部分硼变成 $[BO_4]$,Y 逐渐增大,热膨胀系数 α 逐渐下降;当 Na_2O 的摩尔分数达到 15%~16% 时,Y 又开始减少,热膨胀系数 α 重新上升,说明 Na_2O 摩尔分数为 15%~16% 时玻璃结构发生变化。这是由于硼氧四面体 $[BO_4]$ 带有负电,四面体不能直接相连,必须通过不带电的三角体 $[BO_3]$ 连接,方能使结构稳定。当全部 B 的 1/5 成为四面体配位,4/5 为 B 保留与三角体配位时就达到饱和,这时热膨胀系数 α 最小,$Y = \frac{1}{5} \times 4 + \frac{4}{5} \times 3 = 3.2$ 为最大。再添加 Na_2O,不能增加 $[BO_4]$ 数目,反而将破坏桥氧,打开网络,形成非桥氧,从而使结构网络连接减弱,导致性能变坏,因此热膨胀系数重新增加,其他性质的转折变化也与它类似。由于硼氧四面体之间本身带有负电荷不能直接相连,而通常由硼氧三角体或另一种同时存在的电中性多面体(如硼硅酸盐玻璃中的 $[BO_4]$)来相隔,因此,四配位硼原子的数目不能超过由玻璃组成所决定的某一限度。

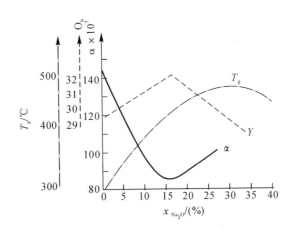

图 2.15 $Na_2O \cdot B_2O_3$ 二元玻璃中桥氧原子数量 Y,热膨胀系数 α
和软化温度 T_g 随碱金属氧化物含量的变化

硼反常现象也出现在硼硅酸盐玻璃中连续增加氧化硼加入量时,往往在性质变化曲线上出现极大值和极小值。这是由于硼加入量超过一定限度时,硼氧四面体与硼氧三面体相对含量变化而导致结构和性质发生逆转现象。

在熔制硼酸盐玻璃时常发生分相现象,分成互不相溶的富硅氧相和富碱硼酸盐相。B_2O_3 含量愈高,分相倾向愈大,通过一定的热处理可使分相更加剧烈,甚至可使玻璃发生乳浊。

氧化硼玻璃的转变温度约 300℃，比 SiO_2 玻璃(1 200℃)低很多，利用这一特点，硼酸盐玻璃广泛用作焊接玻璃、易熔玻璃和涂层物质的防潮和抗氧化。硼酸盐玻璃绝缘性优于硅酸盐玻璃，对中子射线的灵敏度高、X 射线穿透率高，硼酸盐玻璃可作为原子反应堆屏蔽中子射线的窗口。

2.5.2 玻璃熔制及成型

1. 玻璃的熔制

玻璃熔制包括一系列的物理化学现象和反应，其综合结果是使各种原料的混合物形成透明的玻璃液。从加热配合料到熔成玻璃液，可根据熔制过程中的不同变化分为五个阶段：硅酸盐(或硼酸盐或其他盐类，以下简称为硅酸盐)形成阶段、玻璃形成阶段、玻璃液澄清阶段、玻璃液均化阶段和玻璃液冷却阶段。

(1)硅酸盐的形成

硅酸盐生成反应一般是在固态下进行的，配合料各组分在加热过程中，经过一系列物理的、化学的和物理化学的变化，大部分气态产物逸出，配合料变成了由硅酸盐和剩余 SiO_2 组成的烧结物。对普通钠钙硅玻璃而言，这一阶段在 800～900℃结束。

(2)玻璃的形成

烧结物继续加热时，硅酸盐形成阶段生成的各类盐及反应剩余的 SiO_2 开始熔融、溶解和扩散，直至变成透明体，无未反应的配合料颗粒，在 1 200～1 250℃范围内完成玻璃形成过程。但玻璃中还有大量气泡和条纹，因而玻璃体本身在化学组成上不均匀，玻璃性质也不均匀。

(3)玻璃液的澄清

玻璃液继续加热，其黏度降低，气态混合物逸出，即去除可见气泡的过程。为了加速玻璃液的澄清过程，常在配合料中添加硫锑酸钠等少量澄清剂，高温下产生气体，使原气泡长大，促进气泡排除。

(4)玻璃液的均化

在玻璃形成阶段结束后，在玻璃液中仍带有与主体玻璃成分不同的不均体，通过提高温度，促进不均体溶解与扩散，增加玻璃对流和搅拌，消除不均体的过程称为玻璃液的均化。当玻璃液存在化学不均体时，主体玻璃与不均体的性质也将不同，这对玻璃制品产生不利的影响。例如：两者热膨胀系数不同，则在两者界面上将产生结构应力，就是玻璃制品产生炸裂的主要原因；两者光学常数不同，则使光学玻璃产生畸变；两者黏度不同，窗用玻璃产生波筋和条纹。

(5)玻璃液的冷却

为了达到成型所需黏度就必须降温，这就是玻璃液冷却阶段。不同组成、不同制品、不同方法，其玻璃冷却方式和冷却过程也不同。

2. 玻璃的成型

玻璃的成型是指从熔融的玻璃液转变为具有固定几何形状制品的过程，主要成型方法有吹制法(空心玻璃制品)、压制法(容器玻璃)、压延法(压花玻璃)、浇铸法(光学玻璃)、焊接法(仪器玻璃)、浮法(平板玻璃)和拉制法(平板玻璃)等，玻璃必须在一定的温度范围内且有一定黏度下才能成型。

玻璃的表面张力在玻璃成型过程中也起着非常重要的作用,其在高温时作用速度快,而在低温或高黏度时作用速度缓慢。玻璃在高温下是黏滞性液体,而在室温下是弹性固体,随着玻璃液体的进一步冷却,玻璃进入弹性材料的范围。因此,在成型的低温阶段,弹性与缺陷的产生有直接的关系。玻璃的比热容、热导率、热膨胀系数、表面辐射强度和透热性等热性质是成型过程中影响热传递的重要因素,对玻璃的冷却和硬化速度以及成型的温度制度影响极大。

2.5.3　玻璃的退火与淬火

1.玻璃的退火

在生产过程中,玻璃制品经受激烈且不均匀的温度变化,产生的热应力能降低玻璃制品的强度和热稳定性;热成型的玻璃制品若不经过退火而令其自然冷却,则在冷却、存放、使用和加工过程中会产生炸裂。退火就是消除或减少玻璃制品中的热应力至允许值的热处理过程。

玻璃中的应力一般可分为三类:热应力、结构应力及机械应力。

玻璃中由于存在温度差而产生的应力称为热应力,按其存在的特点,分为暂时应力和永久应力。在温度低于应变点时,处于弹性变形温度范围内(即脆性状态)的玻璃在经受不均匀的温度变化时所产生的热应力,随温度梯度的存在而存在,随温度梯度的消失而消失,这种应力称为暂时应力;在温度高于应变点时,温度梯度会引起玻璃结构的变化,这种结构变化在低于应变点时产生并保持;当玻璃内外温度相等时所残留的热应力称为永久应力。

为了消除玻璃中的永久应力,必须将玻璃加热到低于玻璃化转变温度 T_g 附近的某一温度进行保温均热,以消除玻璃各部分的温度梯度,使应力松弛,这个选定的温度称为退火温度。玻璃的最高退火温度是指在此温度下经 3 min 能消除应力 95%,也叫退火上限温度;最低退火温度是指在此温度下经过 3 min 只能消除 5%,也叫退火下限温度。最高退火温度至最低退火温度之间称为退火温度范围。

根据退火原理,退火工艺可分为四个阶段:加热阶段、均热阶段、慢冷阶段和快冷阶段,如图 2.16 所示。

图 2.16　玻璃退火曲线示意图

Ⅰ—加热阶段；Ⅱ—均热阶段；Ⅲ—慢冷阶段；Ⅳ—快冷阶段

(1)加热阶段

不同品种的玻璃有不同的退火工艺。有的玻璃在成型后直接进入退火炉进行退火,称为一次退火;有的制品在成型冷却后再经加热退火,称为二次退火。在加热过程中,玻璃表面产生压应力,所以加热速度可相对高些,例如 20℃ 的平板玻璃可直接进入 700℃ 的退火炉,其加热速率可高达 300℃·min^{-1}。考虑到制品大小、形状和炉内温度分布的不均性等因素,在生产中一般采用的加热速率为 $20/a^2 \sim 30/a^2$(℃·min^{-1}),光学玻璃一般小于 $5/a^2$,式中 a 为制品厚度的一半,其单位为 cm。

(2)均热阶段

把制品加热到退火温度进行保温,通过均热以消除应力。一般把比退火上限温度低 20~30℃ 作为退火温度,保温时间可按 $70a^2 \sim 120a^2$(min)计算,或者按应力容许值进行计算:

$$r = 520\frac{a^2}{\Delta n} \tag{2.5}$$

式中:Δn 为玻璃退火后容许存在的内应力(nm·cm^{-1})。

(3)慢冷阶段

为了使玻璃制品在冷却后不产生永久应力,或减小到制品所要求的应力范围内,在均热后必须进行慢冷,以防止过大的温差。冷却速度计算式为

$$h_0 = \frac{6\lambda(1-\mu)\sigma}{E\alpha(a^2-3x^2)} \tag{2.6}$$

式中:α 为热膨胀系数;E 为弹性模量;λ 为热导率;μ 为泊松比;h_0 为冷却速度;a 为制品厚度的一半;x 为应力测试点离壁厚中线的距离。

对一般工业玻璃,有

$$\frac{\alpha E}{6\lambda(1-\mu)} \approx 0.45 \tag{2.7}$$

$$\sigma = 0.45\,h_0(a^2-3x^2)(\text{MPa}) = 13\,h_0(a^2-3x^2)\,(\text{nm·cm}^{-1})$$

此阶段冷却速度的极限值为 $10/a^2$(℃·min^{-1}),每隔 10℃ 冷却速度增加 0.2℃·min^{-1},则

$$h_t = h_0\left(1+\frac{\Delta t}{300}\right)(\text{℃·min}^{-1}) \tag{2.8}$$

式中:h_0 为开始时的冷却速度;h_t 为在 t℃ 时的冷却速度。

(4)快冷阶段

玻璃在应变点以下冷却时,只产生暂时应力,只要它不超过玻璃的极限强度,就可以加快冷却速度以缩短整个退火时间,从而降低燃料消耗、提高生产率。此阶段的最大冷却速度为

$$h_c = 65/a^2 \tag{2.9}$$

生产上一般都采用较低的冷却速度,这是由于制品或多或少地存在某些缺陷,以免在缺陷与主体玻璃的界面上产生张应力。对一般玻璃采用此值的 15%~20%,甚至采用下式计算:

$$h_c < 2/a^2 \tag{2.10}$$

2.玻璃的淬火

玻璃的实际强度比理论强度低很多,根据断裂机理,可以通过淬火在玻璃表面造成压应力层,使玻璃得到增强。

玻璃的淬火,就是将玻璃制品加热到玻璃化转变温度 T_g 以上 50~60℃,然后在冷却介质中急速均匀冷却,在这一过程中玻璃的内层和表面将产生很大的温度梯度,由此引起的应力由于玻璃的黏滞流动而被松弛,所以造成了有温度梯度而无应力的状态。冷却到最后,温度梯度逐渐消除,松弛的应力即转化为永久应力,这样造成了玻璃表面均匀分布的压应力层。

　　玻璃淬火后所产生的应力大小与淬火温度、冷却速率、玻璃的化学组成以及厚度等有直接关系。薄玻璃和低膨胀玻璃较难淬火。淬火薄玻璃制品时,结构因素起主导作用;淬火厚玻璃制品时,机械因素起主导作用。

　　用空气、氮气和氨气作为淬火介质称为风冷淬火,用油脂、硅油、石蜡、树脂和焦油等作为淬火介质称为液冷淬火,用硝酸盐、铬酸盐、硫酸盐及其混合盐作为淬火介质称为熔盐淬火。液冷淬火工艺流程为制品—检查—加热—液冷—洗涤—检验包装。

2.6　光 学 玻 璃

　　光学玻璃是指用于制造光学仪器或机械系统的透镜、棱镜、反射镜和窗口等的玻璃材料,具有光线上的高度透明性、化学物理和结构性能上的高度均匀性。光学玻璃按其光学特性可分为以下几种:

　　①无色光学玻璃。对光学常数有特定要求,具有可见区高透过及无选择吸收着色等特点,按折射率高低分为若干种,并按折射率大小依次排列,多用作望远镜、显微镜和照相机等的透镜、棱镜和反射镜等。

　　②防辐照光学玻璃。对高能辐照有较大的吸收能力,如高铅玻璃可防止 γ 射线和 X 射线辐照,$CaO - B_2O_2$ 系统玻璃可吸收慢中子和热中子,均用作核工业和医学领域屏蔽和窥视窗口材料。

　　③耐辐照光学玻璃。在一定的 γ 射线或 X 射线辐照下,可见区透过率变化较小,品种和牌号与无色光学玻璃相同,用于制造高能辐照下的光学仪器和探视窗口。

　　④有色光学玻璃。对紫外、可见和红外区特定波长有选择吸收和透过,按光谱特性分为吸收型、截止型和中性灰 3 类,按着色机理分为离子着色、金属胶体着色和硫硒化物着色 3 类,主要用于制造滤光器。

　　⑤紫外和红外光学玻璃。在紫外或红外波段具有特定的光学常数和高透过率,用作紫外和红外光学仪器或用作窗口材料。

　　⑥光学石英玻璃。以 SiO_2 为主要成分,具有耐高温、膨胀系数低、机械强度高和化学性能好等特点,用于制造对各种波段透过有特殊要求的棱镜、透镜、窗口和反射镜等。此外,还用作光掩膜板、液晶显示器面板和影像光盘盘基薄板玻璃,光沿着磁力线方向通过玻璃时,偏振面发生旋转的磁光玻璃,光按一定方向通过传输超声波的玻璃时,发生光的衍射、反射、汇聚或光频移的声光玻璃等。

　　光学玻璃主要按它们在折射率(n_d)-阿贝值(ν_d)图中的位置来分类。传统上将 $n_d > 1.60$,$\nu_d > 50$ 和 $n_d < 1.60$,$\nu_d > 55$ 的各类玻璃称为冕(K)玻璃,其余各类玻璃定为火石(F)玻璃。一般冕玻璃作凸透镜,火石玻璃作凹透镜。通常冕玻璃是含碱硼硅酸盐体系及碱铝硼硅酸盐体系,轻冕玻璃属于碱铝硼硅酸盐体系,按化学组成可分为三类:低膨胀系数玻璃、低折射率玻璃及含氟化物玻璃。重冕玻璃及钡火石玻璃属于无碱硼硅酸盐体系,绝大部分的火石玻璃属于铅钾硅酸盐体系。随着光学玻璃的应用领域不断拓宽,其品种在不断扩大,其组成中几乎包括周期表中的所有元素。

2.7　ITO 导电玻璃

2.7.1　ITO 导电玻璃概述

氧化铟锡(indium tin oxide,ITO)导电玻璃是一种既透明又导电的玻璃,它是在钠钙基或硅硼基基片玻璃的基础上,利用磁控溅射沉积成膜技术,镀上一层氧化铟锡膜加工制作成的。ITO 膜具有良好的导电性和透光性,适于制作透明显示电极,是平板显示器生产的重要原材料之一。玻璃基板的厚度通常只有 $0.3\sim1.1$ mm,具有重量轻、透明度高、平整度高、机械硬度好和切割加工易等特点,因此被广泛应用于平板显示器上。

2.7.2　ITO 透明导电薄膜的基本性能

图 2.17 为 ITO 的微观结构,In_2O_3 里掺入 Sn 后,Sn 元素可以代替 In_2O_3 晶格中的 In 元素而以 SnO_2 的形式存在,因为 In_2O_3 中的 In 元素是三价,形成 SnO_2 时将贡献一个电子到导带上,同时在一定的缺氧状态下产生氧空穴,形成 $10^{20}\sim10^{21}$ cm^{-3} 的载流子浓度和 $10\sim30$ $cm^2/(V\cdot s)$ 的迁移率。这个机理提供了在 10^{-4} $\Omega\cdot cm$ 数量级的低薄膜电阻率,因此 ITO 薄膜具有半导体的导电性能。

图 2.17　ITO 的结晶结构

ITO 薄膜是一种宽能带薄膜材料,其带隙为 $3.5\sim4.3$ eV。紫外光区产生禁带的励起吸收阈值为 3.75 eV,相当于 330 nm 的波长,因此紫外光区 ITO 薄膜的光穿透率极低。同时近红外区由于载流子的等离子体振动现象而产生反射,因此在近红外区 ITO 薄膜的光透过率也是很低的,但是在可见光区 ITO 薄膜的透过率非常好。

ITO 透明导电膜玻璃作为汽车、机车、飞机的挡风玻璃贴膜,不仅可以起到隔热作用,而且当薄膜通电加热后,还可除雾去冰霜。ITO 膜玻璃可以作为高级建筑物的幕墙,也可用于冷冻和冷藏柜面板,节能 40 %;ITO 膜玻璃又是液晶显示器、等离子体显示器、电致发光显示器、触摸屏、太阳能电池以及其他电子仪表的透明电极最佳的常用材料。

2.7.3　ITO 透明导电薄膜的种类

ITO 透明导电薄膜有许多种类,大致可按下列三种分类方式进行划分。

1. 按电阻划分

按电阻划分,可分为高电阻膜(电阻在 150～500 Ω)、普通膜(电阻在 60～150 Ω)、低电阻膜(电阻小于 60 Ω)。高电阻膜一般用于静电防护和触控屏幕制作等;普通膜一般用于 TN 类液晶显示器和电子抗干扰;低电阻膜一般用于 STN 液晶显示器和透明线路板。

2. 按尺寸划分

按尺寸划分,可分为 14 in×14 in、14 in×16 in、20 in×24 in 等规格(1 in＝2.54 cm)。

3. 按厚度划分

按厚度划分,可分为 2.0 mm、1.1 mm、0.7 mm、0.55 mm、0.4 mm 和 0.3 mm 等规格,厚度在 0.5 mm 以下的主要用于 STN 液晶显示器产品。

2.7.4　ITO 导电玻璃的应用

1. 液晶显示(TN/STN‑LCD)用 ITO 导电玻璃

TN 型 ITO 导电玻璃的面电阻较高,表面不需要抛光处理,主要应用在笔段式显示器上,如计算器、仪器仪表和电子钟表等。STN 型 ITO 导电玻璃的电阻相对较低,基板表面需做抛光处理,降低玻璃表面微观波纹度,使玻璃表面更加平整,提高 STN‑LCD 的盒厚均匀性,以得到更均匀的显示控制。

STN‑LCD 的显示形式以点阵为主,其基本结构如图 2.18 所示。此类显示器主要应用于手机、游戏机及电子仪表等。

图 2.18　TN/STN‑LCD 基本结构

2. 彩色滤光片(CF)

CSTN‑LCD 用 ITO 导电玻璃又称为彩色滤光片(color filter,CF),是先在基板玻璃上做出红、绿、蓝(R、G、B)三原色色素图形,然后在其上镀制 ITO 膜层。彩色滤光片由透明基板、黑色矩阵(BM)膜、彩色滤光膜(R、G、B 三基色)、保护膜和 ITO 层组成。CF 主要用在 CSTN‑LCD 或者 OLED 上。

CSTN‑LCD 的结构如图 2.19 所示,CSTN‑LCD 主要应用于手机、高档电器控制面板以及数码照相机等。

图 2.19　CSTN - LCD 结构

3.有机电致发光显示器(OLED)用 ITO 导电玻璃

有机电致发光显示器(organic light emitting display,OLED)的结构如图 2.20 所示。

由于 OLED 显示是以电流驱动的,ITO 膜层表面的微小突起会形成尖端电流异常,从而影响显示效果,因此对 ITO 膜层的平整度要求更高,需要将 ITO 膜层表面的微小突起去除。ITO 膜层的电阻要求较低,一般在 $10\ \Omega$ 以下,由于在驱动过程中,阴、阳极电阻上的电压降会产生严重的亮度不均匀,因此对电阻的均匀性要求更高。

图 2.20　OLED 的结构简图

4.触摸屏用 ITO 导电玻璃

图 2.21 为电阻式触摸屏工作原理图。触摸屏结构由两层高透明的导电层组成,ITO 导电薄膜在触摸屏结构中作为上、下两块电极材料。通常,下层是 ITO 玻璃(通常称 ITO glass),上层是 ITO 薄膜材料(通常称 ITO film),中间有细微绝缘点隔开。当触摸屏表面无压力时,上、下层成绝缘状态;一旦有压力施加到触摸屏上,上、下层电路导通。这时,控制器通过分别在 x 坐标方向和 y 坐标方向上施加驱动电压,探测出触点的 $x - y$ 坐标,从而明确触点的位置。

图 2.21 电阻式触摸屏工作原理图

2.8 微晶玻璃

2.8.1 微晶玻璃概述

玻璃经高温处理后,析出均匀弥散分布的微晶体,这种玻璃与微晶体共存的不透明材料称为微晶玻璃或玻璃陶瓷。在微晶玻璃出现之前,玻璃中出现结晶现象导致玻璃透明度降低,这种现象称为失透或退玻璃化。微晶玻璃是在玻璃成型基础上获得的,玻璃的熔融成型比起通常的陶瓷成型的方法有很多有利条件,因而工艺上比陶瓷更简单。由于微晶玻璃中晶粒比普通陶瓷晶粒小得多,为了区别普通玻璃和陶瓷,所以也称为微晶玻璃。

微晶玻璃的制造工艺除了与一般玻璃工艺一样要经过原料配置、玻璃熔融、成型等工序外,还要进行两个阶段的后热处理。先在有利于成核温度下使之产生大量的晶核,然后再缓缓加热,在有利于结晶长大的温度下保温,使晶核得以长大,最后冷却,这样得到的产品除了结晶相外还有剩余的玻璃相。微晶玻璃由结晶相和玻璃相组成,工艺过程要注意防止微裂纹、畸变及过分的晶粒长大。结晶相是多晶结构,晶体细小,比一般结晶材料的晶体小很多,一般小于 0.1 nm。晶体在微晶玻璃中空间取向分布,在晶体之间分布着残存的玻璃相,类似于玻璃相把数量巨大、粒度细微的晶体黏结起来。结晶相的数量一般为 $50\% \sim 90\%$,玻璃相的数量一般为 $5\% \sim 50\%$,无论怎样延长晶化时间也不能消除玻璃相,晶化后的残余玻璃相很稳定,在一般条件下不会再析晶。

微晶玻璃中玻璃相分布状态随其比例而变化:当玻璃相所占比例大时,玻璃相分布在晶体网架之间,呈连续网络状;当玻璃相的数量很少时,就以薄膜状态分布在晶体之间。微晶玻璃是晶体同玻璃体的复合材料,其性能和性质主要由析出晶体种类、晶粒大小、晶相多少以及残存玻璃相的种类及数量决定,而这些因素又取决于玻璃的组成及热处理制度。

最早的微晶玻璃发源于光敏玻璃,其中含有 $0.001\% \sim 1\%$ 的金、铜或银,弥散在玻璃基体中,紫外线或 X 射线照射后再进行热处理,以这些金属胶粒为晶核剂析晶形成微晶玻璃。后来研究发现,不必用紫外线辐射就可有一系列玻璃的组成及晶核剂能形成微晶玻璃。表 2.7 列举了几种微晶玻璃及晶核剂的成分。

表 2.7　某些微晶玻璃及其晶核剂的成分

晶核剂	基体玻璃举例	主晶相	特征
Au、Ag、Cu	$Li_2O - Al_2O_3 - SiO_2$ $(Na_2O、K_2O)$	$Li_2O \cdot SiO_2$	需要紫外线照射
		$Li_2O \cdot 2SiO_2$	
铂类 $(Pt、Ru、Rh、Pd、Os、Ir)$	$Li_2O - SiO_2$ $Li_2O - MgO - Al_2O_3 - SiO_2$	$Li_2O \cdot 2SiO_2$ β-锂辉石 $LiAl(Si_2O_6)$	
TiO_2	$Li_2O - Al_2O_3 - SiO_2$	$Li_2O \cdot 2SiO_2$	不需要紫外线照射
	$MgO - Al_2O_3 - SiO_2$	β-石英、β-锂辉石	
	$Na_2O - Al_2O_3 - SiO_2$	堇青石、霞石	
Cr_2O_3	$Li_2O - Al_2O_3 - SiO_2$	$LiO \cdot 2SiO_2$	
Al_2O_3	$PbO - TiO_2 - SiO_2$	$PbTiO_3$	

微晶玻璃机械性能的变化尤为突出,断裂强度比同种玻璃增加 1 倍以上,可从 7×10^3 N·cm^{-2} 增大到 1.4×10^4 N·cm^{-2} 或更高,抗热振性及莫氏硬度也得到很大改善。

2.8.2　微晶玻璃的种类

1.光敏微晶玻璃

$Li_2O - Al_2O_3 - SiO_2$ 系统感光玻璃经过光照及热处理后,变为微晶玻璃,称为光敏微晶玻璃,其晶相为偏硅酸锂、β-锂辉石和高稳定 SiO_2,或者为 β-锂辉石和 SiO_2 固溶体。

2.透明微晶玻璃

微晶玻璃包括超低膨胀透明微晶玻璃、耐高温无色透明微晶玻璃和无碱透明微晶玻璃,透明性受制于晶相及玻璃相。如果能满足以下条件,就能得到透明微晶玻璃。

①晶相的晶体极为细微,其大小比可见光的波长小得多;

②晶相的折射率近似等于玻璃相的折射率,光通过时不产生光的散射。

3.可切削微晶玻璃

主晶相是氟云母,基础玻璃为 $SiO_2 - B_2O_3 - Al_2O_3 - MgO - K_2O(Na_2O)-F$ 系统,核化温度在 750～900℃(先生成 MgF_2 的晶核),晶化温度在 900～1 200℃,具有优异的可加工性能。

4.封接用微晶玻璃

采用可微晶化玻璃粉作为电子工业的封接材料,其优点是在高于一般封接玻璃允许温度范围,仍然保持有较高的强度和气密性。

5.矿渣微晶玻璃

矿渣微晶玻璃属于 $Na_2O - CaO - MgO - Al_2O_3 - SiO_2$ 系统,这种微晶玻璃透热性差,成型工作面冷却比普通玻璃快得多,其抗压强度高于天然石材,可同铸铁、铝、钢相比,其抗弯强度同铸铁相近,耐磨性比铸铁、陶瓷都高,被广泛用作结构材料、耐磨材料和饰面材料。

6.复合材料级微晶玻璃

$Li_2O - Al_2O_3 - SiO_2$ 和 $BaO - Al_2O_3 - 2SiO_2$ 两种微晶玻璃具有高温抗蠕变、高温高强度等优良性能,20 世纪 80 年代被美国宇航局(NASA)认为是航空发动机中 1 000～1 250℃热端部件的首选材料。将两种微晶玻璃浆料浸渍碳纤维,然后干燥、堆垛、高温热压,利用其高温玻璃态黏性流动实现致密化,然后再析晶形成微晶玻璃复合材料。

2.9 特 种 玻 璃

2.9.1 特种玻璃概述

特种玻璃又叫新型玻璃,是指除日用玻璃以外,采用新型精制或高纯度原料、新工艺,在特殊条件下或严格控制形成过程制成的一些具有特殊功能或特殊用途的玻璃。特种玻璃以其所具有的功能特性可以分为光学功能玻璃、电磁功能玻璃、热学功能玻璃、力学功能玻璃、化学功能玻璃及生物功能玻璃等,是在普通玻璃所具有透光性、耐久性、气密性、耐热性、电绝缘性、组成多样性、易成型性和可加工性等优异性能的基础上,通过使玻璃具有特殊的功能,或将上述某项特性发挥至极点,或将上述某项特性置换为另一种特性,或牺牲上述某些性能而赋予某项有用的特殊性能。

2.9.2 特种玻璃的分类

1.光学功能玻璃

光学功能玻璃种类多,用途广,其功能主要包括光传输功能、激光发射功能、光记忆功能、光控制功能、非线性光学功能、感光及光调节功能和偏振光起偏功能等。

以光传输为特征的功能玻璃包括光学纤维(简称光纤)、光波导玻璃、透射镜玻璃、透红外玻璃等。光纤是现代通信技术的核心,使通信技术获得了革命性的进步。光波导玻璃是在玻璃板上形成光的通路,是光集成电路的重要组成部分,主要用于图像传输等。透红外玻璃主要用作红外激光、红外光学的窗口材料以及用于红外光信息与激光的传输等。

激光玻璃主要有掺稀土或过渡金属离子的氧化物、氟化物和氟磷酸盐玻璃等,是生产激光的重要材料,也是未来激光核聚变中首选的激光材料。

光记忆玻璃是构成光盘记忆膜的非晶态物质,主要包括 Te-O 系和硫系玻璃等。具有光控制功能的玻璃主要有磁光玻璃、声光玻璃和热光玻璃,在光偏聚、光调制、光开关以及光隔离等方面得到应用。

非线性光学玻璃主要包括均匀玻璃(包括经过强外场极化的玻璃)、半导体或金属掺杂玻璃以及高分子分散玻璃,是全光信息技术中的重要材料。

感光功能玻璃将图像和文字永久性地记录,或在紫外光或短波长可见光的光照作用下,发生可逆性颜色变化的光致变色,作为显示材料和光记忆材料而得到应用。

光调节功能玻璃主要包括变色玻璃、电致变色玻璃、热致变色玻璃、液晶夹层玻璃、选择透过玻璃、选择吸收玻璃、防反射玻璃以及视野选择玻璃等,主要用于智能建筑材料。

偏振光起偏功能玻璃是将具有一定长径比的针状金属或半导体颗粒均匀、定向分散于玻璃中而获得的光学各向异性功能玻璃,具有优异的起偏性能,在相干光通信、光电压和光电流传感器中将有广泛应用。

2. 电磁功能玻璃

电磁功能材料主要包括导电功能、光电转换功能、声波延迟功能、电子发射功能、电磁波防护功能和磁性等功能。晶态材料电学功能一般优于非晶态材料,器件中具有电磁功能的一些元件也大多是晶态。但是,晶态元件的尺寸很小,需要玻璃基板给予支撑。这些玻璃基板本身虽不具备特殊的电磁功能,但对晶体材料能否发挥正常的电磁功能起着重要的作用,故通常把这类材料归属于电磁功能玻璃。

3. 其他类型特种玻璃

①热学功能玻璃。热学功能主要包括耐热性、低膨胀性、导热性以及加热软化性等,对于元件充分发挥其光学和电子学等功能起十分重要的作用。

②力学与机械功能玻璃。此类玻璃包括具有更高的杨氏模量、更高的强度和韧性,或可像木材一样进行机械加工的特种玻璃。

③生物及化学功能玻璃。此类玻璃包括具有熔融固化、耐腐蚀、选择腐蚀、水溶性、杀菌、光化学反应、化学分离精制、生物活化、生物相容性以及疾病治疗等功能的特种玻璃。

2.9.3 特种玻璃的制备和加工

为获得玻璃或无定形固体,须将液体或气体的无序状态在环境温度下保存下来,或破坏晶体的有序结构。通过适当的化学反应获得无序结构,其中有些化学反应需要外场辅助。

①熔体急冷技术。将一种或几种晶体物质融化所得的熔体急冷是获得玻璃的常规方法,当降温速率足够快而能避开结晶时,熔体的无序状态在固体中得以保持。

②气相急冷技术。将一种或几种组分在气相中沉积到基底上,得到非晶态固体,气相物质通过加热适当的化合物气化得到。无化学反应介入时称为非反应沉积,有化学反应介入时称为反应沉积,这种方法一般用来制取电子学和光学用薄膜。

③固态方法。通过辐照损伤或爆炸冲击波,可使晶格无定形化形成特种玻璃。

④电化学方法。在许多液体电解质的电解池中,作为阳极的金属或半导体表面上可生长出无定形氧化物层。在足够高的过电压下,当电流通过电解池时,Al、Zr、Nb 特别是 Ta 就会发生氧化作用,形成厚度不到 1 nm 的玻璃层。

⑤溶液方法。在低温下,经适当液相化学聚合反应得到凝胶,然后去除凝胶中的液相并通过烧结除去生成的固体残余物,制得特种玻璃。

2.10 玻 璃 纤 维

玻璃纤维是一种工程材料,具有耐腐蚀、耐高温、吸湿小和伸长小等优良性能,在电气、力学和化学等方面有优良的特性。还可通过物理或化学方法对玻璃纤维进行改性,改进其原有的不足,将有助于推动玻璃纤维的合理使用并不断扩大其应用领域。

2.10.1　典型玻璃纤维的种类

1. 无碱玻璃(E 玻璃)纤维

无碱是指碱金属氧化物含量小于 1% 的铝硼硅酸盐,国际上通常叫做 E 玻璃。E 玻璃的应用范围已远远超出了最初设计的电气用途,成为一种通用配方,国际上玻璃纤维有 90% 以上用的是 E 玻璃成分。

各国生产的 E 玻璃大体相仿,仅在较小范围内稍有不同。成分范围大致为:SiO_2 55%～57%,CaO 12%～15%,Al_2O_3 10%～17%,MgO 0～8%。

E 玻璃有良好的拉丝工艺性能,黏度为 0.1 Pa·s 时的温度为 1 214℃,比析晶上限温度(1 135℃)高约 80℃,所以以拉丝时的温度波动不会引起析晶。

2. 中碱玻璃(C 玻璃)纤维

目前使用的 C 玻璃 5# 的成分(质量分数)为:SiO_2 67.3%、CaO 9.5%、Al_2O_3 7.0%、MgO 4.2%、Fe_2O_3 <0.5%、Na_2O 12.0%。C 玻璃纤维有较高的强度,单丝强度为 2.646 GPa。其在相对湿度 100% 气氛下存放 128d,单丝强度降低 21%,比 E 玻璃略大,E 玻璃单丝在此条件下只降低 16%。C 玻璃 5# 纤维不适合作为电气绝缘材料,但耐化学侵蚀,可用作储酸罐和电镀槽。

3. 高碱玻璃(A 玻璃)纤维

A 玻璃纤维中 Na_2O+K_2O 含量高达 14.5% 或更高,这种玻璃组成也落在 Na_2O-CaO-SiO_2 三元系统中的 PQ 相界线附近。为改善玻璃纤维的化学稳定性,可用 K_2O 代替部分 Na_2O;为了改善玻璃的析晶性能,引入少量 Al_2O_3 替代 SiO_2,以 MgO 替代 CaO。

A 玻璃纤维不耐水侵蚀,也不耐大气中的水分侵蚀,受到侵蚀后制品很快变脆,丧失强度而不能实际应用。A 玻璃纤维虽然不耐水,但却耐酸的侵蚀,可用于制作耐酸制品,如蓄电池隔板、电镀槽、酸储罐、硫酸厂酸雾或酸性气体的过滤材料。

4. 高硅氧玻璃(R 玻璃)纤维

成分合适的玻璃纤维经酸腐蚀,将纤维中溶于酸的组分沥滤出来,使 SiO_2 富集达 96% 以上,再经过烧结定型,即得到耐温性能接近石英纤维的高硅氧玻璃纤维。我国高硅氧玻璃纤维的原始玻璃组分以 SiO_2-B_2O_3-Na_2O 三元系统为主,以 SiO_2-Na_2O 二元系统玻璃为辅。

高硅氧玻璃纤维软化点接近 1 700℃,可长期在 900℃ 使用,瞬间在数千摄氏度使用,已作为航天器防热烧蚀材料、耐高温绝热防火材料、耐高温绝缘材料,并用于高温气体收尘、液体过滤、金属熔化和过滤净化等。高硅氧玻璃纤维还具有优良的化学稳定性和良好的介电性能,是承载透波功能一体化复合材料的增强相。

5. 耐碱玻璃(AR 玻璃)纤维

我国全电熔池窑拉丝 R13 耐碱玻璃纤维的成分为:SiO_2 59%～63%、K_2O 1.5%～3.7%、CaO <5%、ZrO_2 13%～16%、Na_2O 8%～13%、TiO_2 4%～8%。耐碱玻璃纤维用于增强混凝土,能抵抗水泥的高碱性,是非承重水泥构件中钢材的替代品。

6. 石英纤维

石英纤维由高纯 SiO_2 或天然石英晶体熔融拉丝而成,纯度为 99.95% SiO_2,密度为 2.2 g·cm^{-3},拉伸强度为 7 GPa,模量为 70 GPa,具有优异的耐热性、耐蚀性和柔顺性。石英纤维在高温下尺寸稳定,化学稳定,电绝缘性好,是光纤通信的主要元件,也是导弹整流罩用熔石英陶瓷的增强相,以及火箭用酚醛烧蚀材料的增强相。

2.10.2 玻璃纤维的基本性能

1. 外观特性

玻璃纤维外表通常呈光滑圆柱状,其截面呈完整圆形。纤维在成型过程中,熔融玻璃经漏板被牵引和冷却成固态纤维,凝固前在表面张力作用下收缩成表面积最小的圆形。由于玻璃纤维表面光滑,所以纤维之间的抱合力非常小,气体和液体通过的阻力小,过滤性能优异。除了圆柱形,还有椭圆形、蚕茧形、哑铃形、三角形、T 形、Y 形或十字形等截面形状的玻璃纤维,异形截面玻璃纤维的比表面积都大于圆形,大大增加了纤维与树脂的接触面,增强了与树脂的抱合力,从而赋予复合材料更为优异的拉伸强度和弹性模量。与圆形截面相比,异形截面玻璃纤维复合材料拉伸强度可提高 18%,弹性模量可提高 24%,弯曲强度可提高 24%,抗拉伸强度可提高 55%。

美国 OCF 公司研制成功双组分玻璃纤维,使纤维成为自然弯曲形。其原理是将两种膨胀系数不同的玻璃按一定比例组成纤维,在冷却为固态时,因玻璃液收缩不一致使纤维弯曲。这种弯曲形纤维相互之间易勾结在一起,增大了纤维之间的抱合力,从而提高了纤维制品的整体强度,而且纤维的可压缩性大大增加,柔软性明显改善,且无须黏结剂就能制成各种制品,在一定程度上改变了多年来人们对玻璃纤维的传统概念。

2. 密度

玻璃纤维密度一般为 2.50～2.70 g·cm^{-3},取值主要取决于玻璃成分。某些特殊玻璃纤维(如石英玻璃纤维、高硅氧玻璃纤维和低介电玻璃纤维)的密度仅为 2.0～2.2 g·cm^{-3},而含有大量重金属氧化物的高模量玻璃纤维密度可达 2.70～2.90 g·cm^{-3}。

玻璃纤维密度比同成分的块状玻璃低,这是由于玻璃纤维保留了高温玻璃液的结构状态,而块状玻璃在冷却退火过程中,分子排列趋向密实,所以与纤维相比具有较高的密度值。

3. 拉伸强度

表 2.8 列出了几种材料的拉伸强度,可见玻璃纤维的强度不仅比块状玻璃高几十倍,而且也远远超过其他天然纤维、合成纤维以及各种合金材料,所以是理想的增强材料。

表 2.8　几种材料的拉伸强度

材料	3～9 μm 玻璃纤维	尼龙	人造丝	铬钼钢	轻质镁合金	碳纤维
拉伸强度/MPa	1 470～4 800	490～680	340～440	1 370	330	3 900

表 2.9 是几种不同成分的玻璃纤维新生态单丝拉伸强度,可见玻璃组成不同,制成的纤维强度也不同。

表 2.9　不同玻璃成分的新生态单丝拉伸强度

纤维类别	石英	S-2 高强	E 玻璃	E 玻璃 1[#]	C 玻璃 5[#]	S 玻璃 4[#]
新生态单丝拉伸强度/MPa	5 800~13 818	4 580~4 850	3 700	3 058	2 617	4 600

玻璃纤维的强度很容易损失。刚拉制的新生态纤维强度很高,但暴露在空气中一段时间或缠绕在绕丝筒上后,强度下降 15%~25%。要想保持纤维的高强度,在纤维成型和制品加工中应尽量减轻对纤维的磨损,并在纤维表面涂覆保护涂层。

在有水分影响的条件下,玻璃纤维的强度会随着负荷持续时间的增长而降低,这种现象叫做静态疲劳。玻璃纤维在使用中通常都因受静态疲劳而损坏,在冲击情况下才会有所不同。提高纤维的硬化速度,减少纤维成型时的张力,都有利于提高玻璃纤维的强度,因为它们均有利于减少纤维表面的微裂纹。

4. 弹性模量

玻璃纤维弹性模量与玻璃组成和结构密切相关,我国 E 玻璃纤维的弹性模量为 71.5 GPa,S 玻璃纤维 2[#] 为 83.3 GPa,S 玻璃纤维 4[#] 为 86.4 GPa,M 玻璃为 93.1 GPa。

同种玻璃纤维的弹性模量与纤维直径(6~100 μm)无关,这表明它们具有近似的分子结构。玻璃纤维的弹性伸长率很低,E 玻璃纤维仅 3% 左右,而 S 玻璃纤维也只有 5.4% 左右。这说明玻璃纤维只存在弹性变形,是完全弹性体,拉伸时不存在屈服点,这也是玻璃纤维和有机纤维的不同之处。

5. 电性能

E 玻璃纤维具有良好的电绝缘性能和介电性能,主要用途就是在电气工业中作为各种电绝缘材料和雷达罩透波材料。我国的无碱玻璃也是 E 玻璃系列,常温下它的体积电阻率和表面电阻率均大于 10^{15} $\Omega \cdot cm$,频率为 10^6 Hz 时的节点损耗角 $\tan\delta$ 为 1.1×10^{-3},介电常数 ε 为 6.6。

碱金属氧化物是影响玻璃电绝缘性能的主要因素。为提高玻璃的电绝缘性能,必须减少玻璃中碱金属氧化物的含量。在无碱铝硼硅酸盐玻璃中,将 R_2O 含量从 1.6% 降低到 0.5% 时,玻璃的体积电阻增加 10 倍。为确保玻璃纤维作为电气绝缘材料时的电绝缘性能,绝大多数国家规定 E 玻璃中的 R_2O 含量要小于 1%,一般都在 0.8% 以下。

玻璃的表面状态以及空气的湿度也会影响电性能,尤其是影响玻璃的表面电阻。随着空气湿度的增大,玻璃纤维的表面电阻会大大降低。这是由于纤维表面吸附的水分子与玻璃作用,在表面形成一层溶液膜,膜中 Na^+ 离子和其他离子具有较高的迁移能力,因而降低了表面电阻。

6. 化学稳定性

玻璃纤维的化学稳定性是指其抵抗水、酸和碱等介质侵蚀的能力。玻璃纤维与同品种玻璃相比,有很大的表面积,因此受介质侵蚀更为剧烈,但就其侵蚀机理而言,却与玻璃相同。

E 玻璃纤维不耐酸,耐酸 E 玻璃纤维既保持了 E 玻璃纤维的高强度等性能,又显著提高了耐酸性。硅酸盐玻璃纤维在碱溶液侵蚀下会被腐蚀,使纤维强度丧失。AR 玻璃纤维中含

有 ZrO_2，具有良好的耐碱性。

玻璃纤维在自然条件下，经过阳光、风、雨、水气或其他气体的长期作用，会发生老化现象，其强度也会逐渐丧失，或者产生其他的物理、化学变化，而涂覆树脂能有效地保护玻璃纤维。

7.耐热性

玻璃纤维与其他有机纤维相比，有很高的耐热性，这是因为玻璃纤维的软化温度高达550～750℃，而尼龙只有232～250℃，醋酸纤维为204～230℃，聚苯乙烯仅88～110℃。玻璃纤维高温时的强度是两种相反作用的总效果，即当温度升高时，离子的热运动增强，分子键减弱，强度会降低；但随着温度的升高，离子位移能力增强，尤其是表面，因离子位移，微裂纹顶端熔合而钝化，应力集中显著减小，从而使强度提高。

玻璃纤维高温时的强度不会降低，但是热处理后强度却会下降。热处理后纤维强度的降低是不可逆过程，再加热也不能增加纤维强度。热处理纤维强度降低也与加热时间有关，延长加热时间，纤维强度会显著降低。

8.耐疲劳性

在静负荷下研究玻璃纤维的耐疲劳性具有很大的实际意义，因为在生产和使用过程中玻璃纤维都处于张力状态。提高纤维耐疲劳性的途径如下：

①通过改进玻璃成分和改变纤维成型工艺参数，减少纤维表面微裂纹的数量及减小尺寸；

②纤维表面涂覆憎水性物质，防止吸附水进入微裂纹中。

2.11　玻　璃　棉

玻璃棉是玻璃纤维中的一个类别，是一种人造无机纤维。玻璃原料或碎玻璃在融化状态下，借助外力吹制式甩成絮状细纤维，纤维之间立体交叉，互相缠绕，形成许多细小的间隙，这种间隙可看作将空气分隔开的孔隙，具有良好的绝热与吸声性能。

玻璃棉按纤维直径分类，可分为普通玻璃棉和超细玻璃棉。普通玻璃棉纤维长50～150 mm，直径7～12 μm。相比之下，超细玻璃棉的纤维直径要细得多，通常在1～4 μm。普通玻璃棉可用于制造沥青黏合玻璃棉毡和玻璃棉板，超细玻璃棉可用于制作超细玻璃棉毡、玻璃棉板、无碱超细玻璃棉毡、高氧二氧化硅超细玻璃棉毡。

常见的玻璃棉有 B 玻璃(475♯)、CA 玻璃(253♯)、E 玻璃(无碱玻璃)、CP 玻璃(平板玻璃)和 C 玻璃(中碱玻璃)五类。五类玻璃棉的化学成分见表 2.10。

表 2.10　玻璃棉分类及成分

玻璃成分	B 玻璃/(%)	CA 玻璃/(%)	E 玻璃/(%)	CP 玻璃/(%)	C 玻璃/(%)
SiO_2	55.0～60.0	63.0～67.0	50.0～60.0	70.0～73.0	66.6～68.0
Al_2O_3	4.0～7.0	3.0～5.0	13.0～16.0	0～3.0	6.1～7.1
B_2O_3	8.0～11.0	4.0～7.0	5.8～10.0	—	—
Na_2O	9.5～13.5	14.0～17.0	<0.8	12～16	11.0～12.0
K_2O	1.0～4.0	0～2.0	<0.4	—	<0.5
CaO	1.0～5.0	4.0～7.0	15.0～24.0	6～12	9.0～10.0

续表

玻璃成分	B 玻璃/(%)	CA 玻璃/(%)	E 玻璃/(%)	CP 玻璃/(%)	C 玻璃/(%)
MgO	0～2.0	2.0～4.0	<5.5	0～4	3.7～4.7
Fe_2O_3	<0.2	<0.2	<0.5	—	<0.4
ZnO	2.0～5.0	<0.1	—	—	—
BaO	3.0～6.0	<0.1	—	—	—

1. 玻璃棉制备技术

玻璃棉不同于玻璃纤维,两者的成纤过程不同。玻璃纤维是用机械拉伸的方法连续拉制而成的,纤维直径偏差较小;玻璃棉主要是通过离心喷吹法或火焰喷吹法成纤工艺制成的,其直径范围较玻璃纤维大,且纤维成形后呈现弯曲状交联。玻璃棉是一种定长纤维,由于纤维较短,一般在 150 μm 以下或更短,在形态上组织蓬松,类似棉絮。

(1)离心喷吹技术

离心喷吹技术是国际上制造玻璃纤维棉和毡的一项比较先进的制备技术。它借助高速旋转离心盘将玻璃液甩成更细流股后经燃烧室高温高速气流喷吹形成棉絮状玻璃纤维,利用该技术成型的玻璃纤维棉称为离心棉。

图 2.22 为离心喷吹技术示意图。具体工艺如下:以平板碎玻璃、石英砂、长石、纯碱和硼砂等为主要原料熔化制备出澄清的玻璃液,玻璃液由料道进入高速旋转的离心盘,在离心力的作用下经侧壁上的小孔甩出,最终在高温气流的作用下获得细化的玻璃棉。同时,在玻璃棉飘落过程中喷洒树脂黏结剂,经高温获得所需的玻璃纤维棉和毡。离心喷吹技术最大的特点是单机产量高、能耗低、纤维直径均匀,可连续生产玻璃纤维毡。通过控制离心器转速和玻璃液细流二次拉伸直径,获得不同纤维直径的离心棉,平均直径低至 3 μm。

图 2.22　离心喷吹示意图

(2)火焰喷吹技术

火焰喷吹技术是经过拉丝工艺将玻璃液拉制成一次纤维,再经过高温高速火焰喷吹形成棉絮状玻璃纤维,该技术成型的玻璃纤维棉称为火焰棉。

图 2.23 为火焰喷吹技术示意图。具体工艺如下:以玻璃球或玻璃块为原料,在电窑炉或天然气窑炉中融化形成均质的玻璃液,玻璃液在自身重力作用下经漏板流出,形成一次纤维;一次纤维经过胶辊抻直,出胶辊后再经过高温高速燃气流二次熔融、分裂和牵伸,形成直径为微米级或亚微米级的二次纤维;二次纤维在负压风机高速气流牵引作用下,经导棉筒进入集棉室,同时喷洒胶黏剂,最后在固化炉中固化、烘干,形成玻璃纤维棉毡。火焰喷吹技术的特点是设备简单、投资少,但存在能耗较高、操作环境相对较差和纤维直径离散度大的缺点。与离心棉相比,火焰棉纤维直径较小,平均直径可低至 $0.1~\mu m$。

图 2.23　火焰喷吹工艺示意图

2. 玻璃棉在绝热领域的应用

(1)直接使用

①飞机机舱隔音隔热。航空级玻璃棉具有阻燃、防水、耐腐蚀和优良隔音隔热等特性,可用作航空飞机机腔内部吸音绝热材料,有效改善舱内噪声及温度控制水平,提高乘坐舒适性,并节约燃油、减少碳排放,提高飞机的经济性和国际市场竞争性。波音和空客均采用美国 Johns Manville 公司超细超轻玻璃棉产品,其容重小于 $10~kg/m^3$,柔软且吸音绝热性能优良。国内超细超轻玻璃纤维棉毡起步较晚,但发展势头强劲,我国已在国产大型客机 C919 和复兴号高铁上应用了自主研发、生产的航空级玻璃棉。

②建筑外墙保温。由于玻璃棉具有良好的隔音隔热性能,且重量轻、施工方便,可根据需要切割成任意尺寸,因此玻璃棉应用于建筑外墙保温体系具有独特优势。玻璃棉用于外墙保温的构造形式主要有:墙体/抹灰层/玻璃棉绝热层/外墙砖,墙体/抹灰层/玻璃棉绝热层/配筋网抹砂浆/面砖,混凝土砌块/抹灰层/玻璃棉绝热层/混凝土砌块/抹灰层,现浇混凝土墙/抹灰层/玻璃棉绝热层/铁丝网/水泥砂浆抹灰层。随着建筑节能技术的不断完善和发展,玻璃棉外墙保温系统更加成熟,在建筑外墙保温中发挥着重要作用。

(2)与铝塑膜复合使用

将铝塑膜复合金属贴合在玻璃棉表面形成铝塑膜复合玻璃棉。铝塑膜复合金属层分子间的紧密性可以有效防止水分子渗入,因此铝塑膜复合玻璃棉的防水汽渗透性能大幅提升。同时,铝塑膜复合玻璃棉表层的防潮贴面有效解决了玻璃棉使用过程中内部玻璃纤维暴露的问题,能有效防止玻璃纤维脱落。铝塑膜复合玻璃棉外观整洁,既不会刺激皮肤,危害人体健康,还能防止霉菌生长,延长玻璃棉的使用寿命。

铝塑膜复合玻璃棉优异的防水汽渗透性能,使其广泛用于热力管道保温领域。管道用玻璃棉绝热原理示意图如图 2.24 所示,管道保温层通常由玻璃棉保温层、保护层和防水层组成。此外,铝塑膜复合玻璃棉也可用于空调冷暖设备管道等保温层的外护材料,高层楼房隔音隔热材料,出口设备的防湿、防霉、防燃与防腐材料。

图 2.24　管道用玻璃棉绝热原理示意图

(3)真空封装在铝塑膜袋中使用

将玻璃棉作为填充芯材,与铝塑膜袋保护表层经真空封装复合可形成真空绝热板(vacuum insulation panel,VIP)超级绝热材料。VIP 能有效地避免空气对流引起的热传递,因此热导率大幅度降低,最低可至 0.001 5 W/(m·K),并且不含有任何臭氧危害物质,具有环保和高效节能的特性,是目前世界上最先进的高效保温材料。超细玻璃棉作为芯材,不仅起骨架支撑作用,而且能通过自身性质降低热传递。VIP 不仅广泛应用于冰箱等冷冻、冷藏和冷链设备保温,还可用于建筑内外墙保温,具有优异的节能效果。

思　考　题

1.简述玻璃的定义与性质。如何理解玻璃是一种介稳态物质?

2.简述形成玻璃的热力学条件、动力学条件和结晶化学条件。

3.比较玻璃结构理论中的晶子学说与无规则网络学说。

4.简述玻璃结构中阳离子的分类。

5.简述玻璃组成、结构、性能之间的关系。

6.什么是硼反常性? 分析在硼酸盐玻璃中出现硼反常的原因。

7.简要说明玻璃熔制的工艺过程。

8. 简述玻璃退火工艺的四个阶段。

9. 什么是玻璃的淬火？淬火后产生的应力受哪些因素影响？

10. 简述玻璃纤维的种类和性能。

11. 简述微晶玻璃的结构与性能。

12. 对比各种玻璃纤维中的碱含量。

13. 简述超细玻璃棉性质及其绝热吸声机理。

第3章 先进陶瓷

3.1 概　述

陶瓷包括传统陶瓷和先进陶瓷。传统陶瓷又称普通陶瓷，是陶器与瓷器的统称，它是以黏土等天然硅酸盐为主要原料烧成的日用产品；先进陶瓷又称精细陶瓷，是以高纯度人工合成原料经过科学设计配方，经新型工艺烧结而成的具有高强度、高硬度的工业产品。本章将讲述先进陶瓷，包含氧化物、氮化物、硼化物、碳化物和硅化物等，以及它们之间的复合。随着微电子、光电子和计算机等高新技术的发展，以及高纯超微粉、纳米陶瓷、厚膜和薄膜等制备工艺的进步，先进陶瓷的研究在新材料探索、现有材料潜在功能开发，以及材料、器件一体化和应用等方面取得了突出进展，先进陶瓷在航空航天等国防尖端科技领域都具有重要的应用。

3.2　陶瓷的结构

陶瓷的物理化学性质主要是由其化学组成、原子或离子排列方式、化学键、缺陷及显微结构等决定的，其中晶体结构对陶瓷材料性质有决定性影响。

3.2.1　陶瓷的结合键

陶瓷的键性主要为离子键、共价键和少量分子键。单一陶瓷材料的结合键往往处于各种键之间，存在许多中间类型。化学键性质不同，材料的基本性能会发生很大差异（见表3.1）。

表 3.1　不同结合键对应的基本性质

结合键种类	熔点	硬度	导电性	键的性质
离子键	高	较大	低温不导电,部分高温导电	无饱和性,无方向性
共价键	高	大	部分不导电,部分导电	有饱和性,有方向性
分子键	低	小	部分导电,部分不导电	有饱和性,有方向性

3.2.2　陶瓷的晶体结构

1.基本结构

陶瓷原子在空间排列的紧密程度，在没有其他因素影响下，服从球体最紧密堆积原理。现

考虑半径为 r 的同种球在平面上一层层堆积,按最密的堆积方式(见图3.1)。第一层构成正六边形,球心 A 为原子中心,即晶格阵点。在堆积第二层时,位置有 B 和 C 两种选择,如第二层选 B 位置,则第三层还有 C 和 A 两种选择,如第三层选择 C 位置,则层堆积原子位置顺序为 ABCABC…,三层为一个周期,此为面心立方结构,如果第三层选择 A 位置,则层堆积原子位置顺序为 ABABAB…,二层为一个周期,此为密排六方结构。

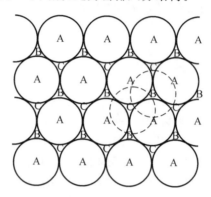

图 3.1　堆积方式

（1）面心立方结构（face - centered cubic, FCC）

各层如按 ABCABC…… 顺序排列（见图 3.2）,在立方点阵晶胞中原子的坐标只能是（0　0　0）,（1/2　0　1/2）,（0　1/2　1/2）及（1/2　1/2　0）,即图 3.3 所示的 FCC 结构。在 FCC 单位晶胞中,原子位于八个顶角及六个面心上,晶格常数 $a=b=c$,且三轴相互垂直。图 3.3 中画阴影的面为（1　1　1）面。与图中的各层上六角形点阵相对应,即从晶体的 [1　1　1] 方向上看下去,原子面的堆积顺序为 ABCABC…,这种结构是球填充结构模型中的最密排列结构。

图 3.2　ABC 堆积顺序

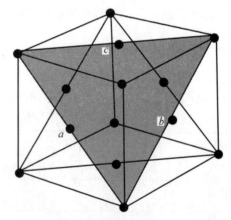

图 3.3　面心立方结构

（2）密排六方结构（hexagonal close - packed, HCP）

如图 3.4 所示,各层原子的堆积顺序为 ABAB…结构,即成为 HCP 结构。如图 3.5 所示,这种密排六方结构 $c/a=1.633$。从 HCP 结构的 c 轴方向看下去,各层原子面的堆积顺序为 ABAB…结构,每个单位晶胞中含有两个原子,其坐标为（0　0　0）和（2/3　1/3　1/2）。

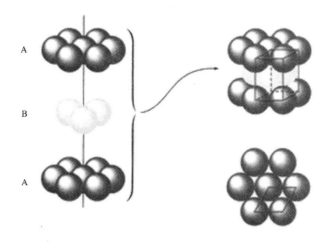

图 3.4　ABAB…堆积顺序

（3）体心立方结构（body - centered cubic，BCC）

在立方点阵单位晶胞中，如果原子的坐标为（0　0　0），（1/2　1/2　1/2），则构成 BCC 结构。如图 3.6 所示，这种 BCC 点阵单位晶胞中原子位于八个顶角上和晶胞中心处。按空间球填充模型看，BCC 不是密排结构，而 FCC 和 HCP 为密排结构。

图 3.5　密排六方结构

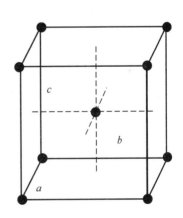

图 3.6　体心立方结构

2. 配位数与配位多面体

配位数指的是与中心原子直接成键的配位原子数目，对离子晶体而言，配位数指最邻近的异号离子数。在晶体结构的研究中，常用分析配位多面体之间的连接方式来描述该晶体的结构特点。配位多面体是指晶体中最邻近的配位原子或离子所组成的多面体。在离子晶体中，正离子半径一般较小，负离子半径较大，正离子有规则地处于负离子构成的配位多面体内部。图 3.7 给出了正离子最常见的几种配位方式及相应的配位多面体，图中正负离子正好接触，是较为理想的情况。

3. 鲍林规则

（1）鲍林第一规则——负离子配位多面体规则

鲍林第一规则认为,在离子化合物中,每个正离子周围的负离子形成一个配位多面体。正负离子之间的距离取决于离子半径之和,而配位数则取决于正负离子半径之比。

(a)三角形配位　　　(b)四面体配位　　　(c)八面体配位　　　(d)立方体配位

图 3.7　正离子的几种典型的配位形式及其相应的配位多面体

在负离子周围也存在正离子的配位,由于负离子的半径比正离子大得多,因此一个结构的临界半径比总是由正离子周围负离子的配位情况决定的。就一对给定的离子来说,正负离子的半径比给出了正离子配位数的上限,要形成比这个配位数大的任何结构类型在几何上都是不允许的。由于晶体的静电能随着相互接近的异种离子数量的增加而降低,因此在组成晶体时,离子倾向于具有允许的最大配位数,即最稳定的结构总是具有最大容许的配位数。由于负离子的四面体构形已经部分具有共价键的性质,因此正离子与负离子的半径比越小,这种结构所形成化合物的共价性成分就越多。

(2)鲍林第二规则——静电价规则

鲍林第二规则认为,在任何稳定的结构中,从所有最近邻的正离子到负离子的离子键强度的总和应该等于该负离子的电价数。

以离子晶体 AB 为例,设正离子 A 的电价为 Z^+,与之配位的负离子数为 N,那么这个正离子分配到每个配位负离子的静电键强度为

$$s = \frac{Z^+}{N} \tag{3.1}$$

在稳定的离子晶体 AB 中,每个负离子 B 的电价与正离子 A 电价有如下关系:

$$Z^- = -\sum s_i = -\sum \frac{Z_i^+}{N_i} \tag{3.2}$$

式中:Z_i^+ 为正离子的电价;N_i 为正离子的配位数,在总体上晶体材料保持电中性。在离子晶体 AB 中,每个负离子 B 的电荷完全被其第一近邻正离子 A 的电荷所中和,这样形成的晶体结构的势能小,晶格能大,是比较稳定的结构。

(3)鲍林第三规则——多面体连接规则

鲍林第三规则认为,在一个配位的结构中,配位多面体共用棱,甚至共用面会降低这个结构的稳定性,尤其是电价高、配位数低的离子,这个效应更显著。由于两个多面体中央的正离子间的距离会随着它们之间的公共顶点数增多而迅速减少,导致正离子斥力增大,因此,在稳定的结构中,配位多面体倾向于共角,而不是共棱,更不会共面。

(4)鲍林第四规则——高价低配位远离法则

鲍林第四规则认为,如果在同一离子晶体中含有不止一种正离子时,高价低配位的正离子多面体具有相互远离的趋势,倾向于共角连接。这是因为一对正离子之间的互斥力是随电荷

数的二次方而增加的,在配位多面体中,正离子间的距离随配位数的降低而减小。

（5）鲍林第五规则——节约规则

鲍林第五规则认为,在一个晶体结构中,配位多面体类型的数目倾向于最少,结构中所有相同的离子和周围离子的配位情况大多是相同的。

4.陶瓷的典型晶体结构

（1）AB 型结构

AB 型结构中负离子（B）与正离子（A）的比为 $n:n$。主要包括:

①闪锌矿型结构（ZnS）,4∶4 配位,负离子构成 FCC 结构,正离子位于 1/2 四面体间隙中;

②纤锌矿型结构（ZnS）,4∶4 配位,负离子构成 HCP 结构,正离子位于 1/2 四面体间隙中;

③岩盐型结构（NaCl）,6∶6 配位,负离子构成 FCC 结构,正离子位于八面体间隙中;

④氯化铯型结构（CsCl）,8∶8 配位,负离子构成简单立方结构,正离子位于立方体间隙中;

⑤砷化镍型结构（NiAs）,6∶6 配位,负离子构成 HCP 结构,正离子位于八面体间隙中。

（2）AB_2 型结构

AB_2 型结构的配位数为 $2n:n$。主要包括:

①硅石型结构（SiO_2）,4∶2 配位,1 个 Si 和 4 个 O 构成［SiO_4］四面体,四面体之间共顶角连接而形成的结构;

②金红石型结构（TiO_2）,6∶3 配位,负离子构成畸变的密排六方结构,正离子位于 1/2 八面体间隙中;

③萤石型结构（CaF_2）,8∶4 配位,正离子构成 FCC 结构,负离子位于四面体间隙中。

（3）A_2B 型结构

A_2B 型结构的配位数为 $n:2n$。主要包括:

①赤铜矿型结构（Cu_2O）,2∶4 配位,负离子构成 BCC 结构,正离子位于八面体间隙中;

②反萤石型结构（Na_2O）,4∶8 配位,这种结构中正负离子的位置与萤石型结构正好相反,负离子构成 FCC 结构,正离子位于四面体间隙中。

（4）其他类型结构

①A_2B_3 刚玉型结构（$\alpha-Al_2O_3$）,6∶4 配位,氧离子构成 HCP 结构,铝离子位于 2/3 八面体间隙中。

②ABO_3 钛铁矿型结构（$FeTiO_3$）,6∶6∶4 配位,氧离子构成 HCP 结构,铁离子和钛离子位于 2/3 八面体间隙中。A 和 B 有两种排列方式,一是 A 层和 B 层交互排列,二是在同一层内 A 和 B 共存,这种结构可以看做是将刚玉型结构中的 Al 位置被 Fe 和 Ti 置换所形成。

③ABO_3 钙钛矿型结构（$CaTiO_3$）,12∶6∶6 配位,钙离子和 O 离子构成 FCC 结构,钛离子位于 1/4 八面体间隙中。在这种结构中,Ca 离子位于角顶、O 离子位于面心、Ti 离子位于体心。

④A_2BO_4 橄榄石型结构（Mg_2SiO_4）,6∶4∶4 配位,氧离子构成 HCP 结构,镁离子位于 1/2 八面体间隙中,硅离子位于 1/8 四面体间隙中。

⑤AB_2O_4 正尖晶石型结构（$MgAl_2O_4$）,4∶6∶4 配位,氧离子构成 FCC 结构,镁离子位于

1/8 四面体间隙中,铝离子位于 1/2 八面体间隙中。

⑥B(AB)O_4 反尖晶石型结构(FeMgFeO_4),4∶6∶4 配位,氧离子构成 FCC 结构,部分铁离子(B)位于 1/8 四面体间隙中;镁离子和部分铁离子(AB)位于 1/2 八面体间隙中,反尖晶石型结构是把正尖晶石型结构中的 A 和部分 B 颠倒而形成的。

陶瓷材料的典型晶体结构如图 3.8 及表 3.2 所示。

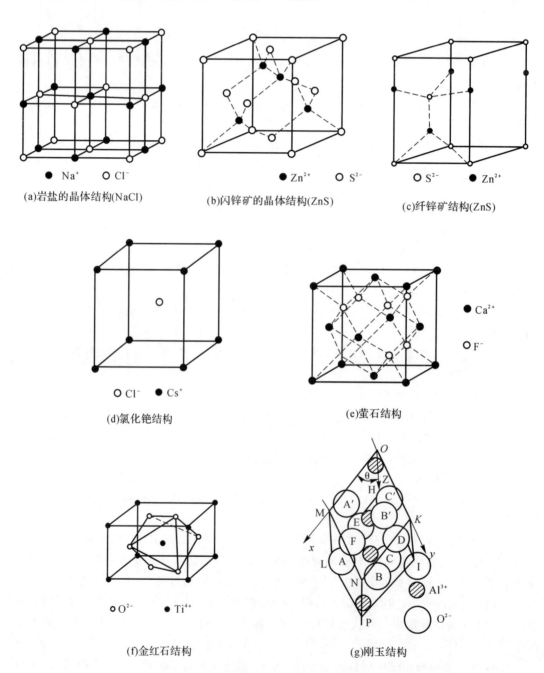

● Na$^+$ ○ Cl$^-$

(a)岩盐的晶体结构(NaCl)

● Zn^{2+} ○ S^{2-}

(b)闪锌矿的晶体结构(ZnS)

○ S^{2-} ● Zn^{2+}

(c)纤锌矿结构(ZnS)

○ Cl$^-$ ● Cs$^+$

(d)氯化铯结构

● Ca^{2+}

○ F$^-$

(e)萤石结构

○ O^{2-} ● Ti^{4+}

(f)金红石结构

▨ Al^{3+}

○ O^{2-}

(g)刚玉结构

图 3.8 陶瓷材料典型晶体结构

表 3.2　陶瓷材料典型晶体结构

结构代号	结构名称	配位数	负离子堆积方式	正离子位置	举例
AB	氯化铯	8:8	简单立方	全部立方体空隙	$CsCl$、$CsBr$、CdI 等
	岩盐型	6:6	立方密堆	全部八面体空隙	$NaCl$、MgO、NiO、TiC、TiN 等
	砷化镍	6:6	六方密堆	全部八面体空隙	$NiAs$、FeS、$FeSe$、$CoSe$ 等
	闪锌矿	4:4	立方密堆	1/2 四面体空隙	$\beta-ZnS$、BeO、金刚石、$\beta-SiC$ 等
	纤锌矿	4:4	六方密堆	1/2 四面体空隙	$\alpha-ZnS$、ZnO、$\alpha-SiC$ 等
AB_2	萤石型	8:4	简单立方	1/2 立方体空隙	CaF_2、$c-ZrO_2$、UO_2、ThO_2 等
	金红石	6:3	畸变六方	1/2 八面体空隙	TiO_2、VO_2、SnO_2、MnO_2 等
	硅石型	4:2	四面体	四面体空隙	SiO_2、GeO_2 等
A_2B	反萤石	4:8	立方密堆	全部四面体空隙	Li_2O、Na_2O、K_2O、Rb_2O 等
	赤铜矿	2:4	体心立方	八面体空隙	Cu_2O、Ag_2O 等
A_2B_3	刚玉型	6:4	六方密堆	2/3 八面体空隙	$\alpha-Al_2O_3$、Cr_2O_3、$\alpha-Fe_2O_3$ 等
ABO_3	钙钛矿	12:6:6	立方密堆	1/4 八面体空隙 B	$CaTiO_3$、$BaTiO_3$、$PbZrO_3$、$PbTiO_3$ 等
	钛铁矿	6:6:4	六方密堆	2/3 八面体空隙 A、B	$FeTiO_3$、$MgTiO_3$、$MnTiO_3$、$CoTiO_3$ 等
A_2BO_4	橄榄石	6:4:4	六方密堆	1/2 八面体空隙 A 1/8 四面体空隙 B	Mg_2SiO_4、Fe_2SiO_4 等
AB_2O_4	尖晶石	4:6:4	立方密堆	1/8 四面体空隙 A 1/2 八面体空隙 B	$MgAl_2O_4$、$CoAl_2O_4$、$ZnFe_2O_4$ 等
$B(AB)O_4$	尖晶石（倒反）	4:6:4	立方密堆	1/8 四面体空隙 B 1/2 八面体空隙 A、B	$MgTiMgO_4$、$FeMgFeO_4$ 等

5.硅酸盐晶体结构

地壳大部分是由硅石和各种硅酸盐组成的,氧和硅是地壳中最丰富的两种元素。

硅酸盐种类繁多,化学组成复杂,结构形式多种多样,但在结构上的共同特点为$[SiO_4]$四面体组合方式。四面体结构中,每个硅周围有 4 个氧,而每个氧周围有 2 个硅,键强度为$2\times4/4=2$。由于每个氧只能与 2 个硅配位,这样的低配位使得氧不能形成实际上的密堆结构,硅氧四面体在空间可能有不同的连接方式,形成各种硅酸盐结构。总体来说,硅酸盐结构有以下特点:

①其基本的结构单元是$[SiO_4]^{4-}$,化学键为离子键和共价键的混合,各约占一半比例;

②每个氧最多被两个硅氧四面体所共有;

③硅氧四面体中的 Si—O—Si 键的键角平均为 $145°$,存在一个角分布范围为 $120°\sim180°$;

④硅氧四面体可孤立存在于结构中,也可通过公用顶点连接成链状、平面或三维网状。

硅酸盐一般不是密堆结构,结构中又容许有不同种类的杂质,使得硅酸盐的分子式一般较大,不同硅酸盐材料中硅氧四面体之间的连接方式可能不同,使结构问题变得特别复杂,所以应重点关注它们结构上的区别,如硅氧四面体的连接方式、杂质在网络中的位置以及键长键角的改变等。按照硅氧四面体在空间的不同组合,硅酸盐晶体大体上可以分成五种结构,如表3.3所示。

表 3.3 硅酸盐晶体结构

结构名称	硅氧四面体共角数	Si 与 O 原子数比	结构形状	结构式	实例
岛状	0	1∶4	四面体	$[SiO_4]^{4-}$	镁橄榄石 $Mg_2[SiO_4]$
环状	1	1∶3.5	双四面体	$[Si_2O_7]^{6-}$	硅钙石 $Ca_3[Si_2O_7]$
	2	1∶3	三节环	$[Si_3O_9]^{6-}$	蓝锥矿 $BaTi[Si_3O_9]$
			四节环	$[Si_4O_{12}]^{8-}$	$Ba_4(Ti,Nb,Fe)_8O_{16}[Si_4O_{12}]Cl$
			六节环	$[Si_6O_{18}]^{12-}$	绿柱石 $Be_3Al_2[Si_6O_{18}]$
链状	2	1∶3	单链	$[Si_2O_6]^{4-}$	顽火辉石 $Mg[SiO_3]$
	2.5	1∶2.75	双链	$[Si_4O_{11}]^{6-}$	透闪石 $Ca_2Mg_5[Si_4O_{11}]_2(OH)_2$
层状	3	1∶2.5	平面层	$[Si_4O_{10}]^{4-}$	高岭石 $Al_4[Si_4O_{10}](OH)_8$
架状	4	1∶2	骨架	$[SiO_2]$	石英 SiO_2
				$[Si_{4-x}O_8]^{x-}$	正长石 $K[AlSi_3O_8]$

3.3 陶瓷的相结构

在制备陶瓷时,组成、温度和气氛等参数与取得所需要的相结构是对应的,而相图则是控制这些因素的基础。相图是研究一个多组分(或单组分)多相体系的平衡状态随温度、压力和组分浓度等的变化而改变的规律。

3.3.1 一元相图

在单组分系统中,能够出现的相是蒸气、液体和各种同质多相的固体。引起相出现和消失的独立变量是温度和压力。在陶瓷中,一元相图的典型代表之一是由石墨制备金刚石所使用的相图。

图3.9为碳的高温高压相平衡图。沿石墨液相曲线(A 和 B 之间),可看到在固定温度下,对液相加压,可使液相凝固成石墨,并具有比液相更高的密度;B 和 C 之间的曲线斜率由正变负,说明压力增高会引起石墨转变成一种更致密的液体;金刚石与液体间的曲线(C 和 D 之间)的斜率也是负值,表示压力增高会使致密的金刚石转变成一种更加致密的液体。由这个相平衡图可知,金刚石在通常的压力和温度条件下是不稳定的,但晶体可以介稳态长期持续存在。图中还有一个固相Ⅲ,这是假设在金刚石稳定需要的压力之上还存在一种固相,这种固相是按照其他系统的规律性推导出来的。

对陶瓷更有意义的是 SiO_2 的相图(见图3.10)。环境压力为1个大气压,稳定相的蒸气压曲线用实线表示,介稳相的蒸气压曲线用虚线表示。在平衡时,有 5 个凝聚稳定相出现,即 α-石英、β-石英、γ-鳞石英、β-方石英和液态 SiO_2。由图可知,α-石英是常温常压稳定相。α-石英加热至 573℃ 变为 β-石英,在 867℃ 变为 γ-鳞石英,在 1 470℃ 变为 β-方石英,在 1 723℃ 熔融。虽然可通过急冷得到石英玻璃,但将石英玻璃在一定温度下长时间保温会转变为其他的固相。例如在 1 100℃ 长期保温,石英玻璃首先转变成 β-方石英,其次是 β-石英,直至最稳定的 γ-鳞石英。实际上,石英玻璃在 1 100℃ 发生反玻璃化时,析出的是 β-方石英,β-方石英虽然不是最低能量状态,但结构上与石英玻璃最相似,如果继续冷却,β-方石英转变成 α-方石英而不是转变成稳定相的 β-石英。

图 3.9　碳的高温高压相平衡图　　　　图 3.10　SiO_2 系统相平衡图

Al_2O_3 在陶瓷中的重要地位仅次于 SiO_2,熔点之下只有 α-Al_2O_3 一种热力学稳定晶型,因此没必要作出相图。Al_2O_3 还有一些不稳定晶型,都是从铝的有机醇盐和无机盐脱水而成的,由于煅烧温度和原料不同,得到的晶体也不一样。将 $Al(OH)_3$ 脱水,约在 450℃ 形成具有尖晶石结构的 γ-Al_2O_3,由于化合价的差异,某些四面体间隙没有被填充,因而密度比较小,加热到较高的温度后,γ-Al_2O_3 转化为 α-Al_2O_3。氧化铝还有一些其他的晶型,但这些晶型只在较小的温度范围内形成,并且都是不稳定晶型。

3.3.2　二元相图和三元相图

二元系统中,增加了一个变量——组成。要表示单相的压力、温度和组成的稳定区域,须采用三维相图。然而对于许多凝聚相系统来说,压力的影响并不大,而且经常涉及的是在常压或接近于常压时的系统,因此用温度和组成作为变量,绘制恒压下的二元相图(见图3.11)。

1.二元相图的基本类型

相平衡图是实验观察结果的图解表示。陶瓷材料的相图可分成以下几种基本类型。

(1)低共熔相图

将第二种组分加到一种纯组分中常造成凝固点的降低。一个完整的二元系统含有从两个端点组元下降的液相线,如图 3.11 所示。低共熔温度是液相线相交处的温度,也是出现液相的最低温度。低共熔组成就是在这个温度时液体的组成,这时液体与两个固相共存。在低共熔温度,存在三个相,自由度为1。因为压力已固定,除非有一个相消失,温度才发生变化。

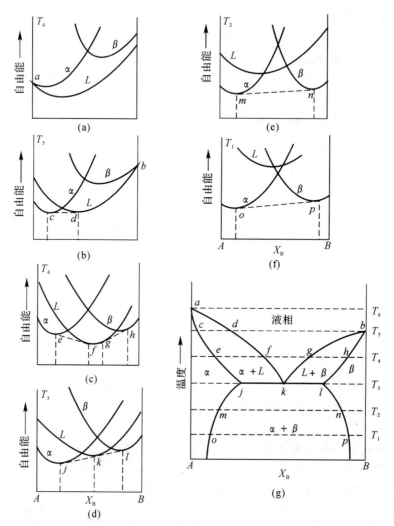

图 3.11　低共熔系统自由能-组成曲线和温度-组成相平衡图

$BeO - Al_2O_3$ 二元系统(见图 3.12)可分成 $BeO - BeAl_2O_4$、$BeAl_2O_4 - BeAl_6O_{10}$ 和 $BeAl_6O_{10} - Al_2O_3$ 三个比较简单的二元系统,其中每一纯材料的凝固点都由于第二组分的加入而降低。在单相区中只有一个相,它的组成是整个系统的组成(见图 3.12 中 A 点)。在两相区中的相也已在相图中标明(图中 B 点),每个相的组成由等温线和相界线的交点来表示。每个相含量的确定方法是:组成乘以每个相的含量,其总和必须等于整个系统的组成。如图 3.12 中 C 点,整个系统含 29% Al_2O_3,有 BeO(不含 Al_2O_3)和 $3BeO \cdot Al_2O_3$(含 58% Al_2O_3)两个相。利用杠杆原理,从一个相界到系统组成点的距离除以该相界到第二相界的距离就是存在的第二相的百分数,即

$$w_{3BeO \cdot Al_2O_3} = (OC/OD) \times 100\% \qquad (3.3)$$

$$w_{BeO}/w_{3BeO \cdot Al_2O_3} = DC/OC \qquad (3.4)$$

E 点是 $BeAl_2O_4$ 和 $BeAl_6O_{10}$ 混合物,升温至 1 850 ℃低共熔温度发生反应产生液相,反应

在恒温下进行,直到全部 $BeAl_6O_{10}$ 消耗完。进一步加热,更多的 $BeAl_2O_4$ 溶解到液相中,液相组成沿 GF 变化直到大约 1 875℃,全部 $BeAl_2O_4$ 消失并且完全变成液相。

图 3.12　BeO - Al₂O₃ 二元系统

低共熔温度系统的主要特点是液相形成温度的降低。在 BeO - Al₂O₃ 二元系统中,纯端点分别为 2 500℃与 2 045℃熔融,但低共熔点只有 1 835℃。低共熔现象有利有弊,一方面,少量 BeO 的添加导致在 1 890℃就形成了相当数量的流动液体,使其不能在高于此温度使用;另一方面,形成液相有利于在较低温度实现材料的致密化,这在工艺上是有利的。

(2)不一致熔融相图

有时固态化合物不是熔融成相同的液体,而是分解成一个新的固相和一个液相。如图 3.13 所示的 K₂O · Al₂O₃ · 4SiO₂ - SiO₂ 系统,钾长石在 1 150℃时相变为白榴石和液相。

(3)相分离

相分离是当液体或固体冷却时,在共溶温度处产生的分相现象,这种分相现象对玻璃亚结构的形成特别重要。如图 3.14 所示 NiO - CoO 系统相图,其中存在分相区,当组成落在两相区中时,冷却就产生两种固溶体。

(4)固溶体

对大部分系统来说,或多或少都存在有限固溶体。图 3.15 为 CaO - ZrO₂ 二元系统,系统中有三个不同的固溶体区域:四方晶系、立方晶系与单斜晶系。纯 ZrO₂ 在 1 000℃时出现单斜到四方的相变,引起较大的体积变化,使纯 ZrO₂ 在低温产生大量的裂纹,不能作为致密陶瓷材料直接使用。加入 CaO 可得到无相变立方氧化锆固溶体,使 ZrO₂ 致密陶瓷应用成为可能。

图 3.13　$K_2O \cdot Al_2O_3 \cdot 4SiO_2$（白榴石）- SiO_2 系统

图 3.14　NiO - CoO 二元系统

图 3.15 CaO-ZrO₂ 二元系统相图

2.常用的二元相图

(1)Al_2O_3-SiO_2 系统

Al_2O_3-SiO_2 系统相图是陶瓷及耐火材料生产常用相图(见图 3.16)。系统组成的一端可看作硅砖制品($x_{Al_2O_3}$ 为 0.2%～1.0%)的成分范围,纯 SiO_2 的熔点为 1 726℃,但在低共熔组成近 SiO_2 一端,随 Al_2O_3 的加入,熔点急剧降低,液相线十分陡峭。当 Al_2O_3 摩尔分数为 1.0%,在低共熔组成温度 1 587℃时会出现 18.2% 的液相(低共熔组成含 Al_2O_3 5.5%),温度超过 1 600℃时,液相量会更多,从而大大降低材料的耐火度。因此,制备硅砖时必须严格控制 Al_2O_3 的含量,这样才能使其达到超过 1 600℃的使用温度。此外,硅砖在使用时应避免与 Al_2O_3 类物质接触。

当 Al_2O_3 摩尔分数为 35%～55%时,如果不存在其他杂质,在 1 587℃以下的平衡相是莫来石与方石英。当 Al_2O_3 摩尔分数为 30%～50%时,随温度的升高,液相线在 1 700℃由陡峭转变成平坦。因此黏土砖在 1 700℃以下使用时,虽然已经出现液相,但温度的变化对液相的增加影响不大。当温度超过 1 700℃时,由于液相线变平坦,温度稍有增加,液相量就有很大增大,使得材料软化而不能安全使用。同时,在温度超过 1 600℃时,随 Al_2O_3 含量的增加液相相应减少,因此在高温下应该使用高 Al_2O_3 含量(60%～90%)的材料。Al_2O_3 含量超过 72%时的主晶相是莫来石或莫来石与氧化铝的混合物,高温性能会明显改善,在 1 828℃以下不会出现液相。

(2)Al_2O_3-Cr_2O_3 系统

Al_2O_3 和 Cr_2O_3 的离子半径差为 14.5%,价数相同,均属刚玉型晶体结构,它们之间的化学亲和性小,不生成化合物,具备形成连续固溶体的条件。图 3.17 所示为 Al_2O_3-Cr_2O_3 系统相图。

图 3.16　Al_2O_3 - SiO_2 系统相图

图 3.17　Al_2O_3 - Cr_2O_3 二元系统相图

Al_2O_3 单晶的硬度高,在纯 Al_2O_3 中加入 3%～5% 的 Cr_2O_3,所得固溶体呈红色,就是红宝石。红宝石是一种重要的激光材料。随 Cr_2O_3 加入量的增多,固溶体晶格常数发生变化,熔点提高,密度和颜色等也发生改变。

(3)CaO - Al_2O_3 系统

CaO - Al_2O_3 系统中存在五个化合物:C_3A、$C_{12}A_7$、CA、CA_2 和 CA_6,除 $C_{12}A_7$ 以外,均为不一致熔融化合物(见图 3.18)。$C_{12}A_7$ 虽然具有一致熔融性质,但存在于具有一般湿度的空气下,熔点为 1 392℃。如果在完全干燥的气氛中,C_3A 和 CA 在 1 360℃ 形成低共熔物,低共熔物的组成(质量分数)为 50.65% Al_2O_3 和 49.35% CaO。$C_{12}A_7$ 没有稳定初相区,整个系统没有温度最高点。

化合物 C_3A 和 CA 具有与水反应强烈、迅速凝固和强度高的特点,CA 比 C_3A 这些特点更明显,因此 C_3A 是硅酸盐水泥熟料中的重要矿物组成,而 CA 是矾土水泥熟料中的主要成分。CA_2 也是与水作用具有高强度的水硬性材料,而且在近 1 800℃ 才开始熔融分解,出现液相,具有高耐火性能,是耐火水泥熟料中不可缺少的主要成分。

(4)MgO - Al_2O_3 系统

MgO 和 Al_2O_3 生成尖晶石化合物,尖晶石又与组分 MgO 和 Al_2O_3 形成固溶体(见图 3.19)。系统可划分成 MgO - MgO·Al_2O_3 及 MgO·Al_2O_3 - Al_2O_3 两个分系统。两个低共熔温度均为 2 000℃ 左右,其中方镁石、刚玉和尖晶石都是高温耐火材料,同时后两者又可制成透明陶瓷。

透明 Al_2O_3 陶瓷是用纯 Al_2O_3 添加 0.3%～0.5% MgO,在 H_2 气氛下于 1 750℃ 左右烧结而成的。根据相图可知,透明 Al_2O_3 陶瓷的成分是含有 Mg^{2+} 离子的刚玉固溶体。当温度降低时,MgO 在 Al_2O_3 中的溶解度减小。如果制品在高温烧结,以缓慢的速度冷却,将会有尖晶石从刚玉固溶体中析出。但由于 MgO 的含量微少,只能在高倍电子显微镜下观察到,故制品不会失透。同时正由于 MgO 杂质的存在阻碍了晶界的移动,使气孔容易消失而制得透明氧化铝陶瓷。

图 3.18　CaO－Al₂O₃ 系统相图

图 3.19　MgO－Al₂O₃ 系统相图

3.三元相图

三元系统相图内各组分间的作用与二元系统相图并没有多大区别,但它具有四个独立变量(压力、温度和两个组分浓度),所以更为复杂。

图 3.20 为 K₂O－Al₂O₃－SiO₂ 三元相图,用平衡时存在的各相间的连线来说明亚固相的

温度,这些连线形成浓度三角形。可以看出,该系统有 6 个二元化合物与 2 个三元化合物。作出三元相图的恒温相图常常是非常有用的。图 3.21 所示为 $K_2O - Al_2O_3 - SiO_2$ 三元相图的 1 200℃等温截面,从图上可以比较容易地确定在所选择的温度下不同组成所产生的液相成分和液相量。

图 3.20 $K_2O - Al_2O_3 - SiO_2$ 三元相图

图 3.21 $K_2O - Al_2O_3 - SiO_2$ 相图中的等温截面图

3.4 结构陶瓷

结构陶瓷是主要发挥材料强度、硬度、耐热和耐蚀等性能的一类先进陶瓷。由于结构陶瓷具有耐高温、耐磨、耐腐蚀、耐冲刷、抗氧化、耐烧蚀和高温下蠕变小等优异性能，可以承受金属材料和高分子材料难以胜任的严酷工作环境，已广泛用于能源、航空、航天、机械、汽车、冶金、化工和电子等领域（见表 3.4）。

结构陶瓷按化学组成可分为氧化物、氮化物和碳化物陶瓷等。

表 3.4 结构陶瓷的主要应用领域

领域	用途	使用温度/℃	常用材料	使用要求
特殊冶金	铀熔炼坩埚	＞1 130	BeO、CaO、ThO_2	化学稳定性高
	高纯铅、钯的熔炼	＞1 775	ZrO_2、Al_2O_3	化学稳定性高
	制备高纯半导体单晶用坩埚	1 200	AlN、BN	化学稳定性高
	钢水连续铸锭用材料	1 500	ZrO_2	对钢水稳定
	机械工业连续铸模	1 000	B_4C	对铁水稳定，高导热性
原子能反应堆	核燃料	＞1 000	UO_2、UC、ThO_2	可靠性，抗辐照
	吸收热中子控制材料	≥1 000	B_4C、Sm_2O_3、Gd_2O_3、HfO_2	热中子吸收截面大
	减速剂	1 000	BeO、Be_2C	中子吸收截面小
	反应堆反射材料	1 000	BeO、WC	抗辐照
航空航天	雷达天线罩	≥1 000	Al_2O_3、ZrO_2、HfO_2	透雷达微波
	航天飞机隔热瓦	1 500～1 650	SiO_2、Al_2O_3	抗热冲击，耐高温
	火箭发动机燃烧室内壁、喷嘴	2 000～3 000	BeO、SiC、Si_3N_4	抗热冲击，耐腐蚀
	制导，瞄准用陀螺仪轴承	800	B_4C、Al_2O_3	高精度，耐磨
	探测红外线窗口	1 000	透明 MgO、透明 Y_2O_3	高红外透过率
	微电机绝缘材料	室温	可加工玻璃陶瓷	绝缘，热稳定性高
	燃气机叶片，火焰导管	1 400	SiC、Si_3N_4	热稳定，高强度
	脉冲发动机分隔部件	瞬时＞1 500	可加工玻璃陶瓷	高强度，破碎均匀
磁流体发电	高温高速等离子气流通道	3 000	Al_2O_3、MgO、BeO	耐高温腐蚀
	电极材料	2 000～3 000	ZrO_2、ZrB_2	高温导电性好
玻璃工业	玻璃池窑，坩埚，炉衬材料	1450	Al_2O_3	耐玻璃液浸蚀
	电熔玻璃电极	1 500	SnO_2	耐玻璃液浸蚀，导电
	玻璃成型高温模具	1 000	BN	对玻璃液稳定，导热
工业窑炉	发热体	＞1 400	ZrO_2、SiC、$MoSi_2$	热稳定、导电、耐高温
	炉膛	1 000～2 000	Al_2O_3、ZrO_2	荷重软化温度高
	观察窗	1 000～1 500	透明 Al_2O_3	透明
	各种窑具	1 300～1 600	SiC、Al_2O_3	抗热震，高导热性

3.4.1 氧化物陶瓷

氧化物陶瓷材料的原子结合以离子键为主，存在部分共价键，因此具有许多优良的性能。大部分氧化物具有很高的熔点、良好的电绝缘性能，特别是具有优异的化学稳定性和抗氧化性，在工程领域已得到了较广泛的应用。表 3.5 和表 3.6 分别为常用氧化物陶瓷主要力学及热性能。

表 3.5 常用氧化物陶瓷材料的主要力学性能

材料	密度 g·cm⁻³	硬度				强度/MPa			弹性模量 GPa
		莫氏	努氏 GPa	维氏 GPa	洛氏 (HRA)	抗弯 (室温)	抗压 (室温)	蠕变	
氧化铝(Al_2O_3)	3.98	9	21~25	23~27	95	300~400	280~50	150	350~400
氧化铍(BeO)	3.02	9~12	12			150~200	150~200	150	300
氧化铈(CeO_2)	7.13	6							
氧化铬(Cr_2O_3)	5.21	12							
氧化镁(MgO)	3.58	6	6~9			160~280	500~600	100	200~300
方石英(SiO_2)	2.32	6.5							
石英(SiO_2)	2.65	7	8~9.5	10			2 000		100
石英玻璃(SiO_2)	2.20	7		5~7		50~100	700~1 900	100	70
氧化钛(TiO_2)	4.24	7~9	(单晶)10			70~170	280~840	120	100~200
稳定氧化锆(立方)(ZrO_2)	6.27	8~9				180~800	1 000~3 000	140	150~200
单斜氧化锆(ZrO_2)	5.56	8~9				180~800	1 000~3 000		250
四方氧化锆(ZrO_2)	5.7~6.1			13~15	91	1 000~1 500			200
莫来石($3Al_2O_3 \cdot 2SiO_2$)	3.16	8	7~14			110~190	400~600	85	50~150
尖晶石($MgO \cdot Al_2O_3$)	3.58	7		15.4		1 500~1 700	1 700		260
堇青石($MgO \cdot Al_2O_3 \cdot 2SiO_2$)	2.0~2.5	7				120	350~680	35	150

表 3.6　常用氧化物陶瓷材料的主要热性能

材料	熔点/℃	比热容 kcal①·kg⁻¹·K⁻¹	热导率/(W·m⁻¹·K⁻¹)				线膨胀系数/10⁻⁶℃⁻¹		
			室温	100℃	400℃	1 000℃	室温	400℃	1 000℃
氧化铝(Al₂O₃)	2 050	0.25	单晶 9.5	(致密度 100%)29	3	1.5	6~9	7	9
氧化铍(BeO)	2 550	0.24		230	22	5	6~9	8	9
氧化铈(CeO)	>2 660~2 800	0.10		(致密度 86%~92%)13			12		
氧化铬(Cr₂O₃)	1 990~2 260	0.17					5.5~9	13	15
氧化镁(MgO)	2 800	0.20~0.29	单晶 711.8	(致密度 100%)59~83	4	1.7	11~15		
方石英(SiO₂)	1 720	0.2		1.3~13			5		
石英(SiO₂)	1 610	0.2	(平行 c 轴)71.2				17~30		
石英玻璃(SiO₂)		0.2		0.8~1.7	0.4		0.5~1.4		
氧化钛(TiO₂)	1 840	0.17~0.21		3.3~6.3	0.7~0.9	0.8	7~9		
稳定氧化锆(立方)(ZrO₂)	2 715	0.12~0.17		2.1	0.5	0.5	7~10		
单斜氧化锆(ZrO₂)				2.1					
四方氧化锆(ZrO₂)				1.7			8~9		
莫来石(3Al₃O₃·2SiO₂)	1 830	0.2		3~6	46.1	41.8	4.5~5.5		
尖晶石(MgO·Al₂O₃)	2 135	0.2		17			8~9		
堇青石(MgO·2Al₂O₃·5SiO₂)	1 460		20.9~83.3				1.4~2.1		

注：① 1 cal=4.186 J，1 kcal=4.186 kJ。

1. 氧化铝陶瓷

1931 年,德国 Siemens Halske 公司最早将氧化铝陶瓷应用于火花塞材料,并获得了"Sinter Korund"专利。当时,因其具有比其他材料更优异的性能而跃居新型材料之首,引起了人们的注意。随着制造技术的进步,人们逐步认识了氧化铝陶瓷材料的耐热、耐蚀、耐磨和电绝缘等各种优良性能。

(1)晶体结构

Al_2O_3 有许多同质异晶体,目前已知的有 10 多种,主要有三种晶型,即 $\alpha - Al_2O_3$、$\beta - Al_2O_3$ 和 $\gamma - Al_2O_3$。其结构不同性质也不同,在高温下全部转化为 $\alpha - Al_2O_3$。

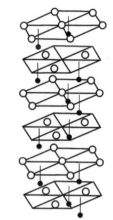

$\alpha - Al_2O_3$ 即刚玉,具有六方最密堆积的氧离子层,氧离子间的八面体配位的 2/3 空隙由铝离子填充,即 $\alpha - Al_2O_3$ 为铝离子与氧离子形成离子结合键,铝离子受六个氧离子包围而成八面体的六配位型(见图 3.22)。$\alpha - Al_2O_3$ 结构紧密、活性低、高温稳定、电学性能好、机械性能优良。

$\gamma - Al_2O_3$ 属立方尖晶石结构,氧离子为面心立方,铝离子填充在间隙中。$\gamma - Al_2O_3$ 密度低、机械性能差、高温不稳定。利用其松散结构制 　　图 3.22　刚玉结构图 造的活性多孔材料,是贵金属催化剂的优良载体,已在液体火箭发动机燃料肼的分解和其他化工行业中得到成功应用。

$\beta - Al_2O_3$,其化学组成可以近似地用 $RO \cdot 6 Al_2O_3$ 和 $R_2O \cdot 11 Al_2O_3$ 来表示,其中 RO 指 CaO 和 BaO 等碱土金属氧化物,R_2O 指 Na_2O 和 K_2O 等碱金属氧化物。严格地说,$\beta - Al_2O_3$ 不属于氧化铝,它只是一类 Al_2O_3 含量很高的多铝酸盐化合物,具有明显离子导电性和松弛极化现象,介质损耗大,电绝缘性能差。它的这些性质决定了不能用于结构陶瓷中,但它可作为快离子导体材料用于钠硫电池中。

(2)氧化铝粉体的合成方法

氧化铝原料在天然矿物中大部分是以铝硅盐的形式存在的,仅有少量的 $\alpha - Al_2O_3$,如天然刚玉、红宝石和蓝宝石等矿物。铝土矿是制备工业氧化铝的主要原料,采用焙烧法生产。铝土矿是含水氧化铝矿物的总称,它的主要组成为硬水铝石($\alpha - Al_2O_3 \cdot H_2O$)和软水铝石($\alpha - Al_2O_3 \cdot 3H_2O$),还含有 Fe_2O_3、SiO_2 和 TiO_2 等杂质。首先将粉碎的铝土矿与浓度为 13%～20% 的苛性钠在 200～250℃下进行水热处理,将氧化铝的水化物溶解为铝酸钠,不溶的各种杂质经过滤被除去;然后在滤液中加籽晶进行冷却和搅拌,从过饱和的铝酸钠中分解析出氢氧化铝的白色晶体,将其置于回转炉、流动水焙烧炉或隧道窑中,在 1 000℃以上煅烧,即可得到 Al_2O_3 粉,再经机械粉碎、筛分,以及必要的酸处理以降低氧化钠含量,获得所需要的 Al_2O_3 粉末。

高纯度 Al_2O_3 粉末主要通过铝的有机盐和无机盐加热分解获得。

①铵明矾热分解法。这是最常用的高纯 Al_2O_3 制造方法。硫酸铝铵的分解过程为

$$Al_2(NH_4)_2(SO_4)_2 \cdot 24H_2O \xrightarrow{100\sim200℃} Al_2(SO_4)_3 \cdot (NH_4)_2SO_4 \cdot H_2O + 23H_2O \tag{3.5}$$

$$Al_2(SO_4)_3 \cdot (NH_4)_2SO_4 \cdot H_2O \xrightarrow{500\sim600℃} Al_2(SO_4)_3 + 2NH_3\uparrow + SO_3\uparrow + 2H_2O\uparrow \tag{3.6}$$

$$Al_2(SO_4)_3 \xrightarrow{800\sim900℃} Al_2O_3 + 3SO_3\uparrow \tag{3.7}$$

用该法制取的 Al_2O_3 粉末纯度可达 99.9% 以上,烧结的制品具有半透明性,故常用于制造高压钠灯灯管。

用硫酸铝铵热分解制备高纯 Al_2O_3 粉体的不足之处是分解过程中产生大量 SO_3 有害气体,造成环境污染,而且硫酸铝铵加热时发生的自溶解现象会影响粉体的性能和生产效率。为此,近年来采用碳酸铝铵[$NH_4AlO(OH)HCO_3$]热分解制备 Al_2O_3,其分解过程如下:

$$2NH_4AlO(OH)HCO_3 \xrightarrow{1\,100℃} Al_2O_3 + 2CO_2\uparrow + 3H_2O\uparrow + 2NH_3\uparrow \tag{3.8}$$

碳酸铝铵是将硫酸铝铵的溶液在室温下以一定的速度($<$12 L/h)滴入剧烈搅拌的碳酸氢铵溶液后生成的,其反应过程为

$$4NH_4HCO_3 + NH_4Al(SO_4)_2 \cdot 24H_2O \rightarrow$$
$$NH_4AlO(OH)HCO_3 + 3CO_2\uparrow + 2(NH_4)_2SO_4 + 25H_2O \tag{3.9}$$

碳酸铝铵在加热过程中的相变过程如下:

$$碳酸铝铵 \rightarrow 无定形\ Al_2O_3 \rightarrow \theta\text{-}Al_2O_3 \rightarrow \alpha\text{-}Al_2O_3 \tag{3.10}$$

②有机铝盐加热分解法。该法是将烷基铝和铝醇盐加水后水解-缩聚,形成凝胶,干燥后再进行焙烧,从而制得 Al_2O_3 粉末的方法。

③铝的水中放电氧化法。该法是将直径为 10~15 mm 扁平的高纯度(99.9%)金属铝颗粒浸于纯水中,将电极插入其中进行高频火花放电,则铝颗粒激烈运动,与水反应生成氢氧化铝胶体,将此胶体干燥和煅烧可制得高纯 Al_2O_3 粉末。

(3)氧化铝陶瓷的制备

高质量的粉体是陶瓷制备的工艺基础。工业氧化铝是由 Al_2O_3 微晶组成的疏松多孔聚集体,很难烧结。为了破坏这种聚集的多孔性,必须将原料磨得很细,通过轻度预烧可有效提高 Al_2O_3 聚集体的脆性,有利于细磨。此外,在氧化铝瓷的配方当中加入少量促进烧结的添加剂也可以获得晶粒细小而烧结致密的瓷坯。从烧结机制角度看,这些添加剂大致可分为两类。一类是添加剂与氧化铝在高温时形成固溶体,活化晶格而促进烧结,属纯固相烧结。这些添加剂通常为 TiO_2、Cr_2O_3 和 Y_2O_3 等。另一类是添加剂在高温时能与氧化铝形成少量液相,烧结是在少量液相的参与下完成的,如高岭土、MgO、CaO、SrO、BaO 和 SiO_2 等。氧化铝含量在 95% 左右的氧化铝陶瓷属于此类烧结。

氧化铝陶瓷成形的方法有许多种,依产品的形状、大小、复杂性与精度等要求选用合适的成形方式。除了常用的干压法成形、注浆成形、挤压成形、冷等静压法成形、注射成形、流延成形、热压成形、热等静压成形、压滤成形和凝胶注成形等,3D 打印成形也越来越广泛地应用于氧化铝陶瓷的成形工艺中。成形过程所造成的缺陷往往是陶瓷材料的主要危险缺陷,很难在烧成过程加以消除,所以成形工艺在氧化铝陶瓷整个制造乃至所有陶瓷制造中都有着重要的

影响,是制备高性能陶瓷的关键工艺之一。氧化铝陶瓷的成形技术主要包括干压法成形、注浆成形和3D打印成形等。

①干压法成形。氧化铝陶瓷干压法成形技术仅限于形状简单且壁内厚度超过 1 mm,长度与直径之比不大于 4∶1 的物件。成形方法有单轴向或双向加压两种,使用的压机有液压式和机械式两种,可为半自动或全自动成形。最大压力通常可达 200 MPa,产量可达 15~50 个/min。在干压成形中物料颗粒均匀分布对模具充填非常重要,充填量的准确与否对制造的零件尺寸精度控制影响甚大,所以粉体通常要经过造粒,以获得可充分自由流动的大颗粒。

②注浆成形。氧化铝陶瓷注浆成形是最早使用的成形方法之一。其优点是易于制造大尺寸且外形复杂的部件,模具为石膏模,成本低廉;缺点是生产周期长,所占场地面积大,坯体烧成收缩大。注浆成形的关键是氧化铝浆料的制备:以水为介质,再加入解胶剂和黏结剂,充分研磨搅拌后排气,然后倒入石膏模,利用石膏模孔隙的毛细管力使浆料中液体排除,浆料渐渐固化于模具内。因氧化铝粉料属瘠性料,欲制成稳定浆料必须借助于无机或有机添加剂。无机盐的使用可使浆料中 Al_2O_3 颗粒表面产生双电层,从而稳定浆料,但无机物的加入往往会引入不必要的杂质(如 Cl^- 等),影响烧结,故一般使用有机添加剂,如黏结剂为聚乙烯醇(PVA)、甲基纤维素、海藻酸铵,常用的分散剂(解胶剂)有聚丙烯胺、阿拉伯树胶等。

③3D打印成形。氧化铝陶瓷 3D 打印主要采用激光选区烧结成形技术(SLS)和喷墨打印成形技术(IJP)。SLS 作为一种成熟的 3D 打印成形技术,是利用粉末材料在激光照射下高温烧结的基本原理,通过计算机控制光源定位装置实现精确定位,然后逐层烧结堆积成形的技术。通常为了获得高致密度的陶瓷零件,还需要对 SLS 坯体进行后处理。华中科技大学刘凯等将 SLS 技术和冷等静压技术(CIP)结合来制造致密陶瓷。首先,采用 SLS 技术制造出氧化铝素坯,随后对其进行冷等静压处理,经排胶和高温烧结后,成功制造出氧化铝齿轮等复杂陶瓷零件,其相对密度大于 92%、抗弯强度大于 100 MPa。科罗拉多大学 Shahad 等采用 SLS 技术制造出氧化铝素坯,为了提高其相对密度,对 SLS 制造氧化铝素坯进行热等静压处理,使 Al_2O_3 陶瓷的致密度提高至 88%。IJP 技术是一种新的无接触、无压力、无印版的 3D 打印成形技术,只需将电子计算机中存储的信息输入喷墨打印机即可实现打印。新加坡制造技术研究院 Maleksaeedi 等使用 IJP 技术制造出了 3D 氧化铝骨架。为了使粉末具有流动性并形成均匀的形状,对氧化铝水浆料进行研磨并喷雾干燥。然后,将该粉末与聚乙烯醇混合,用作黏结剂,使用乙醇和去离子水的混合物作为打印油墨激活黏结剂。在 1 000 ℃ 的环境下烧结后,使用高浓度的氧化铝料浆进行真空渗入,使氧化铝骨架的密度从 37% 提高至 86%。

(4)氧化铝陶瓷的性能与用途

氧化铝陶瓷通常以配料或基体中 Al_2O_3 的质量分数来分类。Al_2O_3 质量分数为 90% 以上的称为刚玉瓷,质量分数在 99%、95% 和 90% 左右的分别称为 99 瓷、95 瓷和 90 瓷,质量分数在 85% 以上的称为高铝瓷,质量分数在 75%~85% 之间的称为 75 瓷。随 Al_2O_3 的质量分数增加,氧化铝陶瓷的机械强度、介电常数和热导率也提高。氧化铝陶瓷的本征脆性可采用与 ZrO_2、TiC、SiC 等复合,通过弥散强化和相变增韧等机制而得到改善。表 3.7 为常用氧化铝陶瓷及其性能。

表 3.7　常用的氧化铝陶瓷性能

性能	莫来石瓷	刚玉-莫来石瓷	刚玉瓷			
		75 瓷	90 瓷	95 瓷	99 瓷	99.5 瓷
主晶相	$A_3S_2,\alpha-Al_2O_3$	$\alpha-Al_2O_3,A_3S_2$	$\alpha-Al_2O_3$			
密度/($g\cdot cm^{-3}$)	3.0	3.2～3.4	＞3.40	3.50	3.90	3.90
弯曲强度/MPa	160～200	250～300	300	280～350	350	370～450
膨胀系数/($10^{-6}℃^{-1}$)	3.2～3.8	5.0～5.5	—	5.5～7.5	6.7	—
热导率(20℃)/($W\cdot m^{-1}\cdot K^{-1}$)	—	—	16.8	25.2	25.2	29.2
烧结温度/℃	1 350±20	1 360±20	—	1 650±20	—	1 700±10

透明氧化铝陶瓷具有良好的透光性、耐高温、耐化学腐蚀,能承受热冲击且绝缘性好,是第三代光源高压钠灯的灯管材料。氧化铝陶瓷的机械强度较高,绝缘电阻大,具有耐磨、耐腐蚀及耐高温等性能,因此,可用作电子陶瓷,如真空器件、装置瓷、厚膜及薄膜电路基板、火花塞绝缘瓷、可控硅和固体电路外壳等。利用其强度高和硬度大等性能,其可用作磨料、磨具、刀具和造纸工业用刮刀,纺织瓷件,耐磨的球阀、轴承、喷嘴及各种内衬,防弹装甲等。利用其良好的化学稳定性及良好的生物相容性,可用作生物和化工陶瓷,如人工关节、铂金坩埚代用品、催化载体和磁流体发电材料等。

将氧化铝陶瓷作为支撑体,经表面涂覆与高温烧制过程可制备成氧化铝陶瓷膜。氧化铝陶瓷膜是无机陶瓷膜中的一种,属于膜分离技术中的固体膜材料,是目前应用最广泛的陶瓷膜。氧化铝陶瓷膜通常由多孔支撑层、过渡层及分离层三层结构组成,呈非对称分布。膜层厚度一般控制在 20～40 μm 范围内,孔隙率一般控制在 30%～40% 范围内。利用其性能优势,氧化铝陶瓷膜在多个领域有广泛用途:

①强度和稳定性高,且膜材料与制膜成本较低,可用作载体膜;

②耐高温、耐腐蚀并抗微生物降解,可用于腐蚀性废水的处理,例如处理重金属废水和化工废水等;

③疏油性和回收率高、操作稳定和出水水质好,可用于处理含油废水;

④分离精度高、易清洁、健康环保和使用寿命长,可用于气体分离、液体分离、海水淡化和医药工程等。

2.氧化锆陶瓷

氧化锆的传统应用主要是作为耐火材料、涂层和釉料等的原料。随着对氧化锆陶瓷热力学和电学性能的深入了解,使它作为高性能结构陶瓷和固体电解质材料而获得广泛应用。特别是随着对氧化锆相变过程的深入了解,在 20 世纪 70 年代出现了氧化锆陶瓷增韧材料,使氧化锆陶瓷材料的力学性能获得了大幅度提高,尤其是室温韧性高居陶瓷材料榜首,其作为热机和耐磨机械部件应用受到广泛关注。

(1)晶体结构

ZrO_2 有 3 种同素异形体结构:立方相(c)、四方相(t)及单斜相(m),如图 3.23 所示。它们的基本物理性能列于表 3.8 中。3 种同素异构体的转变关系为

$$m - ZrO_2 \xrightarrow{1\,000℃} t - ZrO_2 \xrightarrow{2\,370℃} c - ZrO_2 \qquad\qquad (3.11)$$

c-ZrO₂ t-ZrO₂ m-ZrO₂

图 3.23　ZrO₂ 的 3 种晶体结构

表 3.8　氧化锆的基本物理性能

物理性能	立方相	四方相	单斜相
熔点/ ℃	2 500~2 600	2677	
密度/(g·cm⁻³)	5.68~5.91	6.10	5.56
硬度 HV500g/GPa	7~17	12~13	6.6~7.3
线膨胀系数(0~1 000℃)/10⁻⁶℃⁻¹	7.5~13	8~10 平行 a 轴 105~13 平行 c 轴	6.8~8.4 平行 a 轴 1.1~3.0 平行 b 轴 12~14 平行 c 轴
折射率	2.15~2.18		

　　纯 ZrO₂ 冷却时发生的 t→m 相变为无扩散型相变,表现出典型的马氏体相变特征,与此同时相变会产生 5%~9% 的体积膨胀;在加热时,发生 m→t 相变,体积收缩。这种膨胀和收缩不是在同一温度发生,前者在 1 000℃左右,后者在 1 200℃左右,如图 3.24 和图3.25所示。

图 3.24　ZrO₂ 的差热分析曲线

图 3.25　ZrO₂ 的热膨胀曲线

由于纯 ZrO_2 加热和冷却过程中晶型转变引起体积变化,因此难以烧结得到块状致密陶瓷。在烧结升温至 1 200℃ 左右时,ZrO_2 颗粒发生的突然收缩将影响整个体系的颗粒重排过程;当高温烧结致密后降温至 1 000℃ 左右时,ZrO_2 所发生的突然膨胀又将导致制品的严重开裂,以致无法得到可供使用的块状纯 ZrO_2 陶瓷材料。

为了消除体积变化导致的破坏,通常在纯 ZrO_2 中加入适量立方晶型氧化物,这类氧化物的金属离子半径与 Zr^{4+} 相差要小于 12%,如二价氧化物(CaO、MgO 和 SrO)和稀土氧化物(Y_2O_3、CeO_2)等,在高温烧结时它们将与 ZrO_2 形成固溶体,生成稳定的立方相结构。这种 ZrO_2 陶瓷称为稳定化的 ZrO_2 陶瓷,用 FSZ(fully stabilized zirconia)表示。图 3.26 是 ZrO_2-Y_2O_3 二元相图,可以看到当 Y_2O_3 加入量达到 8%(摩尔分数)时就可得到立方 ZrO_2 固溶体。图 3.27 中稳定化 ZrO_2 陶瓷的热膨胀曲线表明无体积的突然变化。

(a)

(b)

图 3.26　ZrO_2-Y_2O_3 系相图

由相图[见图 3.26(b)]可以看出,ZrO_2 中加入适量的 Y_2O_3 可以将部分四方 ZrO_2 亚稳定至室温,称为部分稳定 ZrO_2,用 PSZ(partly stabilized zirconia)表示。对于四方 ZrO_2 全部亚稳定到室温的单相多晶 ZrO_2 陶瓷则用 TZP(tetragonal zirconia polycrystals)表示。TZP 除和稳定剂的含量有关外,还与烧结工艺及热处理制度有关。

图 3.27 为 ZrO_2-3% Y_2O_3(摩尔分数)多相组织的热膨胀曲线。由热膨胀曲线可以看出:在升温过程中,发生 m→t 相变,并在 A_s 点与 A_f 点之间的温度范围内完成了相变,降温过程中发生 t→m 逆相变,逆相变是在 M_s(t→m 相变开始点)与 M_f(t→m 相变终了点)之间的一个温度区间完成的。这种热膨胀行为与钢中的奥氏体(A)⟷马氏体(M)相变相似。

随 Y_2O_3 等稳定剂含量的增加,ZrO_2 陶瓷的 M_s 点降低,即高 Y_2O_3 含量使残余 t 相增多,甚至有 c 相被稳定到室温。一般能发生 t→m 相变的 t 相含 Y_2O_3 为 0~4%(摩尔分数)。

图 3.27 $ZrO_2 - Y_2O_3$ 陶瓷不同温度下烧结的热膨胀曲线

由于稳定剂含量、烧结和热处理工艺的不同,室温下可分别获得(t+m)或(c+t)双相、(c+t+m)三相或 TZP 单相组织。将前三种含有亚稳 t 相的复相组织统称为 PSZ。对于稳定剂含量相对较低的 FSZ,在烧结后快速冷却会形成非平衡组织,在 c+t 双相区等温时效也会在基体上析出 t 相而成为 PSZ 组织。

(2)氧化锆陶瓷的合成

锆砂和斜锆石是以往制备 ZrO_2 的主要原料。锆砂以硅酸锆($ZrO_2 \cdot SiO_2$)为主要成分,斜锆石矿的主要成分为 ZrO_2,含有少量 SiO_2 和 TiO_2 等杂质。而先进陶瓷用的易烧结 ZrO_2 微粉是以这两种天然矿物制备的锆盐为原料而制备的。

1)传统方法

制备 ZrO_2 的传统方法有电熔法和湿式法。

电熔法是在锆砂中加碳,置于电弧炉中加热,制成碳-锆化物,再进行氧化的方法。电熔法能够大量生产 ZrO_2,而且价廉,但纯度一般较低。

典型的湿式法是将锆砂与碳酸钠熔融,再将生成的锆硅酸钠在酸中溶解除去不溶的二氧化硅,然后将含有锆的滤液用碱中和,使之形成氢氧化锆沉淀,沉淀物经过脱水、干燥和煅烧生成 ZrO_2。这种方法制得的 ZrO_2 纯度较高,可用于电子材料、光学玻璃和敏感元件等,但由于粉末的烧结性和粒径等原因,这种方法制备的 ZrO_2 用于先进陶瓷尚不十分理想。

2)易烧结微粉的制法

经过对部分稳定氧化锆的深入研究,高强度、高韧性陶瓷逐渐产生,这种成功在很大程度上是因为使用了易烧结的氧化锆微粉。为了使 ZrO_2 制品具有高的强度和韧性,必须在部分稳定化的同时,使其致密度接近于理论密度,材料尽可能由微细结晶构成。

为了获得这种制品,使用的 ZrO_2 应由微细的一次粒子(结晶)构成,即使是二次粒子(凝聚粒子),其粒子也必须尽可能小。这种情况与 Al_2O_3 陶瓷中要求易烧结 Al_2O_3 粉末的条件是相同的。Al_2O_3 陶瓷原料的最佳条件是一次粒子的粒径在 $0.1\sim0.2~\mu m$ 的范围内,而 ZrO_2 粉末的粒径要比 Al_2O_3 小一个数量级。尽管 ZrO_2 的熔点比 Al_2O_3 高,但 ZrO_2 的烧结温度($1~300\sim1~500℃$)低于 Al_2O_3 的烧结温度($1~500\sim1~600℃$)。易烧结 ZrO_2 微粉的主要制备方法有共沉淀法、水解法和热分解法。

①共沉淀法。这是在烃基氯化锆等水溶性锆盐与稳定剂盐的混合水溶液中加入氨等碱类物质,以获得两者的氢氧化物共沉淀物的方法。将其共沉淀物干燥后,一般得到的是胶态非晶质,经 $800℃$ 左右煅烧可变为固溶稳定剂的 ZrO_2。

②水解法。水解法包括无机盐水解法、醇盐水解法和水热水解法三种。无机盐水解法是将与共沉淀法同样的混合盐水溶液加热并水解,从而制得水合 ZrO_2 的方法,在该方法中,必须掌握稳定剂盐的水解条件。醇盐水解法是将混合锆和稳定剂醇盐的有机溶液进行水解的方法。这种方法与 Al_2O_3 粉末制备方法相同,可以制得易烧结的粉末。水热水解法是将锆盐水溶液在 $120\sim200℃$ 的水热条件下,迅速加水分解的方法,该方法生成物不是水合物,而是结晶性良好的 ZrO_2 微粉。

③热分解法。热分解法包括以下几种:将锆盐和稳定剂盐的混合水溶液在高温气氛中进行喷雾热解的方法;不用将醇盐加水分解,而直接进行热分解的方法;将冻结干燥物料进行热分解的方法;等等。

(3)高强度与高韧性的氧化锆的性质及用途

氧化锆陶瓷的密度大,硬度高(莫氏硬度为 6.5)、抗弯强度和断裂韧性较高(其断裂韧性是所有陶瓷中最高的),具有半导性、抗腐蚀性及敏感特性等。

在内燃机中,相变增韧氧化锆陶瓷可用作汽缸内衬、活塞顶、气门导管、进气和排气阀座、轴承、凸轮和活塞环等零件;氧化锆陶瓷可用作耐磨、耐腐蚀零件,如采矿工业的轴承,化学工业用泥浆泵密封件、叶片和泵体,还可用作模具(拉丝模和拉管模等)、刀具、隔热件、火箭和喷气发动机的耐磨、耐腐蚀零件及原子反应堆工程用高温结构材料。氧化锆陶瓷还可作为导电陶瓷、生物陶瓷与热障涂层。

(4)稳定剂对氧化锆性能的影响

1)ZrO_2 - CaO 系统

图 3.28 是 ZrO_2 - CaO 的局部相图,它是 Stubican 和 Ray 提出,后经 Hellman 和 Stubican 改进的结果。该相图显示了不同温度和不同的共析分解组分。当采用活性粉末并延长热处理时间时,ZrO_2 - CaO 系统的共析温度为 $1~140℃\pm40℃$,共析分解组分是($17.0\%\pm0.5\%$)CaO(摩尔分数)。通过快速冷却可使立方结构保留下来,获得立方结构 CaO 稳定 ZrO_2。

2)ZrO_2 - MgO 系统

图 3.29 是 ZrO_2 - MgO 相图。ZrO_2 - MgO 系统的共析温度和组分分别是 $1~400℃$ 和($14.0\%\pm0.5\%$)MgO(摩尔分数)。典型的 MgO 部分稳定氧化锆是 MgO 摩尔分数约 8% 的氧化锆。Garvic 等提出利用马氏体相变来改善氧化锆陶瓷的强度和韧性,他们认为,在陶瓷中,当被约束的亚稳四方相颗粒与裂缝相遇时,会出现四方相到单斜相的相变。马氏体相变引起的体积膨胀和剪切应力能阻止裂缝的进一步扩展,从而增加了陶瓷抵抗裂缝扩展的能力,即增加了陶瓷的韧性。

图 3.28　ZrO₂ - CaO 的局部相图

图 3.29　ZrO₂ - MgO 富氧化锆端的相图

3)ZrO₂ - Y₂O₃ 系统

　　四方多晶氧化锆(TZP)陶瓷更多是以三价金属阳离子氧化物尤其是稀土类氧化物作为部分稳定剂的四方相氧化锆多晶体。图 3.30 是 ZrO₂ - Y₂O₃ 系统的相图。由相图可见,Y₂O₃ 在四方相固溶体中有很大的溶解度。当 2.5% Y₂O₃(摩尔分数)溶解到与低共析温度线相交的固溶体中时,可获得全部为四方相的陶瓷。图中阴影区表示商业生产的部分稳定 ZrO₂ (PSZ)和四方多晶氧化锆陶瓷(TZP)的组分和温度范围。后者通常控制 Y₂O₃ 的摩尔分数为

2%～3%。

采用共沉淀法或溶胶凝胶法可制备超细 TZP 粉体,然后在 1 400～1 550℃之间烧结,通过控制晶粒生长的速率获得细晶粒 TZP 陶瓷。在 TZP 陶瓷中也存在临界晶粒尺寸(约 0.3 μm),超过此尺寸,会发生自发相变导致韧性下降(见图 3.31)。临界尺寸的大小与组分密切相关[含 2% Y_2O_3(摩尔分数)时约为 0.2 μm,而含 3% Y_2O_3(摩尔分数)时约为 1.0 μm]。

图 3.30 $ZrO_2 - Y_2O_3$ 系统的相图

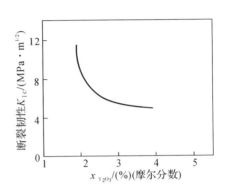

图 3.31 Y - TZP 陶瓷的断裂韧性

4)$ZrO_2 - CeO_2$ 系统

$ZrO_2 - CeO_2$ 系统也有一范围很宽的四方相区,其溶解极限为 18% CeO_2(摩尔分数),共析温度为 1 050℃±50℃(见图 3.32)。与 $ZrO_2 - Y_2O_3$ 系统相似,$ZrO_2 - CeO_2$ 系统也要求采用超细粉末,烧成温度通常为 1 550℃,以便形成细晶结构。图 3.33 为 Y - TZP 和 Ce - TZP 陶瓷的室温断裂韧性与晶粒尺寸的关系。

3.氧化镁陶瓷

氧化镁陶瓷熔点为 2 800℃,理论密度为 3.58 g·cm^{-3},在高温下体积电阻率为 10^{14} Ω·cm,介质损耗低(10^{-4}～$2×10^{-4}$),介电常数(20℃,1 MHz)为 9.1,具有良好的电绝缘性,属于弱碱性物质。

(1)氧化镁陶瓷的制备

工业用 MgO 主要从含镁的矿物菱镁矿($MgCO_3$)、白云石[$CaMg(CO_3)_2$]、水镁石[$Mg(OH)_2$]、硫镁钒($MgSO_4·H_2O$)或海水中提取。将含镁的矿物加热,溶于酸与水中,再沉淀,可得到氧化镁和镁的水化物、碳酸盐或其他盐类,最后用煅烧、电熔等方法制取 MgO。

MgO 晶格中离子堆积紧密,离子排列对称性高,晶格缺陷少,难以烧结。为了改善烧结性能须加入添加剂,ZrO_2、MnO、Cr_2O_3 和 Fe_2O_3 等都可以与 MgO 形成置换型或间隙型固溶体,CaF_2、B_2O_3 和 TiO_2 等可以与 MgO 形成低共熔点液相促进烧结。若加入的添加物形成第二相,则会妨碍烧结。

MgO 化学活性强,易溶解于酸,水化能力强,易还原,因此,MgO 陶瓷的制备工艺应该考虑原料的这种特性。为了降低 MgO 的活性,原料应预烧到 1 100～1 300℃。球磨原料时,球磨罐内衬及磨球均应采用陶瓷材料,不能采用钢球,因为酸洗除铁时 MgO 会溶于酸中。采用干法球磨以防 MgO 水化,最好采用振动磨细碎,得到较多的细颗粒粉料。

图 3.32 ZrO₂-CeO₂ 系统相图

图 3.33 Y-TZP 和 Ce-TZP 陶瓷的室温断裂韧性与晶粒尺寸的关系

MgO 陶瓷可以采用半干压、注浆、热压铸和热压等成形方法。半干压法采用的黏结剂为甘油、聚乙烯醇和蜂蜡的四氯化碳溶液等,选用细粒配料,在 50～70 MPa 压力下成形。制备注浆成型的料浆,须用无水酒精作介质,以防 MgO 水化膨胀。制备热压铸用的原料最好在细磨时加入 2%～3%的油酸,这样可以减少石蜡用量(一般用量为 14%左右),细磨时间不宜过长,以防 MgO 颗粒聚集。热压法得到的产品体积密度接近理论密度值。一般压力为 20～30 MPa,温度为 1 300～1 400℃,加压时间为 20～40 min。

MgO 陶瓷大多采用注浆法生产,具体方法如下:将 MgO 原料用足够量的蒸馏水混合形成糊状,充分水化形成氢氧化镁;存放一段时间后,在 100℃以下烘干,在 1 450～1 600℃密封条件下进行煅烧,保温 8 h,使氢氧化镁重新分解为 MgO;然后球磨 45～90 h,再加入冷却水(50%～60%)继续磨约 70～90 min,形成悬浮浆料,用于注浆成形。为了改善料浆性能,可以通过调节 pH 值的方法,使 pH 值为 7～8。脱模后坯体在 70℃干燥,为了加快坯体中的干燥,应将湿空气迅速排除。干坯在 1 250℃进行素烧,再装入刚玉瓷匣钵在 1 750～1 800℃保温 2 h 烧成。

(2)氧化镁陶瓷的性质与用途

MgO 对碱性金属熔渣有较强的抗侵蚀能力,与镁、镍、铀、锌、铝、钼、铁、铜和铂等不起反应,可用于制备熔炼金属的坩埚、浇注金属的模具、高温热电偶的保护管和高温炉的炉衬材料等。但是 MgO 高于 2 300℃ 易挥发，在高温下易被还原成金属镁。在空气中，特别在潮湿空气中，MgO 粉体极易水化，形成氢氧化镁。影响水化能力的因素是粉体煅烧温度和颗粒细度。如果采用电熔 MgO 作原料，水化问题可得到改善。

（3）其他镁质陶瓷

除了纯 MgO 陶瓷，还有其他镁质瓷。按照主晶相的不同，可以分为滑石瓷（原顽辉石瓷）、镁橄榄石瓷、尖晶石瓷和堇青石瓷，它们都属于 $MgO-Al_2O_3-SiO_2$ 三元系统。

滑石瓷一般用于高频无线电设备，如雷达和电视等的绝缘零件；镁橄榄石瓷介质损耗低、体积电阻率大，可作为高频绝缘材料；堇青石瓷的膨胀系数很低，热稳定性好，用于要求体积不随温度变化的绝缘材料或电热材料，目前大量用于制造汽车尾气净化装置所用的蜂窝陶瓷。

4. 氧化硅陶瓷

（1）晶体结构

SiO_2 是构成地壳的主要成分之一，所有岩石几乎都含有 SiO_2 及其化合物。石英在自然界中，以 α-石英（低温型）的稳定形态存在，只有很少部分以鳞石英或方石英的介稳状态存在，游离 SiO_2 包含硅石、玉髓和水晶等。

石英在常压下有三种存在形态：石英（870℃ 以下）和鳞石英（1 470℃ 以下）、方石英（1 713℃ 以下）。根据不同的条件与温度，从常温开始逐渐加热直至熔融，这三种状态之间经过一系列的晶型转化趋于稳定，在转化过程中可以产生 8 种变体（包括稳定的和介稳的变体）。其中低温变体有 α-石英、α-鳞石英、β-鳞石英和 α-方石英，高温变体有 β-石英、γ-鳞石英、β-方石英和熔融石英。

石英晶型转化的结果会引起一系列物理性质变化，如体积、密度和强度等的变化，这对陶瓷的生产有很大的影响。石英晶型转化过程中的体积变化如表 3.9 所示。

表 3.9　石英晶型转化过程中的体积变化

转化	温度/℃	体积变化率/（%）
α-石英→β-石英	573	0.82
α-石英→α-鳞石英	870	16.0
α-鳞石英→α-方石英	1 470	4.7
β-方石英→熔融石英	1 713	0.1
β-鳞石英→γ-鳞石英	163	0.2
α-鳞石英→β-鳞石英	117	0.2
α-方石英→β-方石英	180～270	2.8

（2）氧化硅陶瓷的制备

SiO_2 陶瓷有很多种，如水晶和二氧化硅玻璃、光学玻璃纤维等。结构功能不同，制备方法差异很大。

1）SiO_2 玻璃（石英玻璃）

SiO_2 玻璃在自然界也有存在，如陨石坑中。过去以硅砂和水晶作原料，在 2 000℃ 左右的高温下熔制成玻璃，称为熔融石英玻璃。现在采用新的合成方法，可以制得新型 SiO_2 玻璃。方法有以下两种：

① 化学气相沉积法（CVD）。该法是将 $SiCl_4$ 在低压高温下氧化而得，可以制得纯度非常高、含水和过渡金属氧化物极少的 SiO_2 玻璃。其反应式如下：

$$SiCl_4 + O_2 = SiO_2 + 2Cl_2 \qquad (3.12)$$

② 硅酸乙酯溶液水解法。硅酸乙酯 $[Si(C_2H_5)_4]$ 溶液水解，凝胶化，加热脱水后，可以获得与高温熔融 SiO_2 一样的玻璃。这种方法制得的玻璃纯度高，可以在较低温度下（1 100℃ 左右）合成，但或多或少有少许水分残留。

2）水晶

天然水晶是在特定环境下形成的。现在人们通过大量实验，找到了人工合成水晶的方法，即利用高温、高压水热法（温度为 360～370℃，压力为 80～150 MPa），用二氧化硅、硅酸凝胶等来制造人造水晶。

（3）氧化硅陶瓷的性能与用途

SiO_2 玻璃具有非常优良的化学稳定性、极低的热膨胀系数、优良的抗热震性、良好的透明性、高紫外线及红外线透过率、电绝缘性好和使用温度较高，是导弹微波制导用天线罩和天线窗的常用透波材料。

由于石英玻璃（熔融石英陶瓷）具有上述优良的性质，因此它的应用领域十分广泛。如在化工和轻工中，作耐酸耐蚀容器、化学反应器的内衬、玻璃熔池砖垫板和隔热材料等；在金属冶炼中，作熔铝及钢液的输送管道、泵的内衬、盛金属熔体的容器、浇铸口和高温热风管内衬；等等。熔融石英还可用来制作窑具匣钵材料，具有良好的抗热冲击性和高温性能。

水晶的化学纯度高，化学稳定性好，除氢氟酸外，几乎不溶于其他酸中，并具有压电性及优良的光学性质。水晶除用于装饰材料和光学材料外，利用其压电性及其他优良特性，可以制造用于振荡电路的振荡元件，还广泛用于计算机、电视机和钟表等。

5. 莫来石陶瓷

（1）晶体结构

莫来石（mullite）得名于苏格兰莫尔岛（Mull），天然的莫来石（$3Al_2O_3 \cdot 2SiO_2$）储量极少。莫来石是一种固溶体，Al_2O_3 含量在 71.8%～77.3%（质量分数）范围内波动，热膨胀系数为 $4 \times 10^{-6} \sim 6 \times 10^{-6}℃^{-1}$。根据 $Al_2O_3 - SiO_2$ 系相图，在 1 280℃ 以下的温度，莫来石在非常宽的成分范围内析出。

（2）莫来石陶瓷的制备

1）莫来石陶瓷的配方

莫来石陶瓷一般不以化学计量的 Al_2O_3：$SiO_2 = 3$：2 配方，因为 SiO_2 过量，SiO_2 结晶转变会影响莫来石陶瓷的高温性能，故一般需 Al_2O_3 过量，同时加入一些添加剂，降低烧成温度。我国目前生产的莫来石陶瓷及刚玉-莫来石陶瓷的化学组成如表 3.10 所示。

表 3.10 我国莫来石陶瓷及刚玉-莫来石陶瓷的化学组成　　　　单位:%

化学组成	莫来石陶瓷	刚玉-莫来石陶瓷(75 瓷)	刚玉-莫来石陶瓷(85 瓷)
SiO_2	25.54	14.25	11.01
Al_2O_3	53.44	73.83	72.43
TiO_2	0.3	0.25	0.2
Fe_2O_3	0.2	0.38	0.35
CaO	1.92	1.85	1.89
MgO	—	0.65	1.39
R_2O	1.03	0.53	0.47
BaO	5.98	3.13	2.62
B_2O_3	—	—	2.38
SrO	1.36	—	—
CaF_2	—	—	1.98

2)莫来石的生成

一次莫来石的生成:由高岭石矿物加热分解而成的莫来石称为一次莫来石,分解式如下

$$3(Al_2O_3 \cdot 2SiO_2)(偏高岭石) \xrightarrow{1\,200℃} 3Al_2O_3 \cdot 2SiO_2 + 4SiO_2 \qquad (3.13)$$

$$3(Al_2O_3 \cdot SiO_2)(硅线石) \xrightarrow{1\,300\sim1\,500℃} 3Al_2O_3 \cdot 2SiO_2 + SiO_2 \qquad (3.14)$$

理论上,莫来石的生成量对纯的高岭石来说为 60%,对纯的硅线石来说为 86%。但是实际上,由于原料中含有杂质,在煅烧过程中会生成玻璃相,这些玻璃相中含有 2%～6% 的 Al_2O_3 及 SiO_2,因此生成的莫来石量只有理论量的 80%～90%。不同原料因其中 Al_2O_3 与 SiO_2 比例不同,生成莫来石的含量也不同,如表 3.11 所示。

表 3.11 不同原料生成莫来石的含量

原料名称	Al_2O_3 含量/(%)	杂质含量/(%)	莫来石生成量/(%)
耐火黏土	40	5～6	45～50
高岭土	45	2.5～3	55
硅线石	60	3～5	70～75

二次莫来石的生成:原料加热分解时,除生成一次莫来石外,还生成游离石英。游离石英的存在,大大影响到莫来石陶瓷的性能。在制备莫来石陶瓷时,必须增加 Al_2O_3 的成分,使之与游离石英反应生成莫来石,此时所生成的莫来石称为二次莫来石,反应式如下:

$$3Al_2O_3 + 2SiO_2 = 3Al_2O_3 \cdot 2SiO_2 \qquad (3.15)$$

(3)莫来石陶瓷的性能与用途

由于莫来石呈针状结晶,而且晶粒之间相互交叉减少滑移,因此机械强度较高,高温荷重下变形小,热膨胀系数小,抗热冲击性好。近年来,国际上把氧化铝纤维增强莫来石陶瓷基复合材料作为航空发动机热端部件候选材料,并引起广泛关注,但莫来石陶瓷的耐热性比氧化铝陶瓷差。其主要性能如表3.12所示。

表 3.12　莫来石陶瓷的主要性能

晶系	介电系数 ε	介质损耗 $\tan\delta$ $(20℃,1\,MHz)$	电阻率 $\rho(20℃)$ $\Omega\cdot cm$	莫氏硬度	密度 $g\cdot cm^{-3}$	折射率		熔点 ℃
						N_g	N_p	
斜方	7	$\leqslant 5\times10^{-4}$	$\sim 10^{18}$	6~7	3.23	1.654	1.642	1 810

莫来石陶瓷可以用来制造热电偶保护管、电绝缘管和高温炉衬,还可用于制造多晶莫来石纤维和高频装置瓷的零件,如高频高压绝缘子、线圈骨架、电容器外壳、高压开关、套管及其他大型装置器件。此外,由于它具有表面的微细结构,也可用作碳膜电阻的基体等。

3.4.2　氮化物陶瓷

非氧化物陶瓷是碳化物、氮化物、硅化物和硼化物等陶瓷的总称。非氧化物陶瓷在以下三方面不同于氧化物陶瓷:

①非氧化物在自然界很少存在,需要人工来合成原料,然后再按陶瓷工艺做成陶瓷制品;

②由于非氧化物标准生成自由焓一般都大于相应氧化物标准生成自由焓,所以在原料的合成和陶瓷烧结时,须在保护性气体(如 N_2、Ar 等)中进行;

③氧化物原子间的化学键主要是离子键,而非氧化物一般是键性很强的共价键,因此非氧化物陶瓷一般比氧化物难熔和难烧结。

氮化物陶瓷是一类抗金属腐蚀和化学腐蚀性能优异的耐高温工程陶瓷材料,应用较为广泛的有氮化硅(Si_3N_4)、氮化铝(AlN)和氮化硼(BN)。

大多数氮化物的熔点都比较高,特别是周期表中ⅢB、ⅣB、ⅤB和ⅥB过渡元素都能形成高熔点氮化物,如表3.13所示。BN、Si_3N_4 和 AlN 等在高温下不出现熔融状态,而是直接升华分解。多数氮化物在蒸气压达到 10^{-6} Pa 时对应的温度都在 2 000℃ 以下,表明氮化物易蒸发,从而限制了其在真空条件下的使用。氮化物陶瓷一般都有非常高的硬度,立方结构 BN 硬度仅次于金刚石。与氧化物相比,氮化物抗氧化能力较差,从而限制了其在空气中的使用。氮化物的导电性能差异很大,一部分过渡金属氮化物属于间隙相,如氮化钛(TiN)、氮化锆(ZrN)和氮化钽(TaN),其晶体结构与原有金属元素的结构是相同的,氮则填隙于金属原子间隙之中,它们都具有金属的导电特性。而 BN、Si_3N_4 和 AlN 则由于生成共价键晶体结构而成为绝缘体。

表 3.13　典型氮化物材料的性能

材料	熔点/℃	密度 g·cm⁻³	电阻率 Ω·cm	热导率 W·m⁻¹·K⁻¹	热膨胀系数 10^6℃⁻¹	莫氏硬度
Si_3N_4	1 900（升华分解）	3.44	$10^{15} \sim 10^{16}$	$10.9 \sim 18.4$	$2.8 \sim 3.2$	$\geqslant 9$
AlN	2 200～2 250（升华分解）	3.26	2×10^{11}	$100 \sim 300$	$4.03 \sim 6.09$	$7 \sim 8$
六方 BN	3 000（升华分解）	2.27	10^{13}	$15.0 \sim 28.8$	平行 c 轴：7.5 垂直 c 轴：0.7	2
立方 BN	3 000	3.48	10^{16}	79.54	$3.5 \sim 4.9$	9.7
TiN	2 950	5.43	21.7×10^{-6}	29.3	9.3	$8 \sim 9$
ScN	2 650	4.21				
UN	2 650	13.52				
ThN	2 630	11.5				
Th_3N_4	2 360					
NbN	2 050（分解）	7.3	200×10^{-6}	3.76		8
VN	2 030	6.04	85.9×10^{-6}	11.3		9
CrN	1 500	6.1		8.76		
ZrN	2 980	7.32	13.6×10^{-6}	13.8	$6 \sim 7$	$8 \sim 9$
TaN	3 100	14.1	135×10^{-8}			8
Be_3N_2	2 200				2.5	
HfN	3 310	14.0		21.6		$8 \sim 9$

一般来说，氮化物陶瓷原料和制品的制造成本都比氧化物陶瓷高。同时，一些共价键强的氮化物难以烧结，往往需要加入烧结助剂，甚至需要采用热压工艺。此外，氮化物的后加工也是非常困难的。

1. 氮化硅陶瓷

氮化硅陶瓷具有高强度、高硬度、耐磨蚀、抗氧化和良好的抗热冲击及机械冲击性能，曾被材料科学界认为是结构陶瓷领域中综合性能优良、最有希望替代镍基合金在高科技、高温领域中获得广泛应用的一种新型材料。但其脆-延转变温度低，难以与连续纤维复合，近年来逐渐被碳化硅取代。

（1）晶体结构

Si_3N_4 属六方晶系，有 α 和 β 两种晶型，其中 α 对称性较低，β 对称性较高。将 α-Si_3N_4 加热至 1 500℃可转变为 β-Si_3N_4，这种转变是不可逆的。

在 Si_3N_4 中，Si 原子和周围的 4 个 N 原子形成共价键，形成[SiN_4]四面体结构单元，如图 3.34(a)所示，所有四面体共享顶角构成三维空间网，形成氮化硅。正是由于[SiN_4]四面体结构单元的存在,氮化硅具有较高的硬度。在 β - Si$_3$N$_4$ 的一个晶胞内有 6 个 Si 原子,8 个 N 原子。其中 3 个 Si 原子和 4 个 N 原子在一个平面上,另外 3 个 Si 原子和 4 个 N 原子在高一层平面上。第 3 层与第 1 层相对应,如此相应地在 c 轴方向重复排列,按 ABAB…层叠排列。β - Si$_3$N$_4$ 的晶胞参数为 $a=0.759\sim0.761$ nm,$c=0.271\sim0.292$ nm。α - Si$_3$N$_4$ 中第 3 层、第 4 层的 Si 原子在平面位置上都分别与第 1、第 2 层的 Si 原子错开一个位置,形成 4 层重复排列,即 ABCDABCD…方式排列。α - Si$_3$N$_4$ 与 β - Si$_3$N$_4$ 晶胞参数相近,但 c 轴扩大了约一倍($a=0.775\sim0.777$ nm,$c=0.516\sim0.569$ nm),因此体系的稳定性比较差,当高温时原子位置会发生调整转变成稳定的 β - Si$_3$N$_4$。

(a)Si$_3$N$_4$四面体结构　　　　　　(b)Si$_3$N$_4$四面体的排列

图 3.34　Si$_3$N$_4$ 的晶体结构

　　Si$_3$N$_4$ 陶瓷在常温和高温下都是电绝缘材料,其电阻率(室温)为 $10^{15}\sim10^{16}\,\Omega\cdot$m,介电常数为 $4.8\sim9.5$,介电损耗(1 MHz)为 $0.001\sim0.1$,常压下分解温度为 1 900 ℃左右,线膨胀系数为 $(2.8\sim3.2)\times10^{-6}\,℃^{-1}$(室温至 1 000 ℃之间),在几种结构陶瓷材料中属抗热震较好的材料。Si$_3$N$_4$ 莫氏硬度$\geqslant$9,仅次于碳化硅,显微硬度在 1 400$\sim$1 800 MPa 范围内,具有较好的耐磨性和自润滑性。Si$_3$N$_4$ 强度随制备工艺不同,在 100$\sim$1 000 MPa 范围内变化。与其他陶瓷相比,Si$_3$N$_4$ 具有较高断裂韧性($3\sim9$ MPa$\cdot$m$^{1/2}$),所以抗机械冲击性能比氧化铝和碳化硅要好。Si$_3$N$_4$ 能抗所有酸腐蚀(除氢氟酸外),也能抗弱碱腐蚀,但对大多数强碱和熔盐不稳定。

　　(2)氮化硅粉体制备

　　Si$_3$N$_4$ 粉体都是人工合成的。大量研究表明,高质量粉体是得到高性能陶瓷的重要保证。作为制备高性能 Si$_3$N$_4$ 陶瓷所需的粉体必须具备:窄的颗粒尺寸分布,其平均颗粒尺寸为 $0.5\sim0.8$ μm,低的金属杂质含量(Fe 和 Ti 等)和氧含量(质量分数<2%),并要有高 α 相含量(质量分数>90%)。从 20 世纪 90 年代开始,有学者提出,采用高 β - Si$_3$N$_4$ 粉末作为原始粉体,最终陶瓷显微结构更具有均一性和重复性,防止采用高 α - Si$_3$N$_4$ 粉末时异常晶粒长大现象的发生,陶瓷的韦布尔模数可得到较大提高。

　　合成粉体工艺一般有如下几种,其中硅粉直接氮化的反应式如下:

$$3Si+2N_2\rightarrow Si_3N_4 \tag{3.16}$$

　　四氯硅烷与氨反应,反应式如下:

$$SiCl_4 + 6NH_3 \rightarrow Si(NH)_2 + 4NH_4Cl \tag{3.17}$$

$$3Si(NH)_2 \rightarrow Si_3N_4 + N_2 \uparrow + 3H_2 \uparrow \tag{3.18}$$

碳热还原氮化,反应式如下:

$$3SiO_2 + 2N_2 + 6C \rightarrow Si_3N_4 + 6CO \tag{3.19}$$

气相反应,反应式如下:

$$3SiCl_4 + 4NH_3 \rightarrow Si_3N_4 + 12HCl \tag{3.20}$$

$$3SiH_4 + 4NH_3 \rightarrow Si_3N_4 + 12H_2 \tag{3.21}$$

硅粉直接氮化是制备 Si_3N_4 粉体最早发展的工艺,也是国内目前应用最广泛的一种方法。该法相对简单,价格便宜,使用的原料是多晶硅或单晶硅。但该法生产限于间歇式,得到 Si_3N_4 粉是块状的,必须通过球磨才能得到细粉。硅粉氮化工艺中,另一个须注意的问题是,因硅粉氮化生产 Si_3N_4 是一个放热反应,其 $\Delta H^\ominus$ 为 -733 kJ·mol^{-1},因此必须小心控制氮化速率,不能在局部区域有过快反应发生,造成局部温度升高超过硅熔点(1 450℃),而产生"流硅"现象,影响粉体质量。依据反应式,硅粉氮化一般增重在 66.6% 左右,依据此值可判断反应是否完全。硅烷参加的分解工艺,需要特殊的初始原料,价格昂贵,在反应过程中产生的大量氯化氢,对设备也有特殊的要求,将影响其制造成本,但所得到 Si_3N_4 粉体纯度高,粒度细且均匀。碳热还原氮化反应工艺对初始原料没有特殊要求,该法得到的 Si_3N_4 粉体能满足制备高性能陶瓷要求,但为了使反应进行得完全,原料配比中往往加入过量碳,因此必须进行脱碳处理(脱碳处理条件:600℃,空气中保温数小时)。气相反应生成的 Si_3N_4 纯度高,粒径分布规律,烧结活性高,产品价格高。

(3)氮化硅陶瓷的制备

Si_3N_4 原子扩散系数很低,因此很难烧结,即使采用热压工艺也必须在原料中加入烧结助剂。常根据采用的烧结工艺对氮化硅陶瓷进行分类,如表3.14所示。

表 3.14 Si_3N_4 陶瓷制品的烧结方法

烧结方法名称	主要原料	烧结助剂	制品特征
反应烧结	Si	—	收缩小,气孔率为 10%~20%,尺寸精确,强度低
二次反应烧结	Si	Y_2O_3、MgO	收缩率小,较致密,尺寸精确,强度有所提高
常压烧结	Si_3N_4	Y_2O_3、Al_2O_3	较致密,低温强度高,高温强度下降
气氛加压烧结	Si_3N_4(Si)	MgO、Y_2O_3、Al_2O_3	添加剂加入量减少,致密度和强度提高
普通热压	Si_3N_4	MgO、Y_2O_3、Al_2O_3	制品形状简单,致密,强度高,存在各向异性
热等静压	Si_3N_4	Y_2O_3、Al_2O_3	致密,组织均匀,高强度,添加剂微量
化学气相沉积	$SiCl_4$、NH_3	—	高纯度薄层,各向异性,不能得到厚壁制品

①反应烧结氮化硅。将硅粉或硅粉与 Si_3N_4 粉的混合料按一般陶瓷成型方法成型,然后在高温 N_2 中烧结,其主要反应式如下:

$$3Si + 2N_2 \xrightarrow{1\ 450℃} Si_3N_4 \tag{3.22}$$

$$\Delta H^\ominus = -733 \text{ kJ/mol} \tag{3.23}$$

由于该工艺是边反应边烧结,因此控制生坯密度和氮化工艺是获得性能优良制品的关键。

受其反应机理限制,对于厚度大于 10 mm 的制品,必须加入催化剂,例如 Fe_2O_3、CaF_2、BaF_2 或 C 等,加入量约为 1%～4%。

烧结前后坯体尺寸线收缩约为 1%。硅粉的密度为 2.3 g·cm^{-3},Si_3N_4 密度为 3.187 g·cm^{-3},因此形成 Si_3N_4 时有 21.7% 体积膨胀,烧结过程中不发生一般烧结过程中的收缩现象,此法可用来制造复杂形状制品。

制品内包含了 15%～30% 的气孔,因此材料力学性能比其他致密烧结工艺的低。

影响反应烧结 Si_3N_4 性能和显微结构的因素很多,例如硅粉的特性(平均颗粒尺寸、尺寸分布、杂质含量等)、坯体制备方法、素坯密度和气孔率等。

②热压烧结氮化硅。为了克服反应烧结 Si_3N_4 气孔率高和强度低的缺点,可以采用热压烧结获得完全致密的氮化硅陶瓷。

采用 α 相含量＞90% 的 Si_3N_4 细粉和少量添加剂(如 MgO、Al_2O_3、MgF_2 或 Fe_2O_3 等),充分磨细,混合均匀,然后放入石墨模具中进行热压烧结,热压温度为 1 600～1 800℃,压力为 15～30 MPa,保压 40～120 min,整个操作在 N_2 保护气氛下进行。

热压烧结 Si_3N_4 制品密度高,气孔率接近零,弯曲强度为 1 000 MPa,强度在 1 000～1 100℃仍不下降。热压烧结后 β 相具有方向性,导致性能具有各向异性。

③无压烧结氮化硅。与热压烧结所用原料一样,采用 α 相含量＞90% 的 Si_3N_4 细粉料并加入适量烧结助剂(如 ZrO_2、Y_2O_3、Al_2O_3、MgO 或 La_2O_3 等)。烧结助剂可以单独加入,也可以复合加入,复合加入效果较好。原料粉末充分混匀并冷压成型,成型坯体经排胶后,在 N_2 气氛下 1 700～1 800℃烧结。

无压烧结机理仍然是液相烧结。由于烧结温度高(1 700～1 800℃),烧结的关键是防止氮化硅的分解,必须精心选择烧结助剂、烧成制度和烧结用坩埚等。一般选择涂有 BN 的石墨坩埚,加上质量分数比为 $w_{Si_3N_4} : w_{BN} : w_{MgO} = 50 : 40 : 10$ 的埋粉,将成型坯体覆盖起来。烧结过程中 MgO 高温挥发扩散至坯体中,降低了液相生成温度,增加了液相量,促进了烧结,有利于致密化。

无压烧结 Si_3N_4 的烧成收缩约为 20%,相对密度可达 96%～99%,可以制造形状复杂的产品,性能优于反应烧结 Si_3N_4,并且成本低。但由于坯体中玻璃相较多,影响材料的高温强度,同时由于烧成收缩较大,产品易开裂变形。

④气压烧结氮化硅。气压烧结法是针对无压烧结工艺的不足之处而发展起来的一种制备高性能 Si_3N_4 陶瓷的工艺。特点是在高温下烧结时,通过气体(N_2)加压,抑制 Si_3N_4 分解,从而可以在更高温度下进行烧结。

虽然较高的 N_2 压力可以抑制 Si_3N_4 分解,有利于提高制品的均匀性和可靠性,但烧结设备属高压容器,价格比较贵。

最新研究表明,采用两步 N_2 气压烧结可获得高密度(99%)产品。首先在 2 000℃和大约 2 MPa N_2 气压下加热 15min,将坯体先烧结至闭气孔状态,随后将 N_2 压力提高到 7 MPa,使坯体快速致密化。实际上目前已把气压烧结法单独作为一种制备 Si_3N_4 陶瓷的方法。

此外,提高 N_2 压力有利于减少 Si_3N_4 的热分解,提高陶瓷的致密度。一般说来,在 1 900～2 100℃时相应的 N_2 气氛压力要达到 1～5 MPa 才能保证优异的烧结性能和小于 2% 的分解失重。

⑤反应结合重烧结氮化硅(即二次反应烧结氮化硅)。Si_3N_4 的生坯密度一般较低(大约

为理论密度的 45%～55%),烧结后 Si_3N_4 陶瓷通常有 15%～20% 的线收缩。因此,对于制备形状复杂的制品,尺寸控制较困难。反应烧结的制品已具有 70%～85% 的理论密度,将反应烧结的坯体在 N_2 气氛下经 1 700～1 900℃ 高温重新烧结,这样制品的最终密度可达理论密度 98% 以上。反应烧结 Si_3N_4 的重烧结工艺的优点是便于制造异型制品,缺点是工艺烦琐和周期长。

⑥化学气相沉积法。该方法通常采用 $SiCl_4$ 和 NH_3 或 SiH_4 和 NH_3 为原料气,在压力为 100～1 000 Pa、温度为 800～1 300℃ 下沉积,可获得非晶结合纳米晶的氮化硅涂层,由于纯度高和硬度高,可用作天线罩涂层。

⑦3D 打印氮化硅。以上生产工艺以热压烧结应用最为广泛,技术最为成熟。但是,热压烧结生产工艺所用生产原材料价格高昂,存在使用过程中容易断裂的问题。而选择 3D 打印技术制备氮化硅陶瓷则可有效弥补这一缺陷。下面介绍氮化硅陶瓷光固化成形(SL)技术和数字光处理光固化成形(3DP)技术。

SL 技术以光敏树脂和陶瓷粉体为原料,同时加入其他添加剂,经球磨等工序,制备成光固化陶瓷浆料。通过光与陶瓷浆料中光敏树脂的相互作用,使浆料固化形成陶瓷坯体,再经过后续热处理最终制备成所要求的陶瓷零件。目前采用 SL 技术制备氮化硅陶瓷时,其所用原料通常为氮化硅陶瓷浆料,然而目前此类浆料中氮化硅粉体与树脂的亲和性较差,从而导致陶瓷浆料的固相含量低。同时氮化硅粉体与树脂的折射率差值较大,容易影响成形精度。此外,氮化硅粉体具有吸光性,所获固化厚度较低,成形过程需要较高的曝光功率与曝光时间,影响设备的寿命与打印效率。为了解决上述问题,有人提出了一种 SL 用氮化硅陶瓷浆料的制备方法:首先将氮化硅粉体分散在适量溶剂中得到悬浮液,在悬浮液中加入适量含烷基基团的硅烷偶联剂并经处理,使氮化硅粉体表面包覆一层具有氧化物特性的含有烷基基团的氧化硅膜,再将预处理后的氮化硅粉体与烧结助剂、树脂单体、分散剂和光引发剂混合处理即得氮化硅陶瓷浆料。

3DP 技术采用的是粉体堆积,黏结剂黏结的成形方式,得到的零件会有较大的孔隙,因此打印完成后需要经过后处理工序来达到所需的致密度、强度和表面精度。西北农林科技大学李向明等通过 3DP 技术和无压烧结技术制成了孔隙率高于 70% 的多孔氮化硅陶瓷。成形的氮化硅陶瓷坯体经过化学气相渗透沉积氮化硅后,$β$-氮化硅颗粒之间的连接强度和负载能力提高,陶瓷力学性能得到了明显的改善,且随着渗透时间的增加,氮化硅的力学性能进一步提高。

(4)氮化硅陶瓷的晶界工程

晶界的组成和形貌是决定材料能否为高温工程所用的关键条件之一。提高 Si_3N_4 陶瓷晶界耐火度的途径主要有四个方面:

①形成固溶体,净化晶界。添加的氧化物烧结助剂与 Si_3N_4 表面反应生成可促进烧结的液相,烧结后期这类液相能固溶进 Si_3N_4 的晶格,形成单相烧结体。这样减少了晶界玻璃相量,起到了净化晶界作用。

②以高黏度、高熔点玻璃相强化晶界。依据相关研究,发现 $Si_3N_4 - Y_2O_3 - La_2O_3 - SiO_2$ 系统的低共熔点温度接近 1 500℃,大大高于 $Si_3N_4 - Y_2O_3 - Al_2O_3 - SiO_2$ 系统的低共熔点温度(1 350℃ 左右),并且此系统在高温下形成的氧氮玻璃的黏度和软化温度都比较高,相对硬度和断裂韧性也比较高,因此采用能形成高黏度、高熔点晶界玻璃相的氧化物为添加剂有利于

提高氮化硅高温强度。

③促使玻璃相析晶,提高晶界耐火度。从相平衡角度考虑,使晶界玻璃相通过热处理析出高熔点结晶相,这样一方面减少了晶界玻璃相量,并且也提高了晶界耐火度。

④通过氧化扩散,改变晶界组成。在长时间氧化过程中,陶瓷内部玻璃相和表面 SiO_2 都存在一种在组成上达到相平衡的倾向,这样使玻璃相组成在氧化过程中不断发生变化,使形成低熔点液相的杂质离子不断扩散到表面而提高了玻璃相软化温度。同时由于扩散的作用,玻璃相不断析出更耐火的第二相。

通过晶界工程研究,晶界相设计使 Si_3N_4 晶界性能得到改善,材料高温性能有了很大提高,目前已能制备从室温到 1 370℃、强度保持在 1 000 MPa 的 Si_3N_4 材料,为其在高温、高技术领域应用打下了良好的基础。

(5)氮化硅陶瓷的性能与用途

由于生产工艺不同,Si_3N_4 陶瓷性能有很大差异,表 3.15 为几种氮化硅材料的典型性能数据参考值。

表 3.15 Si_3N_4 陶瓷材料的典型性能

材料种类	反应烧结 Si_3N_4	常压烧结 Si_3N_4	热压烧结 Si_3N_4
密度/(g·cm⁻³)	2.7~2.8	3.2~3.26	3.2~3.4
硬度(HRA)	83~85	91~92	92~93
弯曲强度/MPa	250~400	600~800	900~1 200
弹性模量/GPa	160~200	290~320	300~320
韦伯模数	15~20	10~18	15~20
热膨胀系数/10^{-6}℃⁻¹	3.2(室温~1 200℃)	3.4(室温~1 000℃)	2.6(室温~1 000℃)
热导率/(W·m⁻¹·K⁻¹)	17	20~25	30
抗热震性参数 ΔT_c/℃	300	600	600~800

利用 Si_3N_4 陶瓷的耐热性、化学稳定性和耐熔金属腐蚀的性能,在冶金工业方面用作铸造器皿、燃烧舟、坩埚、蒸发皿和热电偶保护管等,在化工方面用作过滤器、热交换器部件、催化剂载体和煤化气的热气阀等。

充分利用 Si_3N_4 陶瓷的耐磨性和自润滑性,可制备泵的密封环,性能比传统密封材料优越,应用十分广泛。Si_3N_4 陶瓷的高硬度使其可用于制备切削工具、高温轴承、拔丝模具和喷砂嘴等部件。Si_3N_4 陶瓷球附加值高,价格是刚玉球的 100 倍左右,已成为重要的产业。Si_3N_4 陶瓷轴承在先进的高精度数控车床、超高速发动机以及航空航天高低温环境中已经获得广泛应用。与氧化硅相比,抗蠕变性能好,高温无相变和高温强度高的多孔 Si_3N_4 陶瓷已逐渐取代氧化硅成为新型导弹天线罩材料。

(6)赛龙陶瓷

在开发 Si_3N_4 陶瓷材料的过程中发现了一些新的材料,其中最为重要的是赛龙(Sialon)陶瓷,也称塞阿龙陶瓷,它是 $Si_3N_4 - Al_2O_3 - AlN - SiO_2$ 系列化合物的总称。当使用 Al_2O_3 作为添加剂加入 Si_3N_4 进行烧结时,发现在 $\beta - Si_3N_4$ 晶格中部分 Si 和 N 被 Al 和 O 取代形成单相固溶体,它保留着 β - Si_3N_4 的结构,只不过晶胞尺寸增大了,形成了由 Si - Al -O -N 元素组成的一系列相同结构的物质。

Sialon 陶瓷的晶体结构仍属六方结构,有 α' - Sialon 和 β' - Sialon 两种晶型,α' - Sialon 性能较差,β' - Sialon 则具有优良的性能。

图 3.35 为 Sialon 系统相图。这个相图是以等价百分比来表示的,是在 1 750℃下得到的 Si_3N_4 - Al_2O_3 - AlN - SiO_2 系统进行反应的等温相图。可以看出,β' - Sialon 相并不在 Si_3N_4 - Al_2O_3 的连线上,而是处在 Si_3N_4 - Al_2O_3 · AlN 的连线上。在 Si_3N_4 中金属原子(Si)和非金属原子(N)之比为 3∶4,而 Al_2O_3 与 Si_3N_4 的价数不同,当仅以 Al_2O_3 去取代 Si_3N_4 时,为了保持电价平衡,必然出现 Si 空位,可是 Si_3N_4 的共价键特性又很难出现空位,因此单纯加入 Al_2O_3 不可能形成无组分缺陷的固溶体,只有在 Si_3N_4 - Al_2O_3 · AlN 连线上才能保持金属原子(Si 和 Al)和非金属原子(O 和 N)之比为 3∶4,才能形成无组分缺陷的单相固溶体 β' - Sialon。β' - Sialon 具有优良的抗氧化和耐腐蚀性能。可以把 β' - Sialon 固溶体写成

$$Si_{6-x}Al_xO_xN_{6-x}$$

其中,x 的取值在 0~4.2 之间,在此范围内均可形成单相 Sialon。当 $x=0$ 时对应 β' - Si_3N_4,随 x 值的增大,固溶进去的 Al_2O_3 增加,晶格膨胀,密度下降,硬度和弯曲强度也略有下降。当 $x>4.2$ 时,Al_2O_3 · AlN 过多,已不能保持 β' - Sialon 的晶体结构,在相图右下角出现了 15R、12H、21R、27R 等相,都是 AlN 的多形体。

图 3.35　Si_3N_4 - Al_2O_3 - AlN - SiO_2 系统相图

α' - Sialon 也是 Al 和 O 原子部分置换 Si_3N_4 中 Si 和 N 原子所形成的固溶体。α' - Sialon 的组织结构中存在严重的晶格缺陷,强度比 β' - Sialon 低,但其最大的优点是高硬度(93~94HRA)、高耐磨、高抗热震性、良好的抗氧化性和高低温性能。

由于 Sialon 有很宽的固溶范围,可通过调整固溶体的组分比例按预定性能对 Sialon 进行成分设计得到最佳 β' - Sialon 和 α' - Sialon 的比例,获得最佳强度和硬度配合的材料。

从理论上讲,Sialon 陶瓷是单相固溶体,所加入的烧结助剂应进入晶格,在晶界上没有玻璃相,具有优异的高温强度和抗蠕变性能。然而,实际上不可能没有玻璃相,所以 Sialon 陶瓷

比 Si_3N_4 易于烧结。在无压力情况下,可烧结至理论密度,特别是 x 值较大时。综合考虑使用性能和烧结性能,x 的取值一般在 0.4~1.0 之间。

无压烧结或热压烧结是制备 Sialon 陶瓷的常用工艺,主要的添加剂为 MgO、Al_2O_3、AlN 和 SiO_2 等。同时添加 Y_2O_3 和 Al_2O_3 能获得强度很高的 Sialon 陶瓷。此外,加入 Y_2O_3 可降低 Sialon 陶瓷的烧结温度。在制备 Sialon 陶瓷时应选择超细和超纯、高 α 相的 Si_3N_4 粉末,采用适当的工艺措施控制其晶界相的组成和结构,这样才能获得性能优异的材料。

近年来又出现了 Y - Sialon、Mg - Sialon 和 C - Sialon 等一系列结构相近的 Sialon 系列材料,主要的差别在于加入了不同的烧结助剂。

Sialon 陶瓷除了具有较低热膨胀系数、较高耐腐蚀性、高的热硬性、优良的耐热冲击性能、优异的高温强度和硬度等性能(见表 3.16)外,其另一突出的优越性在于制备工艺相对容易实现。

表 3.16 Sialon 陶瓷主要物理机械性能

性　能	烧结 Sialon(Syalon110[①])	热压 Sialon(Syalon101[②])
密度/(g·cm^{-3})	2.65	3.23
气孔率/(%)	10	0
弹性模量/GPa	139	288
拉伸强度/MPa	250	450
热导率/(W·m^{-1}·K^{-1})	27	28
热膨胀系数/10^{-6}℃$^{-1}$	3.04	3.04(0~1 200℃)
室温硬度 HRA	88	92
断裂韧性 K_{IC}/(MPa·m$^{\frac{1}{2}}$)	3.5	7.7

注:①②为商品型号。

由于 Sialon 陶瓷所具有的优良性能,其应用范围比 Si_3N_4 更广泛,其主要应用领域如下:

①热机材料,用于汽车发动机的针阀和挺杆垫片;

②切削工具,Sialon 陶瓷的热硬性比 Co - WC 合金和氧化铝高,当刀尖温度大于 1 000℃时仍可进行高速切削;

③轴承等滑动件及磨损件,Sialon 陶瓷易于直接烧结到工件所需尺寸,硬度高,耐磨性能好。

2.氮化铝陶瓷

(1)晶体结构

氮化铝为共价键化合物,其晶体结构有六方和立方两种,其中立方晶型只有在超高压或薄膜生长条件下才能获得。常见的 AlN 陶瓷均为六方纤锌矿结构,如图 3.36 所示,其晶格常数 $a=0.311\,0$ nm,$c=0.498\,0$ nm,空间群为 $P6_3mc$,理论密度为 3.26 g·cm^{-3},莫氏硬度为 7~8,在 2 200~2 250℃分解。AlN 粉末呈白色或灰白色,制品的密度与选择添加剂种类、加入量及制备工艺有关。AlN 主要性能见表 3.17。

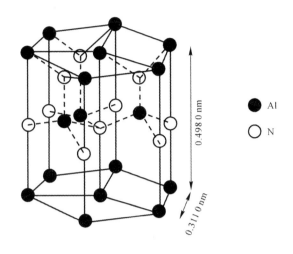

图 3.36　六方 AlN 晶格示意图

表 3.17　AlN 陶瓷的基本性能

性能	指标	备注
热导率	理论值为 320 W·m^{-1}·K^{-1},实际产品接近 200 W·m^{-1}·K^{-1}	
线膨胀系数	$(4\sim5)\times10^{-6}$℃$^{-1}$(室温至 200℃)	与 Si(3.4×10^{-6}℃$^{-1}$)相近
绝缘性能	能隙宽度为 6.5 eV,室温电阻率 10^{11}~10^{12} Ω·m	良好绝缘体
介电常数	8.0	与 Al$_2$O$_3$ 相当
室温力学性能	HV=12 GPa,E=314 GPa,σ=400~500 MPa	密度低,硬度高
高温力学性能	1 300℃下降约 20%	热压 Si$_3$N$_4$,Al$_2$O$_3$ 下降 50%

(2)氮化铝粉末的制备

①直接氮化法。反应式为:2Al+N$_2$→2AlN。该反应为强放热反应,故必须小心控制工艺,以免形成大的熔融"铝珠"。此反应由气固扩散控制,如果采用高温长时间反应的工艺,则产物晶粒粗大,质量稳定性差。为加速铝的氮化反应,可加入 CaF$_2$ 或 NaF$_2$ 作催化剂。

②自蔓延法。反应式为:2Al+N$_2$→2AlN。该工艺的特点是反应速度极快,成本低廉,适于工业化生产,所得物体粒径小于 10 μm,但是粒径分布不均匀。

③碳热还原氮化法。反应式为:Al$_2$O$_3$+3C+N$_2$→2AlN+3CO。为保证反应完全,在配料中往往加入过量碳,因此得到的 AlN 粉必须在空气中 700℃下进行脱碳处理,除去残余的碳。用此工艺得到的 AlN 粉末粒度细,含氧量低,纯度高。

④铝的卤化物与氨反应法。亦称气相法,反应式为:AlCl$_3$+NH$_3$→AlN+3HCl。

⑤有机盐裂解法。反应式为:R$_3$Al+NH$_3$ → R$_3$Al·NH$_3$ $\xrightarrow{-RH}$ (R$_2$AlNH$_2$)$_2$ $\xrightarrow{-RH}$ (RAlNH)$_x$ $\xrightarrow{-RH}$ AlN。式中,R 为有机基团。此工艺特点是可连续生产,制备粉末高纯超细。

⑥铝蒸气氮化法。该工艺是将铝粉在电弧等离子体中蒸发并与氨反应生成 AlN,可制得粒度为 30 nm、比表面为 60~100 m^2·g^{-1}的超细粉末。此外,还可将铝在低压 N$_2$ 或 NH$_3$ 中

用电子加热使之蒸发并与含氮气体反应,可制得粒度小于 10 nm 的超微 AlN 粉。

(3)氮化铝陶瓷的制备

AlN 属共价键化合物,须添加烧结助剂,在高温下与 AlN 粉表面的氧化铝反应形成液相,通过液相烧结机制完成致密化。常用的烧结技术有无压烧结和热压烧结。

在电子工业中应用的 AlN,热导率是重要性能指标。大量研究表明,氧的存在是影响 AlN 导热能力的主要因素。因此,在选择烧结助剂时,除了考虑能促进致密化外,还应该能消耗掉 AlN 颗粒表面上的氧形成的第二相(通常为铝酸盐)。碱土金属氧化物和稀土金属氧化物往往是考虑的对象。从显微结构上考虑,要提高 AlN 导热能力必须尽量减少晶界相的量,净化 AlN 晶粒间接触,第二相应处于三晶粒交接处,或完全被排除。为此通过选用适当配比的烧结助剂形成可迁移液相,在还原性气氛中长时间烧成或进行烧结后热处理,使液相转移至三叉晶界处以排出烧结体,这样可使 AlN 陶瓷热导率得到提高。采用该技术路线制备的多晶氮化铝陶瓷热导率可达 29 W·m^{-1}·K^{-1}。

(4)氮化铝陶瓷的性能与用途

AlN 陶瓷可以用作熔融金属用坩埚和热电偶保护管、真空蒸镀用容器,也可用作红外线与雷达透过材料、真空中蒸镀金的容器、耐热砖、耐热夹具等,特别适用于作为 2 000℃ 左右非氧化性电炉的炉衬材料;AlN 的热导率是 Al$_2$O$_3$ 的 2～3 倍,热压烧结的 AlN 强度比 Al$_2$O$_3$ 还高,可用于要求高强度和高导热的场合,例如大规模集成电路的基板和车辆用半导体元件的绝缘散热基等都是 AlN 陶瓷最有前途的应用领域。

3.氮化硼陶瓷

(1)晶体结构

BN 是共价键化合物,一般认为有两种晶型:六方氮化硼(HBN)和立方氮化硅(CBN)。通常为六方结构,在高温和超高压的特殊条件下,可将六方晶型转变为立方晶型。

HBN 属层状结构,与石墨相似(见图 3.37),故有白石墨之称。HBN 粉末为松散、润滑和易吸潮的白色粉末,密度为 2.27 g·cm^{-3},莫氏硬度为 2,机械强度低,但比石墨高,无明显熔点,在 0.1 MPa 氮气中于 3 000℃升华。在氮或氩气中的最高使用温度为 2 800℃,在氧化气氛中的稳定性较差,使用温度在 900℃以下。HBN 热膨胀系数低,热导率高,所以抗热震性优良,在 20～1 200℃循环数百次也不破坏。

(a)HBN　　　　　　　(b)石墨(图中原子为C原子)

图 3.37　HBN 和石墨的晶体结构

CBN 属等轴晶系,密度为 $3.48\ g\cdot cm^{-3}$,熔点为 $3\ 000℃$,抗氧化温度为 $1\ 300℃$左右,硬度仅次于金刚石,是一种人造的超硬材料,在自然界中尚未发现。

CBN 的化学惰性比金刚石和硬质合金好。金刚石在 $700℃$开始溶解于 Fe,WC – Co 硬质合金加工钢时,在 $600\sim700℃$开始发生钢黏结。CBN 在 $1\ 150℃$以上才开始同钢反应。此温度接近 Fe – B 二元共晶温度,此时 B 向 Fe 中扩散,形成 $Fe – Fe_2B$ 共晶。CBN 同 Ni 反应的温度超过 $1\ 100℃$,同 Al 开始反应的温度为 $1\ 050℃$。此外,CBN 还具有良好的导热性。

（2）六方氮化硼粉末的制备

HBN 粉末可以通过含硼化合物与氮源的反应制得。含硼化合物包括硼的卤化物、氧化物及其酸类;氮源包括氨、氯化铵、尿素和氮等,也可以用硫氰化铵和氰化钠等。从原料分类可以有硼酸法、硼砂法、氮化硼法、卤化硼法、元素直接合成法及碱金属硼酸法等。制备方法有气相合成法、等离子体合成法和气固相合成法。

（3）六方氮化硼陶瓷的制备

BN 粉末的烧结性能很差,为了获得致密的 BN 陶瓷制品,常采用热压法。在制备时添加 $2\%\sim5\%B_2O_3$（或 Si_3N_4 等）,在高温生成液相以改善烧结性能,提高材料密度。将氮化硼粉和添加剂均匀混合并在 $1\ 700\sim2\ 000℃$、$10\sim35\ MPa$ 下热压烧结,可制得体积密度为 $2.1\sim2.2\ g\cdot cm^{-3}$,莫氏硬度为 2 的制品。

B_2O_3 的加入有利于烧结致密化,但会引起 BN 制品的吸潮,导致材料电性能与高温性能的恶化,因此必须控制 B_2O_3 的加入量。

（4）立方氮化硼陶瓷的制备

工业上制备 CBN 的方法是:在触媒参与下,高温、高压处理 HBN,使 HBN 转变为 CBN。工业上能用作触媒的物质很多,$Ⅰ_A$、$Ⅱ_A$、$Ⅲ_A$ 族元素,Sb、Sn、Pb、Al 以及这些元素的氮化物、硼化物,水,尿素和硼酸铵等都可以用作触媒。但常用的只有 Mg、Cs、Sn、Li、Ba、Li_3N 和 Mg_3N_2 等。反应在六面顶压机中进行。以 Mg 作触媒为例的过程是:将 Mg 粉与 HBN 粉混合压坯,放入石墨管中,装配好后放入压机中合成。合成温度为 $1\ 500\sim1\ 800℃$,压力为 $5\sim6$ GPa,合成时间为 $2\sim3\ min$。表 3.18 为用 Mg、Cs、Sn、Li、Ba、Li_3N 作触媒时的压力和温度范围。

表 3.18　触媒种类和 CBN 合成条件

触媒	压力/GPa	温度/℃
Mg	$6.9\sim9.5$	$1\ 300\sim2\ 100$
Cs	$6.9\sim8.0$	$1\ 300\sim1\ 900$
Sn	$8.6\sim9.0$	$1\ 700\sim1\ 900$
Li	$7.3\sim8.6$	$1\ 300\sim1\ 700$
Ba	$8.6\sim8.9$	$1\ 600\sim1\ 700$
Li_3N	$5.5\sim9.2$	$1\ 600\sim2\ 100$

近年来,人们不断在探索新的触媒,如 MgB_2、AlN、$Ca_3B_2N_4$ 和 $LiCaBN_2$ 等。

合成结束后要分别去除杂质,如用盐酸洗去残余的 Mg,用 KOH 和 NaOH 混合碱洗去未转化的 HBN 和混入的叶蜡石($Al_2O_3 \cdot 4SiO_2 \cdot H_2O$),用高氯酸去除石墨。

用纯 CBN 用冷压烧结法很难得到致密制品。采用热压方法,在 7 GPa、1 700℃下可获得 97%理论密度的产品。烧结也可在两面顶压机或六面顶压机中进行。

(5)六方氮化硼陶瓷的性能与用途

HBN 陶瓷密度小,硬度低,可以进行各种机械加工,容易制成尺寸精确的陶瓷部件。通过车、铣、刨和钻等切削加工,其制品精度可达 0.01 mm。表 3.19 为 HBN 的基本物理性质。

表 3.19　HBN 的性质

熔点 ℃	使用温度 ℃	密度 $g \cdot cm^{-3}$	硬度 (莫氏)	热导率 $W \cdot m^{-1} \cdot K^{-1}$	热膨胀系数 $10^{-6}℃^{-1}$	击穿电压 $kV \cdot m^{-1}$	介电常数 ϵ
3 000 (分解)	900～1 000 (空气) 2 800(N_2)	2.27	2	15.0～28.8	平行 c 轴:7.5 垂直 c 轴:0.7	$3.0～4.0×10^4$	4.0～4.3

HBN 具有自润滑性,可用于机械密封和高温固体润滑剂,还可用作金属和陶瓷的填料制成轴承,在 100～1 250℃的空气、氢气和惰性介质中的润滑性能比其他固体润滑剂(二硫化钼、氧化锌和石墨)要好。HBN 也被用作碳纤维增强碳化硅陶瓷复材的界面,呈弱结合界面,有利于纤维的拔出,从而提高复合材料的断裂韧性。

HBN 耐热性非常好,可以在 900℃以下的氧化气氛中和 2 800℃以下的氮气和惰性气氛中使用。HBN 无明显熔点,在常压氮气中于 3 000℃升华,在氨中加热至 3 000℃也不分解。在 0.5 Pa 的真空中,1 800℃时开始迅速分解为 B 和 N_2。

热压 HBN 的热导率与不锈钢相当,在陶瓷材料中仅次于 BeO,且随温度的变化不大,在 900℃以上热导率优于 BeO;HBN 的热膨胀系数和弹性模量都较低,因此具有非常优异的热稳定性,可在 1 500℃至室温反复急冷急热条件下使用。

HBN 对酸、碱和玻璃熔渣有良好的耐侵蚀性,对大多数熔融金属(如 Fe、Al、Ti、Cu、Si 等),以及砷化镓、水晶石和玻璃熔体等既不润湿也不发生反应,因此可以用作熔炼有色金属、贵金属和稀有金属的坩埚、器皿、管道和输送泵部件,用于硼单晶熔制器皿、玻璃成型模具、水平连铸分离环和热电偶保护管等,用于制造砷化镓和磷化镓等半导体材料的容器、各种半导体封装的散热底板,以及半导体和集成电路用的 p 型扩散源。

HBN 既是热的良导体,又是电的绝缘体。它的击穿电压是 Al_2O_3 的 4～5 倍,介电常数是 Al_2O_3 的 1/2,到 2 000℃仍然是电绝缘体,可用来作超高压电线和电弧风洞的绝缘材料。HBN 对微波和红外线是透明的,可用作透红外和微波的窗口材料。

由于硼原子的存在,HBN 具有较强的中子吸收能力,在原子能工业中与各种塑料、石墨混合使用,作为原子反应堆的屏蔽材料。

HBN 在超高压下性能稳定,可以作为压力传递材料和容器。HBN 是最轻的陶瓷材料,用于飞机和宇宙飞行器的高温精细材料是非常有利的。

(6)立方氮化硼陶瓷的性能与用途

立方氮化硼是耐高温、超硬(莫氏硬度接近于 10)的材料,CBN 的热稳定性和对铁元素及其合金的化学惰性均优于人造金刚石(见表 3.20),常用作刀具材料和磨料。

表 3.20 立方氮化硼陶瓷与人造金刚石的性能比较

性能	材料	
	人造金刚石	立方氮化硼陶瓷
硬度(HR)/GPa	100	80～100
热稳定性	800℃	>1 400℃
与铁族元素的化学惰性	小	大

3.4.3 碳化物陶瓷

典型碳化物陶瓷材料有碳化硅(SiC)、碳化硼(B_4C)、碳化钛(TiC)、碳化锆(ZrC)、碳化钒(VC)、碳化钨(WC)和碳化钼(Mo_2C)等。碳化物陶瓷的主要特性是高熔点,许多碳化物的熔点都在 3 000℃ 以上。其中 HfC 和 TaC 的熔点分别为 3 887℃ 和 3 877℃。

碳化物在较高的温度下均会发生氧化,但许多碳化物的抗氧化能力都比 Re、W、Mo 和 Nb 等高熔点金属好。在许多情况下,碳化物氧化后所形成的氧化膜有提高抗氧化性能的作用。各种碳化物开始强烈氧化的温度见表 3.21。

表 3.21 碳化物开始强烈氧化的温度

碳化物	TiC	ZrC	TaC	NbC	VC	Mo_2C	WC	SiC
强烈氧化温度/℃		1 100～1 400			800～1 000	500～800		1 300～1 400

大多数碳化物都具有良好的电阻率和热导率,见表 3.22。许多碳化物都有非常高的硬度,特别是 B_4C 的硬度仅次于金刚石和 CBN,但碳化物的脆性一般较大。

表 3.22 典型碳化物的性能

碳化物	电阻率/($\mu\Omega\cdot cm$)	热导率/($W\cdot m^{-1}\cdot K^{-1}$)	显微硬度/($kg\cdot mm^{-2}$)	密度/($g\cdot cm^{-3}$)
TiC	105	17.1	3 000	4.94
HfC	37～45	22.2	2 910	12.7
ZrC	45～55	20.5	2 930	6.59
B_4C	1×10^5	28.8	4 950	2.52
SiC	5×10^8	33.4	3 340	3.21
TaC	25	50	2 500	14.5
WC	19.2	84.02	2 400	15.63

过渡金属碳化物不水解,不和冷的酸起作用,但硝酸和氢氟酸的混合物能侵蚀碳化物。按照对酸和混合酸的稳定性,过渡金属碳化物排列顺序为:TaC＞NbC＞WC＞TiC＞ZrC＞HfC＞Mo_2C。碳化物在 500～700℃时与氯或其他卤族元素发生作用,大部分碳化物在高温与氮发生作用生成氮化物。过渡金属元素碳化物(如 TiC、ZrC、HfC、VC、NbC 和 TaC 等)属于间隙相,WC 和 Mo_2C 则属于间隙化合物。

1. 碳化硅陶瓷

SiC 俗称金刚砂,是一种典型的共价键化合物,自然界几乎不存在。1890 年爱迪生公司的 Edword 和 G. Acheson 在碳中加硅作为催化剂想合成金刚石,结果制备了碳化硅。

SiC 的最初应用是由于其超硬性能,可制备成各种磨削用的砂轮、砂布、砂纸以及各类磨料,被广泛地用于机械加工行业。第二次世界大战中又发现它还可作为炼钢时的还原剂以及加热元件,从而促使它快速发展。随着人们研究的深入,又发现它还有许多优良性能,诸如它的高温热稳定性、高热传导性、耐酸碱腐蚀性、低膨胀系数和高抗热震性等。

（1）晶体结构

SiC 主要有两种晶型,即 α-SiC 和 β-SiC。α-SiC 属六方结构,是高温稳定的晶型,如图 3.38(a)所示;β-SiC 属面心立方结构,是低温稳定的晶型,如图 3.38(b)所示。

(a) α - SiC(6H)

(b) β - SiC

● — Si原子 ○ — C原子

图 3.38 SiC 的晶体结构

SiC 是共价键很强的化合物,离子键约占 12%,其晶体结构的基本单元是碳硅四面体。四面体中心有 1 个硅原子,周围环绕着 4 个碳原子。硅碳四面体按图 3.38 所示的方式排列,即以 3 个硅原子和 3 个碳原子为一组,构成具有一定角度的六边形,成平行层状结构排列。层状结构可按立方或六方紧密堆积排列,即可以按 ABC、ABC…循环重复,或 AB、AB…循环重复。

α-SiC 有 100 多种变体,其中最主要的是 4H、6H 和 15R 等。其中,符号 H 和 R 分别代表六方和斜方六面结构,H、R 之前的数字代表沿 c 轴重复周期的层数。4H 和 6H 属于六方晶系,在 2 100℃ 及其以上是稳定的;15R 为菱面(斜方六面)晶系,在 2 000℃ 以上是稳定的。

β-SiC 的密度为 3.215g • cm^{-3},α-SiC 的密度为 3.217 g • cm^{-3}。β-SiC 在 2 100℃ 以下是稳定的,高于 2 100℃ 时 β-SiC 开始转变为 α-SiC,转变速度很慢,到 2 400℃ 时转变迅速,这种转变是不可逆的。在 2 000℃ 以下合成的 SiC 主要是 β 型,在 2 200℃ 以上合成的主要是 α-SiC,而且以 6H 为主。

（2）碳化硅粉体的制备

碳化硅粉体的制备方法较多,以下是几种典型的合成方法。

①Acheson 法,又称电弧炉法。采用碳热还原过程将 SiO_2 与 C 反应生成 SiC,反应方程式如下:

$$SiO_2 + 3C \rightarrow SiC + 2CO \uparrow \tag{3.24}$$

SiC 的原料可用熔融石英砂(或破碎过的石英)、焦炭(或石墨、石油焦、无灰无烟煤)、氯化钠和木屑作为添加剂。在 2 000～2 400℃的电弧炉中反应合成。由于反应过程中整个电弧炉很大,温度场的分布不均匀,中心温度远高于炉壁温度,因此在 SiC 的合成炉中生成的产物不均匀,并常有不纯物质。核心部位的产物是纯的绿色 SiC,向外杂质较多,一般杂质为铁、铝、碳等,因此颜色呈黑色。该方法生产的 SiC 为 α-SiC 块体,经过粉碎与提纯处理,达到所需的纯度与粒度。

②碳热还原法。将起始原料蔗糖水溶液和硅凝胶混合后,经脱水,在保护气氛或真空条件下加热反应生成。反应温度<1 800℃,生成的 SiC 为 β 相。反应式如下:

$$SiO_2 + C \rightarrow SiO + CO \uparrow \tag{3.25}$$

$$SiO + 2C \rightarrow SiC + CO \uparrow \tag{3.26}$$

③金属硅固相反应法。用金属硅与碳直接反应生成 SiC,反应式如下:

$$Si(s) + C \rightarrow \beta\text{-}SiC \tag{3.27}$$

$$Si(g) + C \rightarrow \beta\text{-}SiC \tag{3.28}$$

④甲烷气相反应法。通过甲烷高温热解的碳与硅反应,反应式如下:

$$Si(g) + CH_4 \xrightarrow{\text{电弧}} SiC + 2H_2 \uparrow \tag{3.29}$$

⑤金属有机前驱体法。由于金属有机前驱体的 Si/C 比接近或等于 1,从而可以作为化学剂量的 SiC 合成方法,它的合成温度较低,在真空或激光中热解而成 SiC。例如二氯甲基硅烷或三氯甲基硅烷的热解,其反应式如下:

$$CH_3SiHCl_2 \xrightarrow{1\ 000～1\ 500℃} SiC + 2HCl + H_2 \uparrow \tag{3.30}$$

$$CH_3SiCl_3 \xrightarrow{1\ 000～1\ 500℃} SiC + 3HCl \uparrow \tag{3.31}$$

⑥等离子体气相反应合成法。它的热源是高频等离子体、直流电弧等离子体或两者相结合的混合等离子体。原料有提供 Si 源的 $SiCl_4$、CH_3SiCl_3 和 SiH_4,以及提供 C 源的 CH_4 和 C_2H_4 等,高温时两种气体发生反应形成 SiC。

(3)碳化硅陶瓷的制备

通常认为,扩散烧结的难易与晶界能 γ_G 和表面能 γ_S 之比有关,当 $\gamma_G/\gamma_S < \sqrt{3}$ 时易于烧结。由于 SiC 是共价键合很强的化合物,晶界能和表面能之比很高,不易获得足够的能量形成晶界,烧结时扩散速率很低,颗粒表面氧化膜妨碍扩散进行,因此纯 SiC 极难用冷压烧结方法烧成致密件,常常采用一些特殊的工艺或者依靠第二相促进烧结,甚至与第二相结合的方法制备SiC 陶瓷。

①无压烧结(常压烧结)碳化硅。Be、B、Al、N、P 和 As 等易溶入 SiC 中,其中 B 的溶解度最大,B 与 SiC 高温时能够形成置换固溶体,从而降低了 SiC 的晶界能 γ_G,B 可通过 B_4C 的形式加入。碳的加入有利于使 SiC 颗粒表面的氧化膜在高温时还原,增加颗粒表面能 γ_S。目前常用的添加剂为 Al+B+C 或 $Al_2O_3 + Y_2O_3$,其中 $Al_2O_3 + Y_2O_3$ 添加剂可以形成液相促进SiC 烧结。

采用亚微米级 β-SiC 粉末,分别加入质量分数为 0.5% 和 1.0% 的 B 和 C,充分混匀,采用干压、注浆或冷等静压成型,然后在 2 000～2 200℃的中性气氛中烧成,所得制品密度可达 95% 以上理论密度。

②热压烧结碳化硅。热压工艺通常可以制得接近理论密度的制品,但对 SiC 而言,在无烧结助剂的情况下热压,仍然无法得到完全致密材料。与无压烧结类似,B+C、B₄C、Al₂O₃、AlN、BN、BeO 和 Al 等也是 SiC 热压烧结时经常加入的烧结助剂。烧结助剂种类与含量不同,所得到材料的性能也不相同。此外,影响热压 SiC 材料烧结性能的因素还有原材料颗粒度、原材料中 α 相含量、热压压力与温度等。一般采用的热压温度为 1 950～2 300℃,压力为 20～40 MPa,热压烧结 SiC 制品的密度高,抗弯强度高。

③反应烧结(自结合)碳化硅。将 α-SiC 粉末和碳按一定比例混合制成坯体,在 1 400～1 650℃之间加热,使液相或气相 Si 渗入坯体,与碳反应生成 β-SiC,把坯体中 α-SiC 颗粒结合起来,从而得到致密的 SiC 材料。也可以把 Si 粉作为原料直接加入进行反应烧结。这两种工艺又称为自结合 SiC。液相或气相硅的获得可以通过对 SiO₂ 的还原(与碳化硅原料制备的原理相同),也可以直接加热纯 Si。也可以把树脂作为黏结剂和碳源,加入 SiC-Si 粉中,模压后高温裂解,树脂分解产生的碳与硅反应生成 SiC。由于树脂以液相引入,混合均匀,制品微晶结构均匀。

反应烧结工艺制备 SiC 材料的优点是烧结温度低,制成品无体积收缩、无气孔和形状保持不变,其主要缺点是烧结体中含有 8%～20% 的游离 Si 与少量残留碳,限制了材料的最高使用温度(<1 350℃),同时也不适合于在强氧化与强腐蚀环境中使用。

④重烧结碳化硅。针对反应烧结与无压烧结存在的缺点,将反应烧结与无压烧结后的材料在高温下进行二次重烧结,降低材料中游离 Si 含量,提高材料致密度,最终得到高性能 SiC 材料。

⑤第二相结合碳化硅。为了降低烧结温度和制造成本,根据不同的使用条件,还可使用较低熔点的第二相,把主晶相 SiC 结合起来,形成氧化物结合 SiC、Si₃N₄ 结合 SiC、Sialon 结合 SiC、Si₂ON₂ 结合 SiC 等各种复相材料。这类材料目前在冶金、电子、机械和轻工等领域得到了广泛的应用。

可以采用黏土或其他氧化物陶瓷原料(SiO₂、Al₂O₃ 或 ZrO₂ 等)作为添加剂加入,在氧化气氛中烧结,多相成分的存在使 SiO₂ 液相温度降低,同时 SiC 颗粒表面氧化生成的 SiO₂ 膜也成为液相,最终得到石英、莫来石或锆英石等第二相将 SiC 颗粒结合在一起的 SiC 复相材料。如图 3.39 所示为氧化物结合 SiC 的结构模型。

氧化物结合 SiC 制品的特点是烧结温度低,抗氧化性能好,但使用温度受到结合剂类型的限制。由于黏土中含有较多的钠、钾和钙低熔点物质,使得黏土结合 SiC 材料荷重软化温度低,使用温度低,同时在高温使用时易于与其他材料发生化学反应,故黏土结合 SiC 材料只能用作较低温度的耐火材料。

在配料时加入细的 Si 粉,压制成型后在

图 3.39　氧化物结合 SiC 的结构模型

N_2 气氛中约 1 400℃氮化烧结,得到 Si_3N_4 结合的 SiC 材料。根据工艺的不同,除了 Si_3N_4 与 α - SiC 紧密结合的组织外,还可能存在少量残余 Si 或得到 Si_2ON_2 结合的 SiC 材料。Si_3N_4 结合的 SiC,制品的抗氧化性能较好,在使用过程中,体积变化很小,但在冷或热循环过程中会发生突然性破坏。

　　⑥3D 打印碳化硅。传统的碳化硅陶瓷成形方法由于精度低、难以制作形貌复杂的产品,无法满足许多领域的应用需求,3D 打印成形提供了新的发展方向。下面介绍应用较为成熟的 SiC 陶瓷激光选区烧结(SLS)技术和光固化成形(SL)技术。

　　碳化硅陶瓷材料的 SLS 技术基本原理为:首先将碳化硅陶瓷粉体铺设在成形台上,在程序控制下热源(激光、等离子体等)按照设定路径移动照射陶瓷粉体,被照射的陶瓷粉体温度急剧上升至低于其汽化的温度(一般约为熔点的 0.6~0.7 倍),此时进行逐层烧结,然后通过刮刀逐层铺粉、烧结,最终得到三维复杂形状的碳化硅陶瓷材料构件。然而,碳化硅陶瓷材料汽化温度很高,目前的激光功率通常较难使碳化硅陶瓷粉体达到碳化硅陶瓷材料汽化温度的 0.6~ 0.7 倍温度。为了能够让碳化硅陶瓷材料通过激光实现黏结成形,通常采用在陶瓷粉体中内添加低熔点相(如硅粉等)或在碳化硅陶瓷粉体表面包裹低熔点相(如酚醛树脂等聚合物、陶瓷前驱体等)的方式,再通过激光烧结碳化硅粉体中混合或表面包覆的低熔点相,从而间接实现碳化硅陶瓷粉体之间的黏结,制备出碳化硅陶瓷坯体。据此,可将碳化硅陶瓷材料的 SLS 增材制造分为 3 个关键制造阶段,即粉体处理、SLS 成形、致密化处理,如图 3.40 所示。直接通过 SLS 增材制造获得的碳化硅陶瓷材料一般会面临致密度较低、力学性能较差等不足,因此需要采用适宜的致密化工艺方法提高致密性。常用的致密化技术包括冷等静压处理、热等静压处理、液相硅熔渗、前驱体浸渍裂解和反应溶渗等。

图 3.40　碳化硅陶瓷材料 SLS 制备示意图

　　碳化硅陶瓷材料的 SL 技术基本原理是:将碳化硅陶瓷粉体、光敏树脂、光引发剂混合加入球磨罐中;在行星式球磨机下球磨一定的时间,再加入分散剂继续球磨,得到分散均匀的碳化硅浆料;利用 SL 设备将得到的碳化硅浆料打印成碳化硅陶瓷生坯,继而将得到的碳化硅陶瓷生坯以一定升温速度进行加热使有机物碳化,之后随炉冷却至室温得到碳/碳化硅坯体;最后将得到的碳/碳化硅坯体放入石墨坩埚中,并用硅粉包埋,然后置于真空烧结炉中进行反应烧结,便得到碳化硅陶瓷制件。

（4）碳化硅陶瓷的性能和用途

SiC 没有熔点，常压下在（2 830±40）℃时发生分解。SiC 的硬度很高，莫氏硬度为 9.2～9.5，显微硬度为 33 400 MPa，仅次于金刚石、立方 BN 和 B_4C 等少数几种物质。

SiC 陶瓷的性能随制备工艺的不同会发生一定的变化，表 3.23 为三种不同工艺制得的 SiC 材料的物理、力学性能。SiC 的热导率很高，大约为 Si_3N_4 的 2 倍；热膨胀系数大约相当于 Al_2O_3 的 1/2；抗弯强度接近 Si_3N_4 材料，但断裂韧性比 Si_3N_4 小；具有优异的高温强度和抗高温蠕变能力，热压 SiC 材料在 1 600℃时的高温抗弯强度基本和室温相同。

表 3.23　不同烧结方法制得的 SiC 制品的性质

性质	热压 SiC	常压烧结 SiC	反应烧结 SiC
密度/（g·cm⁻³）	3.2	3.14～3.18	3.10
气孔率/（%）	<1	2	<1
硬度 HRA	94	94	94
抗弯强度/MPa（室温）	989	590	490
抗弯强度/MPa（1 000℃）	980	590	490
抗弯强度/MPa（1 200℃）	1 180	590	490
断裂韧性/（MPa·m¹ᐟ²）	3.5	3.5	3.5～4
韦伯模数	10	15	15
弹性模量/GPa	430	440	440
热导率/（W·m⁻¹·K⁻¹）	65	84	84
热膨胀系数/10⁻⁶℃⁻¹	4.8	4.0	4.3

纯的 SiC 具有 $10^{14}\ \Omega \cdot cm$ 数量级的高电阻率，当有铁、氮等杂质存在时，电阻率减小到零点几欧·厘米，电阻率变化的范围与杂质种类和数量有关。SiC 具有负温度系数特点，即温度升高，电阻率下降，可作为发热元件使用。

SiC 的化学稳定性高，不溶于一般的酸和混合酸中，沸腾的盐酸、硫酸或氢氟酸不分解 SiC，发烟硝酸和氢氟酸的混合酸能将 SiC 表面的氧化硅溶解，但对 SiC 本身无作用。熔融的氢氧化钠、氢氧化钾、碳酸钠或碳酸钾在高温时能分解碳化硅，过氧化钠和氧化铅强烈分解碳化硅，Mg、Fe、Co、Ni、Cr 或 Pt 等熔融金属能与 SiC 反应，SiC 和某些金属氧化物能生成硅化物。

SiC 和水蒸气在 1 300～1 400℃开始作用，直到 1 775～1 800℃才强烈作用。SiC 在800℃开始氧化，氧化后表面会形成一层氧化硅膜，阻碍进一步氧化，因此氧化非常缓慢，直到 1 300～1 400℃ SiC 才强烈氧化。

SiC 陶瓷高温强度高、抗蠕变、硬度高、耐磨、耐腐蚀、抗氧化、高热导、高电导和优异的热稳定性，使其成为 1 400℃以上最有价值的高温结构陶瓷，具有十分广泛的应用领域。

氧化物、氮化物结合 SiC 材料已经大规模地用于冶金、轻工、机械、建材、环保和能源等领域的炉膛结构材料、隔焰板、炉管、炉膛，以及各种窑具制品中，起到了节能与提高热效率的作用；SiC 材料制备的发热元件正逐步成为 1 450℃以下氧化气氛加热的主要元件。高性能 SiC 材料可以用于高温、耐磨和耐腐蚀机械部件，在耐酸、耐碱泵的密封环中已得到广泛的工业应用,其性能比 Si_3N_4 更好。SiC 材料用于制造火箭尾气喷管、高效热交换器、各种液体与气体的过滤净化装置也取得了良好的效果。此外,碳化硅是各种高温燃气轮机高温部件提高使用性能的重要候选材料。在碳化硅中加入 BeO 可以在晶界形成高电阻晶界层,可以满足超大规模集成电路衬底材料的要求。表 3.24 列出了 SiC 陶瓷的某些主要用途。

表 3.24　碳化硅陶瓷的主要用途

领域	使用环境	用途	主要优点
石油工业	高温、高压、研磨性物质	喷嘴、轴承、密封、阀片	耐磨、导热
化学工业	强酸(HNO_3、H_2SO_4 和 HCl)、强碱(NaOH)、高温氧化	密封、轴承、泵部件、热交换器、气化管道、热电偶保温管	耐磨损、耐腐蚀、气密性
汽车、拖拉机、飞机、宇宙火箭	燃烧(发动机)	燃烧器部件、涡轮增压器、涡轮叶片、燃气轮机叶片、火箭喷嘴	低摩擦、高强度、低惯性负荷、耐热冲击性
激光	大功率、高温	反射屏	高刚度、稳定性
机械、矿业	研磨	喷砂嘴、内衬、泵零件	耐磨损
造纸工业	纸浆废液(50%)、NaOH 纸浆	密封、套管、轴承衬底	耐热、耐腐蚀、气密性
钢铁工业	高温气体、金属液体	热电偶保温管、辐射管、热交换器、燃烧管、高炉材料	耐热、耐腐蚀、气密性
矿业	研削	内衬、泵部件	耐磨损性
原子能	含硼高温水	密封、轴套	耐放射性
金属加工	塑性加工	拉丝、成型模具	耐磨、耐腐蚀性
微电子工业	大功率散热	封装材料、基片	高热导、高绝缘
兵器	高速冲击	装甲、炮筒内衬	耐磨、高硬度

2. 碳化硼陶瓷

(1)晶体结构

碳化硼陶瓷是一种仅次于金刚石和立方氮化硼的超硬材料。这是由其特殊的晶体结构决定的。B 与 C 的原子半径很小,而且是非金属元素,B 与 C 形成强共价键的结合。这种晶体结构形式决定了碳化硼具有超硬、高熔点(2 450℃)和低密度(2.55 g·cm^{-3})等一系列优良的物理化学性能。

碳化硼的晶体结构以斜方六面体为主,如图 3.41 所示。每个晶胞中含有 15 个原子,在斜方六面体的角上分布着硼的正二十面体,在最长的对角线上有 3 个硼原子,碳原子很容易取代这 3 个硼原子的全部或部分,从而形成一系列不同化学计量比的化合物。当碳原子取代了 3 个硼原子时,形成严格化学计量比的碳化硼 B_4C,当碳原子取代 2 个硼原子时,形成 $B_{12}C_2$ 等,因此,B_4C 是由相互间以共价键相连的 12 个原子($B_{11}C$)组成的二十面体群以及二十面体之间的 C—B—C 原子链构成的,而 $B_{13}C_2$ 是由 $B_{11}C_2$ 组成的二十面体和 B—B—C 链构成的。

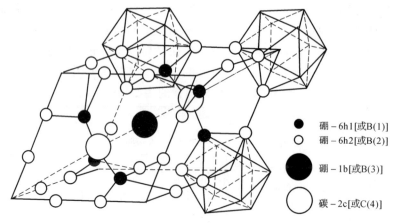

图3.41 碳化硼的晶体结构

（2）碳化硼粉体的制备

B_4C 的主要合成方法是用氧化硼（B_2O_3）与碳（通常用焦炭）在电阻炉中加热到 2 300℃还原而成的，也可以用单质直接合成粉末。B_4C 还可以由以下几种方法合成。

由硼酐与碳反应而成，反应式如下：

$$2B_2O_3+7C \rightarrow B_4C+6CO\uparrow \tag{3.32}$$

含有镁的硼酐在碳存在的情况下反应而成，反应式如下：

$$2B_2O_3+6Mg+C \rightarrow B_4C+6MgO \tag{3.33}$$

三氯化硼在碳存在的情况下，在氢气中反应而成，反应式如下：

$$4BCl_3+6H_2+C \rightarrow B_4C+12HCl \tag{3.34}$$

三氯化硼与四氯化碳在氢气中反应而成，反应式如下：

$$4BCl_3+CCl_4+8H_2 \rightarrow B_4C+16HCl \tag{3.35}$$

由硼单质和碳单质直接合成，反应式如下：

$$4B+C \rightarrow B_4C \tag{3.36}$$

其中由硼酐与碳反应生成 B_4C 的工艺成熟并已工业化生产，它的过程分两步进行，反应式如下：

$$B_2O_3+3CO \rightarrow 2B+3CO_2\uparrow \tag{3.37}$$

$$4B+C \rightarrow B_4C \tag{3.38}$$

第一步反应温度在 1 400℃，第二步的反应温度提高到 2 000～2 500℃才完成全部反应。采用 2 500℃的电弧炉生产碳化硼，可以形成多晶 B_4C。但由于温度过高，易造成 B_4C 的分解和 B 的蒸发，造成粉体中游离碳过多，有时可以达到质量分数为 10%～15%的碳含量。

用石墨加热炉来制备 B_4C，由于炉内温度均匀一致，炉温只要达到 1 700～1 800℃，在保护性气氛中，就能制备出 0.5～5 μm 的 B_4C 粉体。

（3）碳化硼陶瓷的制备

B_4C 的共价键的分数大于 90%。气相的消除、晶界和体积扩散等质量迁移机制均在 2 000℃以上，因此 B_4C 的致密化烧结很困难。

①碳化硼陶瓷的无压烧结。当对无添加剂的 B_4C 进行无压烧结时，需要采用非常细而且氧含量低的 B_4C 粉末，在 2 250～2 350℃下进行烧结。但在这样高的温度下，晶粒会迅速生

长,不利于气孔的排除,造成大量的残余气孔,因此不能得到致密化很高的坯体。

B_4C 的无压烧结致密化可以采用以下几种方法来实现,其中超细 B_4C 粉体是基础,一般 B_4C 的粒度控制在 $1\mu m$ 及其以下。方法一,用三价硼离子取代碳,从而导致空位或电子的缺少;方法二,添加烧结助剂使 B_4C 粒子表面的氧化层除去,从而提高表面能增加体系的烧结活性;方法三,添加熔点相对较低、能与 B_4C 产生较好润湿的添加剂,由熔体提供物质迁移的快速途径,形成液相烧结;方法四,将 B_4C 做成多孔坯体,用液相渗入的办法来达到致密化的目的。

②碳化硼陶瓷的热压烧结。热压烧结工艺可以使 B_4C 在一定的温度与压力下,产生颗粒重排和塑性流动、晶界滑移、应变诱导孪晶、蠕变以及后阶段的体积扩散和重结晶。

B_4C 热压烧结的基本条件是亚微米的粉末,热压温度在 $2\,100\sim2\,200℃$ 范围,压力为 $25\sim40\,MPa$,保温 $15\sim20\,min$,真空或氩气氛。它的添加剂为 B、Al、Ti、V、Cr、Fe、Ni 和 Cu 等金属,也可以与无压烧结一样添加 SiC - C 以及 Al 化合物来达到致密化。加 B - Si 可以使晶界滑移,形成薄形的 SiC 或 TiB_2 晶界相,钉住晶界运动与控制表面扩散而阻止晶粒粗化。如以各种玻璃、Al_2O_3、硅酸钠、$Mg(NO_3)_2$ 和 Fe_2O_3 作为烧结助剂,可以实现 $1\,750℃$ 的低温热压烧结。也有以氟化物 MgF_2 和 AlF_3 作为烧结添加剂的。一般热压烧结比无压烧结更易致密化,但其成本高,只能制备简单形状的制品,这是阻碍热压烧结 B_4C 发展的一个重要原因。

③碳化硼陶瓷的高温热等静压烧结(HIP)。采用 HIP 工艺烧结 B_4C 陶瓷,即使在无添加剂的情况下,也可获得致密的烧结体。但如何正确选择金属包封材料和玻璃套是一个难点。高温下,有金属存在时 B_4C 分解形成金属硼化物和石墨,会使金属包封变脆。在石英玻璃存在的情况下,硼从样品的外层扩散到玻璃中会强烈改变玻璃黏度和玻璃的相变温度,使压力传递不易控制。另外,氧化硼气体可能会从包封和样品中释放出来,从而使容器吹破。为此,人们研究了 B_4C 陶瓷 HIP 烧结的新方法:一种是在 B_4C 与金属或玻璃之间增加一层扩散势垒,即一种特殊形式的氧化硼玻璃;另一种是采用预烧结或热压到只具有封闭的气孔($\geqslant95\%$ 理论密度)的 B_4C,再经 HIP 烧结到完全致密。

(4)碳化硼的性能和用途

碳化硼的显著特点是高熔点、低密度、低热膨胀系数 $[(2.6\sim5.8)\times10^{-6}℃^{-1}]$ 和高导热性($100℃$ 时的热导率为 $0.29\,W\cdot cm^{-1}\cdot K^{-1}$);高硬度和高耐磨性,其硬度仅低于金刚石和立方 BN;较高的强度和一定的断裂韧性,热压 B_4C 的抗弯强度为 $400\sim600\,MPa$,断裂韧性为 $6.0\,MPa\cdot m^{1/2}$;具有较大的热电动势($100\,\mu V/K$),是高温 p 型半导体,随 B_4C 中碳含量的减少,可从 p 型半导体转变成 n 型半导体;具有高的中子吸收截面。

利用 B_4C 的超高硬度,可制成各种喷砂嘴,用于船的除锈喷砂机的喷砂头,这比用氧化铝喷砂头的寿命要提高几十倍。在铝业制品中表面喷砂处理用的喷头也是 B_4C,它的寿命可达一个月以上。一般来说,超硬材料的耐磨性较好,B_4C 也是一种机械密封环的好材料,可用于轴承、车轴和高压喷嘴等。

利用 B_4C 中的同位素 B^{10} 吸收中子的特性,研制成核反应塔控制用的 B_4C 陶瓷元件。核反应堆的控制是以电控制来实施的,其中要求具有高的中子吸收本领,即高的中子吸收截面、耐高温和耐辐射。一般选用含 B^{10} 的烧结 B_4C 陶瓷,它是在 $1\,900\sim2\,000℃$ 下无压烧结或热压烧结而成的,它的相对密度为 0.95。如果残留孔过多,储存反应气体在辐射下将造成气体膨胀而损坏。因此 B_4C 应尽量致密,强度越高越好。

利用 B_4C 的超硬及低密度,国内外已将它用作人体和轻型车辆防弹材料,与尼龙或凯芙拉复合材料叠层,可抵挡 7.62 mm 穿甲弹。

3.5　功　能　陶　瓷

凡具有光、电、磁、声、生物和化学等功能的陶瓷,一般称为功能陶瓷材料。功能陶瓷的分类见表 3.25。

表 3.25　功能陶瓷的分类

分类	功能陶瓷	典型材料	主要用途
电功能陶瓷	绝缘陶瓷	Al_2O_3、BeO、MgO、AlN、SiC	集成电路基片、封装陶瓷、高频绝缘陶瓷
	介电陶瓷	TiO_2、$La_2Ti_2O_7$、$Ba_2Ti_9O_{20}$	陶瓷电容器、微波陶瓷
	铁电陶瓷	$BaTiO_3$、$SrTiO_3$	陶瓷电容器
	压电陶瓷	PZT、PT、LNN、$(PbBa)NaNb_5O_{15}$	超声换能器、谐振器、滤波器、压电点火、压电电动机
	半导体陶瓷	PTC$(Ba-Sr-Pb)TiO_3$	温度补偿、自控加热元件等
		NTC$(Mn、Co、Ni、Fe、LaCrO_3)$	温度传感器和温度补偿器等
		CTR(V_2O_5)	热传感元件和防火灾传感器等
		ZnO 压敏电阻	浪涌电流吸收器、噪声消除、避雷器
		SiC 发热体	电炉、小型电热器等
	快离子导体陶瓷	β - Al_2O_3、ZrO_2	钠-硫电池固体电介质、氧传感器陶瓷
	高温超导陶瓷	La - Ba - Cu - O、Y - Ba - Cu - O、Bi - Sr - Ca - Cu - O、Tl - Ba - Ca - Cu - O	超导材料
	宽禁带半导体陶瓷	SiC、GaN	单晶衬底、外延片和功率器件
磁功能陶瓷	软磁铁氧体	Mn - Zn、Cu - Zn、Ni - Zn、Cu - Zn - Mg	电视机、收录机的磁芯、记录磁头、温度传感器、计算机电源磁芯、电波吸收体
	硬磁铁氧体	Ba、Sr 铁氧体	铁氧体磁石
	记忆用铁氧体	Li、Mn、Ni、Mg、Zn、与铁形成的尖晶石型	计算机磁芯
光功能陶瓷	透明 Al_2O_3 陶瓷	Al_2O_3	高压钠灯灯管
	透明 MgO 陶瓷	MgO	照明或特殊灯管、红外输出窗材料
	透明 $Y_2O_3 - ThO_2$ 陶瓷	$Y_2O_3 - ThO_2$	激光元件
	透明铁电陶瓷	PLZT	光存储元件、视频显示和存储系统、光开关、光阀等

续表

分类	功能陶瓷	典型材料	主要用途
生物及化学功能陶瓷	湿敏陶瓷	$MgCr_2O_4 - TiO_2$、$ZnO - Cr_2O_3$、Fe_3O_4 等	工业湿度检测、烹饪控制元件
	气敏陶瓷	SnO_2、$\alpha - Fe_2O_3$、ZrO_2、TiO_2、ZnO 等	汽车传感器、气体泄漏报警、各类气体检测
	载体用陶瓷	堇青石瓷、Al_2O_3 瓷、$SiO_2 - Al_2O_3$ 瓷等	汽车尾气催化载体、化工用催化载体
	催化用陶瓷	沸石、过渡金属氧化物	接触分解反应催化、排气净化催化
	生物陶瓷	Al_2O_3、$Ca_5(F,Cl)P_3O_{12}$	人造牙齿、关节骨等

3.5.1　电容器陶瓷

用作电容器介质的陶瓷材料统称为电容器陶瓷。按材料的温度性能可分为温度补偿陶瓷、温度稳定性陶瓷以及温度非线性陶瓷;按陶瓷主晶相是否具有铁电性可分为铁电陶瓷和非铁电陶瓷;按材料介电常数可分为低介陶瓷和高介陶瓷;还有半导体陶瓷,如金红石陶瓷和钛酸钙陶瓷、钛酸镁陶瓷和钛酸锆陶瓷等钛酸盐陶瓷,此外有锡酸盐陶瓷、锆酸盐陶瓷和钨酸盐陶瓷等。

①温度补偿型电容器,又称为热补偿电容器。使用非铁电电容器陶瓷,特点是高频损耗小,在使用温度范围内介电常数随温度呈线性变化,可以补偿电路中电感或电阻温度系数的变化,维持谐振频率的稳定。

②温度(热)稳定型电容器。使用非铁电电容器陶瓷,主要特点是介电常数的温度系数很小,甚至接近于零,适用于高频和微波。

③高介电常数电容器。采用铁电电容器陶瓷和反铁电电容器陶瓷,特点是相对介电常数非常高,可达 1 000～30 000,适用于低频。

④半导体陶瓷电容器。早在 1925 年就发展了以二氧化钛为主要成分的电容器陶瓷,1943年发现了钛酸钡陶瓷,并将其制成陶瓷电容器用于电子设备中。

1. 非铁电电容器陶瓷

非铁电电容器陶瓷最大的特点是高频损耗小,在使用的温度范围内介电常数随温度变化而呈线性变化。对这类陶瓷性能的共同要求如下:

①介电常数尽量高。介电常数越高,陶瓷电容器的体积可做得越小,对混合集成电路和大规模集成电路的微型化有重要的现实意义。

②在高频、高压、高温及其他恶劣环境下,有良好的化学稳定性,能可靠稳定地工作。

③介电损耗角正切($\tan\delta$)要小。$\tan\delta$ 小,就可以在高频电路中充分发挥作用。对于高功率电容器,就能减少功率消耗,提高无功功率,防止器件过热。

④体积电阻率要求高于 10^{10} $\Omega \cdot cm$,保证在高温下工作不致失效。

⑤高的介电强度,避免意外击穿。依据其介电强度电容温度系数的不同,主要用于温度补

偿型电容器和温度稳定型电容器。

非铁电陶瓷电容器在电路中不仅起谐振电路的作用，而且能以负的介电常数温度系数值补偿回路中电感的正的温度系数，以维持谐振频率的稳定，故也称之为热补偿电容器陶瓷。

（1）以金红石为基础的陶瓷

TiO_2 有三种结晶形态，即金红石、锐钛矿和板钛矿。板钛矿属斜方晶系，金红石和锐钛矿属四方晶系，这三种结晶形态的物理性能和电性能以金红石最好。用 TiO_2 为主要原料，加入少量 ZrO_2、黏土和碳酸盐等矿化剂，经高温烧结而成。由于还原气氛会使高价 Ti^{4+} 还原成低价 Ti^{3+}，使电性能变坏，故必须在氧化气氛中烧结。金红石在 1 325℃±10℃烧结，温度超过 1 400℃，也会使 Ti^{4+} 还原为 Ti^{3+}。加入黏土、高岭土和膨润土的目的是提高料坯的可塑性和降低烧结温度，加入 ZrO_2 的目的是抑制 TiO_2 的晶粒长大。但由于这些物质中含有碱金属离子，会降低陶瓷材料的电性能，因此加入 2%～3% 的碱土金属氟化物（如 CaF_2），利用其压抑效应提高电性能。Si^{4+} 的引入是有害的，介电常数和介电常数温度系数都随之降低。

（2）以钛酸盐为基础的陶瓷

以钛酸盐为基础的陶瓷主要有钛酸钙、钛酸镁、钛酸锶、钛酸钡、钛酸锆系和钛酸铅陶瓷等。

①钛酸钙陶瓷。具有较高的介电常数和负的温度系数，可以制成小型高容量的高频陶瓷电容器。钛酸钙烧块用反应 $CaCO_3 + TiO_2 = CaTiO_3 + CO_2\uparrow$ 合成。配料比不同，所得陶瓷的电性能也不同。纯钛酸钙的烧结温度高，温度范围窄，所以常常在烧结时添加烧结助剂。通常加入 1% 的 ZrO_2，不仅能降低烧结温度，扩大烧结范围，而且能有效地阻止钛酸钙（$CaTiO_3$）在高温下的晶粒长大，烧结温度为 1 360℃±20℃。

②钛酸锶陶瓷。在居里点以下的相对介电常数约为 2 000，但因为居里点为−250℃，在使用温度下钛酸锶是顺电相，相对介电常数约为 250，所以常把它做非铁电电容器陶瓷。

③钛酸镁陶瓷。它是一种高频热稳定型陶瓷。TiO_2 和 MgO 反应可以生成三种化合物：正钛酸镁（$2MgO \cdot TiO_2$）、二钛酸镁（$MgO \cdot 2TiO_2$）和偏钛酸镁（$MgO \cdot TiO_2$）。在通常的情况下，反应主要形成 $2MgO \cdot TiO_2$，即使在配料中 TiO_2 过量，过剩的 TiO_2 也常以游离态存在。但 TiO_2 含量过高时，则强烈反应生成 $MgO \cdot 2TiO_2$。二钛酸镁（$MgO \cdot 2TiO_2$）极难烧结成瓷。钛酸镁的烧结温度较高（1 450～1 470℃），为了降低烧结温度，也常常加入烧结助剂。烧结助剂在烧结中形成液相或与某组分反应形成液相。常用的烧结助剂有 $MgCl_2$、$BaCl_2$、PbO、Bi_2O_3、H_3BO_3（以上本身形成液相）、ZnO、CaF_2 和滑石（以上与配方中的组分形成液相）等。

④其他钛酸盐陶瓷。常用作微波介电陶瓷，如 $BaTi_4O_9$、$Ba_2Ti_9O_{20}$、$MgTiO_3 - CaTiO_3 - La_2O_3$、$MgTiO_3 - CaTiO_3 - La_2TiO_3$、$BaTi_9O_{20}$ 和 $(ZrSn)TiO_4$ 等。

（3）以锡酸盐为基础的电容器陶瓷

二氧化锡能与多种金属氧化物（如钡、锶、钙和镁等的氧化物）化合形成陶瓷。各种锡酸盐在电性能方面差别很大，有的介电性能好，其中 Ca、Sr 和 Ba 锡酸盐的介电常数温度系数值低，适于制造高频下工作的陶瓷电容器，其他许多锡酸盐都是半导体。Ca、Sr 和 Ba 的锡酸盐晶体结构均为钙钛矿型，这些化合物经常用作以钛酸钡为基的铁电陶瓷添加物，用来调整瓷料的介电常数及温度系数，其中锡酸钙由于烧结性能好，资源丰富，所以是生产中使用的较好瓷料。

（4）以铌酸盐为基础的陶瓷

具有八面体结构的各种铌酸盐铁电陶瓷分别属于钙铁矿型、铌酸锂型、钨青铜型和焦绿石型等结构。铌酸盐系压电陶瓷与锆钛酸铅系压电陶瓷相比，有介电常数低、声传播速度高等特点。铌酸盐系压电陶瓷有铌酸锶钡、铌酸钾钠、铌酸钡钠、偏铌酸铅和焦铌酸镉等，用于光电器件、超声延迟线、高频换能器和窄带滤波器等。

（5）锆酸盐系陶瓷

锆酸盐系陶瓷是用具有正温度系数的锆酸锶和锆酸钙和具有负温度系数的锆酸钡、钛酸钡、钛酸钙等固溶体组合而成的陶瓷。其特点是超高频性能好，介电常数比较高（在 4 GHz 下的相对介电常数为 30～40），介电损耗小（4～5 GHz 时小于 10×10^{-4}），在微波技术中，可作为微波介质谐振器和微波基片等。其主要品种有锆酸钙陶瓷、锆酸锶陶瓷和锆钛酸铅陶瓷等。

2. 铁电电容器陶瓷

铁电陶瓷是具有铁电现象的陶瓷。铁电性是某些单晶或多晶在一定温度范围内自发极化，在外电场作用下，自发极化重新取向，而且电位移矢量与电场强度之间的关系呈现类似于磁滞回线那样的滞后曲线的现象。

常见的铁电陶瓷主晶相多为钙钛矿型，还有钨青铜型、含铋层状化合物及烧绿石型等。利用铁电陶瓷高介电常数可制作大容量的 II 型瓷介电容器，利用其感光性能可制作存储显示用的电光元件，利用其热释电性能可制作红外线探测器件，利用其压电性能可制作各种压电器件，利用其介电常数随外电场呈非线性变化的特点可制作介质放大器和移相器等。

铁电陶瓷在某温度以上会失去自发极化，而低于该温度时，又重新获得铁电性，此温度称为居里温度或居里点。

铁电电容器陶瓷种类很多，但是最典型、最主要的是以钛酸钡或以钛酸钡基固溶体为主晶相的铁电陶瓷（钛酸钡陶瓷）。钛酸钡化学式为 $BaTiO_3$，为典型钙钛矿型结构，用碳酸钡和二氧化钛为主要原料，预先合成后再在约 1 450℃ 下烧结而成。纯 $BaTiO_3$ 陶瓷的居里温度约为 120℃，介电常数较高，介电损耗角正切值约为 1%，经人工极化的 $BaTiO_3$ 陶瓷其机电耦合系数 K_p 约为 0.36，可用来制作电容器和各种压电器件。

$BaTiO_3$ 随着温度的变化有四种晶型：>120℃ 为立方结构，5～120℃ 为四方结构，-80～5℃ 为正交结构，小于 -80℃ 为菱形（三角）结构。$BaTiO_3$ 的相对介电常数在常温时为 1 500，在居里点附近高达 6 000～10 000。$BaTiO_3$ 不仅具有铁电介电性能，而且具有压电性和半导体性，是典型的压电材料和正温度系数热敏电阻材料（PTC）。

3. 反铁电电容器陶瓷

反铁电体陶瓷是具有反铁电现象的陶瓷材料，反铁电现象是指某些单晶或多晶是由极化强度相等而极性相反的两个离子晶格组成的，因而宏观上不呈现净电偶极矩的现象。反铁电陶瓷与铁电陶瓷有许多共同的特性，如高的介电常数、介电常数与温度的非线性关系、存在居里点等。所不同的是在这类材料中，每个电畴中存在两个方向相反、大小相等的自发极化，而不是存在方向相同的偶极子，即这类晶体中相邻离子沿相反方向平行地发生自发极化，因此在没有外电场作用时，整个晶体也不显示剩余极化强度。但对反铁电体施加磁场时，与电场反向的偶极子开始发生转向极化。

反铁电体种类很多，最常用的是由锆酸铅（$PbZrO_3$）为基的固溶体，以及铌酸镧（$LaNbO_3$）

等所组成的反铁电体。反铁电体的主要应用是储能与换能。例如,掺镧和掺铌的锆锡钛酸铅系[Pb(Zr·Sn·Ti)O₃]是一种反铁电体陶瓷,可用作储能器或换能器等方面,具有双电滞回线、储能密度高、储能释放充分和使用方便等特点。反铁电体还可以用于低频声纳系统以及作为低频宽带延迟线,可用作高介低损耗电容器介质、介质天线材料和非线性元件材料。反铁电体还具有热释电性能等。

4.半导体电容器陶瓷

半导体陶瓷是具有半导体性能的陶瓷材料,包括钛酸钡陶瓷、钛酸锶陶瓷、氧化锌陶瓷、硫化镉陶瓷和氧化钨-氧化镉-氧化铅陶瓷、氧化钛-氧化铅-氧化镧陶瓷等。制备半导体陶瓷的特点是必须经过一次半导体化过程,有三种方法:

①用不等价离子取代部分主晶相离子,如在钛酸钡中掺入少量 La、Sn、Ce 和 Gd 等的氧化物;

②在适当的还原气氛下烧结使之半导体化,再经氧化气氛烧结使其形成隔离层;

③在半导体晶粒之间渗透烧结氧化铜,获得晶界层陶瓷,均可制得小体积大容量的电容器。

半导体陶瓷可用于制造热敏电阻、压敏电阻、光敏电阻、热电元件以及太阳能电池等,工艺简单、成本低、体积小、可靠性高。

3.5.2 压电陶瓷

1.压电陶瓷的结构与原理

压电效应是指无对称中心晶体在机械应力的作用下,产生形变,极化状态发生变化,晶体两端表面出现符号相反的电荷的现象。压电效应包括正压电效应和逆压电效应。

在某些没有对称中心的晶体中,还可由温度的变化产生极化,导致表面电荷变化,这种现象称为热释电效应。热释电效应是由晶体中存在自发极化引起的,压电体不一定都具有热释电性。

在热释电晶体中,有若干种晶体不但在某温度范围内具有自发极化,而且其自发极化强度可以因外电场而反向,这即是铁电体。因此电介质、压电体、热释电体和铁电体之间是层层包容的关系。

经极化处理、具有压电作用的铁电陶瓷称为压电陶瓷。从晶体结构看,属于钙钛矿型、钨青铜型、铋层状结构化合物、烧绿石型化合物以及以锆钛酸铅陶瓷为基的四元系陶瓷等都具有压电性。常用的压电陶瓷如钛酸钡陶瓷、钛酸铅陶瓷、PZT、以 PZT 为基的三元系陶瓷和铌酸盐系压电陶瓷等都属钙钛矿型。

以 BaTiO₃ 为例,当温度高于居里点(120℃)时为等轴晶系,Ti^{4+} 在各个方向上偏离的概率相等,此时 BaTiO₃ 为顺电相;当温度低于居里点时,为四方晶系,Ti^{4+} 振动降低,且沿 c 轴偏离中心位置的概率比沿 a、b 轴偏离中心的概率大很多,因此产生自发极化,极化方向相同的偶极子在一起形成电畴。在极化处理前电畴分布是杂乱无序的,因此陶瓷材料的宏观极化强度为零。极化处理后,各电畴在一定程度上按外电场取向排列,因此陶瓷的极化强度不再为零,而以束缚电荷的形式表现出来。

2.压电陶瓷材料

压电陶瓷是多晶烧结体,能把电能转换成机械能或者把机械能转换成电能。它与压电单晶相比,具有许多令人满意的优点:制造方便、生产设备简单、可成批生产、成本低、不受尺寸和形状的限制,可以在任意方向极化,通过调节组分可在很宽的范围内改变材料的性能,以适应各种不同用途的需要,不溶于水,能耐热耐湿,化学稳定性好等。

19 世纪末和 20 世纪初相继发现水晶和酒石酸钾钠等晶体材料具有压电性质,20 世纪 40 年代初发现钛酸钡具有压电性质,20 世纪 60 年代发展了铌酸盐压电陶瓷,20 世纪 70 年代发展了锆钛酸铅镧透明压电陶瓷(PLZT),压电陶瓷的品种和系列进一步扩大。

(1)钛酸钡系压电陶瓷

纯 $BaTiO_3$ 的主要缺点是居里点仅为 120℃,限制了它在高温下的使用,同时,在室温附近由正交相转变为四方相时,自发极化方向由[011]变为[001]。此时,其介电性、压电性、弹性性能都发生剧变。在相变点上,介电常数和机电耦合系数都出现极大值,频率常数出现极小值,所以在这个温度范围内 $BaTiO_3$ 的特性随温度和时间变化很大,对使用不利。为改善这一情况,往往在 $BaTiO_3$ 中加入第二相,最常加入的是钛酸钙($CaTiO_3$)和钛酸铅($PbTiO_3$)。加入 $CaTiO_3$ 不改变 $BaTiO_3$ 的居里点,但可大大降低第二相变的温度,$CaTiO_3$ 的加入量一般在 8%(摩尔分数)以内,加入过多量的 $CaTiO_3$ 会使压电性能降低。加入 $PbTiO_3$ 能提高居里点,同时降低第二相变点,加入量一般也在 8%(摩尔分数)内,加入量过多同样使压电性能变坏。此外,也可以同时加入 $CaTiO_3$ 和 $PbTiO_3$ 形成(Ba、Pb、Ca)TiO_3 陶瓷。

(2)锆钛酸铅系压电陶瓷

锆钛酸铅也属于 ABO_3 型钙钛矿结构,是铁电相 $PbTiO_3$ 和反铁电相 $PbZrO_3$ 二元系固溶体。除了改变 Zr/Ti 比从而改变压电陶瓷的性能外,还可以用添加元素的办法使压电陶瓷改性。添加剂大致可分为两类:

①添加与 Pb^{2+}、Zr^{4+}(Ti^{4+})同价且离子半径相近的元素,形成置换固溶体,称为元素置换改性;

②添加不同价元素的离子形成 $A^+B^{5+}O_3$ 和 $A^{3+}B^{3+}O_3$ 化合物,分为软性添加剂(La^{3+}、Bi^{3+}、Sn^{5+})和硬性添加剂(K^+、Na^+、Al^{3+}、Ga^{3+}、Fe^{2+}、Mn^{2+})。

(3)钛酸铅压电陶瓷

$PbTiO_3$ 的居里点高达 490℃,在居里点以上为顺电体,属立方相,在居里点以下为四方相。$PbTiO_3$ 可以在制作高频滤波器等方面作高频低耗振子,添加添加剂后,改善了烧结性,达到实用水平,被认为是目前最有发展前途的材料之一。

3. 压电陶瓷的应用

压电陶瓷是近代无线电领域一个不可缺少的重要组成部分,在现代电子技术、航天、导弹、核弹、雷达、通信、超声技术、精密测量、红外技术和引燃引爆等各个领域,均有广泛应用,例如陶瓷滤波器和陶瓷鉴频器、电声换能器和水声换能器、引燃引爆装置、高压发生器、声表面波器件、电光器件、红外探测器、压电陶瓷扬声器、变压器、延迟线、送话器、受话器等。

压电陶瓷的应用大致可分为两大类:压电振子和压电换能器。利用压电效应制成把机械能转换成电能或把电能转换成机械能的器件称为换能器。对于超声波换能器,在 100 kHz 以上高频范围内或水下声频仪器上,几乎全部采用压电陶瓷振子。这种振子具有灵敏度高、稳定性好和功率大等优点。压电陶瓷超声仪器广泛应用于计量、加工、清洗、化工、医疗、鱼群探测、声呐、探伤、传声、遥控、液体雾化和显微结构检测等方面。压电陶瓷制成的超声诊断仪已广泛应用于医疗。在压电陶瓷受到机械应力或冲击力时,陶瓷两端就产生电压,这可用于引爆、点火和高压发生器等(见表 3.26)。

表 3.26 压电陶瓷应用领域

应用领域		举例
电源	压电变压器	雷达、电视显像管、阴极射线管、盖克计数管、激光管和电子复印机等高压电源和压电点火装置
信号源	标准信号源	振荡器、压电音叉、压电音片等用作精密仪器中的时间和频率标准信号源
信号转换	电声换能器	拾声器、送话器、受话器、检声器、蜂鸣器等声频范围的电声器件
	超声换能器	超声切割、焊接、清洗、搅拌、乳化及超声显示等频率高于 20 kHz 的超声器件
发射与接收	超声换能器	探测地质构造、油井固实程度、无损探伤和测厚、催化反应、超声衍射、疾病诊断等各种工业用超声器件
	水声换能器	水下导航定位、通信和探测的声呐、超声探测、鱼群探测和传声器等
信号处理	滤波器	通信广播中所用各种分立滤波器和复合滤波器,如彩电中频滤波器、雷达、自控和计算系统所用带通滤波器、脉冲滤波器等
	放大器	声表面波信号放大器及振荡器、混频器、衰减器、隔离器等
	表面波导	声表面波传输线
传感与检测	加速度、压力计	工业和航空技术上测定振动体或飞行器工作状态的加速度计、自动控制开关、污染检测用振动计、流速计、流量计和液面计等
	角速度计	测量物体角速度及控制飞行器航向的压电陀螺
	红外探测器	监视领空、检测大气污染浓度、非接触式测温、热成像、热电探测、跟踪器等
	位移发生器	激光稳频补偿元件、显微加工设备及光角度、光程长的控制器
存储显示	调制	用于电光和声光调制的光阀、光闸、光变频器和光偏转器
	存储	光信息存储器、光记忆器
	显示	铁电显示器、声光显示器、组页器等
其他	非线性元件	压电继电器等

3.5.3 磁性陶瓷

磁性陶瓷又称为铁氧体,工业上称为磁性陶瓷或黑陶瓷。但严格说来,也有不含铁的磁性陶瓷。铁氧体是以氧化铁和其他铁族或稀土族氧化物为主要成分的复合氧化物,一般具有亚铁磁性,是一种非金属磁性材料。它的组成中以氧化铁(Fe_2O_3)为主,还含有诸如 Y、Sm、Mn、Zn、Cu、Ni、Mg、Ba、Pb、Sr 和 Li 等一价或二价的金属氧化物。目前已出现一些不含 Fe 的磁性陶瓷,如 $NiMnO_3$ 和 $CoMnO_3$ 等。它与金属磁性材料之间最主要的区别在于导电性,一般铁氧体的电阻率是 $1 \sim 10^{12}$ Ω·cm,属于半导体甚至绝缘体,是一般金属或合金电阻率 $10^{-6} \sim 10^{-4}$ Ω·cm 的数百万倍。由于电阻率高,因此用铁氧体作磁芯时,涡流损失小,介电损耗低,适宜在高频下使用。而金属磁性材料,由于介质损耗大,应用的频率不能超过 $10 \sim 1\ 000$ Hz 的范围。铁氧体的高频磁导率也高,这是其他金属磁性材料所不能比拟的。铁氧体的最大弱点是饱和磁化强度较低,大约只有纯铁的 $1/5 \sim 1/3$,居里温度也不高,不宜在高温或低频大功率的条件下工作。

按铁氧体的晶格类型来分,主要有尖晶石型($MO \cdot Fe_2O_3$ 或写为 MFe_2O_4,M 为铁族元素)、磁铅石型($MO \cdot 6Fe_2O_3$ 或写为 $MFe_{12}O_{19}$)和石榴石型($3R_2O_3 \cdot 5Fe_2O_3$ 或写为 $R_3Fe_5O_{12}$,R 为稀土元素);按铁氧体的性质和用途来分,主要有永磁、软磁、矩磁、旋磁和压磁五大类。铁酸锌($ZnFe_2O_4$)与其他尖晶石型铁氧体形成的固溶体,饱和磁化率比单组元铁氧体高,因此可根据用途的不同进行复合,如 Mn－Zn 铁氧体、Ni－Zn 铁氧体和 Cu－Zn 铁氧体等都是最常见的复合铁氧体,这些复合铁氧体与 Ba、Sr 铁氧体一道构成电子应用磁性材料的主体。

铁氧体在现代技术中的应用是多方面的,在高频应用上可以减少涡流损失,在微波领域中又有许多独特的性质,所以铁氧体在尖端技术,如雷达、通信、航天技术、电子对抗、电视广播、无线电、自动控制、计算技术、仪器仪表、远程操纵、超声波、微波及粒子加速器等方面得到广泛的应用。

亚铁磁性是指某些物质中的磁性离子的磁矩分为不对称的两组或多组,各形成一个次点阵。在奈耳温度下,由于交换作用,同一组次点阵内的离子磁矩互相平行,但两组之间离子磁矩取向相反,只是部分抵消,净磁矩不为零,宏观点仍表现出自发磁化,与铁磁性相似。这种未被抵消的磁性通常称为亚铁磁性。

大多数铁氧体的磁性属于亚铁磁性。此外,周期表中第 V 族、第 Ⅵ 族、第 Ⅶ 族三族的元素与过渡金属的化合物,如 Mn_2Sb、$Na_5Fe_3F_{14}$ 等也具有亚铁磁性。

1. 铁氧体的晶体结构

①尖晶石型结构。正尖晶石铁氧体每个晶胞包括 8 个 MFe_2O_4 分子。一般说来,反尖晶石铁氧体有较强的磁性,而正尖晶石型铁氧体不具备磁性,中间型介于其间。

②磁铅石型结构。天然磁铅石属于立方晶系,化学式可写为 $MFe_{12}O_{19}$,M 代表 Ba、Pb 和 Sr 等,相应组成的铁氧体有 $BaFe_{12}O_{19}$、$PbFe_{12}O_{19}$ 和 $SrFe_{12}O_{19}$ 等。这类铁氧体矫顽力强,属于硬磁材料,其中 $BaFe_{12}O_{19}$ 是一种最基本的磁铅石铁氧体。

③石榴石型结构。天然石榴石属于立方晶系,分子式可写为 $3R_2O_3 \cdot 5Fe_2O_3$ 或 $2R_3Fe_5O_{12}$,其中 R 为三价稀土金属离子,如 Y^{3+}、Pm^{3+}、Sm^{3+}、Eu^{3+}、Gd^{3+} 和 Tb^{3+} 等。钇铁氧体 $3Y_2O_3 \cdot 5Fe_2O_3$ 是最重要的一种,它的电阻率较高,高频损耗极小,是一种良好的超高频微波铁氧体。

2. 软磁铁氧体

容易磁化和退磁的铁氧体称为软磁铁氧体,其特点是起始磁导率 μ_0 高,这样对于相同电感量要求的线圈,体积可以减小;磁导率的温度系数小,可适应温度的变化;矫顽力 H_c 小,以便能在弱磁场下磁化,也容易退磁;比损耗因素 $\tan\delta/\mu_0$ 小,电阻率 ρ 要高,这样材料的损耗小,使用频率可达高频、超高频。它们在通信、广播、电视和其他无线电电子学技术中得到广泛的应用,是发展较早、品种最多和产量较高的铁氧体。软磁性铁氧体主要用作电感元件,如天线磁芯、变压器磁芯、滤波器磁芯及磁带录音和录像机头的磁芯等。由于实际需要,这种材料多是两种或两种以上单一铁氧体的固溶体,可分为两大类:一类属于尖晶石型(如 MnZn 系、NiZn 系等),主要用于低频、中频和高频范围;一类属于磁铅石型,适应于超高频范围。对这类材料的性能要求主要是:起始磁导率高,损耗小,截止频率高,对温度、振动和时效的稳定性高。

软磁铁氧体比较常用的有 Mn - Zn 铁氧体、Ni - Zn 铁氧体、Mg - Zn 铁氧体、Li - Zn 铁氧体以及磁铅石型的甚高频铁氧体,如$Ba_3Co_2Fe_{24}O_{41}$等。其中 Mn - Zn 铁氧体和 Ni - Zn 铁氧体是高磁导率软磁材料中性能最好的,前者适于在 1MHz 以下的频率下使用,后者适于在 1～300 MHz 的频率范围使用。

一般来说,晶粒越大,晶界越整齐,起始磁导率也越高,其原因是材料中晶界和非磁性孔隙数随晶粒增大而减小。如果在工艺上控制严格,使得在晶粒长大的同时,只出现少量气孔,则可获得 μ_0 达到 10 000～40 000 的超高磁导率铁氧体,其结构特点是晶粒粗大整齐、晶界明显、密度高和孔隙率低。

3. 硬磁铁氧体

硬磁铁氧体也称永磁性铁氧体,是一种矫顽力 H_c 较大、磁化后不易退磁并长期保留磁性的铁氧体。硬磁铁氧体 H_c 高(0.1～0.4 T),磁感应强度 B_r 高(0.3～0.5 T),最大磁能积 BH_{max}高(8 000～40 000 J·m^{-3})。主要的硬磁铁氧体多属于磁铅石型结构,如 Ba -铁氧体、Sr -铁氧体、Pb -铁氧体及它们的复合体。此外,属于尖晶石型的 Co -铁氧体,由于晶格各向异性大,也作硬磁性材料使用。

Ba -铁氧体是硬磁铁氧体的典型代表,BaO 和 Fe_2O_3 的理论摩尔比为 1∶6,但实际为 1∶(5.5～5.9)时可获得最佳的磁性能。BaO 含量略高,利用 Ba^{2+} 的扩散,晶粒生长良好,所以磁性能提高。晶粒大小对 H_c 影响很大,晶粒越细,H_c 越高。当晶粒度为 1 μm 左右时,可获得很高的矫顽力 H_c,提高密度可增加 B_r,但烧结温度提高会使晶粒长大,H_c 降低,所以 Ba -铁氧体的烧结温度一般控制在 1 100～1 200℃。为了提高密度而又不降低 H_c,可采取高温预烧后二次球磨或加入添加剂的办法。常用的添加剂有 Bi_2O_3、Al_2O_3 及 As_2O_3 等。

4. 旋磁铁氧体

旋磁铁氧体是指在高频磁场作用下,平面偏振电磁波在材料里按一定方向的传播过程中,偏振面会不断绕传播方向旋转的一类铁氧体材料。这类材料在微波技术中得到广泛的应用,所以也称微波铁氧体。

旋磁铁氧体主要有以下几种:

①尖晶石型铁氧体,如 Mg 系(MgO - Mn、Mg - Mn - Zn、Mg - Mn - Al 和 Mg - Al 等)、Ni 系(Ni、Ni - Mg、Ni - Zn 和 Ni - Al 等)、Li 系(Li、Li - Mg 和 Li - Al 等)。

②石榴石型铁氧体,如 Y、Y - Al 和 Bi - Ca - V 石榴石等。

③磁铅石型铁氧体,用 Al 代替 Ba -铁氧体、Sr -铁氧体和 Pb -铁氧体中一部分 Fe 时,铁氧体内场提高,适用于更高的频段。如果用 Ni·Ti、Co·Ti 或 Zn·Ti 代替 Fe,又可使铁氧体的内场降到很低的数值。这种旋磁铁氧体适用于毫米波各频段。

5. 矩磁铁氧体

矩磁铁氧体是一种磁滞回线形状为矩形的磁性材料,主要用于电子计算机及自动控制与远程控制设备中作记忆元件(存储器)、逻辑元件、开关元件、磁放大器的磁光存储器和磁声存储器。

常用的矩磁铁氧体有两类:一类是常温矩磁铁氧体,如 Mn - Mg 系、Mn - Zn 系、Mn - Cu 系、Mn - Gd 系等;另一类是宽温矩磁铁氧体,如 Li 系(Li - Ni、Li - Mn)和 Ni 系(Ni - Zn、Ni -

Mn)等,这类可用于 $-65 \sim 125$℃的宽温度范围。目前大量使用的是 Mn - Mg 系(MgO - Mn - Fe_2O_3)和 Li 系。加入某些金属离子可使 Mn - Mg 系、Li 系和 Ni 系铁氧体的性能得到改善。

从应用观点看,对矩磁铁氧体的主要要求为:有高的剩磁化比 B_r/B_m,在某些特殊情况下要求高的记忆矩形比 B_d/B_m,H_c 要小,开关系数 S_w 要小,信噪比 V_s/V_n 要高,对温度、时间和振动稳定性好。

矩磁铁氧体一般为密度高、晶粒细和各向异性大的尖晶石型结构,一般常用的 Mn - Mg 铁氧体,当 $w_{MgO} : w_{MnO} : w_{Fe_2O_3} = 1 : 3 : 3$ 时,有较好的矩磁特性。加入 La_2O_3 等稀土氧化物可以使晶粒细化,因为稀土离子半径大,不能进入晶格,只能存在于晶界,因此可阻止晶粒长大。加入 Bi_2O_3、V_2O_5 和 CuO 等可降低烧结温度,而又不影响矩磁特性。$MgFe_2O_4$ 在约 180℃时合成,$MnFe_2O_4$ 在约 1 000℃时合成,两者在 1 000℃时开始形成 Mn - Mg 铁氧体固溶体。Mn - Mg 铁氧体不能在还原气氛中烧结,否则矩磁特性会大大恶化。

6. 磁泡材料

磁泡是指铁氧体中的圆形磁畴,这些磁畴垂直于膜,直径为 $1 \sim 100$ μm,看上去像气泡,因此形象地称为"磁泡"。磁泡材料是一种新型的磁存储材料,以"泡"的"有""无"表示信息的"1"和"0"两种状态。由电路和磁场来控制"泡"的产生、消失、传送、分裂以及磁泡间的相互作用,实现信息的存储、记忆和逻辑运算等功能,磁泡存储器具有容量大、体积小、功耗低、可靠性高等优点。例如,一个存储量为 1.5×10^6 位的存储器体积只有 16.4 cm^3,消耗功率只有 $5 \sim 10$ W,而目前同容量的其他类型存储器则要消耗 1 000 W。另外,磁泡存储器的运算速度可高达 300 万次/s。

能产生磁泡的材料有 $HoFeO_3$、$ErFeO_3$ 和 $YbFeO_3$ 等,但这类材料属钙钛矿型结构,它们泡径太大,温度稳定性也不好。后来发展以无磁的钆镓石榴石($Gd_3Ga_5O_{12}$)为衬底、外延生长 $Eu_2ErFe_{4.3}Ga_{0.7}O_{12}$ 等稀土石榴石单晶膜的磁泡材料,泡径小,迁移率高。

7. 压磁铁氧体

压磁铁氧体是利用磁致伸缩,将电能转换为机械能或将机械能转换为电能的一种铁氧体,也称为磁致伸缩材料。主要压磁铁氧体有 Ni - Zn、Ni - Cu、Ni - Mg 和 Ni - Co 等铁氧体,其中 Ni - Zn 铁氧体应用得最广泛。压磁铁氧体主要用于超声、水声器件,机械滤波器及一些电信器件。

3.5.4 光学陶瓷

透明陶瓷俗称光学陶瓷,是能透过可见光的陶瓷材料的总称。光学陶瓷是采用陶瓷制备工艺制成的具有一定透光性的陶瓷材料。它包括透明铁电陶瓷、透明氧化物陶瓷和透红外陶瓷等,通常用热压烧结和气氛烧结两种方法制取。光学陶瓷除具有透光性外,不同类型的光学陶瓷还具有电光效应、磁光效应、耐高温、耐腐蚀、耐冲刷和高强度等优异的性能,在计算技术、红外技术、空间技术、激光技术、原子能工业和新型光源等方面有广泛的应用。

陶瓷是多晶多相材料,由于存在杂质、气孔和大量晶界,所以在光学上是非均质体,特别对光线的散射和反射十分严重,因而一般是不透明的。透明陶瓷制造上的特点是采用高纯度和高细度的原料,同时掺入添加物或采取其他工艺上的措施,把气孔充分排除,适当控制晶粒尺寸,使制品接近于理论密度。其主要品种有 Al_2O_3、MgO、Y_2O_3、CaF_2、BeO、CaO、PLZT(锆钛酸铅镧)和 PBZT(锆钛酸铅铋)等透明陶瓷,它们在电子、光学、高温装置、电光源和冶金等技术方面都有着广泛的应用。

1.透明氧化物陶瓷

目前已发展的透明高温氧化物陶瓷有十余种,其中最重要的有 Al_2O_3、BeO、MgO、Y_2O_3、ZrO_2、CaO、$MgAl_2O_4$、$LiAl_5O_8$ 和 SrO 等。陶瓷材料对光的吸收主要是多晶体本身的杂质所引起的,而散射是由材料外表面和内部的散射中心、杂质、微气孔和晶界等引起的。为了使陶瓷透明,必须尽可能减少陶瓷材料对光的吸收和反射。透明陶瓷必备的条件是:密度高,至少为理论密度的 99.5%以上;晶界上不存在空隙或空隙大小比光的波长小得多,晶界上没有杂质和玻璃相,晶界的光学性质与晶体之间的差别很小;晶粒小且均匀,其中没有空隙;晶体对入射光的选择吸收很少;材料有粗糙度低的表面;无光学各向异性,晶体结构最好是立方晶系。在所有的这些条件中,致密度高和小而均匀的晶粒是最重要的。

透明 Al_2O_3 陶瓷可透过红外光,因此可用作红外检测窗口和钠光灯管。MgO、Y_2O_3 透明陶瓷的透明度比 Al_2O_3 高,可用作高温测视孔、红外检测窗、红外元件、高温透镜和放电灯管等。

2.透明铁电陶瓷

透明铁电陶瓷是一种具有光电效应的陶瓷,分含铅和不含铅两类,如锆钛酸铅铋(PBZT)、锆钛酸铅镧(PLZT)和铪钛酸铅镧(PLHT)等铁电陶瓷。它用高纯超细原料,采用通氧热压烧结或用氧气氛法烧结。在这种陶瓷中,电畴状态的变化伴随着光电性质的改变,通过外加电场对透明陶瓷电畴状态的控制,可有电控双折射、电控光散射、电诱相变和电控表面形变等特性。

透明铁电陶瓷是在锆钛酸铅陶瓷基础上发展起来的。它的最大特点是既有透明性,又具铁电性,因此可利用外加电压改变它的极化取向和大小,从而控制透射光和反射光,是一种新型的光电陶瓷材料。它可用在当代激光技术、计算技术、全信息存储、光电技术和集成光学领域中,用作光闸、光调制器、光存储器、显示器、光谱滤波器和热电探测器等。

3.透红外陶瓷

透红外陶瓷是用陶瓷工艺制造的具有透红外特性的多晶材料,如 MgF_2、ZnS、CaF_2、MgO、Al_2O_3、$GaAs$、SrF_2、BaF_2、$ZnSe$ 和 LaF_3 等,多数采用热压法制备。由于透红外陶瓷不仅性能良好,而且可以制备尺寸大及较复杂形状的产品,弥补了红外单晶材料、红外玻璃强度较低、透光范围狭窄及大尺寸制品不易制备等缺点。它广泛用于红外透过窗和导弹整流罩等方面。

3.5.5 导电陶瓷和超导陶瓷

1.导电陶瓷

在一定条件(温度、压力)下具有电子(或空穴)电导或离子电导的陶瓷材料,称为导电陶瓷。一类是电子电导(包括空穴导电)的氧化物或碳化物(如碳化硅)半导体,它们是具有间隙结构的硬质化合物,具有很好的导电性;另一类是离子电导陶瓷,即固体电解质陶瓷,如萤石型结构 ZrO_2、铬酸镧、$\beta-Al_2O_3$、$Na-\beta-Al_2O_3$ 等。这些都是离子晶体的氧化物或复合氧化物,它们为数不多,在适当条件下具有与液体强电解质相似的离子电导,正负离子通过晶体点阵中的缺陷按一定方向运动,如萤石型结构 ZrO_2 陶瓷就是在高温下呈现离子电导的。导电陶瓷根据具体材料不同,可用于燃料电池、陶瓷高温发热体、钠硫电池和磁流体发电等新能源。

$\beta - Al_2O_3$ 实质上是一种含有碱金属的铝酸盐。由 Na_2O 与 Al_2O_3 合成的 $\beta - Al_2O_3$ 写为 $Na - \beta - Al_2O_3$,由 K_2O 与 Al_2O_3 合成的 $\beta - Al_2O_3$ 写为 $K - \beta - Al_2O_3$,习惯上通称为 $\beta - Al_2O_3$,亦可写为 $R_2O \cdot nAl_2O_3$。利用 $\beta - Al_2O_3$ 能导电的性质,其不仅用来作硫钠电池的隔膜材料,而且广泛应用于电子手表、电子照相机、助听器和心脏起搏器中。将金属钠盛于 $Na - \beta - Al_2O_3$ 烧结管内,管外为硫黄,从 Na 和 S 分别引出铜棒作电极,电池结构可写为 $Na[\beta - Al_2O_3]Na_2S, S(S)$。当电池加热到 $100 \sim 500℃$ 时,Na 和 S 均熔化,每个 Na 原子交出一个电子给阴极,Na 原子变为 Na^+、Na^+ 通过 $Na - \beta - Al_2O_3$ 管进入硫黄熔体中。在 S 与阳极接触处,S 得到两个电子变成 S^{2-},S^{2-} 和 Na^+ 反应生成 Na_2S。在回路接通后,Na^+ 不断通过 $Na - \beta - Al_2O_3$ 管与 S^{2-} 化合,直至 Na 消耗完毕,而 S 全部变为 Na_2S。这个电池如果需要继续使用,则要重新充电。充电过程与放电过程相反,Na^+ 通过烧结管回到管内,从阴极取得电子变为金属钠。电化学反应如下:

阴极:

$$2Na^+ + 2e^- \underset{放电}{\overset{充电}{\rightleftharpoons}} 2Na \tag{3.39}$$

阳极:

$$S^{2-} \underset{放电}{\overset{充电}{\rightleftharpoons}} S + 2e^- \tag{3.40}$$

总反应:

$$Na_2S \underset{放电}{\overset{充电}{\rightleftharpoons}} 2Na + S \tag{3.41}$$

这种电池可重复使用 1 000 次,为铅电池的 5 倍,且不存在污染问题。但这种电池要保持 $300℃$ 左右才能工作,这给使用带来一定的困难。

2. 超导陶瓷

超导陶瓷因具有完全的导电性和完全的抗磁性,获得了广泛的应用。随着材料研究的进一步深入,应用前景将更为广阔。目前主要应用领域如下:

在电力系统方面,可以用于输配电。由于电阻为零,所以完全没有能量损耗,可以制造超导线圈;由于可形成永久电流,所以可以长期无损耗地储存能量;由于电阻为零,电流密度高达 $10^6 \, A \cdot cm^{-2}$,因此可制造大容量、高效率发电机等。

在交通运输方面,可以制造磁悬浮高速列车,可以制成电磁推进装置用于船舶和空间飞行器的推进。磁悬浮高速列车是利用列车内超导磁体产生的磁场和电流之间的交互作用产生向上的浮力,列车高速而无噪声。

利用超导陶瓷的约瑟夫逊效应可望制成超小型、超高性能的第五代计算机。所谓约瑟夫逊效应是指被真空或绝缘介质层(约厚 10 nm)隔开的两个超导体之间会产生超导电子隧道的效应。约瑟夫逊隧道结开关时间为 10^{-12} s,超高速开关时产生的热量仅为 10^{-6} W,消耗功率少。这种器件的运算速度比硅晶体管快 50 倍,产生的热量仅为其 1/1 000 以下,所以能高度集成化。

3.5.6　宽禁带半导体陶瓷

第一代半导体材料主要为单质类,如硅(Si)和锗(Ge)。第二代半导体材料主要为化合物,如砷化镓(GaAs)、磷化铟(InP)、磷化镓(GaP)、砷化铟(InAs)和砷化铝(AlAs);第三代宽禁带半导体材料主要为碳化物和氮化物,如碳化硅(SiC)、氮化镓(GaN)、氮化铝(AlN)、氮化铝镓(AlGaN)和金刚石等。根据半导体材料的能带结构不同,可将半导体材料分成宽禁带和窄禁带两种类型,若带隙宽度小于 2.3 eV,则称为窄禁带半导体,代表性材料有 GaAs、Si、Ge 和 InP;若带隙宽度大于等于 2.3 eV,则称为宽禁带半导体,代表性材料有 GaN、SiC、AlN 和 AlGaN 等。宽禁带半导体具有禁带宽度大、抗辐射能力强、击穿电场强度好和耐高温等特点,避免了传统半导体的劣势,可在极端恶劣的条件下正常工作。这种宽禁带半导体又被称为高温半导体。

近年来,迅速发展起来的以 SiC 和 GaN 为代表的宽禁带半导体材料是固态光源和电力电子、微波射频器件的"核芯",在半导体照明、移动通信、智能电网、高速轨道交通、新能源汽车和消费电子等领域具有应用前景,可望成为支撑信息、能源、交通和国防产业发展的重点新材料,宽禁带半导体材料的相关技术研发正在成为全球半导体产业新的战略高地。

1.SiC 半导体陶瓷

在宽禁带半导体材料领域,就技术成熟度而言,碳化硅是这族材料中最高的,是宽禁带半导体的核心。SiC 材料是 IV-IV 族半导体化合物,主要有 β-SiC(3C-SiC)和 α-SiC(2H-SiC、4H-SiC、6H-SiC 和 15R-SiC)晶型。不同的晶体结构,禁带宽度也有所差异。在 SiC 的各种晶型中,3C-SiC 键能最低,晶格自由能最高且易成核,但其处于亚稳态,具有较低的稳定性与易发生固相转移的特点。在接近平衡态的条件下,当退火温度分别为 1 200℃和 2 000℃时,3C-SiC 会发生相变,部分转变为 6H-SiC 和 4H-SiC。这三种晶型的键能大小顺序为 3C-SiC<6H-SiC<4H-SiC,键能越小越不稳定,在外界条件影响下越容易发生相变。目前,应用最广泛的是 4H-SiC 和 6H-SiC 晶型。4H-SiC 禁带宽度为 3.2 eV,是 Si 禁带宽度的 3 倍左右,且热导率高,故特别适用于微电子领域;6H-SiC 特别适用于光电子领域,能实现全彩显示。

表 3.27 比较了常见半导体材料的主要特性参数。与第一代半导体材料 Si 和第二代半导体材料 GaAs 相比,SiC 具有更优良的物理和化学等性质,具体如下:

①禁带宽度大,接近于 Si 的 3 倍。禁带宽度大,可以保证器件在高温下工作的长期可靠性。半导体器件在较高的温度下,会产生载流子的本征激发现象,造成器件失效。禁带宽度越大,器件的极限工作温度就越高。Si 器件的极限工作温度一般不能超过 300℃,而 SiC 器件的极限工作温度可以达到 600℃以上。

②临界击穿电场强度大,是 Si 的 10 倍。用 SiC 制备器件可以极大地提高耐压容量、工作频率和电流密度,并大大降低器件的导通损耗,使得 SiC 适用于制备高压和大功率器件,比如二极管、功率晶体管和功率闸流管等。

③热导率高,超过 Si 的 3 倍。高热导率有助于 SiC 器件的散热,在同样的输出功率下保持更低的温度。与传统器件相比,SiC 器件工作产生的热量可以很快地从衬底散发,而不需要额外的散热装置,实现设备的小型化。这对于航空航天和军用雷达等对设备质量有严格要求的应用领域来说非常重要。

表 3.27　常见半导体材料的特性参数

材料参数	禁带宽度/eV	最高工作温度/℃	相对介电常数	热导率 W/(K·cm)	电子迁移率 cm²/(s·V)	最大电子饱和速度 cm·s⁻¹
Si	1.12	600	11.8	1.5	1 500	9×10^6
GaAs	1.43	760	12.5	0.54	8 800	1.3×10^7
3C - SiC	2.4	1 250	9.72	3.2	800	2.2×10^7
4H - SiC	3.26	1 580	10	3.7	1 000	2×10^7
6H - SiC	3.0	1 580	9.66	4.9	400	2×10^7
GaN	3.39	800	9.0	1.3	2 000	2.2×10^7

因为上述特点,SiC 器件的使用极限性能远远优于 Si 器件,可以满足高温、高频和大功率等苛刻条件下的应用需求。SiC 半导体材料的高硬度和高化学稳定性也保证了 SiC 器件的稳定性。SiC 是制作高温、高频、大功率、高密度和高压器件的理想材料之一。SiC 半导体陶瓷在功率器件上的主要应用如下:

(1)SiC 肖特基势垒二极管

SiC 肖特基势垒二极管具有很小的总电荷,低开关损耗且高速开关工作。因此,其被广泛用于电源的 PFC(Power Factor Correction)电路中。此外,与硅材质的快速恢复二极管相比,SiC 器件可大幅降低反向恢复损耗,保持恒定的特性,从而改善了电路性能。制造商采用它能够减小工业设备和消费类电子产品的尺寸,因此它非常适合在功率因数校正电路和逆变器中使用。自 2001 年世界首次实现 SiC 肖特基二极管的量产以来已经过去 20 多年了。ROHM 在 2010 年成为第一家实现 SiC 肖特基二极管量产的日本制造商。ROHM 扩充了第二代产品的阵容,与第一代旧产品相比,第二代产品不仅保持了非常短的反向恢复时间,同时正向电压还降低了 0.15 V。

(2)SiC 金属-氧化物半导体场效应晶体管

与被广泛应用的作为耐高压开关元件的硅材质绝缘栅双极型晶体管(insulated gate bipolar transistor, IGBT)相比,SiC 金属-氧化物半导体场效应晶体管(metal oxide semiconductor field effect transistor, MOSFET)开关损耗具有绝对优势,仅为 IGBT 的 1/5 左右,因此,在驱动频率越来越高所要求的设备小型化(滤波器的小型化、冷却机构的小型化)和电力转换效率的提升等方面应用广泛。

(3)SiC 功率模块

SiC 功率模块具有高频驱动的优点,如在 3 000 Hz 场景应用下,该模块的导通、开关结合损耗能够减小 60%,这便为高频率的功率电器使用提供了技术支撑,也能够促使电容器、线圈的构件小型化生产。

目前全球 SiC 的产业格局呈现美国、欧洲、日本三强争霸的态势。其中美国一家全球独大,美国 Cree、美国 Ⅱ-Ⅵ 公司、美国 Transphorm、美国道康宁等行业巨头占据了全球 70% 以上的市场份额;欧洲拥有英飞凌、意法半导体、IQE、Siltronic 等代表公司,以构建从衬底到外延、器件以及应用的完整 SiC 全产业链;日本的罗姆半导体、三菱电机、富士电机、松下电器、瑞萨电子和住友电气等则是在终端设备和功率模块开发方面占据领先地位。国内 SiC 产业起步较晚,但已建立一定基础,目前正高速发展,如 SiC 衬底制造商天科合达等,外延制造商东莞天域和瀚天天成等,器件制造商南京国盛和泰科天润等,此外,华润华晶微电子和华虹宏力也在积极布局 SiC 器件。

在 SiC 单晶衬底方面,美国 Ⅱ-Ⅵ 公司于 2015 年首次研制成功 8 英寸 SiC 单晶衬底,美国 Cree、Ⅱ-Ⅵ 公司均于 2019 年宣布开始建设 8 英寸 SiC 单晶衬底生产线,有望于 2022 年实现量产。美国 Cree 公司充分占据了专利技术、规模化、车规级产品认证等优势,获得了全球约 60% 的 SiC 单晶衬底市场份额。目前国内已实现了 4 英寸 SiC 衬底的量产,山东天岳、天科合达、河北同光、中科节能等公司通过与山东大学、中科院物理所和中科院半导体所等单位的"产学研用"合作,均已完成 6 英寸 SiC 衬底的研发,天科合达已于 2020 年启动 8 英寸 SiC 单晶衬底的研发工作。这些说明我国在 SiC 单晶衬底技术上已初步形成自主技术体系。在 SiC 外延片方面,以美国道康宁、美国 Ⅱ-Ⅵ 公司、瑞典 Norstel 公司、美国 Cree 公司等为首的外延片行业的龙头企业通过不断的发展,都已实现 4~6 英寸 SiC 外延片的产业化。国内的瀚天天成和天域半导体等生产厂家目前已能提供 4 英寸和 6 英寸的 SiC 外延片。

在 SiC 功率器件方面,市场和技术主要掌握在英飞凌、罗姆、Cree 和意法半导体等公司手上,他们在 3 300 V 以上电压等级上占绝对优势。在器件制造环节,我国已出现了一批诸如斯达半导体、三安集成、比亚迪、海威华芯等的优秀企业。国产产品基本覆盖了各种电压级别,已初步实现了低端产品的国产化替代,但高端产品依然严重依赖进口。

2. GaN 半导体陶瓷

GaN 材料是 1928 年由 Jobnson 等采用氮和镓两种元素合成的一种 Ⅲ-Ⅴ 族化合物半导体材料,具有非常高的硬度。在大气压力下,GaN 晶体一般呈六方纤锌矿结构,在一个原胞中有 4 个原子,原子体积大约为 GaAs 的 1/2。GaN 化合物非常稳定,熔点高达 1 700℃。常见的 GaN 半导体陶瓷主要具有以下优点:

GaN 独特的晶体结构使其具有很大的禁带宽度(约为 Si 和 GaAs 的 2~3 倍);电子饱和漂移速度高,是 Si 和 GaAs 的 3 倍;击穿电场强度高达 3.3 MV/cm,约为 Si 材料的 10 倍、GaAs 的 8 倍;热导率高,约为 Si 材料的 1.5 倍、GaAs 的 4 倍,见表 3.27。

由于 GaN 的优越特性,将其制作成的功率器件具有更为突出的性能优势,具体表现在以下几个方面:

①耐压能力高。GaN 的临界击穿电场强度高,相较于 Si 基半导体器件,GaN 器件理论上具有更高的耐压能力。但是从现阶段的器件发展水平来看,GaN 更适合制作 1 000 V 以下电压等级的功率器件,随着技术的不断发展,相信未来会有耐压等级更高的 GaN 基功率器件出现。

②导通电阻小。GaN 极高的带隙能量意味着 GaN 基功率器件具有较小的导通电阻。同时由于 GaN 的临界击穿电场强度较高,因此在相同阻断电压下,GaN 基功率器件具有比 Si 器件更低的导通电阻。

③开关速度快,开关频率高。GaN 的电子迁移率较高,因此在给定的电场作用下其电子漂移速度快,使得 GaN 基功率器件开关速度快,适合在高频条件下工作。同时由于 GaN 的饱和漂移速度高,GaN 基功率器件能够承受的极限工作频率更高,在高频应用下可使电力电子装置中的电抗元件(电感、电容)体积大大缩小,显著提高功率密度。

④结-壳热阻低。相对于 Si 材料来说,GaN 的热导率更高,因此 GaN 基功率器件的热阻更小,器件内部产生的热量更容易释放到外部,对散热装置要求也较低。

⑤具有更高的结温。相较于 Si 基电力电子器件,GaN 基电力电子器件可承受更高的结温而不发生退化现象。

美国于 2002 年、欧洲于 2007 年、我国于 2013 年分别启动了 GaN 功率半导体推动计划。日本住友率先量产 GaN 衬底,是全球 GaN 射频器件的主要供应商,同时也是华为 GaN 射频器件的主要供应商之一。住友聚焦于衬底和器件方面的研究。该公司的 GaN 衬底单晶生长技术侧重 HVPE 法,重点解决衬底缺陷和尺寸等难题;在 GaN 的 FET 器件上,侧重外延工艺和芯片工艺突破。美国 Cree 依靠其技术储备支撑 GaN 功率器件的市场化。德国英飞凌在功率模块和 GaN 基 FET 器件上布局的专利最多。国内 LED 龙头"三安光电"是目前国内规模最大的 LED 外延片和芯片企业。

高频应用领域是 GaN 功率器件的目标市场。具体来说,就是负载点(point of load,POL)或非接触式无线供电,尤其是对于非接触式无线供电,使用 GaN 晶体管可以提高开关频率,从而减少无源元件的尺寸,使整体更加紧凑。在 LED 照明领域,GaN 基白光 LED 能够实现高达 150lm[①]/W 的发光效率,这是有机发光二极管(OLED)和其他电致发光器件无法比拟的。而且重要的是 GaN 基 Micro-LED 能够实现连续可调的禁带宽度,这显著改善其色纯度和彩色保真度,而且 GaN 基 LED 能在高温和湿度环境下保持高可靠性。这些优良的材料特性与光电性能使 GaN 基 Micro-LED 阵列非常适用于微型显示器领域。

除了可以利用 GaN 材料制作一般器件外,还可以利用 GaN 所特有的异质结构制作高性能器件。GaN 可以生长在 Si、SiC 及蓝宝石上,在价格低、工艺成熟、直径大的 Si 衬底上生长的 GaN 具有低成本、高性能的优势,因此受到广大半导体研究人员和电力电子厂商的青睐。

3.5.7 敏感陶瓷

半导体材料的电阻率受到温度、光照、电场和湿度等变化的显著影响,根据这种变化很方便地将外界的物理量转化为可供测量的电信号,从而可以制成各种传感器。

1. 正温度系数热敏陶瓷

热敏陶瓷是一类电阻率随温度发生明显变化的陶瓷。陶瓷材料的电阻随温度的变化率定义为电阻温度系数 a_T,可表示为 $a_T = 1/R_T \cdot (dR_T/dT)$,式中,$R_T$ 为材料在温度 T 时的电阻,按照 a_T 的正负,或者说按照热敏陶瓷的阻温特性,可以将热敏陶瓷分为正温度系数(PTC)热敏陶瓷、负温度系数(NTC)热敏陶瓷、临界温度热敏电阻(CTR)和线性阻温特性热敏陶瓷四大类,PTC 的典型代表是掺杂 $BaTiO_3$ 的陶瓷。

2. 负温度系数热敏陶瓷

1932 年,德国首先用氧化铀制成了负温度系数半导体热敏电阻器。之后,以氧化铜、硫化银和钛酸镁等为原料的半导体热敏电阻器相继问世。这些元件广泛地用于稳压、温度补偿以及通信设备的远距离控制等各个方面。然而这类材料稳定性差,必须在保护气氛中工作以防止氧化,因而工艺复杂、成本高。20 世纪 40 年代以来,出现了以 Mn、Co、Cu 和 Ni 等金属的氧

---

① 1 lm=0.1 lm。

化物为基础的 NTC 半导体陶瓷。这类陶瓷负电阻温度系数大，一般为 $(-6\% \sim -1\%)℃^{-1}$，性能稳定，可以在空气中使用，所以得到了很大的发展，广泛用于测温、控温、补偿、稳压、遥控、流量和流速测量以及时间延迟等设备中。NTC 热敏半导体陶瓷主要包括以下几种：

①常温 NTC 热敏陶瓷。主要有含锰二元系和含锰三元系氧化物陶瓷。

②高温 NTC 热敏陶瓷。高温 NTC 热敏材料是指工作温度高于 300℃ 的热敏材料。这类材料首先必须有优良的高温化学稳定性及抗高温老化性，其次必须注意离子电导问题。同时还必须有尽可能高的 NTC 热敏电阻的材料常数（B）值。

高温热敏电阻陶瓷大致可分为两大类。一类是 $ZrO_2 - CaO$ 和 $ZrO_2 - Y_2O_3$ 系等萤石陶瓷，是离子导电型陶瓷；一类是以 Al_2O_3 和 MgO 为主要成分的尖晶石陶瓷，是电子导电型陶瓷。

除氧化物高温陶瓷外，一些非氧化物陶瓷也可用作高温热敏电阻。$\beta - SiC$ 是很重要的一种热敏电阻材料。

③低温 NTC 热敏陶瓷。一般是以 Mn、Cu、Ni、Fe 和 Co 等两种以上的过渡金属氧化物为主要成分形成的尖晶石结构，为了降低 B 值，可掺入稀土元素，如 La、Nd 和 Yb 等的氧化物。

④临界 NTC 热敏陶瓷（CTR）。主要是指以氧化钒（VO_2）为基本成分的多晶半导体陶瓷。钒的各种氧化物在室温下将发生相变，由金红石结构转变为畸变金红石结构。在相变的同时，材料的电学性能和磁学性能也将发生变化。电导率 ρ 减小几个数量级，材料变为半导体，由顺磁性转变为反铁磁性。VO_2 的相变温度约为 50℃，因此已被广泛用于电路过热保护、火灾报警和恒温箱控制等各个方面。

⑤线性 NTC 热敏陶瓷。NTC 热敏陶瓷通常都是非线性的，在需要均匀刻度和线性特性的场合，往往要用其他元件进行补偿，这样不仅使线路变得复杂，而且温度系数也会降低很多。目前研究的主要线性陶瓷是 $CdO - Sb_2O_3 - WO_3$ 系列。

3.压敏陶瓷

压敏陶瓷指对电压变化敏感的非线性电阻陶瓷。当电压低于某一临界值时，压敏电阻的阻值非常高，几乎为绝缘体；当电压超过这一临界值时，电阻急剧降低，接近于导体。这个电压值称为"压敏电压"。目前，压敏陶瓷主要有 SiC 和 ZnO 两大类，ZnO 压敏特性远低于 SiC。

ZnO 陶瓷具有十分高的 $I-V$ 非线性特性，而且制造工艺简单，成本低廉，因此具有广泛的用途，除用作压敏元件外，还可用作湿敏元件和气敏元件，是近年来迅速发展的电子陶瓷之一。ZnO 压敏陶瓷通常是在 ZnO 中加入 Bi、Mn、Co、Ba、Sb 和 Cr 等金属氧化物，按典型粉末冶金工艺制造。1952 年日本东芝公司首先制成 ZnO - SnO 压敏变阻器，之后相继开发出避雷器元件和高能电漏吸收器。后来这类压敏电阻被广泛用作卫星地面站高压、稳压用的压敏变阻器，电视机视放管保护用高频压敏变阻器，录音机消噪用低压环形变阻器，高压真空开关用大功率硅堆压敏变阻器等。

压敏变阻器广泛地用作过压保护、高能浪涌吸收和高压稳压等各个方面。在电力系统、电子线路和家用电器等各种装置中都有实际应用，如过压保护，分大气过压保护（雷击）和操作过压保护（断闸、合闸等）。

4.气敏陶瓷

各种可燃气体、易爆气体、有毒气体及恶臭气体，一方面是许多现代工业不可缺少的原料或过程产物,另一方面又是许多工业污染环境的废料,因此,对这些气体进行检测、监视和报警十分重要。气敏陶瓷早在20世纪30年代就已出现,由于它具有灵敏度高、元件结构简单、使用方便和价格低廉等优点,因此得到了迅速的发展。

气敏陶瓷是利用其表面吸附气体前后电阻值的变化检测气体的。这个过程涉及固体表面与气体的相互作用。由于固体表面结构不同、吸附气体种类不同、温度条件不同,可发生化学吸附或物理吸附。前者可用单分子层吸附理论兰格缪尔等温吸附式表示,后者可用多分子层吸附理论BET等温吸附式表示。

气敏陶瓷的导电机理主要有能级生成理论和接触粒界势垒理论两种。按能级生成理论,当氧化锡或氧化锌等n型半导体陶瓷表面吸附还原性气体时,气体将电子给予半导体,并以正电荷形式与半导体相吸,而进入n型半导体内的电子又束缚少数载流子空穴,使空穴与电子的复合率降低,电子形成电流的能力增大,陶瓷电阻值下降;当n型半导体陶瓷表面吸附氧化性气体时,气体将其空穴给予半导体,并以负离子形式与半导体相吸,而进入n型半导体内的空穴使半导体内的电子数减少,因此陶瓷电阻值增大。接触粒界势垒理论则依据多晶半导体能带模型,在多晶界面存在势垒,当界面存在氧化性气体时势垒增加,当存在还原性气体时势垒降低,从而导致阻值变化。

气敏陶瓷(见表3.28)主要包括以下几种类型。

表 3.28　各种气敏半导体材料

半导体材料	添加物质	探测气体	使用温度/℃
SnO_2	PdO、Pd	CO、C_3H_8、乙醇	$200\sim300$
SnO_2+SnCl_2	Pt、Pd、过渡金属	CH_4、C_3H_8、CO	$200\sim300$
SnO_2	$PdCl_2$、$SbCl_3$	CH_4、C_3H_8、CO	$200\sim300$
SnO_2	$PdO+MgO$	还原性气体	150
SnO_2	Sb_2O_3、MnO_2、TiO_2、TlO_2	CO、煤气、乙醇、液化石油气	$250\sim300$
SnO_2	V_2O_5、Cu	乙醇、苯、丙酮等	$250\sim400$
SnO_2	稀土类金属	乙醇系可燃气体	
SnO_2	Sb_2O_3、Bi_2O_3	还原性气体	$500\sim800$
SnO_2	过渡金属	还原性气体	$250\sim300$
$(LnM)BO_3$(其中,Ln=镧系元素,M=碱土金属,B=过渡金属)		乙醇、CO、NO_2	$270\sim390$
SnO_2	陶土、Bi_2O_3、WO_3	碳化氢系还原性气体	$200\sim300$
ZnO		还原性气体、氧化性气体	
ZnO	Pt、Pd	可燃性气体	
ZnO	V_2O_5、Ag_2O	乙醇、苯、丙酮等	$250\sim400$
$\gamma-Fe_2O_3$		丙烷	
WO_3、MoO、CrO 等	Pt、Ir、Rh、Pd	还原性气体	$600\sim900$

续表

半导体材料	添加物质	探测气体	使用温度/℃
n 型与 p 型氧化物相结合		还原性气体和氧化性气体	600～900
M_2O_3 - ZnO(M 代表 Sc、Yb、Sm 和 La)		大气污染排出气体	600～900
$Pb(ZrTi)O_3$		大气污染排出气体	600～900
ZrO_2		大气污染排出气体	600～900
$BaTiO_3$	SnO_2、ZnO、稀土类金属	大气污染排出气体	100～400
V_2O_5	Ag	NO_2	
In_2O_3	Pt	可燃性气体	
碳		还原性气体	
热敏铁氧体		H_2、城市气体	
Si	Pd 栅	H_2	
有机半导体		O_2、SO_2	
缩合多环芳香族化合物		CO、Cl_2、HCl、SO_2、烟	
荧光素、夹二氮(杂)蒽、氯醌等有机半导体		SO_2、NH_3	常温

(1)氧化锡系

氧化锡(SnO_2)具有金红石型结晶构造,禁带宽度约为 3.6 eV,电子亲和力不强,呈氧缺位,为 n 型半导体。它暴露于空气中,通常都出现氧吸附。

(2)氧化锌系

从应用的广泛性看,ZnO 仅次于 SnO_2,在 ZnO 中添加 Pt 和 Pd 等催化剂对吸附各种气体的灵敏度有重要影响。掺 Pt 的 ZnO 元件对异丁烷、丙烷、乙烷等碳化氢气体有高的灵敏度,而且在碳氢化合物中,碳原子数越大,灵敏度越高。掺 Pd 的 ZnO 对 H_2 和 CO 有高的灵敏度,而对碳氢化合物的灵敏度就较低,在 ZnO 中添加 Al_2O_3 后,虽然导电性提高了,但灵敏度却下降了,如果再在其中加入过量的 Li_2O 系,虽然电阻率提高了,但灵敏度也提高了。

(3)镍酸镧系

镍酸镧($LaNiO_3$)对乙醇有很高的灵敏度,当环境氧分压变化时,会非常迅速地产生氧化还原反应,电导率迅速发生变化。

(4)氧化铁系

用 γ - Fe_2O_3 制成的气体敏感传感器已达到实用水平。当这种陶瓷元件与可燃气体接触时,表面发生 γ - Fe_2O_3 被还原成 Fe_3O_4 的反应。由于 Fe_3O_4 的电阻比 γ - Fe_2O_3 低 10^{10} 量级,因此元件的阻值降低,可燃性气体逸散后,Fe_3O_4 又恢复为 γ - Fe_2O_3。这类材料对异丁烷和丙烷等液化石油气成分的灵敏度很高,对乙醇和烟的灵敏度较低。在使用过程中,部分 γ-Fe_2O_3 会转化为 α - Fe_2O_3。α - Fe_2O_3 对可燃性气体不具备气敏功能,因此元件的功能会下降。

（5）氧化锆系

选择渗透膜氧离子传感器的典型例子是 ZrO_2 氧传感器。ZrO_2 氧传感器是利用 ZrO_2 固体电解质的性质来工作的。这种传感器（或称氧浓度计）用在锅炉、金属热处理炉和无机材料烧结炉中，测定燃料所排出气体中的氧含量，可以提高燃烧效率和防止大气污染。在熔炼金属中，金属中的氧含量对金属的性能有较大的影响，所以在熔化铸造过程中也可用 ZrO_2 氧传感器控制气氛的氧含量。另外，在汽车排气净化系统内用以控制空气/燃料比（A/F），通过催化剂的作用净化排出气体中的 NO_x、CO 和碳氢化合物等有害气体。

5.湿敏陶瓷

合适的湿度对于生物、人类生活和生产都是十分重要的。过高的湿度会使衣料、纸张、烟草和食品等霉坏变质；使精密仪器灵敏度降低，甚至因绝缘霉变而毁坏；使机械、兵器、设备生锈和弹药失效等。测量和控制湿度对于工农业生产、气象、环保、医疗、食品工业、货物储存和国防等都有十分重要的意义。

测量湿度已有各种各样的方法，例如早年的毛发湿度计和干湿球湿度计等，后来用电阻型湿度计。这些方法灵敏度低，使用范围受到限制，不能满足现代科学技术发展的要求。半导体湿敏陶瓷的出现克服了这些缺点，为现代湿度的检测和控制开拓了新的途径。

按所测环境湿度的不同，湿敏电阻可分为三大类：

①高湿型，适用于相对湿度（RH）大于 70% 的环境，其中的一个特例是结露传感器，湿度达到了 100%。

②低湿型，适于 RH 小于 40% 的环境。

③全湿型，适于 RH 在 0～100% 的整个范围。

湿敏半导体陶瓷主要包括以下几种：

①瓷粉膜湿敏陶瓷。这种电阻器是将瓷粉调浆、涂覆、干燥而成的一种电阻器。主要的感湿粉有 Fe_3O_4、Fe_2O_3、Cr_2O_3、Al_2O_3、Sb_2O_3、TiO_2、SnO_2、ZnO、CoO 和 CuO 等。比较典型且性能较好的是 Fe_3O_4，这类湿敏电阻体积小、结构简单、工艺方便、价格低廉、寿命长、测湿范围宽和工作温度不高。其主要缺点是响应速度低，阻值变化范围大，不能通过高温去除污染以恢复性能。

②烧结型湿敏电阻。一般制成多孔体，以便有更多的表面吸湿，孔隙率为 25%～40%。最典型的体系有 $MgCr_2O_4$ 系、$MgCr_2O_4$ - TiO_2 系、$ZnCr_2O_4$ 系、ZnO - Li_2O - V_2O_5 系和 Al_2O_3 - TiO_2 系等。

③厚膜湿敏电阻。其主要体系为 $MnWO_4$ 和 $NiWO_4$。感湿膜厚约为 50 μm，在全湿范围内，阻值变化 3～4 个数量级。不论是吸湿还是脱湿，其响应时间都在 15～20 s 之间，因此响应速度是较快的。

④结露传感器。结露传感器是湿敏传感器的一个特例。它是利用结露后陶瓷出现电阻急剧变化的性质制成的敏感元件。结露传感器广泛用于家用电器、工业电器、汽车、冷冻商品、陈列橱窗和印刷机等，用以检测和防止结露发生，以免设备因结露而霉变、击穿。它与一般湿敏传感器的区别在于测定的 RH 范围为 90%～100%。

湿敏陶瓷传感器的主要应用领域和用途见表 3.29。

表 3.29　湿敏陶瓷传感器的主要应用领域和用途

行业	应用领域	使用温湿范围		用途
		温度/℃	相对湿度/(%)	
家电	空调机	5~40	40~70	控制空气状态
	干燥机	80	0~40	干燥衣物
	电炊炉	5~100	2~100	食品防热、控制烹调
	磁带录像机	5~60	60~100	防止结露
汽车	车窗去雾	-20~80	50~100	防止结露
医疗	治疗仪	10~30	80~100	呼吸器系统
	保育器	10~30	50~80	空气状态调节
工业	纤维	10~30	50~100	制丝
	干燥机	50~100	0~50	窑业及木材干燥
	粉末体水分	5~100	0~50	窑业原料
	食品干燥	50~100	0~50	
	电器制造	5~40	0~50	磁头、大规模集成电器、集成电路
农业	房屋空调	5~40	0~100	空气状态调节
	茶田防冻	-10~60	50~100	防止结露
	肉鸡饲养	20~50	40~70	保健
计测	恒温恒湿槽	-5~100	0~100	精密测量
	无线电探测器	-50~40	0~100	气象台高精度测量
	湿度计	-5~100	0~100	保健
其他	土壤水分			植物培育、防止泥土崩塌

6.光敏陶瓷

光敏陶瓷的主要原料是 CdS、CdSe 以及 CdS-CdSe 固溶体等,用这些材料可以制成光敏电阻器。

光敏陶瓷的主要特性是光谱特性,即由于本征半导体的禁带宽度不同,在不同波长光的作用下激发电子空穴对的能力也不同,所以光电导灵敏度也不同,这种性质称为光导材料的光谱特性。光敏电阻器的灵敏度与照度有关,这种性质称为光敏电阻器的照度特性。光敏电阻器在曝光情况下,亮电流达到稳定值时所需的上升时间和遮光时亮电流消失所需的衰减时间称为光敏电阻器的"响应时间"。光敏电阻器的阻值随温度的变化率称为光敏电阻器的"温度特性"。

光敏电阻可用作各种直流或交流电路中的光控元件,还可用作任意波形函数发生器、红外测湿仪的前置放大器、电子测光表等。

如果光照在半导体 p-n 结上,就会激发出电子空穴对,在自建电场的作用下,n 区的空穴被拉向 p 区,p 区的光生电子被拉向 n 区,结果 n 区积累了负电荷,为负极,p 区积累了正电荷,为正极。于是在 p-n 结两端会出现电动势,这种效应称为光生伏特效应。利用光生伏特效应可以将太阳能转化为电能,制成太阳能电池。最常见的太阳能电池有 Cu_2S-CdS 电池和

CdTe－CdS 电池。

思　考　题

1.陶瓷材料的化学键有哪些？晶体结构有哪些类型？

2.简述鲍林规则的几何原理和适应性。

3.以钾长石为例解释不一致熔融。

4.简述高纯纳米氧化铝粉体的合成方法。

5.简述高纯氧化钇稳定氧化锆粉体的合成方法，通过相图解释氧化钇稳定氧化锆原理。

6.简述高纯莫来石陶瓷粉体的合成方法及二次莫来石的形成机制。

7.简述氮化硅陶瓷粉体的合成方法。

8.简述碳化硅结合氮化硅陶瓷的烧结方法。

9.比较氮化硼与石墨的晶体结构、物理性能的异同点。

10.查阅文献比较碳化硼、刚玉和碳化硅三种陶瓷用作防弹装甲的差异性和适用性。

11.简述钛酸盐为基础的陶瓷的类别和功能性。

12.简述铌酸盐为基础的陶瓷的类别和功能性。

13.铁氧体的晶体结构主要有哪些？

14.解释热释电效应原理。

15.简述压电陶瓷释电原理与类别。

16.查阅文献了解超导陶瓷的发展现状和趋势。

17.简述黏土作为烧后助剂以及 B＋C＋Al 作为助剂在 SiC 无压烧后中的作用物 SiC 的结构与性能。

第4章 碳

近年来,由于富勒烯碳和碳纳米管的发现,以及碳/碳复合材料刹车盘的研制成功,碳材料研究和应用受到了全球科学、工程和产业界的广泛关注。本章将介绍碳材料的基础科学知识,碳材料的结构、性能和制备工艺,特别是碳化和石墨化的原理及其微观结构,多孔碳的孔径控制和碳材料掺杂其他原子的技术,碳材料的各类表征方法。

4.1 概 述

碳纤维、石墨烯人造金刚石薄膜、富勒烯和碳纳米管的出现大大丰富了碳材料科学的研究领域,随着人们对碳的物理化学特性认识的深入以及现代工业发展的需要,除了将煤用作化工能源和化工原料以外,数以千计的碳制品已经成为现代工业中不可缺少的关键构件、元件、器件和基本材料,在航空航天、汽车、舰船、电池、催化核能和机械制造领域发挥着重要作用。碳材料的发展可划分为三个历史阶段,见表4.1。

表 4.1 碳的发展阶段

发展阶段	年代	碳材料	备注
I	—1960	人造石墨 活性炭 炭黑 天然金刚石	产量大 销售量在吨或公斤级
II	1969—1985	各种碳纤维 玻璃碳 热解碳 高密度的各向异性石墨 层间化合物 合成金刚石 金刚石一样的炭素	各种技术制备碳材料 CVD、PIP 具有新的应用 销售量在公斤级
III	1985 至今	富勒烯 碳纳米管	纳米尺寸 销售量在毫克级
IV	2010 至今	石墨烯	新能源纳米尺度

4.1.1　碳的结构

1.碳的电子结构

碳位于化学元素周期表的第六位,电子轨道结构为 $1s^2 2s^2 2p^2$。根据原子杂化轨道理论,碳原子在与其他原子结合时,其外层电子 $2s^2 2p^2$ 在不同条件下,会产生不同形式的杂化,最常见的杂化形式为 sp^1,sp^2,sp^3 杂化,图 4.1 为碳原子中电子进行不同杂化时的轨道示意图。sp^3 杂化时,形成能态相同、空间均匀分布的 4 个杂化轨道,轨道之间的夹角为 $109.5°$,4 个外层电子分居其中,在与其他原子结合时,分别结合为 σ 键;sp^2 杂化时,形成的 3 个 σ 键杂化轨道在一个平面上均匀分布,轨道之间的夹角为 $120°$,剩余的一个电子处于垂直杂化轨道的平面上的 π 键轨道;sp^1 杂化时,形成的两个 σ 键轨道在一条线上,与两个 π 键轨道两两相互垂直。分子杂化轨道理论进一步认为,原子在结合为分子时,所有轨道将共同形成成键轨道和反键轨道,图 4.2 为碳的 σ 键和 π 键轨道密度与能级之间的关系图。图 4.3 为金刚石和石墨中的紧束缚键结合。两个原子之间以 σ 键结合时,结合强度高于 π 键结合,两个原子之间结合键数越多,结合强度越高,表 4.2 对比了碳氢化合物中的碳—碳键能及键间距。

图 4.1　碳原子中电子进行不同杂化时的轨道示意图

图 4.2　σ 键和 π 键轨道密度与能级之间的关系图

表 4.2　各种碳—碳键的离解能及键间距

化合物	键离解能/(kJ·mol⁻¹)	键间距/nm
$H_3C—CH_3$	363	0.154
$H_2C=CH_2$	672	0.134
$HC≡CH$	816	0.121

碳的同素异形体中,金刚石中的碳原子以 sp^3 杂化、[C—C]单个 σ 键的方式结合,石墨中的碳原子为 sp^2 杂化、[C=C]1 个 σ 键和 1 个 π 键的方式结合,卡宾碳的结合方式为 sp 杂化、1个 σ 键和 3 个 π 键形成[C≡C],富勒烯和纳米碳管中碳的杂化方式为 sp^{2+s},s 的值大于 0 且小于 1。图 4.4 为不同 sp^3 键含量时的能态密度计算结果。

图 4.3　金刚石和石墨中的紧束缚键结构

图 4.4　不同 sp^3 键含量时的能态密度计算结果

2.碳的晶体结构

根据晶体中原子长程排列周期性和对称性特征,所有的晶体结构按照宏观对称分属于 7 个晶系、14 种晶胞结构,以及多种碳的同素异形体。

（1）石墨

石墨的晶体是六方晶系,其是典型的层状结构,碳原子成层排列,每个碳与相邻碳之间等距相连,每一层中的碳按六方环状排列,上下相邻层的碳六方环通过平行网面方向相互位移后再叠置形成层状结构,位移的方位和距离不同就导致不同的多型结构。

图 4.5 为理想石墨晶体的原子结构图。石墨中原子的排列为层状六方形,在层面上,相邻原子之间的距离为 0.142 nm,层面之间的距离为 0.334 nm;石墨晶体的空间点阵类型属于 D_{6h}^4 型,每个晶胞中含有 4 个碳原子,晶格常数为 $a=0.246$ nm,$b=0.668$ nm。石墨晶体中,层

面上的碳原子之间为 sp^2 杂化的共价键结合,而层面之间为范德华(Van De Walls)力连接,因此,石墨晶体一般总是碎化为微小尺寸的片状粉末。

图4.5　石墨原子结构

图4.6　金刚石原子结构

石墨的工艺特性主要决定于它的结晶形态,结晶形态不同价值和用途不同,根据结晶形态将天然石墨分为三类。

1)致密结晶状石墨

石墨结晶明显,晶体肉眼可见,颗粒直径大于0.1 mm,晶体排列杂乱无章,呈致密块状构造。这种石墨矿含碳量为 $60\%\sim65\%$,有时达 $80\%\sim98\%$,其可塑性和滑腻性不如鳞片石墨好。

2)鳞片石墨

石墨晶体呈鳞片状,高强度压力下变质而成,有大鳞片和细鳞片之分,导电、导热、润滑、可塑、耐高温并耐酸碱。这种石墨矿含碳量为 $2\%\sim6\%$,经过多磨多选可得高品位石墨精矿。

3)隐晶质石墨

隐晶质石墨即非晶质石墨或土状石墨,表面呈土状,缺乏光泽,润滑性也差,但其含碳量为 $60\%\sim80\%$,少数高达 90% 以上,矿石可选性较差。隐晶石墨的晶体直径一般小于 $1\ \mu m$,比表面积范围集中在 $1\sim5\ m^2\cdot g^{-1}$,是微晶石墨的集合体。

(2)金刚石

图4.6为金刚石晶体的原子结构图。金刚石是无色正八面体晶体,由碳原子以四价键链接,是目前已知自然存在的最硬物质。在金刚石晶体中,碳原子按四面体成键方式互相连接,组成无限的三维骨架,是典型的原子晶体。由于金刚石中的C—C键很强,所有的价电子都参与了共价键的形成。金刚石为特殊的面心立方结构,可以认为是两个面心立方体复合而成的,其中一个面心立方体位于另一面心立方体的 $a(1/4,1/4,1/4)$ 处,金刚石的点阵常数为0.357 nm,最近两个原子之间的距离为0.154 nm,单位晶胞中的碳原子个数为8个,空间群属于高度对称的 Fd3m $-\ O_h^7$ 型。也存在晶格畸变为层状六方结构的金刚石结构,其特点为晶格长度沿[111]方向拉长。金刚石晶体结构中的碳原子以 sp^3 方式杂化,原子之间为 σ 键共价结合,由此金刚石是自然界硬度最高的材料。

金刚石在纯氧中的燃点为 $720\sim800℃$,在空气中为 $850\sim1\ 000℃$,在低压下为 $2\ 000\sim3\ 000℃$。

（3）富勒烯

图 4.7 为典型富勒烯碳的原子立体结构图。从图可知富勒烯为 0 维体系,其空间结构可以归结于两类:D_{5d} 和 D_{5h}。C_{60} 由 20 个六角形和 12 个五角形构成,每个五边形由 5 个六角形组成包围,五角形上的碳原子构成了 C_{60} 富勒烯上突起的顶点,形成完整的富勒烯碳,五边形的边长为 0.146 nm,六边形的边长为 0.14 nm。富勒烯分子中的相邻碳原子之间以 sp^2 杂化共价键的方式连接,整个分子中的碳原子又同时参与到共价 π 键的结合中。

图 4.7　富勒烯 C_{60} 结构图

（4）碳纳米管

图 4.8 为单层石墨中碳原子在层面上的排列,图 4.8 为不同结构类型碳纳米管的立体结构图。碳纳米管是将石墨层面以不同角度弯曲形成闭合管状的结果,利用向量表示法来表征碳纳米管的结构(见图 4.9),当原点(0,0)与另外一个位于(n,m)上的碳原子重合形成碳纳米管时,该碳纳米管的结构就表示为(n,m)。通常,碳纳米管的结构为(n,n)时,称为扶手椅型,另外还有锯齿型(n,0),n 不等于 m 时称为螺旋型。

(n,m)=(5,5)

(n,m)=(9,0)

(n,m)=(0,5)

图 4.8　碳纳米管结构

碳纳米管有单层碳纳米管和多层碳纳米管,多层碳纳米管可以看成在单层碳纳米管的基础上,碳原子在管上再一层层以密排式环绕而成的。

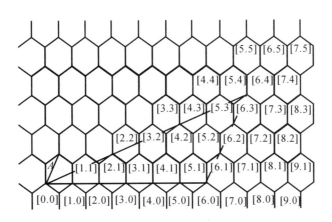

图 4.9 单层石墨的向量表示法

(5)卡拜

卡宾碳(Carbyne),也称卡拜,是碳原子通过 sp 杂化结合,键处存在 2 个 π 电子共振,有碳碳单键和三键的交替及简单的双键重复(累接双键)两种可能。卡宾碳结构还没有详细的分类,但是其结构模型已经被提出,如图 4.10 所示。一些碳原子呈线 sp 杂化轨道,线状分子是通过在一层与多层之间堆叠的 π 电子云获得的范德华力聚合的。卡宾碳是拥有三个自由电子的电中性单价碳活性中间体 HC 及其衍生物(如 EtO_2C-C)的统称,可以短寿命的活性中间体存在于气相中,并广泛存在于各种地质体和碳化生物化石中。

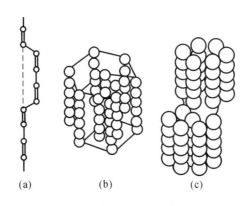

图 4.10 卡宾碳的结构模型

(6)石墨炔

石墨炔是继富勒烯、碳纳米管、石墨烯之后,一种新的全碳纳米结构材料,具有丰富的碳化学键、大的共轭体系、宽面间距、优良的化学稳定性,被誉为一种最稳定的人工合成的二炔碳的同素异形体。石墨炔是第一个以 sp、sp^2 两种杂化态形成的新的碳同素异形体,最有可能被人工合成的非天然的碳同素异形体。石墨炔是一种非常理想的储锂材料,其独特的结构更有利于锂离子在面内和面外的扩散和传输,从而赋予其非常好的倍率性能。

我国科学家利用六炔基苯在铜箔的催化作用下发生偶联反应,成功地用化学方法在铜片表面上合成了大面积石墨炔薄膜。铜箔不仅作为交叉偶联反应的催化剂、生长基底,而且为石墨炔薄膜的生长所需的定向聚合提供了大的平面基底。

3. 碳的相图

图 4.11 为石墨和金刚石的结构相图。常温常压下碳的稳定相为石墨,金刚石为亚稳相,但是石墨与金刚石相之间的转变存在巨大的能垒,只有到 3 500℃以上的高温下,金刚石才能自发地转变为石墨。同样,高压下金刚石为稳定相,但是要实现石墨向金刚石的自发转变,仍然需要极高的温度,在催化剂存在的情况下,石墨转变为金刚石的条件可以温和一些。在一定温度及压力区域,还存在石墨向六方结构金刚石相转变的现象,这是人造金刚石的主要原理。温度超过 4 000℃时碳将转变为液相,更高压力下,碳有可能为金属等。

图 4.11 碳的相图特征

对于新发现的碳的同素异形体以及等离子体辅助化学气相沉积金刚石的过程等,上述碳的相图无法使用。

图 4.12 为有关等离子体辅助化学气相沉积金刚石过程的相图。在低压等离子体环境下,在碳、氢、氧气氛中,金刚石的沉积区域如图中阴影区域所示为倒三角形。该相图也只是部分地反映了等离子体辅助化学气相沉积金刚石的真实特征,因为即使在碳、氢、氧环境下,化学气相沉积金刚石也与衬底表面预处理等因素有关。

图 4.13 为非晶态碳的三角相图,图中 a-C 为无定形碳,ta-C 为长程无序、短程四面体结构的碳,ta-C 的性能更接近金刚石,a-C∶H 和 ta-C∶H 分别为结合有氢的无定形碳和四面体非晶态。靠近氢的区域为气态或液态的碳氢化合物,该区域之上,为固态碳氢聚合物区域;在靠近 sp^2 的区域,为玻璃态碳或石墨化碳。

图 4.12　化学气相沉积金刚石过程 C－H－O 相图

图 4.13　非晶态碳的三角相图

4.1.2　碳的性质

1. 碳的化学性质

（1）碳的化学稳定性

石墨和金刚石晶体在常温常压下的化学稳定性都非常高。沸腾的强氧化性混合酸（如 HNO_3、H_2SO_4、$HClO_4$ 摩尔比为 1：1：1）以及腐蚀性等离子体气氛（如氢、氧等离子体）中，石墨能够被氧化腐蚀，而金刚石的腐蚀速度远小于石墨被腐蚀的速度。石墨容易与激发态氢、氧发生反应，被认为是等离子体辅助化学气相沉积金刚石薄膜的重要机制之一。石墨的 π 键容易被打开、石墨晶体容易碎化以及容易产生较多的缺陷，被认为是石墨的抗氧化性低于金刚石的重要原因。

（2）碳的固相反应与石墨的层间插入

碳的固相反应在工业上具有重要应用。多数金属是以氧化物的形式存在的,金属氧化物的生成自由能随温度的上升而增大,与此相比,碳的氧化反应自由能变小,因此只要提高温度,所有的金属氧化物都能用碳还原。

金属和碳直接反应或者金属氧化物烃类还原可以生成金属碳化物,碳化物的种类有盐型化合物、侵入型化合物、过渡金属碳化物等。盐型碳化物是元素周期表中Ⅰ～Ⅲ族元素的碳化物,多数和CaC_2一样,和水反应生成乙炔。侵入型碳化物为碳原子进入原子半径在0.13 nm以上的金属形成的间隙型固溶体,一般不透明、极硬、熔点高,例如,HfC的熔点为4 160 K,在双组分组成的化合物中最高。过渡金属化合物是原子半径在0.13 nm以下的Fe、Ni等过渡金属的碳化物,一般结合力较小,容易与水反应生成各种烃类。

在石墨晶体的层面之间插入其他一层原子或者分子将形成石墨层间化合物(GICs),插入的层间原子为碱金属钾之类的含有自由电子的金属时,电子将从层间原子转移到石墨原子上,构成施主型GICs,其费米能级比石墨高数个数量级。反过来,受主型GICs插入层内的原子或分子之间,受到金属键等强结合力作用,而在插入层与插入层之间,由于所带电荷相同而相互排斥,这样在由插入层与石墨层形成的超晶格中存在应力。插入层之间石墨原子的层数称为这种晶格的阶数。

2. 碳的机械性质

金刚石和石墨具有完全不同的机械性质,金刚石是自然界最硬的固体,而石墨则是最软的固体之一;金刚石是刚性材料,无法进行塑性加工,石墨则可以任意加工出所需要的结构。

(1) 金刚石与类金刚石

表4.3总结了利用布里渊散射测量计算的不同金刚石和类金刚石薄膜的密度、剪切模量、杨氏模量、体弹性模量等结果。类金刚石薄膜的力学性能与薄膜的密度、薄膜中sp^3键的含量关系密切,图4.14为弹性模量与薄膜关系图,图4.15为薄膜硬度与sp^3键含量关系图。

表4.3　金刚石和类金刚石薄膜的部分物理性质

性能	ta－C	ta－C：H	100% ta－C（计算值）	金刚石
密度/(g·cm^{-3})	3.26	2.36	3.5	3.515
H含量/(%)	0	30	0	
sp^3键含量/(%)	88	70	100	
弹性模量/GPa	757	300	822.9	100
剪切模量/GPa	337	115	336	534.3
体弹性模量/GPa	334	248(＋197,－0)	365	444.8
r	0.12	0.3(＋0.09,－0)	0.124	0.07

纳米金刚石和类金刚石薄膜具有优良的摩擦磨损性能,摩擦磨损性能与薄膜周围环境关系密切,在真空环境下,类金刚石膜的摩擦系数可以小到$\mu=0.01$,而在潮湿大气中,摩擦系数会增加到0.1～0.15。

图 4.14　类金刚石薄膜弹性模量与密度关系图

图 4.15　类金刚石薄膜硬度与
sp³ 键含量关系图

（2）石墨与碳材料

石墨晶体具有明显的各向异性，a 轴方向为结合力极强的共价键，而 c 轴方向为结合力非常弱的分子间力，因此石墨的力学性能在 a 轴和 c 轴方向有明显区别。

大多数碳材料以石墨微晶为主要组成，石墨微晶在碳材料内部无序分布时，其各向异性互相抵消，碳材料在宏观上表现为各向同性，理论上其弹性模量可以按照混合规则计算：

$$\frac{1}{E} = \frac{2}{3}\frac{1}{E_a} + \frac{1}{3}\frac{1}{E_c} \tag{4.1}$$

计算出的弹性模量为 100 GPa，但是实际上各向同性石墨材料（密度为 $1.75 \sim 1.80$ g·cm^{-3}）的弹性模量只有 $8 \sim 12$ GPa，仅为理论值的 1/10。这样低的弹性模量是由于多晶石墨中存在大量的微观空洞和裂纹。空穴率 P 与弹性模量之间存在经验关系

$$E(P) = E(0)\exp(-bP) \tag{4.2}$$

式中：b 为经验常数，与微孔的形状密切相关，微孔为球型时，其值小，微孔为开裂状时，b 值急剧增大。

碳材料的破坏和强度，以各向同性多晶石墨（密度为 1.75 g·cm^{-3}）为例，拉伸强度为 25 MPa，破坏韧性为 0.8 MPa·m$^{1/2}$，根据强度理论，可以估计为破坏性起点的开裂尺寸约为 0.6 nm。与陶瓷材料不同，碳材料一般具有一定塑性变形能力，因其具有吸能作用能够承受一定的热冲击破坏。

3.碳的电子性质

金刚石的禁带宽度达 5.47 eV，具有极强的绝缘能力，经过掺杂，能够在金刚石中产生一定量的载流子，从而实现金刚石的半导体应用。

图 4.16 是一个石墨晶胞的倒格子空间、第一布里渊区边界及成键、反键轨道空间结构图，在二维六边形布里渊环的顶点上，成键 π 轨道和反键 π 轨道几乎重叠在一起，即使无缺陷，结晶石墨也只有约 40 meV 的能隙，缺陷与杂质一般总是提高固体中载流子的密度，同时会提高对电子的散射能力，因此碳材料一般为导体并具有较高的电阻加热效应。石墨的各向异性使得电子的传导性质在不同方向具有极大的差别，层面上的传导能力为 1.3×10^4 cm^2·V^{-1}·s^{-1}，远高于 c 轴方向。

图 4.16　碳 sp^2 杂化的倒格子空间、第一布里渊区边界及
成键、反键轨道空间结构图

4. 碳的热学性质

表 4.4 为石墨和金刚石的结构及物理特征。从表中可知金刚石的德拜温度为 1 860 K，常温下热膨胀系数为 1×10^{-6} K^{-1}，热导率为 25 W·cm^{-1}·K^{-1}，因此金刚石的热容量比较小，而热导率是所有材料中最高的。石墨晶体的热性质有着明显的各向异性，在层面上，石墨的德拜温度为 2 500 K，常温下热膨胀系数为 -1×10^{-6} K^{-1}，热导率为 30 W·cm^{-1}·K^{-1}；而在 c 轴方向上，德拜温度为 950 K，常温下热膨胀系数为 29×10^{-6} K^{-1}，热导率为 0.06 W·cm^{-1}·K^{-1}。石墨的这种显著各向异性的热性质，使得其成为制备许多不同热性质材料的基础。

表 4.4　石墨和金刚石结构及物理性能

物理性能	石墨	金刚石
晶格结构	六角	立方
空间群	$P6_3/mmc - D_{6h}^4$	$Fd3m - O_h^7$
晶格常数(RT)/(0.1 nm)	$2.462^①$、$6.708^②$	3.567
原子密度/(个·cm^{-3})	1.14×10^{23}	1.77×10^{23}
相对密度/(g·cm^{-3})	2.26	3.515
热导率(RT)/(W·cm^{-1}·K^{-1})	$30^①$、$0.06^②$	25
德拜温度/K	$2\ 500^①$、$950^②$	1 860
体弹性模量/Pa		$4 \sim 4.5 \times 10^{11}$
弹性模量/GPa	$1\ 060^①$、$36.5^②$	
硬度(HK)/10^3	<1	10
能隙/eV	-0.04	5.47
电子迁移率/(cm^2·V^{-1}·s^{-1})	$20\ 000^①$、$100^②$	1 800
空穴迁移率/(cm^2·V^{-1}·s^{-1})	$15\ 000^①$、$90^②$	1 500

续表

物理性能	石墨	金刚石
介电常数(低频时)	3.0[①]、5.0[②]	5.58
电击穿常数/(V·cm^{-1})		107
折射系数		2.4
熔点/K	4 200	4 500
热膨胀系数(RT)/K^{-1}	-1×10^{-6}[①]、29×10^{-6}[②]	1×10^{-6}
声速/(cm·s^{-1})	2.63×10^{5}[①]、1×10^{5}[②]	1.96×10^{5}
拉曼峰/cm^{-1}	1 582	1 332

注:①石墨的密排面上;②石墨的 c 轴方向。

5.碳的磁学性质

金刚石和石墨都是饱和电子结构,因此结晶完美的金刚石和石墨都是抗磁性的。但是,由于石墨的禁带宽度几乎为 0,石墨基碳材料总是存在大量的杂质和缺陷,大量载流子、杂质和缺陷的存在使得碳材料一般具有顺磁性。金刚石的禁带宽度很大,并且不容易进行掺杂,因而一般总是表现为抗磁性。

6.碳的光学性质

(1)透过与吸收

金刚石因具有高的折射率和低的吸收系数而晶莹剔透,不仅在可见光区域,金刚石在红外光和紫外光的大部分区域都具有极好的透过性能,含有 N 原子杂质的天然金刚石只是在红外光 7~8 μm 的地方和紫外光 0.25 μm 左右的地方存在弱吸收。

红外吸收光谱是测定类金刚石膜结构组成的重要方法。图 4.17 为典型类金刚石膜红外吸收谱。类金刚石膜中含有较多不同状态的 C—H 键以及非 sp^3 杂化的 C—C 键时,在可见光下一般呈现黄色等,具有低的折射系数,在红外光谱上可以观察到众多吸收峰。

图 4.17　a-C:H 型类金刚石膜的红外吸收光谱

（2）拉曼光谱

拉曼光谱是分析碳结构最有效的手段，而且不会对材料产生破坏。图 4.18 为金刚石、石墨以及其他形式碳的拉曼光谱对比图。金刚石的拉曼峰为 1 332 cm^{-1}，E_{2g} 对称振动产生，称为 G 峰；多晶、无序石墨在 1 350 cm^{-1} 附近存在由 A_{1g} 对称振动产生的拉曼峰，称为 D 峰。图 4.19 为 G 和 D 拉曼峰对应的晶格振动示意图。通过对比 G、D 拉曼峰的特征可以方便、快速地分析碳材料的特性，图 4.20 为不同碳结构对拉曼光谱特征的影响示意图。图 4.21 为从单晶石墨向完全无序态碳过程中拉曼光谱特征变化过程图。

图 4.18　金刚石、石墨以及其他形式
碳的拉曼光谱对比图

图 4.19　石墨 G 和 D 拉曼峰对应的
晶格振动示意图

图 4.20　不同碳结构对拉曼光谱特征的影响示意图

图 4.21 单晶石墨向完全无序态碳过程中拉曼光谱特征变化过程图

4.2 碳化与石墨化

4.2.1 碳化

1.碳化的概念

碳化又称干馏(dry distillation),属于固体燃料的热化学加工方法。将煤、木材、油页岩等在隔绝空气下加热分解为气体(煤气)、液体(焦油)和固体(焦炭)产物,焦油蒸气随煤气从焦炉逸出,可以回收利用,焦炭则由焦炉内推出。有机化合物在隔绝空气下热分解为碳和其他产物,以及用强吸水剂(浓硫酸)将含碳、氢、氧的化合物(如糖类)脱水而成碳的作用也称碳化。沥青热解可称为液态碳化,碳氢等气体热解可称为气态碳化,固化后树脂热解可称为固态碳化。预氧丝在惰性气体保护下通过碳化炉(1 300～1 600℃),预氧丝中的非碳元素(如 N、H 和 O 等)从纤维中排除,也称碳化,其碳化温度可分为两个区域,即 600℃以下的低温区域和 600℃以上的高温区域,温度不同,发生的化学反应有所区别。在低温区,分子间产生脱氢、脱水而交联,生成碳网结构,末端链分解放出 NH_3。预氧化过程中未环化的—CN 也可产生分子间交联,生成 HCN 气体。在高温区,环开裂,分子间交联,生成 HCN 和 N_2,碳网平面扩大(见图 4.22)。随着温度升高,纤维中的氮含量逐渐减少。碳化工艺中碳化处理温度和升温速率对碳纤维性能影响较大,一般来讲,随着处理温度的升高碳纤维的拉伸强度升高,达到最高值后,进一步提高温度,强度开始下降,模量则升高。碳化升温速率也是影响其性能的关键参数,在碳化的低温区要求升温速度要慢,如果升温速率太快,则会导致脱氢、脱水等反应速度加快,造成纤维结构中空隙、裂纹等产生;高温区升温速率可快一些,碳的网状结构初步形成。

图 4.22　预氧化纤维分子链间通过含氧基团进行交联

2.碳化原理及方法

(1)模板法

模板法是在层状化合物上使用二维空间,例如蒙脱石和云母,制备薄膜取向石墨(原理如图 4.23 所示)。将丙烯腈(氰乙烯)分子插入二维蒙脱石,紧随聚合作用,然后在 700℃碳化,再通过 HF 和 HCl 除去蒙脱石化合物成分,可获得易剥落的碳颗粒。通过选择合适的模板材料在一维到三维可控制其组织结构:一维的碳纳米纤维通过阳极氧化铝薄膜合成,二维的石墨层使用层状化合物,三维的微孔碳材料使用各种沸石矿物。

图 4.23　模板法的基本原理图

(2)聚合物共混法

为了控制碳材料其孔状结构,结合两类碳驱体,一类是获得相对高的碳化产率,另一类是低碳化产率,这被称为聚合物共混法。通过结合酰胺酸和苯酚聚氨酯制备聚醚型氨酯酰亚胺薄膜,加热到 200℃,聚酰亚胺(PI)和聚氨酯(PU)两相分离,前者形成基质,后者则形成小岛;加热到 400℃,PU 成分被热分解为气体,导致生成多孔聚酰亚胺薄膜,多孔聚酰亚胺薄膜在惰性气氛下碳化转变为多孔碳材料。聚酰亚胺薄膜和碳薄膜的孔径大小,其影响因素主要是 PI 和 PU 的结合率以及 PU 的分子结构。

(3)高压碳化

图 4.24 为碳化过程释放气体过程,可知碳氢气体中各相对分子质量减少,碳的最终产率降低。如果在压力下碳化,气体分解产物能碳化形成固体碳,结果可获得高产率的碳颗粒,其组织结构不同于常压或负压获得的碳颗粒。碳化压力一般通过外压实现,或通过密封容器内生气体实现。气体分解产物的某一部分在容器的低温部分沉积,然后从碳化系统(在压力下经过通口系统)排除。

图 4.25 为在沥青中随着深度的变化其中间相球体(mesophase spheres,MPS)的分布情况,在沥青试样顶部仅有一些中间相球体,底部是大块的中间相。中间相球体通常不溶于喹啉类溶剂,热处理时不熔融,石墨化时不变形。随着热处理温度的升高,MPS 分子排列不发生变化,氢含量下降,层间距减小,密度增大,晶胞变大;于 600℃时发生中间相结构的变化,700℃以上 MPS 变成固体,比表面积出现极大值。热处理至 1 000℃,密度逐渐升到1.9 g·cm^{-3}左右,并形成收缩裂纹,裂纹方向平行于构成 MPS 的层片方向,在2 800℃石墨化,d_{002} 在 $(3.359 \sim 3.37) \times 10^{-10}$ m 之间。尽管 MPS 单独热处理时球体单元形状几乎不变,但与多核芳烃或沥青中共同加热时,能够熔融于这些介质。MPS 及其热处理产物呈疏水性,但由于 MPS 具有层状结构,在 MPS 周边存在许多定向芳烃的边缘基团,使 MPS 表面具有极高的活性。通过表面改性后,表面边缘原子反应活性非常高。例如:用氧化性和非氧化性气体等离子体 MPS,可以在表面形成官能团,从而提高亲水性和在水中的润湿性;氮基团、氨基团类官能团能够以芳烃取代引入 MPS 表面和内部;可用浓硫酸与 MPS 发生磺化反应,制备离子交换小球。

图 4.24　碳化过程

(4)碘处理碳化

沥青和树脂都能转化为碳材料,但相对碳化产率低。在 90℃用碘处理沥青后,在 800℃碳化率随着碘处理时间的延长而增大(见图 4.26)。在碘处理刚刚开始时,碳化率显著增加,然后达到饱和,碳化率甚至达到 100%。碘是最有效的沥青苯萃取物,可增加其碳化产率并改变其光学组织结构。在碘处理后,沥青的超细颗粒保持其形貌,在 800℃碳化获得的碳颗粒大小平均约 50 nm。

图 4.25　在金管内经过 30 MPa、450℃、20 h 焦油沥青形成的中间相

图 4.26　碳化率随碘处理变化

（5）低温碳化

碳氢化合物分子中所有氢原子都被卤原子取代,或可通过金属除去所有的被取代卤原子。金属卤化物的形成发生在低温甚至室温下,可在低温下获得高产率碳材料,理论上可达到 100%。聚四氟乙烯通过前驱体与碱金属合金反应制备多孔碳材料,该反应用于合成卡宾碳,前驱体分子的线型结构是经过排除 F 原子后而获得。

4.2.2　石墨化

1.石墨化的概念和分类

石墨的晶体结构有六方晶系单晶石墨结构(理想石墨)、菱面体晶系石墨结构和多晶石墨结构三种形式。

（1）理想石墨的晶体结构与各向异性

理想石墨晶体是由许多层六角平面网层组成的巨大单晶石墨,属六方晶系,较大的六角平面网层可以看做是缩合多环芳烃的巨大分子。由于共价键叠加金属键使 C—C 键的键长仅为 1.42,平均键能达到 6 280 kJ·mol^{-1}。层与层之间以范德华力相连接,层间距 $d_{002}=0.335$ nm,平均结合能为 5.44 kJ·mol^{-1}。理想石墨的上述结构特征可用它的位能曲线(见图4.27)

明显地反映出来。由图 4.27 可见,平行于六角平面网层方向即 a 方向的位能曲线存在一个深谷,说明当有外力使六角平面网层内的碳原子发生位移时,随着位移增大。引力或斥力将急剧增大,所以 a 方向又有很高的强度和模量;与此相反,垂直于六角平面网层方向即 c 方向的位能曲线只有 1 个浅谷,说明层与层之间容易发生位移,所以 c 方向具有解理性和自润滑性。同理,石墨的力学、热学、电学、磁学性质参数也因方向不同而不同(见表4.5),称为各向异性。

图 4.27　理想石墨的位能曲线

表 4.5　石墨的各向异性示例

参数名称	a 方向测定值	c 方向测定值
弹性模量/MPa	101.50	3.53
热导率/$(W \cdot m^{-1} \cdot K^{-1})$	580~1 400	3.4~250
热膨胀系数/$10^{-6}K^{-1}$	-1.5	28.6
电阻率/$(10^{-5}\Omega^{-1} \cdot cm^{-1})$	4~5	500
磁化率/10^{-6}	-0.5	-22

菱面体晶系石墨是六方晶系石墨的一个变体,在天然石墨中的含量为 $10\% \sim 30\%$,这种变体的主要结构特征是部分层面发生滑移(见图 4.28)。对六方晶系石墨来说,第二层相对于第一层有平移,第三层又同第一层重叠,称为 ABAB 结构。而对菱面体石墨来说,第三层对第二层也有平移,第四层才同第一层重叠,称为 ABCABC 结构。菱面体石墨的物理化学性能随结构不完整程度增加而变差,但是在 2 800~3 300K 热处理时,ABCABC 转为 ABAB。

(2)多晶石墨结构与石墨化度

多晶石墨与理想石墨相比较,其晶体特征包括以下方面:

①晶体结构单元小,通常不超过 600;

②六角平面网层内部有缺陷,包括空洞(见图 4.29)、位错、边缘含杂原子以及杂质夹杂(见图 4.30),空洞和杂原子使化学稳定性降低;

③六角平面网层之间的排列不规则,层间距 d_{002} 大而不一致。

R.E.富兰克林(R.E. Franklin)等根据上述特征和大量研究结果指出,多晶石墨晶体的基本结构是乱层结构,并提出了乱层结构模型(如图4.31所示)。

图 4.28 菱面体石墨晶体结构

图 4.29 六角平面网层中的空洞

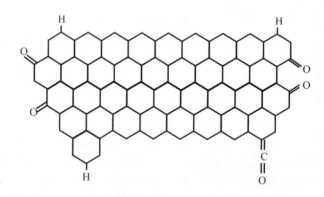

图 4.30 平面网层边缘的杂质原子和原子团

将碳材料在 2 300 K 以上进行高温热处理,发现有一个共同的变化趋势,即随着热处理温度提高,乱层结构向着理想石墨结构的方向变化,表现为层间距 d_{002} 变小、晶体结构单元的直径 L_0 和高度 L_c 变大。从热力学分析,上述变化趋势是必然的,这是因为以下原因:

①晶体结构单元的直径越大即平面网层的直径越大,则平面网层的晶体表面能越小,从而每个碳原子的自由能降低;

②平面网层取向重排所需能量为 $4.2 \text{ kJ} \cdot \text{mol}^{-1}$,远远小于平面网层内 C—C 键的平均键能;

③平面网层边缘的杂原子和原子团在高温下裂解而脱落,交联键断裂。

$d_{002}>0.344 \text{ nm}, L_c<50 \text{ nm}$
(a)乱层石墨

$d_{002}=3\,354 \text{ nm}, L_c<300 \text{ nm}$
(b)理想石墨

(c)乱层结构的重叠状态

(d)理想结构的重叠状态

图 4.31 多晶石墨的乱层结构(左)与理想石墨的有序结构模型(右)

(3)易石墨化碳和难石墨化碳

尽管碳在高温热处理时都有石墨化趋向,但不同条件制取的碳材料,其石墨化的难易程度大不相同。通常将制取碳材料的原料分成易石墨化碳和难石墨化碳两类原料,作为选择原料的一个重要依据。

由煤沥青、石油沥青和蒽等液体碳先驱体碳化制得的碳属于易石墨化碳,即软碳,其结构模型如图 4.32 所示。经 2 500 K 高温石墨化,在电子显微镜下显示出十分清晰的石墨层状结构。在液体碳化过程中,中间相热转化过程进行得越完全,所得碳材料越易石墨化。

由酚醛树脂和呋喃树脂等热固性树脂制得的碳是典型的难石墨化碳,即硬碳,其结构模型如图 4.33 所示。即使经 3 000 K 高温热处理,在电子显微镜下仍显示出互相缠结的无序结构。

图 4.32 易石墨化碳结构模型

图 4.33 难石墨化碳结构模型

上述两种碳在高温热处理过程中的结构参数 d_{002} 和 L_c 的变化如图 4.34 所示。由图可见：

①两种类型碳的石墨化难易程度有显著差别；

②当热处理温度达到 2 600 K 以上时，易石墨化碳的结构参数发生明显变化，趋近理想石墨晶体的结构参数值。

图 4.34　两种类型碳在处理过程中结构参数的变化

2.石墨化碳材料结构的演变

(1)结构参数

XRD 表征碳材料(主要是石墨)结构参数，邻近的六角碳层之间的间距 d_{002}，石墨单位晶胞的 c 轴长度，有时候表述为 $c_0/2$ 和 a 轴长度 a_0，对应于在六角碳层碳原子之间间距 d_{c-c}，例如 $d_{c-c}=a_0/\sqrt{3}$。晶粒大小，例如六角层状平行堆积，对于碳材料的表征来说也是一个重要参数，对于平行和垂直于六角碳层两不同方向，晶粒大小可分别表示为 L_a 和 L_c。两邻近的碳层之间堆积概率 P_1 是通过衍射线的 Fourier 分析决定的，是评价石墨化度的最重要的参数。石墨堆积的层间距已知为 0.334 5 nm，乱层结构大约为 0.334 nm。因此，观察层间距 d_{002} 是个相对平均值，所以通过热处理可以改进结构使其逐渐减少到 0.334 5 nm。

$$L=K\lambda/(B\cos\theta) \tag{4.3}$$

式中：λ 是 X 射线的波长；K 是常数；θ 是衍射角。假如晶格应变是主要原因，则石墨和乱层结构排列随机共存。

$$\beta_{obs}\cos\theta/\lambda=K/L+2\varepsilon_c\sin\theta/\lambda \tag{4.4}$$

式中：β_{obs} 是通过衍射线观察半高宽获得的。

(2)石墨化行为

随着热处理温度的增加，石墨结构也会发生变化，通过测量不同结构参数，主要是层间距 d_{002}，晶粒大小 L_a 和 L_c，最大的横磁致电阻 $(\Delta\rho/\rho_0)_{max}$。$d_{002}$ 减小，L_a、L_c、P_1 和 $(\Delta\rho/\rho_0)_{max}$ 将增大，表明石墨结构的形成(石墨化)。在热处理温度下，针状焦炭的石墨化行为和气相生成碳纤维的石墨化变化相似,但是因纤维太细,碳纤维中 L_c 的长大受到抑制。同理,由于针状焦炭纤维组织具有较高的晶粒取向,标准焦炭与针状焦炭相比总是有较大的 d_{002} 和较小的 L_a 和 L_c。热裂法炭黑组成的颗粒比炉炭黑颗粒大,前者比后者具有较小的 d_{002} 以及较大的 L_a 和 L_c,这两类炭黑具有不同程度的石墨化。在玻璃碳中,石墨结构的形成几乎完全受到抑制,d_{002} 为 0.348 nm,L_a 和 L_c 都仅为 4 nm,尽管经过 3 000 ℃ 热处理,也很难石墨化。

(3)碳材料的平行取向

芳香族聚酰亚胺薄膜在惰性气氛下碳化不发生裂纹,经过在高温碳化和热处理获得高晶化、高取向、高导热石墨薄膜,薄膜中六角碳层材料主要是平行取向。在 2 200 ℃ 以上,002 和 004 衍射线的 d_{002} 和 ρ 经过稳定状态之后减小,L_c 却突然增大,R_H 表现为一个最大值。在 1 600~2 200 ℃ 之间热处理的薄膜,其 $\Delta\rho/\rho_0$ 显示出负值,但是在高于 2 300 ℃ 以上突然变为正值。在 2 600 ℃ 以上,随着热处理温度增加,晶粒尺寸快速增大,可达到 100 nm。在 2 600 ℃ 以上热处理的碳薄膜为高度的各向异性、非常好的取向组织结构。

(4)碳材料的轴向取向

碳材料的轴向取向主要表现在碳纤维中,包括气相生长碳纤维、各向同性沥青基碳纤维、中间相基碳纤维和聚丙烯腈(PAN)基碳纤维。各向同性沥青基碳纤维层间距 d_{002} 值大约在 0.343 nm 处饱和,石墨结构几乎没有发生(见图 4.35)。中间相基碳纤维的 d_{002} 值相对较小,主要是因为它们横截面上有径向直叶显微结构。只有气相生长碳纤维显示出较大的正值 $(\Delta\rho/\rho_0)_{max}$,其他三类碳纤维经过高温处理均显示出负值。气相生长碳纤维与其他三类碳纤维之间差别很大,主要是受到高温处理石墨化结构的变化。

图 4.35 不同碳纤维的层间距 d_{002} 与热处理温度之间的关系

(5)碳材料的点取向

具有圆点取向组织结构的炭黑,是由 15 nm 到几百纳米尺寸大小颗粒组成的。图 4.36 为不同炭黑的热处理温度与层间距 d_{002} 之间的关系图。炭黑与炉炭都是由 20 nm 大小的积聚颗粒组成的,但是热解碳与烟黑大多是由独自分立的颗粒(几百纳米)组成的。后两个碳的层间距比前两个碳要小,但是经过 3 400℃热处理之后将会减小到 0.339 nm,仍然比石墨层间距 0.334 5 nm大。炭黑颗粒晶体长大主要受到初始颗粒大小的约束,对应于 d_{002} 的晶格条纹经过热处理之后变大,但是在 3 000℃ 处理后仍然保持球形颗粒形貌。在 3 000℃ 热处理后一些颗粒被破坏变成小碎片,可能是由于晶粒长大为了缓解应变聚积,但是在 2 000℃、压力为 0.5 MPa的热处理后观察到没有加速石墨化(晶粒生长)。

图 4.36　不同炭黑的层间距 d_{002} 与热处理温度之间的关系图

(6)碳材料的随机取向

在随机取向的玻璃碳中,即使在高于 3 000℃ 的热处理也不会发生晶粒长大,其具有较大的层间距 d_{002} 和非常细小的晶粒尺寸 $L_c(002)$ 和 $L_a(110)$。通过电流熔融棒状玻璃碳,在棒中部火山口形韧窝处可获得球状石墨结构,尽管加热温度接近于碳的熔点温度,但是火山壁处仍然保持玻璃碳的特征。获得的微观尺寸的晶粒大小见表 4.6,外加同一试样的 X 射线和横磁致电阻参数,可见玻璃碳的晶粒随着热处理温度的升高缓慢增大,晶粒的横磁致电阻 $(\Delta\rho/\rho_0)_{cr}$ 也发生轻微变化,然而这些参数与石墨相差较大。如来自糖制备的随机取向组织的碳,可清楚地看到条纹尺寸(晶粒大小)有点变大,但是随机取向仍然没有改变。

表 4.6　玻璃碳在不同温度热处理下的晶粒大小 D、最大横磁致电阻 $(\Delta\rho/\rho_0)_{max}$

热处理温度/℃	晶粒大小/nm	X衍射参数/nm			磁致电阻参数		
		d_{002}	$L_c(002)$	$L_a(110)$	$(\Delta\rho/\rho_0)_{cr}/(\%)$	r_T	r_{TL}
1 000	7.0	0.3468	1.9	2.5			
2 000	10.0	0.3442	3.3	3.1	-0.085	0.77	0.89
3 000	13.1	0.3436	3.6	3.5	-0.182	0.96	0.86

3.促进石墨化

(1)催化石墨化

在碳先驱体里的外来元素或原子、化合物在高温条件下都会影响石墨化结构的变化,不过它们有些可以促使碳的石墨化(催化石墨化),然而有些阻滞石墨化结构生成。在一定温度条件下,外来原子影响石墨化结构的变化可划分为三类:G 效应、T 效应和 A 效应。其中 G 效应催化最强,C 效应催化最弱,可通过 002 衍射线来分析(见图 4.37)。图 4.37(a)为经过高温处理后一些金属和金属化合物所得出的 002 衍射线,表明石墨的形成分离了碳基,在石墨的位置上出现一个尖峰,峰宽与没有外来原子掺杂进入先驱体的峰宽一样,这表明着碳驱体的部分石墨化,也可称为催化石墨化,也叫 G 效应。随着外来原子的增加,热处理温度增高和残余时间延长,会使在石墨处的峰长大,表明有大量的石墨化。

图 4.37　外来原子对前驱的效应

(2)应力石墨化

在 0.3 GPa 热压条件,伴随体积减少的石墨反应和自然高晶体石墨,有利于促进碳材料的石墨化过程。

4.2.3　高纯石墨

1. 概述

高纯石墨是指石墨的含碳量大于 99.99%,其鳞片结晶完整,片薄且韧性好,物理化学性能优异,具有高强度、小电阻、抗热震、抗氧化、耐高温、耐腐蚀、易于精密机加工等优点,广泛用于冶金工业的高级耐火材料与涂料、军事工业火工材料安定剂、轻工业的铅笔芯、电气工业的碳刷、电池工业的电极和化肥工业催化剂添加剂等。

高导热纳米鳞片状碳粉是一种人工合成的高纯石墨,与天然高纯石墨相比,纯度更高、粒径更小、厚度处在纳米尺度范围内,但其径向宽度可以达到数微米到数十微米,具有超大的形状比,保持石墨原有的平面型碳六元环共轭晶体结构,具有优异的机械强度、导电和导热性能,以及良好的润滑、耐高温和抗腐蚀特性。

2. 石墨提纯方法

提纯方法分为两类:一是湿法提纯,包括浮选法、酸碱法和氢氟酸法;二是火法提纯,包括氯化焙烧法和高温提纯法。

(1)浮选法

浮选法是一种比较常用的提纯矿物方法,国内基本上都是采用浮选法对石墨进行提纯。由于石墨表面不易被水浸润,因此石墨具有良好的可浮性,容易与杂质矿物分离。石墨原矿的浮选一般先使用正浮选法,然后再对正浮选精矿进行反浮选。采用浮选法就能得到品位较高的石墨精矿,纯度通常可达 80%~90%。使用浮选法提纯的石墨精矿,因为部分杂质呈极细粒状浸染在石墨鳞片中,即使细磨也不能完全使单体解离,采用物理选矿方法难以彻底除去这部分杂质,纯度只能达到一定的范围,因此浮法一般只作为石墨提纯的第一步。

(2)酸碱法

酸碱法是目前比较成熟的化学提纯工艺,分为碱熔和酸解两个过程,包括NaOH-HCl法、NaOH-H$_2$SO$_4$法和NaOH-HCl-HNO$_3$法等。将NaOH与石墨按照一定的比例均匀混合,在500～700℃的高温下煅烧,硅酸盐、硅铝酸盐和石英等杂质成分与氢氧化钠发生化学反应,生成水溶性的硅酸钠或酸溶性的硅铝酸钠,然后水洗脱硅。将脱硅后的产物用酸浸出,使残余的金属氧化物和碳酸盐转化为可溶性的金属盐,再通过过滤、洗涤,实现与石墨的分离。

(3)氢氟酸法

任何硅酸盐都可以被氢氟酸溶解,这一性质使氢氟酸成为处理石墨中难溶矿物的特效试剂。用氢氟酸法提纯时,把石墨与一定比例的氢氟酸在预热后一起加入带搅拌器的反应器中,待充分润湿后计时搅拌,反应器温度由恒温器控制,到达指定时间后及时脱除多余的酸液,滤液循环使用,滤饼经热水冲洗至中性后脱水烘干即得产品。1979年以来,国内外相继开发了气态氟化氢、液态氢氟酸体系以及氟化铵盐体系的净化方法,其中,液态氢氟酸法应用最为广泛,它利用石墨中的杂质和氢氟酸反应生成溶于水的氟化物及挥发物而达到提纯的目的。因氢氟酸与CaO、MgO和Fe$_2$O$_3$等反应会生成沉淀,在氢氟酸中加入少量氟硅酸、稀盐酸、硝酸或硫酸等,可去除Ca、Mg和Fe等杂质元素。

(4)氯化焙烧法

氯化焙烧法是在石墨粉中掺加一定量的还原剂,在一定温度和特定气氛下焙烧,再通入氯气进行化学反应,使物料中有价金属转变成熔点、沸点较低的气相或凝聚相的氯化物及络合物而逸出,从而与其余组分分离,达到提纯石墨的目的。石墨中的杂质经高温加热,在还原剂的作用下可分解成SiO$_2$、Al$_2$O$_3$、Fe$_2$O$_3$、CaO和MgO等简单氧化物,这些氧化物与氯气发生反应生成CaFeCl$_4$、NaAlCl$_4$和KMgCl$_3$等低熔点与低沸点的金属络合物,这些氯化物通过汽化逸出,使石墨纯度得到提高。以气态排出的金属络合物很快因温度降低而变成凝聚相,利用此特性可以进行逸出废气的处理。

(5)高温提纯法

石墨熔点为3 550℃,沸点为4 500℃,而硅酸盐矿物的沸点都低于2 750℃。高温提纯法是利用天然石墨中灰分大都能汽化逸出的特性,以及石墨耐高温的性质,而采取的一种纯化方法。将石墨矿粉装入坩埚中,通入惰性气体和氟利昂保护气体,在纯化炉中加热到2 300～3 000℃,保持一段时间使石墨中的杂质逸出,从而实现石墨的提纯。高温提纯法一般采用经浮选或化学法提纯过的含碳99%(质量分数)以上的高碳石墨作为原材料,可将石墨提纯到99.99%。

3.高纯石墨的生产特点

高纯石墨与普通石墨的生产工艺大体相同,但有如下一些特点:

①必须选择灰分含量很低的原料,如用石油焦为原料时,石油焦的灰分含量应不大于0.15%。

②可以用挤压成型,也可以用模压成型,一般加工成各种异形器件的细颗粒结构高纯石墨用模压成型比较多,还可以用等静压工艺成型。

③高纯石墨提高纯度的关键工序是石墨化,石墨化的温度要高于生产普通石墨电极的温

度,并在石墨化过程中通入卤族元素气体,使杂质含量降低至$(150\sim200)\times10^{-6}$或更低。

④高纯石墨在进行机械加工时,表面会沾上杂质,为去掉表面沾污,可在加工后置入石墨坩埚内,再次于石墨化炉中提纯,杂质含量可降至100×10^{-6}以下。

⑤在某些场合,对高纯石墨器件表面的灰尘可以用超声波振荡的方法除去,对残留在气孔中的杂质气体可以用高温抽真空的方法除去。为了防止已清洗及抽真空后的石墨再次吸收杂质气体,可以对石墨气孔充填纯氩气。

⑥对某些高纯石墨器件,需在表面涂上一层热解石墨,厚度为$10\sim20\ \mu m$,涂上热解石墨后可以提高抗氧化性能。

4. 高纯石墨的用途

高纯石墨在冶金工业中主要用作耐火材料,在铸造业中用作铸模和防锈涂料,在电气工业中用于生产炭素电极、电极炭棒、电池,制成的石墨乳可用作电视机显像管涂料,制成的炭素制品可用于发电机、电动机、通信器材等诸多方面。在机械工业中用作飞机、轮船、火车等高速运转机械的润滑剂,在化学工业中用于制造各种抗腐蚀器皿和设备,在核工业中用作原子反应堆中的中子减速剂和防护材料等,在航天工业中可用作火箭发动机尾喷管喉衬、火箭、导弹的隔热、耐热材料以及人造卫星上的无线电连接信号和导电结构材料。此外,高纯石墨还是轻工业中玻璃和造纸的磨光剂和防锈剂,也是制造铅笔、墨汁、黑漆、油墨和人造金刚石的原料。高纯石墨大量用于直拉单晶硅炉中,也能加工成各类坩埚,还能制造光谱分析用石墨电极。随着现代科学技术和工业的发展,高纯石墨的应用领域还在不断拓宽,高纯石墨已成为高科技领域中新型复合材料的重要原料,在国民经济中具有重要的作用。

4.2.4　高强石墨

1. 概述

高强石墨具有纯度高、密度大、强度高的特性,是良好的高温结构材料,可用作核石墨、电火花加工用电极、火箭技术用结构材料以及炼钢用水平连铸石墨等等,已广泛应用于冶金、化工、石油、原子能和宇航等工业领域。

2. 高强石墨的制备方法

生产高强石墨的方法多种多样,主要包括改变原料性能,如生焦、半煅焦、改质沥青等;强化工艺,如高压成型和多次浸渍等。

(1)改变原料性能

1)以生焦粉为原料

传统炭素制品的生产方法是将煅后焦与黏结剂煤沥青混捏成型、焙烧、浸渍、二次焙烧或多次浸渍与多次焙烧,再经石墨化处理。由于在热处理过程中,黏结剂煤沥青从碳氢化合物转变为炭和石墨结构,收缩较大,而焦炭颗粒不发生熔融变形,炭和石墨制品气孔率高,结构均匀程度差。若采用不经煅烧的生焦(石油焦或沥青焦)磨粉料,不添加黏结剂生产炭素制品,因磨粉料含有一定量的挥发分,则可以利用颗粒自身表面相互的黏结,避免在热处理过程中因骨料和黏结剂的收缩程度悬殊而引起的组织结构疏松以及大量裂纹,从而提高制品的致密度并提高使用时的抵抗应力。

2)以炭质中间相小球体作原料

炭质中间相小球体是煤焦油沥青或石油沥青经 350～500℃ 的加热处理在光学上呈各向同性的沥青中所生成的中间相小球体,并通过溶剂萃取法从沥青基体中分离出来的物质,是一种自身烧结性优良的小球体材料。以这种原料制造炭素材料时,小球体是无规则取向且以致密状态存在的,可制造高密度各向同性炭素材料。

3)以"二次焦"作原料

将煅烧焦破碎,以煤沥青黏结振动成型,在 1 100℃ 焙烧,然后再破碎成 1 mm 以下的颗粒,俗称"二次焦",有较高体积密度和强度。选用 80% "二次焦"原料和 20% 同性石墨,以沥青作黏结剂混捏成糊,振动成型或等静压成型,生坯焙烧后浸渍一次再石墨化,制品密度可在 1.77 g/cm³ 以上,抗弯强度达 68 MPa。

(2)强化工艺

1)冷等静压成型

将所需压制的材料(粉末状)装入弹性模具内,置于高压容器内,用超高压泵打入液体介质,压力可升高到 100～ 600 MPa。高压容器内的液体介质从各个方向对弹性模具均匀加压,保持一定加压时间后,再将液体介质放出,然后在常压下打开高压容器,取出成型品。等静压成型法成型压力非常大,甚至可以进行焦粉的无黏结剂成型,所得的制品密度较高,生坯体积密度一般可在 1.60 g/cm³ 左右,且毛坯各部分的密度比较均匀。

2)加压焙烧

加压焙烧是将压型品及填料置于压力容器内用气体加压,使压力随焙烧温度上升而增加,达一定压力后保压升温至所需温度,最后冷却出炉。加压焙烧可提高沥青焦化率,使所生成的焦炭致密,焦炭网格与骨料颗粒间的结合增强,制品具有良好的机械性能,其机理为:①加压焙烧阻止了沥青中低分子化合物的挥发,利于聚合反应的进行,从而生成相对分子质量更大的富碳稠环芳烃,最后形成焦炭,提高了沥青焦化率。②制品在焙烧初期回胀小,最终导致体积收缩大。③加压焙烧时,黏结剂处于高温、高压状态,这样可促进部分沥青通过焦炭颗粒微孔和小裂纹渗入颗粒,增强焦炭颗粒间结合强度。

3)多次浸渍再焙烧

浸渍是对焙烧半成品进行抽真空、加压,使浸渍介质煤沥青最大限度地进入产品内部气孔中,进行有效的热解而填充气孔,增加残炭率,从而提高产品的密度和强度。以石油焦和沥青焦的混合焦为原料、中温沥青为黏结剂,采用等静压成型法成型,在工业煤气加热的环式炉中经 1 200℃ 焙烧,然后用中温沥青在高压浸渍罐中反复浸渍,再经反复焙烧,使制品体积密度逐步增大。

4.3 石 墨 烯

石墨烯(graphene)是一种由碳原子以 sp² 杂化轨道组成的六角形并呈蜂巢晶格的平面薄膜,是只有一个碳原子厚度的二维材料。石墨烯一直被认为是假设性的结构,无法单独稳定存在,直至 2004 年,英国曼彻斯特大学物理学家安德烈·海姆和康斯坦丁·诺沃肖洛夫在实验室从石墨中成功地分离出石墨烯,证实它可以单独存在,两人也因"在二维石墨烯材料的开创性实验",共同获得 2010 年诺贝尔物理学奖。

4.3.1 概述

石墨烯既是最薄的材料,也是最强韧的材料,断裂强度比最好的钢材还要高 200 倍;有很好的弹性,拉伸幅度能达到自身尺寸的 20%;石墨烯几乎是完全透明的,只吸收2.3%的光;石墨烯非常致密,即使是最小的气体原子(氦原子)也无法穿透。作为目前发现的最薄、强度最大、导电、导热性能最强的一种新型纳米材料,石墨烯被称为"黑金",是"新材料之王"。

实际上,石墨烯本来就存在于自然界,只是难以剥离出单层结构。石墨烯一层层叠起来就是石墨,厚度为 1 mm 的石墨大约包含 300 万层石墨烯。铅笔在纸上轻轻划过,留下的痕迹就可能是几层甚至几十层石墨烯。英国曼彻斯特大学的两位科学家安德烈·海姆和康斯坦丁·诺沃肖洛夫从高定向热解石墨中剥离出石墨片,然后将薄片的两面粘在一种特殊的胶带上,撕开胶带,就能把石墨片一分为二。不断地重复这样操作,于是薄片越来越薄,最后,他们得到了仅由一层碳原子构成的薄片,这就是石墨烯,随后在单层和双层石墨烯体系中分别发现了整数量子霍尔效应及常温条件下的量子霍尔效应。

在发现石墨烯以前,大多数物理学家认为,热力学涨落不允许任何二维晶体在有限温度下存在。发现石墨烯立即震撼了凝聚体物理学学术界,虽然理论和实验界都认为完美的二维结构无法在非绝对零度稳定存在,但是单层石墨烯确实在实验中被制备出来。

在《中国制造 2025》选择的十大重点突破技术和战略产业中,石墨烯材料是前沿新材料领域的四大重点之一。作为目前发现的厚度最薄、强度最高、导电性最好的新型纳米材料,石墨烯被称为可以改变 21 世纪的"神奇材料"。

4.3.2 石墨烯的分类

单层石墨烯(graphene)是指由一层以苯环结构(即六角形蜂巢结构)周期性紧密堆积的碳原子构成的一种二维碳材料。

双层石墨烯(bilayer or double-layer graphene)是指由两层以苯环结构(即六角形蜂巢结构)周期性紧密堆积的碳原子以不同堆垛方式(包括 AB 堆垛、AA 堆垛等)堆垛构成的一种二维碳材料。

少层石墨烯(few-layer)是指由 3~10 层以苯环结构(即六角形蜂巢结构)周期性紧密堆积的碳原子以不同堆垛方式(包括 ABC 堆垛、ABA 堆垛等)堆垛构成的一种二维碳材料。

多层或厚层石墨烯(multi-layer graphene)是指厚度在 10 层以上 10 nm 以下苯环结构(即六角形蜂巢结构)周期性紧密堆积的碳原子以不同堆垛方式(包括 ABC 堆垛、ABA 堆垛等)堆垛构成的一种二维碳材料。

4.3.3 石墨烯的制备

制备石墨烯常见的方法为机械剥离法、氧化还原法、SiC 外延生长法和化学气相沉积(CVD)法和取向附生法,每种方法都各有特点,并分别快速发展。

机械剥离法是利用物体与石墨烯之间的摩擦和相对运动,得到石墨烯薄层材料的方法,该方法得到的石墨烯通常保持着完整的晶体结构,但是得到的片层小。

氧化还原法是先将石墨氧化,增大石墨层之间的间距,然后用物理方法将其分离,再通过化学法还原得到石墨烯的方法。

SiC 外延生长法是将 SiC 单晶进行氧气或氢气刻蚀处理,然后在高真空下通过电子轰击加热除去氧化物,再用俄歇电子能谱确定表面的氧化物完全被移除后,将样品加热使之温度升高至 1 250~1 450℃后恒温 1~20 min,剩下的 C 原子通过自组形式重构,从而得到基于 SiC 衬底的极薄的石墨烯。

CVD 可制备单畴尺寸数毫米的石墨烯单晶,数厘米石墨烯多晶薄膜。

取向附生法是利用生长基质原子结构"种"出石墨烯。先让碳原子在 1 150℃下渗入钌,然后冷却,冷却到 850℃,之前吸收的大量碳原子就会浮到钌表面,镜片形状的单层碳原子"孤岛"布满了整个基质表面,最终它们可长成完整的一层石墨烯。第一层覆盖 80% 后,第二层开始生长。底层的石墨烯会与钌产生强烈的交互作用,而第二层后就几乎与钌完全分离,只剩下弱电耦合,得到的单层石墨烯薄片表现令人满意。但采用这种方法生产的石墨烯薄片往往厚度不均匀,且石墨烯和基质之间的黏结会影响碳层的特性。

CVD 石墨烯是指用甲烷、乙醇等碳源在高温下分解释放出碳原子,并经退火沉积在基底金属金属上制备石墨烯的方法。根据金属基底材料的不同,CVD 有两种生长机制:一是渗碳析碳生长,这是由金属基底在高温下溶碳量较高造成的(常见的有镍、钴等金属),前驱体高温分解释放碳原子,碳沉积并渗入高温溶碳量大的镍和钴基底内,降温时再析出形成石墨烯;二是表面吸附生长,碳原子直接吸附到溶碳量较小的铜、铂等金属表面,生长形成石墨烯。

4.3.4 石墨烯的基本特性

石墨烯具有完美的二维晶体结构,它的晶格是由 6 个碳原子围成的六边形,厚度为一个原子层。碳原子之间由 σ 键连接,结合方式为 sp^2 杂化,这些 σ 键赋予了石墨烯极其优异的力学性质和结构刚性。

1. 晶格稳定性

石墨烯结构非常稳定,无碳原子缺失情况。石墨烯中各碳原子之间的连接非常柔韧,当施加外部机械力时,碳原子面如同宏观金属网就随意弯曲变形,从而使碳原子不必重新排列来适应外力,也就保持了结构稳定。石墨烯中的电子在轨道中移动时,不会因晶格缺陷或引入外来原子而发生散射。由于原子间作用力十分强,在常温下,即使周围碳原子发生挤撞,石墨烯中电子受到的干扰也非常小。

2. 导电性

石墨烯中除了 σ 键与其他碳原子链接成六角环的蜂窝式层状结构外,每个碳原子垂直于层平面的 pz 轨道可以形成贯穿全层的多原子大 π 键(与苯环类似),因而具有优良的导电性。石墨烯在室温下的载流子迁移率约为 15 000 $cm^2/(V \cdot s)$,这一数值超过了硅材料的 10 倍,是已知载流子迁移率最高的物质——锑化铟(InSb)的 2 倍以上。在某些特定条件,如低温下,石墨烯的载流子迁移率甚至可高达 250 000 $cm^2/(V \cdot s)$。与很多材料不一样,石墨烯的电子迁移率受温度变化的影响较小,50~500 K 之间的任何温度下,单层石墨烯的电子迁移率都在 15 000 $cm^2/(V \cdot s)$ 左右。

石墨烯最大的特性是其中电子的运动速度达到了光速的 1/300,远远超过了电子在一般导体中的运动速度。这使得石墨烯中的电子,或更准确地,应称为"载荷子"(electric charge carrier)的性质和相对论性的中微子非常相似。

3. 导热性

石墨烯具有极高的热导率,在散热片中嵌入石墨烯或数层石墨烯可使得其局部热点温度大幅下降。金属中热导率相对较高的银、铜、金、铝,都不超过 500W/(m·K),金刚石可达到 1 300～2 400 W/(m·K),碳纳米管可达到 3 000 W/(m·K),而单层石墨烯的热导率更可达 5 300 W/(m·K),甚至有研究表明其热导率高达 6 600 W/(m·K),优异的导热性能使得石墨烯已成为超大规模纳米集成电路的散热材料。

4. 力学特性

石墨烯是人类已知强度最高的物质,比钻石还坚硬,强度比世界上最好的钢铁还要高 100 倍。哥伦比亚大学的物理学家以 10～20 μm 的石墨烯微粒作为研究对象,对石墨烯的机械特性进行了全面的研究,先将石墨烯样品放在表面钻有小孔的晶体薄板上,小孔直径为 1～1.5 μm,用金刚石制成的探针对这些放置在小孔上的石墨烯施加压力。在石墨烯样品微粒开始碎裂前,每 100 nm 距离上可承受的最大压力居然达到了大约 2.9 μN,这一结果相当于要施加 55 N 的压力才能使 1 μm 长的石墨烯断裂。如果物理学家能制取出厚度相当于普通食品塑料包装袋的(厚度约 100 nm)石墨烯,那么需要施加差不多 20 000 N 的压力才能将其扯断。换句话说,如果用石墨烯制成包装袋,那么它将能承受大约 2 t 重的物品,或者说在一张 A4 纸上能站立一头大象。

4.3.5　石墨烯在新能源电池中的应用

性能稳定、安全高效的"超级电池"一直是人们追寻的梦想。被誉为"黑金"的石墨烯材料,是电池领域炙手可热的"材料明星"。目前,石墨烯作为正、负极材料和导电剂在锂离子电池、铅酸蓄电池和超级电容器等电池领域中获得了广泛的应用。

1. 石墨烯在锂离子电池中的应用

在锂离子电池中,石墨烯通常被用作电池的正、负极材料以及导电剂。能够可逆地脱/嵌锂离子是负极材料的关键,已实际用于锂离子电池的负极材料主要包括炭素材料(如石墨、软碳、硬碳等)、过渡金属氧化物、锡基材料、硅基材料等,石墨烯与这些负极材料复合,可以获得更好的循环稳定性、高比容量,从而降低成本。锂离子电池的能量密度由正极材料的能量密度决定,因石墨烯在二维高比表面积上具备特殊结构而被应用于锂离子电池的正极材料中,使电子的传输能力得到进一步提升,从而使正极材料的导电性能得到全面改善。此外,将石墨烯用作锂离子电池的导电剂,能够显著提高电极材料的利用率,并改善电池的循环性能以及功率性能。相比于传统导电剂(乙炔黑与炭黑等),石墨烯能更有效地降低正、负极材料颗粒间的接触阻抗并提升整体电极的导电性能。

2. 石墨烯在铅酸蓄电池中的应用

铅酸蓄电池是发展历史最为悠久的二次电池,在电池行业占据主导地位,近年来通过把石墨烯加入铅酸电池负极。对铅酸电池性能的研究发现,石墨烯的少量加入能够显著提高铅酸电池负极的导电性,很好地限制硫酸铅晶体颗粒在电极表面的自生长,有利于电极表面易溶解小颗粒硫酸铅物质的形成;在有石墨烯导电剂存在的情况下,铅酸电池在高倍率放电状态下,可以促进硫酸溶液更容易、更快速且更深地渗透到铅负极活性物质中,从而提高铅酸电池在高倍率状态下的循环次数和放电深度。

3. 石墨烯在超级电容器中的应用

超级电容器是一种介于传统电容器与电池之间的新型电化学储能装置,其融合了传统电容器的高功率特性和电池的高能量特性。电极材料作为超级电容器的核心要素,直接决定着储能系统电化学性能的发挥,而石墨烯所具有的比表面积大等特点完全符合电容器对电极材料的要求,是一种理想的电容器电极材料。此外,石墨烯与过渡金属氧化物或氢氧化物以及导电高分子材料所形成的复合材料是良好的赝电容器电极材料,相关研究证实这类复合赝电容器电极材料具有优异的电容性能。目前,超级电容器已经在电动汽车、电子器件、风力发电等领域得到了广泛的应用。

4. 石墨烯在燃料电池中的应用

燃料电池是一种将燃料的氧化还原产生的化学能通过电化学反应转化为电能的装置,具有能量转化率高、环境友好、比能量高、可靠性高、灵活性大,并且能长时间连续供电等优点。近年来,石墨烯基材料因其优异的导电性能和在电解液加工过程中的稳定性而被广泛应用于燃料电池。石墨烯增大了纳米电催化剂的比表面积,从而改善了电子的转移,并进一步加速了反应物在燃料电池内到电催化活性表面的质量运输。

5. 石墨烯在锂空气电池中的应用

锂空气电池由于其超高的理论能量密度逐渐受到大家的关注。过电势较高、能量转换效率较低以及循环倍率性能差等问题已经成为限制锂空气电池进一步实际应用的主要障碍。正极催化材料是锂空气电池的核心组件,其表现出的催化性能直接决定了锂空气电池的整体性能表现。而近些年来新兴的石墨烯基材料由于具有的超大比表面积、优异的电导率、易调的表面化学状态以及丰富的层次孔结构,可以为自下而上的可控设计与组装氧扩散正极提供基元材料。

4.4 富 勒 烯

4.4.1 概述

C_{60} 的外形酷似足球,是一种球状笼形结构,C_{70} 的外形像橄榄球,是一种椭球状笼形结构,而且家族的其他分子也具有封闭的圆球形和椭球形外形和对称性,与建筑师巴基敏斯特·富勒(Buckminster Fuller)设计出来的由五边形和六边形构成的圆形屋顶结构极为相像,因此又被称为巴基球、巴基敏斯特·富勒烯等,简称富勒烯。富勒烯的家族成员包括 C_{28}、C_{32}、C_{50}、C_{60}、C_{70}、C_{76}、C_{80}、C_{82}、C_{84}、…、C_{240}、C_{540} 等,球笼结构包括管状、洋葱状富勒烯。

4.4.2 C_{60} 的制备和分离

1. 制备方法

富勒烯的制备方法很多,从最初的电阻加热法、电弧法到后来的化学合成法,希望可以得到批量高纯度富勒烯。

(1)激光蒸发石墨法

在激光超声装置上用大功率脉冲激光轰击石墨表面,使之产生碳碎片,在一定的氦气流携带下进入杯形集结区,经气相热碰撞成含富勒烯碳分子的混合物。但该方法产物中的富勒烯分数很少,其中还包含着相对分子质量更大的高富勒烯,只在气相中产生极微量的 C_{60},研究人员将石墨靶预加热到 1 200℃ 大大提高了 C_{60} 的产率。

(2)高频加热蒸发石墨法

利用高频炉在 2 700℃ 和 150 kPa 下,在氦气保护下,直接加热氮化硼支架上石墨样品得到富勒烯碳分子,富勒烯的质量分数可达 8%～12%,是制备 C_{60} 的一种较好的方法。

(3)水下电弧放电法

将电弧室中惰性气体介质换成去离子水,以高纯碳棒为阳极,采用直流电弧放电,通过精确控制电极的缝间距、调整电源种类和强度、稀释气体种类和压力、装置的最佳热对流、碳棒尺寸、反应器大小及萃取剂的抽提效率等因素,用此种方法获得的可溶性富勒烯通常可占蒸发石墨的 20%,甚至可达 30% 以上。

(4)苯燃烧法

将苯在氩气和氧气混合气氛中不完全燃烧,得到的烟灰中含有 3% C_{60}/C_{70}。

(5)萘热裂解法

蒸气在 1 000℃ 的氩气氛中热解,气相中均质形核,得到 C_{60}/C_{70}。

2.提取与分离

(1)提取

生产或实验制备富勒烯产物为 C_{60}/C_{70} 以及其他高富勒烯混合物的烟灰,需要后续提纯处理,常用的纯化方法有萃取法和升华法。

萃取法是将所得烟灰溶于苯、甲苯或其他非极性溶剂(CS_2 或 CCl_4)中,利用 C_{60}/C_{70} 可以溶解而其他成分不溶的特性,将 C_{60}/C_{70} 混合物从烟灰中萃取,而后将溶剂蒸发,留下的深褐色或黑色的粉末即为 C_{60}/C_{70} 的结晶物。

升华法是将烟灰在真空或惰性气氛中加热到 400～500℃,C_{60}/C_{70} 将从烟灰中升华出来,凝聚到衬底上,因厚度不同而呈现褐色或灰色颗粒状膜,此法所得到的 C_{60}/C_{70} 膜中,C_{70} 含量约为 10%。

(2)分离

1)经典柱层析法

最早使用提纯富勒烯的柱层析方法是使用中性氧化铝作为固定相,正己烷或正己烷/甲苯作淋洗剂。尽管可以得到一定量的 C_{60} 和 C_{70} 样品,但由于富勒烯的溶解度小,溶剂的消耗量大且操作冗长。

2)液相色谱法或高效液相色谱法

根据固定相不同或分离机理不同,主要分为反相、电荷转移、包容络合等类型。通常而言,用该法可获得纯度 >99% 的 C_{60} 和 C_{70} 样品。经液相色谱分离后的 C_{60}/C_{70} 的溶液,颜色与高锰酸钾溶液类似,呈绛紫色,而含 C_{70} 的溶液呈橘红色。表 4.7 为分离富勒烯应用实例。

表 4.7　液相色谱法分离纯化富勒烯

固定相	流动相	柱尺寸 mm	检测波长 nm	选择性 (C_{60}/C_{70} 比值)
DevelosilODS-5	正己烷	4.6×250	UV280	1.46

续表

固定相	流动相	柱尺寸 mm	检测波长 nm	选择性 (C_{60}/C_{70}比值)
Wakosil II$_5$C$_{18}$	甲苯/乙腈:50/50	4.6×250	UV325	1.98
HipersilODS	CH_2Cl_2	2.1×250	UV368	1.33
DNAP	正己烷/苯:20/80~50/50	3×150	UV380,340	1.83~2.27
TAPA	甲苯/庚烷:50/50	4.6×100		2
PYE	甲苯或正己烷/甲苯:80/20			1.80~3.14
H$_2$(CPTPP)	甲苯	4.6×100	UV284	4.8
Zn(CPTPP)	甲苯	4.6×100	UV284	4.0
HPTPP	甲苯	4.6×250	UV410	7.0
γ-CD	正己烷/甲苯:70/30	4.0×250	UV334	
DNBPG				2.25

3)重结晶法

此法利用C_{60}/C_{70}在甲苯溶液中溶解度的不同,通过简单的重结晶法,得到的C_{60}纯度约为95%,再次重结晶所得到的C_{60}纯度为98%~99%。

4)Prakash 法

将C_{60}/C_{70}的混合物溶入CS_2中,加入适量$AlCl_3$,由于C_{70}高富勒烯对$AlCl_3$的亲和力大于C_{60},形成络合物从溶液中析出,因而C_{60}留在溶液中。如加入少量水,可有利于C_{60}的纯化分离,C_{60}纯度可以达到99.9%。

5)Atwood 法

此法是采用芳烃($n=8$)处理含C_{60}/C_{70}混合物的甲苯溶液,由于杯芳烃对C_{60}有独特的识别能力,形成1:1杯芳烃/C_{60}包结物结晶。该结晶在氯仿中迅速解离,可以得到纯度大于99.5%的C_{60},而母液中则富含C_{70}。利用此方法获得高纯度的C_{60}可使成本下降50%,且不用任何贵重的仪器设备就可获得克量级的高纯C_{60}。

4.4.3 结构与性能

1.结构

富勒烯碳分子是一类新型全碳分子,每个分子都有$2\times(10+M)$(M是六元环的数量)个碳原子,相应构成12个五元环和M个六元环,从张力和电子学的观点来看,所有的五元环均被六元环分开的结构比有相邻五元环的结构稳定得多,由于C_{60}的20个六元环刚好将12个五元环完全分开,因此C_{60}是最小的最稳定的富勒烯分子。

在C_{60}结构中,60个半杂化的p轨道相互重叠,在笼内外形成大π键。因此,最初认为C_{60}具有"超芳香性",球状的C_{60}是封闭的,没有悬挂键,不能发生像苯类化合物那样的取代反应,具有一定的化学惰性。C_{60}是由12 500个碳分子极限式参与共振所得到的杂化体,故而是稳定的,在12 500个碳分子参与的共振极限式中,所有的五元环都避免了双键存在的共振极限式。

2. 性能

(1)化学反应性

由于 C_{60} 的共轭离域大 π 体系是非平面的,与休克尔体系相比,这种非平面的 π 电子结构芳香性较小,因而有一定的反应活性,可以进行氢化、卤化和氧化等各种反应,在此基础上已合成了大量的衍生物。

①氢化反应和脱氢反应。最早的氢化反应研究是 Rice 大学 Smalley 小组在液氨和供质子醇中用金属锂对 C_{60} 进行还原(Birth 反应),加氢后碳骨架不变,每个五元环上保留一个双键而且不共轭,将加氢得到的 $C_{60}H_{26}$ 产物在含有 2,3 -二氯- 5,6 -二氰对苯醌的甲苯溶液中回流,又可以发生脱氢反应得到 C_{60}。

②卤化反应。在不同条件下,C_{60} 与 F_2、Cl_2 和 Br_2 均能反应生成多卤代衍生物,C_{60} 的卤代物不可进行反应合成系列 C_{60} 的衍生物。

③烷基化反应。C_{60} 在四氰呋喃溶剂中与金属锂反应得到负离子,然后与 CH_3I 及 Me_3SiCl 反应得到烷基化和硅烷化产物。

④芳基化反应。用 Lewis 酸作催化剂,使 C_{60} 和苯及甲苯反应得到多苯代和多甲苯取代的 C_{60},或将苯(或甲苯、对二甲苯)在 $FeCl_3$ 和 Br_2 存在下过液和加热 2～3 h,可以得到 $C_{60}Ph_{12}$ 以及 n 为偶数的多苯代 $C_{60}Ph_n$。

⑤氧化反应。C_{60} 在紫外光照射及加热的情况下可以被氧化,如 C_{60} 在 O_2 饱和的苯中用紫外照射可以生成 $C_{60}O$,但转化率只有 7%,加入联苯酸后,则可提高到 17%。将 $C_{60}Ph_3Cl$ 或 $C_{60}Ph_5H$ 的甲苯溶液暴露在太阳光下放置两周后该衍生物发生了氧化过程,生成了含苯并呋喃和环氧丙烷的 C_{60} 富勒烯衍生物 $C_{60}Ph_4C_6H_4O_2$。

⑥环加成反应。环加成反应可对 C_{60} 富勒烯进行化学修饰,包括[4+2]环加成、[3+2]环加成、[2+2]环加成和[1+2]环加成。用二苯基重氮甲烷在甲苯中与 C_{60} 反应 1 h(室温)得到 2,3 偶极加成反应物,C_{60} 骨架增量为 C_{61},随反应进行骨架还可增至 C_{65}。

⑦金属包合物。富勒烯金属包合物的通用表达式为 $M@C_{2n}$,@表明了金属原子被包在碳笼里面。合成方法包括同步合成法、两步合成法及核反应法,目前已获得 $La@C_{2n}$、$Y@C_{2n}$、$Y_2@C_{2n}$、$Um@C_{2n}$ 和 $M@C_{2n}$。

⑧光化学反应。在光照条件下,C_{60} 能发生光氧化、光氢化还原、[2+2]光环化加成、与叔胺的光加成、与氨基酸的光加成、与金属有机化合物的光加成等反应。

(2)导电性

C_{60} 分子呈中性,不导电,是一种禁带宽度为 1.5 eV 的直接跃迁式半导体,不导电,近似于绝缘体,C_{60} 或 C_{70} 中掺杂一定量的碱金属后绝缘体变成导体。

(3)机械性能

对面心立方晶胞的 C_{60} 晶体加压 20 GPa,加压后的体积缩小到原体积的 70%,但压力变化前后的 X 射线衍射图证实,分子内键合距离没有变化,这说明在 20 GPa 下,C_{60} 分子本身是稳定的。撤压后,C_{60} 又回复到原体积,因其对压力的稳定性,成为优良的润滑材料。

4.4.4　应用

(1)C_{60} 及其衍生物在高分子领域中的应用

C_{60} 及其衍生物在高分子领域中的应用主要可分为三个方面:一是 C_{60} 的高分子化,即合成

和制备含 C_{60} 的聚合物；二是 C_{60} 与聚合物形成电荷转移复合物；三是以 C_{60} 及其衍生物为催化剂的形成部分，催化聚合反应产生聚合物。

(2)C_{60} 及其衍生物在生物方面的应用

近年来，对合成水溶性富勒烯衍生物方面的突破和成功，克服了富勒烯固有的疏水性，大大加速和扩展了 C_{60} 及其衍生物在生物方面的应用范围，在 C_{60} 及其衍生物对人体免疫缺陷病毒酶(HIV)和细菌的抑制、DNA 裂解、除去自由基和对生物膜的双重作用等方面的研究均取得了新的进展。

4.5　碳　纳　米　管

4.5.1　概述

1991 年，日本 NEC 公司基础研究实验室的电子显微镜专家饭岛(Iijima)在高分辨透射电子显微镜下检验石墨电弧设备中产生的球状碳分子时，意外发现了由管状的同轴纳米管组成的碳分子，这就是碳纳米管，又名巴基管。碳纳米管具有典型的层状中空结构特征，构成碳纳米管的层片之间存在一定的夹角。碳纳米管的管身是准圆管结构，并且大多数由五边形截面所组成。管身由六边形碳环微结构单元组成，端帽部分由含五边形的碳环组成的多边形结构，或者称为多边锥形多壁结构，是一种具有特殊结构(径向尺寸为纳米量级，轴向尺寸为微米量级，管子两端基本上都封口)的一维量子材料。碳纳米管主要由呈六边形排列的碳原子构成数层到数十层的同轴圆管，圆管直径一般为 $2\sim20$ nm，层与层之间保持固定的距离，约为 0.34 nm。

4.5.2　碳纳米管的结构与性能

1. 结构

在理想情况下，单壁碳纳米管的主体部分可视为由石墨烯平面卷曲而成的、两端由半个富勒烯封闭的细长圆筒形纯碳纳米管结构。若忽略单壁碳纳米管的两端结构，集中考虑相对均衡的中间(长径比一般为 $10^4\sim10^5$)部分，单壁碳纳米管可视为一个一维大分子，多壁碳纳米管则由多个单壁碳纳米管嵌套而成。单壁碳纳米管和多壁碳纳米管的长度可达 1 μm 以上，有的甚至达到 1 mm 数量级。

单壁碳纳米管可分为非手性管和手性管两大类，非手性管又可分为锯齿管和椅型管，它们都具有关于管轴镜像的严格对称性。三种类型的单壁碳纳米管如图 4.38 所示。

单壁碳纳米管用两个结构参数和手性角就能确定其结构，多壁碳纳米管的结构比较复杂，往往需要三个以上结构参数才能确定其基本结构(除了直径和螺旋角外，还须考虑层间距以及不同层间的六角环排列关系等)。对于多壁碳纳米管，人们进行了多种理论和实验研究来确定其基本结构。多壁碳纳米管的高分辨电子显微镜照片看起来就像对称分布在中心两侧的一些"条纹"，但在某些情况下，在中心的一侧或两侧也会出现一些不规则的间隙。利用 X 射线衍射实验，不同学者得到的多壁碳纳米管层间距略有不同，基本在 $0.344\sim0.390$ nm 之间，与石墨的层间距非常接近。层间距结果的差异部分来自于层间不规则间隙的存在，也可能反映了随着管径变化管层间距的变化。

(a) 椅型管

(b) 锯齿管

(c) 手性管

图 4.38　几种不同类型的单壁碳纳米管

2. 性能

(1) 力学性能

碳纳米管抗拉强度达到 $50 \sim 200$ GPa，是钢的 100 倍，至少比常规石墨纤维高一个数量级，密度却只有钢的 1/6，它的弹性模量可达 1 TPa，与金刚石的弹性模量相当，约为钢的 5 倍。碳纳米管的结构虽然与高分子材料的结构相似，但其结构却比高分子材料稳定得多。

尽管碳纳米管的硬度与金刚石相当，却拥有良好的柔韧性。常用的增强型纤维中，决定强度的一个关键因素是长径比，即长度和直径之比。目前材料工程师希望得到的长径比至少是 20：1，而碳纳米管的长径比一般在 1 000：1 以上，是高强度复合材料理想的增强相。

(2) 导电性能

由于碳纳米管的结构与石墨的片层结构相同，所以具有很好的电学性能，其导电性能取决于管径和管壁的螺旋角。当管径大于 6 nm 时，导电性能下降；当管径小于 6 nm 时，则可以看成具有良好导电性能的一维量子导线。常用矢量 C_h 表示碳纳米管上原子排列的方向，其中 $C_h = n_{a1} + m_{a2}$，记为 (n,m)，$a1$ 和 $a2$ 分别表示两个基矢，(n,m) 与碳纳米管的导电性能密切相关。对于一个给定 (n,m) 的纳米管，如果有 $2n + m = 3q$（q 为整数），则这个方向上表现出金属性，是良好的导体，否则表现为半导体。对于 $n = m$ 的方向，碳纳米管表现出良好的导电性，电导率通常可达铜的 1 万倍。

(3) 传热性能

碳纳米管具有非常大的长径比，因而其沿着长度方向的热交换性能很高，相对的其垂直方向的热交换性能较低。通过合适的取向，碳纳米管可以合成高各向异性的热传导材料。另外，碳纳米管有着较高的热导率，只要在复合材料中掺杂微量的碳纳米管，该复合材料的热导率将会得到很大的提高。

4.5.3　碳纳米管的制备

目前，碳纳米管的制备多采用电弧放电法、催化裂解法、激光法、等离子喷射法、离子束法、太阳能法、电解法和燃烧法等。

1. 电弧法

电弧放电设备主要由电源、石墨电极、真空系统和冷却系统组成,为有效合成碳纳米管,常在阴极中掺入催化剂,有时还配以激光蒸发。在电弧放电过程中,反应室内的温度可高达 $3\,000\sim3\,700\,℃$,生成的碳纳米管高度石墨化,接近或达到理论预期的性能。但电弧放电法制备的碳纳米管空间取向不定,易烧结,且杂质含量较高。

通过石墨电极间直流放电在高温下生成多壁碳管。为了避免产物沉积时因温度太高而造成碳纳米管的烧结,把常规的阴极改成一个可以冷却的铜电极,再在其上接石墨电极,从而减少了碳纳米管的缺陷及非晶石墨在其上的黏附。用石墨/过渡金属混合物代替纯石墨作为阳极时,相应的过渡金属(如 Sn、Te、Bi、Ge、Sb、Pb、Al、In、Se、Cd、Gd 和 Hf)可以填充在碳纳米管中,这样的碳纳米管在磁记录材料等领域具有潜在的应用价值。选择合适的金属,如 Ni、Co、Y、Fe 或它们的混合物,则可以制备单壁管。

2. 激光法

在 $1\,200\,℃$ 的电炉中,通过激光脉冲而非电力,用激光束蒸发过渡金属与石墨复合材料棒,产生碳纳米管的热的碳气体,流动的氩气使产物沉积到水冷铜收集器上,从而制取大量单壁或多壁碳纳米管。激光法的典型收率高达 70%,且主要为单壁碳纳米管,直径范围可通过反应温度调控。

3. 离子束辐射法

通过电子束蒸发覆在 Si 基体上的石墨,合成同一方向排列的碳纳米管。在高真空条件下通过氩离子束对非晶碳进行辐射,可获得壁管 $10\sim15$ 层厚的碳纳米管。

4. 电解法

将石墨电极浸泡在 LiCl 熔盐中,通电时,石墨电极逐渐被消耗,生成碳纳米管。

5. 催化裂解法

催化热分解法温度仅 $700\sim1\,200\,℃$,石墨化程度较差,需后期高温处理以提高其石墨化程度,催化裂解法包括流动法和基板法两种。

(1)流动法

以苯为碳源,二茂铁为催化剂,噻吩为助化剂,选择适当反应条件,如减少原料流动量,增加氢气流动量,降低催化剂浓度等,控制直径使之处于纳米级尺寸。如氢气或载气量过少,进料量过多,催化剂浓度过大,在炉内停留的时间较长,催化剂失活,碳纳米管外壁形成沉积碳层,则虽经高温处理也不能形成三维有序的石墨结构。

空心管直径由催化剂颗粒直径控制,为制备不同孔径碳纳米管和推测碳生成机理提供了依据。管壁是碳片层堆积而成的缩合芳环,呈树木年轮状,属乱层结构,其碳层面与管轴成 $10°$ 夹角,不完全具备石墨单晶的三维有序排列。为了提高碳纳米管的微晶取向排列和纯度,采用高温石墨化技术使其由乱层结构转化成石墨片层沿管轴高度取向的三维有序的石墨纳米管,同时驱走非碳原子。纳米管头部催化剂颗粒中含有铁和硫元素,经 $2\,500\,℃$ 净化处理后,催化剂颗粒从纳米管头部蒸发消失。碳纳米管经 $2\,500\,℃$ 处理后,d_{002} 值从 $0.339\,1$ nm 降到 $0.336\,8$ nm,L_a 从 20.186 nm 增加到 29.504 nm,L_c 从 11.405 nm 增至 16.669 nm,d_{002} 值接近于石墨的层间距,碳含量几乎达到 100%。Raman 光谱研究结果表明,通过 Raman 的一阶谱图得到的 $I_{1\,360\,cm^{-1}}(I_D)$ 和 $I_{1\,580\,cm^{-1}}(I_G)$ 强度的比值,从表 4.8 中可以看出喷雾流动法制得的

石墨纳米管的 R 值为 0.32,小于电弧法碳纳米管的 R 值(0.489),因而流动法制备的多壁碳纳米管的三维有序度比电弧法好。

表 4.8　高温热处理前后的 Raman 分析结果

样品		$R = I_D/I_G$
整式喷雾流动法 (C_6H_6、Fe、S)	碳纳米管	1.15
	石墨纳米管	0.32
高取向热解石墨		0.051
电弧法碳纳米管		0.489

如选择甲苯-苯为碳源(体积比为 1∶9),二茂铁为催化剂,噻吩为助化剂,则发现有分支型碳纳米管生成(见图 4.39)。

图 4.39　分支型碳纳米管示意图

(2)基板法

采用 C_2H_2 为碳源,钴为催化剂,用基板法制备碳纳米管,温度、H_2 流量、反应时间和高温热处理都对管结构有影响。

1)温度对碳纳米管的影响

600℃的产物中碳管含量少,700℃获得大量相互缠绕的弯曲状碳纳米管。低温条件下,C_2H_2 的裂解速度慢,同时催化剂的活性低,都不利于碳纳米管的形成。反应温度过高,C_2H_2

的裂解反应过于激烈,使得碳原子的浓度和活性都过高,导致碳纳米管的成核功增大,不利于成核,碳原子以炭黑的形式快速沉积在催化剂金属粒子上。

2)H₂流量的影响

没有 H₂ 通入时,生成外径为 30～50 nm,最长达 40 μm 的弯曲状碳纳米管;当通入 H₂ 时,不仅生成大量的弯曲状碳纳米管,还有少量的螺旋状碳纳米管。H₂ 的存在使钴催化剂颗粒表现出各向导性,使碳的六边形网络中有规律地引入五边形至七边形碳,形成螺旋状碳纳米管。

3)反应时间的影响

短时间得到碳纳米管的管壁光洁清晰,六角碳平面网取向排列比较规整。延长反应时间,管壁上无定形碳增多,碳纳米管的质量变差。

4)高温热处理的影响

催化剂法制备的碳纳米管需经高温处理,获得石墨纳米管,其三维有序性比石墨电弧制备的碳纳米管还高。

4.5.4　碳纳米管生长机理的推测

采用喷雾流动法装置,以苯＋二茂铁＋噻吩三元反应体系在氢气气氛下喷入反应器中,经1 160℃催化剂热裂解生成碳纳米管,其生成机理可基于气相生长的碳纤维理解。

气相生长碳纤维是一种中空型碳纤维(直径约为 10 nm),纤维顶端有超微金属碳化物粒子,其结构模型如图 4.40(a)所示。该结构模型显示出气相生长碳纤维是树木年轮状的同心圆结构,类似于石墨晶须的卷席状结构,如图 4.40(b)所示。纤维内层和外层在结构上不同,内层是因催化作用而形成的高定向性石墨结构,外层则是热解碳沉积所致的无定形碳。根据气相生长碳纤维晶态的观察研究,将其生长机理分为表面扩散学说、体相扩散学说和粗糙表面学说。

(a)石墨化的气相生长碳纤维　　　　(b)石墨晶须的结构

图 4.40　气相生长碳纤维抗阻示意图

远藤守信和小山恒夫等认为,在烃-氢混合气体体系中,以氧化铁为催化剂时,在高温下,氧化铁还原成铁微粒,并呈熔融的微细状"液滴"分布在基板上。经高温热解,混合气体中的微量碳氢化合物蒸气产生含碳活性物质的所谓种子(环数在 30～50 的多环芳烃),并扩散到金属的"液滴"上[见图 4.41(a)]。受催化作用,缩合成碳固体,在"液滴"与基板的界面部位形成碳层面[见图 4.41(b)]。金属"液滴"受到渗透压力或毛细引力影响,被整体托起[见图 4.41

（c）］，随着碳层面的渐渐伸长，"液滴"被逐渐抬高，并在"液滴"下方形成一条与"液滴"直径相同的孔道，这样的过程称为成核过程。当"液滴"被"种子"全部覆盖时，其催化作用结束，纤维的生长即告停止。在纤维生长过程中以及停止生长之后，一部分"碳种子"同时也在长成的纤维"管道"外侧扩散并缩聚成碳，这就使纤维长粗。图 4.42 表示了这两个阶段的相应状况。可以看出，反应 1～2 h 后，纤维长度方向几乎停止，反应空间的"碳种子"实际上只用来增粗纤维。当热解反应停止，冷却炉体时，金属"液滴"凝成金属固体，在其上面覆盖的碳层转化为金属碳化物（如 Fe_3C），存在于每根生成的碳纤维的顶部。

图 4.41 远藤守信的气相生长碳纤维生长模型

图 4.42 气相生长碳纤维的生长过程

4.5.5 碳纳米管的应用

①纳米电路：比现有电路工作速度快且能耗低，用作电子开关。

②场发射：碳纳米管一端立起通电时，就像发光棒，将电场集中在端部。与其他材料制成的电极相比，碳纳米管在很低的电压下发射电子。

③化学及基因探针：碳纳米管作探针的原子力显微镜可以跟踪一根 DNA，分辨出表明 DNA 中存在的多种基因的化学信号。

④机械存储器:将支座上的纳米管显示屏用作双记忆元件,电压使得一些纳米管接触(开)而其他分开(闭)。

⑤纳米镊子:连到一个玻璃棒的电极上的两个碳纳米管能通过改变电压打开和关闭,这种镊子可以用于摄取和移动 500 nm 尺寸的物体。

⑥超灵敏传感器:半导体碳纳米管的电阻在碱金属、卤素及其他气体中能大幅度改变,有望用作更好的化学传感器。

⑦氢及离子储存:碳纳米管可以在其空管中储存氢并在有效和廉价的燃料电池中缓慢释放,也可用作高效吸附剂、催化剂和催化剂载体,还可以接受锂离子,制得更长寿命的电池。

⑧精确度更高的扫描显微镜:接到扫描探针显微镜针上的碳纳米管可以提高仪器的横向水平分辨率达 10 倍以上,可以清晰地观测到蛋白质和其他分子。

⑨超强材料:加入复合材料中的碳纳米管有很大的弹性和拉伸强度,可以使汽车在撞击时反弹,建筑物在地震中摇摆而不裂开。

⑩连续长纳米管:可用于所有高强纤维的应用领域;电、光和机械元件,如纳米电极、导线及 STM/AFM 针尖;生物科学领域,如单细胞的探测器,注射某些分子的纳米注射器。

⑪固体燃料稳定剂。用于固体火箭发动机燃料添加剂,可调控燃烧速度,镇定火焰形态,有利于控制燃烧过程稳定性。

4.6 玻 璃 碳

4.6.1 概述

玻璃碳的名称来源于非石墨化特性及贝壳状外观,渗透系数小于多晶天然石墨或人造石墨,密度仅为 $1.4\sim1.5$ g·cm^{-3},玻璃碳内部具有大量孔隙。玻璃碳内部碳原子呈三角形排列,碳原子为 sp^3 杂化并连接为网状结构,缺乏长程有序,抗氧化性是石墨的 3 倍。玻璃碳是糠酮树脂或糠醇树脂,添加适量的固化剂(如苯磺酰氯),经 $900\sim1\,000$ ℃成型、固化、碳化、整型和石墨化而成。成型采用玻璃模具浇注,固化须慢速升温,使生成三维空间结构并充分排出缩聚生成的水蒸气,升温速度一般控制在 $0.5\sim2$ ℃·h^{-1}。

4.6.2 玻璃碳的结构与性能

玻璃碳的外观呈黑色玻璃状,断面显示有光泽的贝壳状,与黏结成型碳材料的结构完全不同,既具有碳材料的共性,又具有其自身的特性。

①气孔率低、孔径小、气体渗透率低。玻璃碳的开气孔率小于 2%,经石墨化处理后仍低于 5%,孔径小而且孔径分布窄。玻璃碳的气体渗透率很低,一般在 $10^{-7}\sim10^{-12}$ cm^2·s^{-1} 范围内,其气密性远远优于石墨,胜过橡胶,可以与玻璃媲美。

②线膨胀系数低,抗热震性能好。玻璃碳的线膨胀系数为 $(2.0\sim3.2)\times10^{-6}$ K^{-1},热导率为 $35\sim170$ kW·m^{-1}·K^{-1},弹性模量为 $2\sim3$ GPa,所以抗热震性能胜过石英。

③高温抗氧化。在 600 ℃以下,玻璃碳可以在空气等氧化介质中正常使用,而普通碳材料仅为 400 ℃,在惰性介质、还原介质或真空中,工作温度可达到 3 000 ℃。

④抗腐蚀性强。玻璃碳的抗腐蚀性能比石墨还强,即使对浓硫酸、硝酸等强氧化性酸和浓氢氟酸也显示出 A 级耐腐性能,在 20℃酸处理 24 h 无变化,在介质沸点下处理 2 h 的质量损失为 $0.06\%\sim0.14\%$。

⑤高比强高比模。玻璃碳的体积密度为 $1.4\sim1.5$ g·cm^{-3},肖氏硬度为 70～120HS,抗折强度为 40～50 MPa,甚至达 300 MPa。

4.6.3　玻璃碳的应用

玻璃碳的上述优良性能,使它有广泛的用途,主要有以下几个方面:

①冶金工业上,用作输送熔融状态银、铅和锌等的导管,提炼特纯金属的器皿,金属区域熔炼和真空蒸发的器具等。

②电子工业上,用于磷化钾半导体生产的坩埚,使用寿命长达数年,用作单晶硅外延炉的加热体,不挥发、不吸收杂质,不会污染硅片。

③航空工业上,用于制造高温高速气体喷管。

④计算机工业上,用于制造高速印刷器械。

⑤化学工业上,用于制造耐腐蚀设备和器皿。

4.7　碳　纤　维

4.7.1　概述

碳纤维有黏胶基、沥青基和聚丙烯腈基三类,其中聚丙烯腈基碳纤维应用最广泛。因碳纤维内碳原子形成了具有共价本质的结合性最强的化学键,常称之为 σ 键,碳纤维具有高强度和高模量。表 4.9 为碳纤维的性能数据。在一般的碳材料中,这些化学键的强度只是少量地得到利用。非均质的细粒状碳的弹性模量仅能达到理论值的 0.2%,比较致密的热解碳仅达到理论值的 5%,碳纤维的弹性模量已超过理论值的 50%。

表 4.9　碳纤维性能数据

前驱	轴向拉伸强度 GPa	轴向拉伸模量 GPa	轴向压缩强度 GPa	密度 g·cm^{-3}	轴向热导率 W·m^{-1}·K^{-1}	轴向电阻率 $\mu\Omega$·m
黏胶	$0.25\sim0.7$	25～40	—	1.5	3.5～4.0	35～60
各向同性沥青	0.8～1.0	40	—	1.6	15～40	
中间相沥青	1.4～3.9	160～965	0.45～1.15	1.9～2.2	120～1 100	2～13
7 μm 聚丙烯腈高强纤维	3.0～5.0	210～250	2.7～2.9	1.7	10～25	18
超高模纤维	1.9	570	1.0	1.96	—	7
5 μm 聚丙烯腈高强纤维	5.1～5.8	280～310	2.75	1.8	15	14
高模纤维	3.9～4.5	435～650		1.85		

碳纤维诞生于18世纪中期,最初的商业化碳丝是1879年采用纤维素为前驱体,用作灯丝,后来被钨丝取代。20世纪50年代,随着航空航天和原子能等尖端技术和军事工业的发展,碳纤维又重新以新型工业材料受到重视。人造丝基碳纤维1950年由美空军首先研制,1959年由美国联合碳化物公司实现工业化;聚丙烯腈基碳1961年由日本藤昭男发明,1964年英国瓦特在预氧化过程中对纤维施加张力,开发了高性能碳纤维的生产技术,1969年英国考陶尔、日本碳和东丽等公司实现了工业化。沥青基碳纤维由日本大谷杉郎1963年发明,1970年吴羽化学工业公司进行了低性能沥青基碳纤维工业化生产,同年美国联合碳化物公司辛格尔开发了高性能中间相沥青基石纤维,1975年该公司实现了工业化生产。

1.碳纤维原料的优质化和专用化

按使用原料纤维出现的先后,有机前驱体依次为黏胶、聚丙烯腈和沥青基纤维,但通过40年的相互竞争和发展,无论从产品的数量、质量还是应用领域,聚丙烯腈基碳纤维都占优势。沥青基在高模量方法获得了飞速的发展并在航天领域开拓了应用,黏胶基逐步缩小。

碳纤维的质量和成本的80%取决于纤维前驱体,20世纪60年代开发初期采用均聚原丝聚丙烯腈基,碳丝拉伸强度仅为2.5~3.0 GPa。20世纪80年代出现超纯、细化、高结晶、高取向、高强度的聚丙烯腈原丝,表面再经特殊油剂处理,碳纤维性能大幅提高。为了降低成本拓宽应用领域,20世纪90年代各国又掀起开发大丝束热潮,原丝质量不断改进。沥青基碳纤维性能也不例外,通常各向同性沥青只能生产通用级碳纤维,而各向异性中间相沥青可制备出高性能碳纤维。自20世纪70年代美国联合碳化物公司UCC高性能中间相沥青石墨纤维之后,相继开发出新中间相、预中间相、潜在中间相以及合成中间相沥青等,产品性能由高模沥青基碳纤维向高强/高模方向发展。20世纪80年代日本东丽开发出强度为3.3 GPa,模量为700 GPa中间相石墨纤维;90年代日本三菱化学公司开发出纯化合物蒽和萘催化法,强度为3.0~3.5 GPa,模量为390~800 GPa;90年代末美国AMOCO公司研制出Thornelk-1100牌号商品,其强度为3.1 GPa,模量为956 GPa。高强/高模沥青基石墨纤维研制成功,首先应归功于中间相沥青性能的发明和新品种的出现。黏胶纤维衰落的主要原因是其原丝碳化过程中碳化收率低(见表4.10)和高温(2 000℃)牵伸加工费用高,致使价格昂贵而失去了竞争力。

表4.10 不同原料的碳化收率

原料	分子式或含有元素	含碳量/(%)（质量分数）	碳化收率/(%)（质量分数）(碳纤维/原料)	碳化收率/(%)(碳纤维中碳/原料中碳)
黏胶纤维	$(C_6H_{10}O_5)_n$	45	21~40	45~85
聚丙烯腈纤维	$(C_3H_3N)_n$	68	40~60	60~85
沥青纤维	$C \cdot H$	95	80~90	85~95

2.碳纤维的性能

聚丙烯腈碳纤维的性能主要指力学性能如图4.43所示。20世纪60年代多数碳纤维属通用级,70年代发展出高强型号,80年代中出现了超高强型(如日本东丽公司聚丙烯腈基的T-1000的拉伸强度为7.06 GPa,拉伸模量为294 GPa,断裂伸长为2.4%)和超高模型号沥青基石墨纤维,如美国阿莫科公司的ThornelP-120,其拉伸强度为2.1 GPa,拉伸模量为820

GPa；日本三菱化学的 DIALEADK - 139，拉伸强度为 2.8 GPa，拉伸模量为 750 GPa。发展趋势是聚丙烯腈基向超高强和大断裂伸长方向发展，已达波音级要求。为适应飞机结构件高强、高模同时并重的需求，日本东丽公司又开发了"东丽 MJ"系列 PAN 基碳纤维，其中 M40J 的拉伸强度为 4.41 GPa，拉伸模量为 377 GPa，M50J 的拉伸强度为 4.12 GPa，拉伸模量为 475 GPa，适用于飞机一次性结构件，打破了过去以为一种碳纤维制品高强和高模不可兼得的传统观念。

图 4.43　PAN 基碳纤维拉伸模量-拉伸强度关系图

沥青基高性能碳纤维趋向高模方向发展，适用于宇航和外层空间。20 世纪 80 年代沥青基碳纤维的开发空前活跃，日本三菱化学以纯化合物催化法获得了高强、高模产品，拉伸强度为 3.5 GPa，拉伸模量为 956 GPa。

3. 碳纤维的应用

碳纤维除具有轻质、高比强、高比模、耐高温、抗化学腐蚀、良好的导电性和导热性、低热膨胀系数、生物相容性良好等优异特性外，还具有柔软性和可编性。碳纤维最先用于宇航耐烧蚀材料，现在已广泛应用于航空航天、船舶等军工领域和娱乐、体育、汽车、自行车等民用领域。除上述尖端技术外，几乎涉及国民经济的各个部门，从体育器材、密封材料、吸附剂、催化剂、汽车部件、电磁干扰屏蔽罩、电池电极、骨骼、韧带，直到建筑方面的暖房、波形瓦和碳纤维各种增强水泥件以及补强加固片材料等。随着科技的发展，碳纤维将越来越与各科技领域生产部门乃至人们的生活息息相关，以碳纤维为主体的复合材料开创了一个新的碳材料新世界。

4.7.2　碳纤维的名称和分类

① 按制造工艺和原料不同分为有机前驱体法和气相生长法碳纤维两大类。其中，有机前

驱体法按采用的原纤维不同又可分为黏胶基、聚丙烯腈基、沥青基、酚醛基等碳纤维。

②按热处理温度和气氛介质不同分为活性碳纤维（700～1 000℃，水蒸气或 CO_2+N_2）、碳纤维（800～1 500℃，N_2 或 H_2）和石墨纤维（2 000～3 000℃，N_2 或 Ar）。

③按力学性能不同分为通用级（GP）和高性能（HP）两大类（见图 4.44）。GP 级通常指拉伸强度＜1.2 GPa，拉伸模量＜50 GPa 的碳纤维；HP 又可分为标准型（如日本东丽 T－300 牌号，拉伸强度为 3.53 GPa，拉伸模量为 230 GPa）、高强型（拉伸强度≥4.00 GPa）、高模量（拉伸模量≥390 GPa）和高强高模型（如日本 MJ 系列品种，拉伸强度为 3.92～4.41 GPa，拉伸模量为337～588 GPa）。

图 4.44　沥青基碳纤维的分类

沥青基纤维的原料可以分为中间相沥青纤维（高性能）和各向同性沥青纤维（通用级）。由各向同性沥青得到的沥青基碳纤维，在高温处理后很难得到石墨结构，一般称为通用级沥青基纤维。而利用中间相沥青得到的沥青纤维，在经过石墨化后具有典型的石墨结构，有很高的强度和模量，一般称为高性能沥青基碳纤维。通用级沥青基碳纤维因为强度和模量较低，其商品一般以短纤或者碳毡形式存在。而中间相沥青基碳纤维长纤，与聚丙烯腈基碳纤维一样，具有很好的可加工性。

④按制品形态分长丝（含不同孔数的束丝和单纱）、束丝短纤维、超细短纤维（气相法含晶须）；织物（布、带、绳）、编制品（三向及多向织物、圆管筒等）以及无纬布、无纺布、毡、纸等多种形态的碳（石墨）纤维及其织物。

4.7.3　碳纤维的制备方法

碳纤维的制备方法分为有机纤维法和气相生长法两大类，在此主要叙述有机纤维法。碳纤维原料主要有黏胶、聚丙烯腈和沥青三大类，原料经纺丝、氧化、碳化、石墨化、表面处理、上胶、卷绕及包装，制得不同性能的碳和石墨纤维，其工艺流程如图 4.45 所示。

各种有机纤维热处理过程中化学反应历程及结构分述如下：

①黏胶纤维热解时脱除物理吸附水、纤维素环脱水，通过自由基反应配糖键热裂解伴随 C—O 和 C—C 键的断裂反应产生 CO、CO_2、水、四碳原子基团，随后芳构化形成芳香片层堆积体，呈乱层结构；

②各向同性和各向异性沥青纤维经热氧化处理，纤维内部发生氧化脱氢、交联、环化合缩

聚等化学反应,形成耐热型酸酐氧桥结构,随着温度提高,在氮气保护下,排除纤维中的非碳原子,形成芳香片层堆积体,呈乱层结构;

③聚丙烯腈在小于 400℃的空气中氧化,然后在氮气保护下,随着温度升高,线性好的梯形高分子结构进一步发生交联、环化、缩聚、芳构化等化学反应,形成芳环平面等规则的堆积体,呈乱层结构。

图 4.45 有机纤维法制备(石墨)纤维的工艺流程示意图

4.7.4 碳纤维的结构及处理

碳纤维经过高温处理后,碳含量较高,表面惰性较大,导致碳纤维与塑料基体间黏结性能成为复合材料界面控制技术中最关键的因素。未经表面处理的碳纤维,制备的树脂复合材料层间剪切强度为 50～60 MPa,而工程结构材料使用要求达到 80 MPa 以上,因此碳纤维必须经过表面处理才能达到使用要求。

1. 碳纤维的表面结构与性能

(1)碳纤维的截面微观结构

图 4.46 为聚丙烯腈碳纤维截面微观结构,由图可见,其分为 A 纤维表层区域和 B 纤维主体区域两个主要区域,表层是结晶完整的石墨,类似石墨烯卷毡,包含 C 发夹缺陷和 D 旋转位错两种微结构。其中,旋转位错是线缺陷,将两个石墨晶体隔开,割面的两侧做刚性旋转,再黏结起来,割面的边界线就是一条旋转位错。

垂直于纤维轴的碳平面通常没有取向。这种结构在所有的碳纤维中都存在,但在取向程度、卷层在径向上的排列、平面间的相互作用以及微孔缺陷等不同的结构缺陷上存在差异。

纤维力学性能来自于其微观结构,纤维的弹性模量主要取决于纤维沿轴向的取向程度,而抗拉强度则受结构缺陷数量的限制。在 1 500℃处理中,拉伸强度趋于优化;在 2 800℃处理中,弹性模量趋于优化。

(2)碳纤维的表面微观结构

扫描电镜观察到的碳纤维表面不是很光滑,沿纤维轴方向存在着一些平行的沟槽,有时还会发现一些小的裂纹、凹坑等缺陷,采用分辨率更高的扫描隧道显微镜观察,还会发现表面呈现不均匀、不规则状态,在纳米级图像上更可看到表面存在很多凸起和凹坑。

碳纤维表面由结晶区和非结晶区组成。图 4.47 为表面石墨晶格的活性点,结晶尺寸随着碳化温度的升高而增大。微晶尺寸越大,处于 CF 表面晶界和边缘位置的碳原子数目越少,表面活性越低,复合材料剪切强度也越低。纤维经过表面处理后,结晶组织会变小,活性点增多,表面活性增大。原丝和热处理条件不同,得到的结构不同。热处理温度低时,表面比较粗糙,随着热处理温度升高,表面逐渐光滑,而微晶尺寸较大,沿纤维轴向择优取向,活性点减少,由这样的纤维直接制得的树脂基复合材料界面黏结强度非常低,如未表面处理的 M40 型碳纤维的环氧树脂基复合材料的剪切强度只有 30 MPa 左右。

图 4.46　聚丙烯腈碳纤维截面微观结构
A—纤维表层区域;　B—纤维主体区域;　C—发夹缺陷;　D—旋转位错

图 4.47　石墨晶格上的活性点

（2）碳纤维的比表面积

碳纤维的比表面积随所用原料和处理条件不同有很大区别。聚丙烯腈基碳纤维的比表面积一般较小，为 $0.1 \sim 1.5 \ m^2 \cdot g^{-1}$，而活性比表面积所占比例更小，一般为总比表面积的 $5\% \sim 14\%$。活性比表面积是指在表面引入活性官能团的点和边缘棱角不饱和碳原子所占的点的加和面积，如表 4.11 所示。总的来说，当两种固体能较好渗透时，表面积的增加使两种固体的接触面积增大，提高了固体之间的范德华力和机械锁合力，因此比表面积的提高有利于复合材料剪切强度的改善。

表 4.11　电化学表面处理对碳纤维比表面积及其复合材料剪切强度的影响

处理时间/min	0	1	5	5	5	10	10	10
电流密度/(mA·cm^{-2})	0	11.8	0.81	11.8	22.1	4.6	11.8	22.1
拉伸强度/MPa	2 710	2 730	2 800	2 710	2 710	2 720	2 340	2 340
弹性模量/GPa	430	430	440	440	430	430	420	415
BET 比表面积/(m^2·g^{-1})	0.25~0.3	0.25~0.3	0.25~0.3	0.25~0.3	0.25~0.3	0.25~0.3	0.25~0.3	0.25~0.3
剪切强度/MPa	24.5	30.7	28.7	36.5	43.6	34.3	46.7	52.5

（3）表面化学特性

碳纤维的表面化学特性主要是指纤维表面的化学组成和反应活性。碳纤维的表面非碳原子主要为 O，其次为 N，有时还有微量的 Si、S 和 Na 等元素，碳纤维表面的含氧官能团主要为羟基—OH、羰基 C＝O、羧基—COOH 等。通过光电子能谱可以快速检测碳纤维表面官能团的变化，也可以采用化学滴定的方法研究碳纤维表面官能团。经过表面处理后，氧含量会明显增加（见图 4.48）。通过表面处理改变表面官能团的种类和含量，可以改善纤维与基体树脂之间的黏结性能，碳纤维表面处理后，复合材料的剪切强度随着氧含量的增加而提高。

图 4.48　碳纤维表面 XPS 全谱扫描图

（4）碳纤维表面浸润

碳纤维表面与树脂基体能否黏结良好的重要条件是液相树脂能否很好地浸润纤维表面。碳纤维表面主要由惰性的石墨结构碳原子组成，而且表面比较光滑，因此碳纤维表面自由能低，与水的接触角大。图 4.49 是不同电解质中氧化后的高模碳纤维与水的接触角的变化，从图中可以看到，经电解质处理后，碳纤维与水的接触角 α 都有一定的降低，说明浸润湿性达到改善。

图 4.49 高模碳纤维在不同电解质中氧化对其与水的接触角的影响

2.碳纤维的表面处理

碳纤维表面处理的方法主要有气相氧化法、液相氧化法、电化学阳极氧化法、低温等离子体处理和表面化学涂层法等。

（1）气相氧化法

气相氧化法是使用空气、氧气、臭氧等气相介质对碳纤维进行表面氧化，可连续化处理，以空气为介质时，温度可控制在 400～800℃范围内。

（2）低温等离子体处理

低温等离子体表面处理是一种气固相反应，能量远比热化学反应低，改性也仅发生在表层，不影响碳纤维的性能，作用时间短，效率高。

低温等离子体处理气氛有 O_2、SO_2、CO、N_2、Ar、NH_3 和空气等，空气等离子处理后纤维表面的氧含量明显增加，氨和氮等离子体处理后纤维的表面的氮含量增加。等离子体处理碳纤维的机理模型图如图 4.50 所示，由图可见，其能引起碳纤维基平面中六元芳香环的断裂，产生更多的活性表面积，大幅度提高碳纤维与环氧树脂间的黏结强度（见表 4.12）。

表 4.12 低温等离子体处理对石墨纤维复合材料剪切强度的影响

处理时间/min	0	1	3	5	7	10	15	20	25	30
剪切强度/MPa	130	230	355	438	450	460	461	468	474	482

图 4.50　碳纤维表面等离子体氧化反应模型

（3）电化学阳极氧化法

电化学阳极氧化法是以碳纤维为阳极，以石墨、镍、铜等为阴极，依靠电解产生的初生态氧对纤维进行氧化处理，电解液即酸、碱、盐混合物的水溶液，处理效果与电解电压、电流、停留时间、电解质种类及浓度和温度等因素有关。

恒电流处理比恒压处理更为有效，因为恒流处理可以在纤维表面引入种类不同的含氧官能团，而恒压处理则不具备这一优点。在电压低于 2 V 时，纤维表面主要生成羰基等基团，效果不理想。电解氧化时，特别是大丝束进行处理时，不容易氧化均匀。电解时纤维表面生成氧气，而阴极产生的氢气、氨气等气泡则可能吸附在纤维表面阻挡电流通过，使电解处理不够充分。现在一般使用高于电解液分解电压进行处理，电压升高会使纤维机械性能受到损伤，可以采取缩短停留时间的方法避免强度的下降。

电解液的种类不同，处理效果也不一样，电解质可分为酸、碱和盐三大类。酸类电解质包括硝酸、硫酸、磷酸和硼酸等，碱类电解质以氢氧化钠为主，盐类电解质包括氯化钠、硫酸钾、碳酸氢钠、次氯酸钠及铵盐。在硝酸电解质中进行阳极氧化可以显著地增加碳纤维表面的氧含量，但碱性电解质不会显著改变纤维表面的氧含量。

碳纤维经阳极氧化处理后表面微观结构发生很大变化，表面—OH 和—COOH 等含氧官能团明显增多。碳纤维阳极氧化的机理模型图如图 4.51 所示，阳极氧化处理比等离子体刻蚀要缓和，氧化的位置集中在基平面之间的边界处。

图 4.51　碳纤维表面阳极氧化反应模型

4.8 碳/碳(C/C)复合材料

4.8.1 概述

C/C复合材料是指以碳纤维作为增强体,以碳作为基体的无机复合材料。作为增强体的碳纤维可分多种形式和种类,既可以用短切丝,也可以用连续长纤维及平面和立体编制物,各种类型的碳纤维都可用于C/C复合材料的增强体。C/C复合材料,具有低密度(理论密度最高为2.2 g·cm^{-3})、高比强、高比模、高热传导性、低热膨胀系数、断裂韧性好、耐磨和耐烧蚀等特点,尤其是其强度随着温度升高不仅不会降低反而还可能升高,被广泛应用于航空航天、核能、化工和医疗等各个领域。20世纪70年代C/C复合材料在美国和欧洲得到了快速的发展,开发了碳纤维的多向编织技术,高压液相浸渍工艺(PIP)以及化学气相浸渍(CVI)工艺,使C/C复合材料的性能得到进一步的提高。

4.8.2 C/C复合材料的制备

C/C复合材料的制备方法有很多,所用的原材料的不同,C/C复合材料的制备工艺也各不相同。如图4.52所示,主要有PIP、CVI、高压碳化法(PIC)及粉末烧结法等。浸渍法相对而言设备比较简单,而且这种方法使用性也比较广泛。CVI是直接在坯体孔内沉积碳,以达到填孔和增密的目的。CVI碳易石墨化,且与纤维之间的物理兼容性好,而且不会像浸渍法那样在碳化时产生收缩,因而这种方法的物理机械性能比较好。PIC是在超高压下进行碳化,可防止坯体中浸入物在高温下流失,大大提高了碳收率。

图4.52 C/C复合材料的工艺流程图

4.8.3　C/C 复合材料的防氧化

C/C 复合材料一般在空气中 370℃时就会开始氧化,且超过 500℃后氧化速度会随温度的增加而迅速增加,这将对材料本身造成严重的破坏,极大地限制它作为高温结构材料的应用,防止 C/C 复合材料的氧化已成为扩大其应用领域的关键。

1. C/C 复合材料的氧化过程及特点

在温度高于 370℃的有氧环境下,C/C 复合材料中的碳元素会与氧发生反应,生成 CO 和 CO_2,即使在极低的氧分压情况下,也具有很大的 Gibbs 自由能差驱动反应快速进行,且氧化速度与氧化分压成正比。

碳材料氧化反应包括五个步骤:①反应气体向碳材料表面传递;②反应气体吸附在碳材料表面;③在表面进行氧化反应;④氧化反应生成气体的脱附;⑤生成气体向反方向传递。根据不同温度下控制环节的不同,碳材料氧化过程分为三个阶段:①当温度较低时,氧化过程的控制环节是氧与材料表面碳活性源发生的反应;②随着温度的升高,氧化过程逐渐由氧元素在碳材料中的迁移速度所控制;③高温下,氧化速度的快慢由氧在材料表面附近的浓度边界层中的扩散速度所控制。这三个阶段氧化的活化能分别为 178.07 kJ·mol^{-1}、86.94 kJ·mol^{-1} 和 20.9 kJ·mol^{-1}。

C/C 复合材料的氧化过程相比碳材料更为复杂。因为 C/C 复合材料是多孔材料,气体一边扩散到材料内部,一边和气孔壁上的碳原子反应。在低温下,气孔内的扩散速度比反应速度大得多,整个试样均匀地起反应;随着温度升高,碳的氧化反应速度加快,因反应气体在气孔入口附近消耗得多,从而试样内部的反应量减少。温度进一步升高,反应速度进一步增大,则表面上反应气体就消耗完,气孔内已经不能反应。也就是说,纤维/基体界面的高能和活性区域或孔洞是 C/C 复合材料中优先氧化的区域,所产生的烧蚀裂纹不断扩大并向内部延伸,随后的氧化部位依次为纤维轴向表面、纤维末端和纤维内芯层间各向异性碳基体、各向同性碳基体。C/C 复合材料的氧化失效是缘于氧化对纤维/基体及纤维强度的降低,不断扩展,最终引起材料结构的破坏。

2. 改性技术

C/C 复合材料的防氧化途径主要有改性技术(包括碳纤维改性和基体改性)和涂层技术。纤维改性是在纤维表面制备各种涂层,基体改性是改变基体的组成以提高基体的抗氧化能力。

(1)纤维改性技术

C/C 复合材料的氧化多集中于碳纤维与基体的界面处,因此在碳纤维与基体的界面处涂覆一层隔绝层,切断氧进一步向材料内部扩散的通道,在一定程度上可达到抗氧化的目的。

纤维表面的涂层能防止纤维的氧化、改变纤维/基体界面特性和提高界面的抗氧化能力。其主要缺点是降低了纤维本身的强度,同时影响纤维的柔性,不利于纤维的编织。表 4.13 列出了碳纤维涂层种类及其制备方法。最常用的方法是化学气相沉积技术。

表 4.13　碳纤维表面的涂层种类及其制备方法

涂层技术	涂层材料	涂层厚度/μm
化学气相沉积	TiB、TiC、TiN、SiC、B_4C、Si、C、Ta、BN	0.1～1.0
溅射	SiC	0.05～0.5

续表

涂层技术	涂层材料	涂层厚度/μm
等离子喷涂	Al	2.5~4.0
电镀	Ni、Co、Cu	0.2~0.6
溶胶-凝胶法	SiO_2	0.07~0.15
液相金属转换法	Nb_2C、Ta_2C、$TiC - Ti_4SN_2C_2$、$ZrC - Zr_4SN_2C_2$	0.05~2.0

（2）基体改性技术

基体改性技术是在合成 C/C 复合材料过程中时，在碳源前驱体中加入阻氧成分，这样阻氧微粒和基体碳一同在纤维上沉积，形成具有自身抗氧化能力的 C/C 复合材料。基体改性技术的阻氧成分选择要满足如下条件：

①与基体碳之间具有良好的物理化学相容性；

②具备较低的氧气渗透率；

③不能对氧化反应具有催化作用；

④不能影响碳基复合材料的力学性能。

基体改性技术目前主要有三种：液相浸渍技术、固相复合技术和化学气相渗透技术。

1）液相浸渍技术

液相浸渍是在 C/C 复合材料制备完成后将抗氧化剂以前驱体的形式引入基体内，通过热解转化得到抗氧化剂，抗氧化剂可能是氧化物玻璃，也可能是非氧化物颗粒，形成氧化物玻璃的前驱体主要有硼酸、硼酸盐、磷酸盐、正硅酸乙酯等，形成非氧化物颗粒主要有有机金属烷类。玻璃抗氧化剂是依靠封填孔隙来防氧化的，因此玻璃的黏度及与 C/C 复合材料的润湿性至关重要。

2）固相复合技术

固相复合是将抗氧化剂以固相颗粒的形式引入 C/C 复合材料，抗氧化剂可能是单质元素（如 Ti、Si 和 B），也可能是碳化物（如 BC、TaC 和 SiC），硼化物（如 TiB_2 和 ZrB_2），也有可能是有机硼硅烷聚合物等。这些抗氧化剂提高基体碳抗氧化性能的机理是利用单质元素或化合物与碳元素反应生成碳化物，这些碳化物及添加的化合物氧化后生成的氧化物与氧不反应，还能阻止氧透过，从而实现抗氧化的作用。添加不同抗氧化剂的复合材料抗氧化性能有所差异，主要原因是所生成的碳化物或添加的化合物的性能及晶体结构不同，若生成的化合物化学活性较高，反应活化能 ΔG 高，则易与氧反应。

在低于 1 150℃的环境下，硼及硼的化合物是最好的抗氧化物质，因为它们的存在可以降低碳和氧的反应驱动力。含硼化合物在 580℃有氧环境中氧化生成 B_2O_3 为玻璃态物质，并且具有 250% 的体积膨胀和较低的黏度，可有效填充基体的孔隙和微裂纹，包覆基体碳材料上的活性点。

当向材料基体中引入改性剂时，往往会以降低材料的强度作为代价，同时，沉浸在复合材料中的陶瓷颗粒在高温时很容易发生碎裂。

3）化学气相渗透技术

利用 CVI 技术可同时在预制体中共渗基体碳和抗氧化物质，以达到材料抗氧化的目的。目前研究较多的是 CVI SiC、BN、B_4C，生成双基或多基复合材料。

3. 防氧化涂层技术

(1) 防氧化涂层的基本要求

制备 C/C 复合材料涂层必须同时考虑涂层挥发、涂层缺陷、涂层与基体的界面结合强度、临界物理和化学相容性、氧扩散、碳扩散等多方面的基本要求(见图 4.53),这些要求决定了 C/C 材料的防氧化涂层结构。

防氧化涂层具体要求可概括为以下几点:

① 涂层具有较低的氧扩散系数;

② 涂层具有自愈合能力;

③ 在使用温度范围内蒸气压低;

④ 涂层与基体热膨胀系数匹配;

⑤ 与基体有良好的物理和化学相容性。

图 4.53　影响 C/C 防氧化涂层性能的因素

图 4.54 为石英玻璃及多晶氧化物中氧的扩散系数,图 4.55 为多种陶瓷材料的蒸气压,图 4.56 为多种耐热材料的热膨胀系数。可根据该图设计涂层,但也不能局限于单质单层,目前发展到多质多层结构,为增强与 C/C 复合材料深层结合强度,可在 C/C 复合材料表面等离子轰起微孔,增加复合材料与涂层嵌态。

图 4.54　石英玻璃及多晶氧化物中的氧扩散系数　　图 4.55　陶瓷材料的蒸气压

图 4.56　各种耐热材料热膨胀系数比较

（2）防氧化涂层 C/C 复合材料的氧化特征

防氧化涂层 C/C 复合材料氧化的门槛温度 T_T 与 C/C 复合材料一样，均为 370℃（见图 4.57）。涂层的极限使用温度 T_L 不但与涂层材料的性质有关，而且与涂层的寿命有关。在制备温度 T_F 以下，涂层因与基体热膨胀失配而产生裂纹的温度称为裂纹生成温度 T_C。裂纹生成温度到极限使用温度为本征防氧化温度区间，在这一温度区间涂层 C/C 复合材料与涂层的氧化行为一致。门槛温度到裂纹生成温度区间除了氧化的活化源减少以外，涂层 C/C 复合材料与 C/C 复合材料的氧化行为没有本质的区别。

图 4.57　防氧化涂层 C/C 复合材料的一般氧化行为

对于防氧化涂层 C/C 复合材料，氧化过程一般分为三个阶段（见图 4.58）。在低温初始氧化阶段，氧化速率与时间成正比（失重在 20% 以下）：

$$\Delta m/m_0 = k_{21}t \tag{4.5}$$

在中温氧化阶段，氧化速率仍与时间成正比（失重在 20%～70% 之间）：

$$\Delta m/m_0 = k_{22}t, \quad k_{22} > k_{21} \tag{4.6}$$

在高温氧化阶段,为对数型氧化规律(失重在 70％以上):

$$\Delta m / m_0 = 1 - e^{-k_{23}t} \tag{4.7}$$

式中:Δm 为质量损失量;m_0 为试样原始质量;t 为时间;k_{22},k_{21},k_{23} 为常数。计算氧化速率常数并绘制 Arrhenius 曲线(见图 4.59)。带涂层 C/C 复合材料的第一阶段(低温初始氧化阶段)的曲线也由两段折线构成,各段活化能均不相同,说明随温度升高,氧化机制发生了变化。第一阶段的低温段活化能数值较高,在这种情况下,由于扩散速度大于反应速度,扩散通道内几乎不存在氧浓度梯度,因此试样内的氧化反应是均匀的,这时整个过程的氧化速率主要由氧化反应速率控制。在转折温度之上的线性氧化阶段以及第二阶段的线性氧化过程,随着温度升高,气固反应速度加快到可与扩散速度相比,甚至超过扩散速度。在这种情况下,氧化不仅取决于氧化反应,还取决于氧通过涂层与基体的扩散过程。在氧化最后阶段,对于带涂层的材料则为对数型氧化规律;对于无涂层材料则为线性氧化规律,氧化速率大大增加。这种情况发生在温度较高,并已形成了大量烧蚀空穴情况下,界面反应速度和扩散速度变得足够大,反应又变为由反应物和产物通过基体或涂层的扩散所控制。

图 4.58 SiC 涂层 C/C 复合材料氧化
失重率与时间的关系

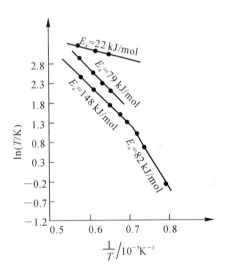

图 4.59 SiC 涂层 C/C 复合材料的
Arrhenius 曲线

(3)涂层的分类和结构

根据温度划分,涂层可分为低温涂层(低于 1 000℃)和高温涂层(1 000～1 800℃),前者主要是 B_2O_3 玻璃涂层,后者主要是 SiC、$MoSi_2$ 等高温陶瓷涂层。根据涂层形式来分,可分为单一涂层和多层涂层,单一涂层主要用于温度较低、抗氧化时间较短的情况,多层涂层主要用于高温长时间的抗氧化。

多层涂层中不同结构所起的作用不同,从功能上分,主要包括以下几种结构:

1)耐腐蚀层

C/C 复合材料零部件一般都工作在高速气流环境中,高速气流对涂层的冲刷和涂层自身的蒸发,都成为影响涂层使用寿命的重要因素。耐腐蚀层一般采用致密且表面蒸气压低的氧化物陶瓷材料,SiO_2 因蒸气压低、致密且氧扩散系数低成为首选。

表 4.14 列出了不同氧化物表面蒸气压达到 10^{-3} mmHg 时的温度。从表 4.14 可知,仅从表面蒸气压的角度考虑,所列的氧化物大部分可以作为 1 700℃以下温度范围的耐腐蚀层的候选材料。但 CaO 和 BeO 对湿度十分敏感,BeO 还有剧毒,ThO_2 具有放射性,TiO_2 对环境中的氧浓度十分敏感。虽然 HfO_2 产生裂纹的趋势较 Y_2O_3 小,但 HfO_2 和 ZrO_2 必须经过晶型稳定处理,才能避免在冷热循环中发生破坏性相变。

表 4.14 不同氧化物在 133.322×10^{-3} Pa 蒸气压时的温度

氧化物	温度/℃	氧化物	温度/℃
HfO_2	2 475	Al_2O_3	1 905
Y_2O_3	2 250	CaO	1 875
ThO_2	2 239	TiO_2	1 780
ZrO_2	2 239	SiO_2	1 770
BeO	2 027	MgO	1 695

2)氧阻挡层

涂层能否抵抗外部环境中氧的渗入是决定涂层抗氧化特性的关键,即使能生成一个致密无裂纹的涂层,由固态扩散引起的氧渗透仍然是一个重要的问题。

热力学计算表明,致密的高纯度 Si_3N_4 和 SiC 涂层可在强氧化性气氛和 1 700~1 800℃范围条件下对 C/C 材料提供保护。但 Si_3N_4 和 SiC 的耐久性依赖于 SiO_2 保护膜的形成,由于其极低的氧渗透率(在 1 200℃ 时为 10^{-13} g · cm · s^{-1},在 2 200℃时为 10^{-11} g · cm · s^{-1}),氧元素不可能通过完整无损的 SiO_2 层。

HfO_2、ZrO_2 和 ThO_2 在 1 300~1 400℃ 的温度范围内的氧渗透率约为 10^{-9} g · cm^{-1} · s^{-1},因此其涂层的高温抗氧化能力较差。金属铱具有高熔点和低氧渗透率的优点,铱的熔点为 2 443℃,在 2 200℃时的氧渗透率小于 10^{-14} g · cm^{-1} · s^{-1}。综合以上的分析,HfO_2、ZrO_2 和 ThO_2 难以作为氧阻挡层使用,但可以考虑作为耐蚀层使用。Al_2O_3 的氧渗透率仍高于 SiO_2,并且 Al_2O_3 在高温会与碳反应。对铱的研究已经历 50 余年,因铱与碳在 2 280℃以下不反应,结合强度太低,目前重点是研究一种结合力好的涂层制备技术。陈照峰等采用双辉光等离子技术在 C/C、ZrC 和 WC 等碳化物涂层表面均制备了致密铱涂层,若将耐腐蚀层和氧阻挡层的要求综合考虑,WC/Ir 将是 1 800℃以上理想涂层。

3)密封层

SiO_2 具有与 C/C 复合材料相近的线膨胀系数,但是它在高温会与碳反应,在界面处产生 CO 气体,会使玻璃质 SiO_2 变成泡沫或多孔状,从而不能在碳表面直接使用。Si_3N_4 和 SiC 的线膨胀系数仅次于 SiO_2,但还是 C/C 复合材料(尤其是平行于纤维方向)的 5~10 倍,当材料从高温冷却时,在涂层表面形成拉应力,涂层表面裂纹的出现不可避免。由于碳材料的氧化起始温度为 370℃左右,即使通过基体改性提高到 600℃左右,仍远远低于裂纹闭合温度。为防止在氧化起始温度与裂纹闭合温度之间的温度范围内氧通过裂纹直接氧化基体,有必要在外涂层的内部施加玻璃密封层。目前,研究较多的是在 SiC、TaC 和 HfC 等抗氧化涂层之间 CVD B_4C 涂层,利用 B_4C 氧化后生成的玻璃相封填裂纹。

4)过渡层

过渡层的作用是降低涂层与基体或者涂层内部各结构之间的热膨胀系数的不匹配,同时阻止密封层与基体材料之间的化学反应,从而提高界面物理化学相容性。由热膨胀系数不匹配而造成的裂纹是影响涂层抗氧化效果的另一重要因素,在高速气流冲刷的条件下,这些裂纹不仅提供了氧渗透的快速通道,而且造成涂层剥落。因此必须先用热膨胀系数与基体尽可能接近的材料在基体表面生成过渡层,通常是采用化学气相沉积法或固相反应法在基体表面生成 Si_3N_4 和 SiC 层。Ultramet 公司采用 SiC/HfC 多层重叠涂层,起到了缓解热失配的作用,可在 2 000℃燃气环境中长期服役。

4. C/C 复合材料抗氧化涂层的制备方法

不同用途的抗氧化涂层,其制备方法各不相同,主要制备方法有以下几种:

(1)包埋法

包埋法是用几种固体混合粉末将 C/C 复合材料包裹起来,然后在一定温度下热处理,混合粉料与试样表面发生复杂的物理化学反应而形成 SiC 等涂层。

与其他方法相比,其优点在于:

①过程简单,只需要一个单一过程就可以制备出完全致密、无裂缝基体的复合材料;

②从预成形到最终完成,产品尺寸变化很小;

③对任何纤维增强结构都适用;

④涂层和基体间能形成一定的成分梯度,涂层与基体的结合较好。

但其缺点也很明显:

①高温下容易发生化学反应使纤维受损,从而影响 C/C 基体的力学性能;

②涂层的均匀性很难控制,往往由于重力等因素使得涂层上下不均匀。

(2)化学气相沉积法

CVD 法是制备 C/C 复合材料抗氧化涂层的重要方法。涂层原料以化合物的方式引入沉积炉内,在一定温度和压力下,各种原料经过分解、合成、扩散、吸附和解吸,在 C/C 复合材料表面上生成 SiC 薄膜。由于 CVD 涂层致密度和纯度高,可实现对涂层组织、形貌和成分的设计,并且沉积速度可控,所以 CVD 技术得到了人们的普遍关注。

目前,利用 CVD 法在 C/C 复合材料表面沉积的涂层主要有 SiC、Si_3N_4、BN、ZrC、HfC、TaC、TiC、$MoSi_2$、Al_2O_3 - SiO_2 和莫来石等,其中以 SiC 和 Si_3N_4 等硅化物涂层最多。为了解决 SiC 与 C/C 复合材料的热膨胀失配问题,李贺军等在 C/C 复合材料表面先涂敷 SiC 晶须,然后再利用 CVD 法使 SiC 致密化,获得了抗热震性优良的 SiC 涂层。

(3)气相渗法

以渗 Si 为例,Si 在一定温度下蒸发为 Si 蒸气,Si 蒸气通过扩散进入基体的内部和表面,然后与基体中的碳发生反应生成 SiC。其工艺优点是炉内的气氛易于均匀,被涂物质各处的反应速度、沉积厚度较一致,可通过改变 Si 蒸气压、沉积时间来改变涂层厚度。其工艺缺点是试样受放置位置和炉内 Si 蒸气压均匀度影响,易造成涂层厚度不均匀。

(4)液相法

液相法是将多孔的 C/C 复合材料基体浸渍在金属有机化合物、烷氧基金属、金属盐溶液或胶体中,然后经过干燥或化学反应使之在加热时分解或反应生成涂层。液相法制备涂层的优点是涂层制备温度低,对基体强度影响小,界面结合强度高,涂层具有较高的自愈合能力。

液相转化成涂层的产率较低,往往需要多次浸渍。液相浸渍所用原材料的选用应考虑以下因素:

①能阻止氧气向基体内部扩散;

②原材料具有低挥发性,而且与基体黏结良好;

③能有效地阻止碳原子向外扩散,引起碳热还原反应;

④应与 C/C 复合材料有较好的化学相容性和线膨胀系数的匹配性。

(5)熔融硅浸渍反应法

将 Si 粉均匀地涂刷于 C/C 复合材料表面,达到要求的厚度后在一定温度下烘干,在惰性气氛中高温下烧结即可得到所需涂层。该方法的关键在于 Si 的成分,可以适当加入 B 元素,降低表面张力,提高润湿性,促进熔融硅的扩散,用该法制备的 C/C -SiC 刹车盘已在民用领域广泛使用。

(6)等离子喷涂法

等离子电弧产生的温度可高达 20 000℃,喷流速度达 300~400 m·s^{-1},因而可以喷涂各种高熔点、耐磨、耐热涂层,用该法制备的涂层有较高的结合强度,夹杂少,涂层厚度也较易控制,更适用于 ZrO$_2$ 和 Al$_2$O$_3$ 陶瓷涂层的喷涂。若选用惰性气体介质,还可以减少离子飞行过程中的氧化。但由于涂层与基体之间热膨胀系数不匹配,以及喷涂过程中涂层中有少量残余氮气、氩气等气体的存在,使涂层中存在裂纹和气孔。

(7)溶胶-凝胶法

将金属醇盐溶于有机溶剂中,然后加入其他组分,制成均匀溶液,在一定温度下反应,使溶液转变为溶胶和凝胶,凝胶涂覆 C/C 复合材料,干燥后获得相应金属氧化物涂层。

该方法在开始制备涂层时均匀性易于控制,但在随后的干燥过程中,由于溶胶收缩大,易使未烧结的涂层剥落或者产生裂纹,致使涂层使用寿命大大降低。黄剑锋等的研究表明,如果浸涂溶胶后在一定的温度下预先分解处理,可以大大降低涂层的开裂趋势,其制备的 ZrO$_2$ - SiO$_2$ 梯度溶胶-凝胶涂层明显提高了涂层的高温防氧化能力。

5.抗氧化涂层体系

(1)硅基陶瓷涂层

硅基陶瓷涂层是发展最成熟的抗氧化涂层体系。它的抗氧化机理是通过在材料表面合成 Si 基陶瓷化合物涂层,其中所含的硅化物先与氧反应生成氧化硅,形成保护层,阻止材料中的碳结构进一步与氧反应,从而达到抗氧化的目的。

1)单层硅基陶瓷涂层

SiC 和 Si$_3$N$_4$ 涂层是目前应用最成熟的抗氧化涂层,WSi$_2$、MoSi$_2$ 和 HfSi$_2$ 在高温下也与氧反应生成氧化硅,但由于它们与 C/C 复合材料的热膨胀系数相差太大,不适合直接作为涂层,可将其与 C/C 复合材料热膨胀系数相差小的陶瓷材料混合作为涂层材料。采用熔浆法合成的 Si - Hf - Cr、Si - Zr - Cr 和 Si - Ti 涂层,其抗氧化温度可达到 1 600℃。具体的制备过程是将高纯度的金属粉末(Cr,Hf)与硅粉按照一定比例混合,加热适量有机物搅拌成料浆,浆体的黏度由加入的有机物的比例调节,将 C/C 复合材料在合成的熔浆中进行浸渍,通过改变浸渍速度来控制涂层厚度。浸渍好的材料在真空 1 300~1 400℃下处理,使其在基体表面生成合金涂层,SiC 微粒均匀分布其中,就得到了完整的抗氧化涂层。为保证涂层的完整性,使其具备更高的密度,相同的制作工艺还需要重复一次。用这种方法获得的抗氧化涂层具有组成均匀的特性,其抗氧化能力因而得以提高。

2) 双层硅基陶瓷涂层

先将 SiC 毡覆盖在 3D-C/C 基体材料上,然后浸渍碳粉与硅粉的料浆,再利用 CVD 法沉积 SiC,在复合材料上形成致密的涂层。SiC 纤维毡复合涂层由双层结构组成,内层是多层的 SiC/SiC 纤维层,外层为致密的 SiC 涂层,形成的 SiC 纤维复合涂层约 $300\mu m$ 厚。由于 SiC/SiC 纤维层热膨胀系数介于 C/C 复合基体材料与 CVD-SiC 涂层之间,因此,SiC/SiC 中间层在复合材料中起了缓冲作用,从而将由于热膨胀系数不同产生的热应力致使涂层开裂降低到最低程度。在 1 700℃下恒温氧化曲线如图 4.60 所示,表明抗氧化性的优异。

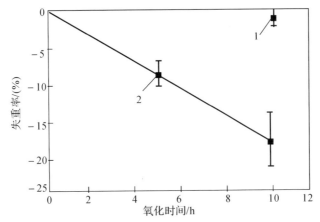

图 4.60　CVD-SiC 涂层 C/C 复合材料氧化时间与失重率

(样品在 1 700℃下,$N_2-CO_2-H_2O$ 混合气体中恒温氧化)

1—无纤维中间层复合材料;2—有纤维中间层复合材料

$Si/MoSi_2$、$SiC/MoSi_2$ 防氧化涂层体系不仅具有在高温下长时间的防氧化能力,还具有良好的自愈合性能和抗热震性能。在 1 500℃下,带 $Si/MoSi_2$ 涂层的 C/C 复合材料长时间氧化失重速率稳定在 $2.43\times10^{-5}g\cdot cm^{-2}\cdot s^{-1}$,该质量损失表现为涂层系统自身蒸发损耗(见图 4.61)。$SiC/MoSi_2$ 防氧化涂层在 1 700℃下氧化 50 h,氧化失重率小于 2%(见图 4.62)。

图 4.61　C/C 材料试样和 $Si/MoSi_2$ 涂层的 C/C 材料试样在 1 500℃时的失重曲线

图 4.62　SiC/MoSi$_2$ 涂层的 C/C 复合材料在 1 500℃时的失重曲线

3）多层硅基陶瓷涂层

利用渗硅技术制备 SiC/Si$_3$N$_4$ 功能梯度涂层。将涂裹硅粉的 C/C 复合材料,置于含有氮气气氛的竖直碳炉内加热,当温度超过硅粉的熔点时,硅与基体碳、氨气三者同时发生反应,就可在 C/C 复合材料表面生成 SiC/Si$_3$N$_4$ 功能梯度涂层。Si$_3$N$_4$ 拥有与 SiC 相当的耐火性能,而且其热膨胀系数小于 SiC,因此更好地解决了涂层与复料之间热膨胀系数不相匹配的矛盾。

利用包埋法在材料上制取 Al$_2$O$_3$ - Mullite - SiC - Al$_4$SiC$_4$ 多层涂层。将 SiO$_2$、Al$_2$O$_3$、Si 和 C 粉料混合,一次包埋 C/C 复合材料试件,经过高温下反应烧结处理,制备出梯度复合涂层。该防氧化涂层 C/C 复合材料在 1 600℃下氧化 45 h 失重率为 1.86%。

（2）玻璃涂层

由于以硅化物为主要成分的陶瓷涂层与 C/C 复合材料的热膨胀系数依然存在差异,因此,在高温涂层所产生的裂纹为氧气的扩散提供了通道,使得该类涂层的抗氧化性能减低并最终失效,而玻璃涂层的目的就是在高温下愈合涂层中的裂纹。

1）硼酸盐玻璃涂层

硼酸盐玻璃是以 B$_2$O$_3$ 为主要成分的熔体。但 B$_2$O$_3$ 在室温条件下,对潮湿环境的高敏感性、高挥发性及润湿性随温度升高而减低等特点,都极大限制了涂层的抗氧化作用,使其无法胜任 1 000℃以上的有氧工作。

为了克服 B$_2$O$_3$ 涂层存在的材料性能难题,发挥更好的抗氧化功效,必须要对 B$_2$O$_3$ 涂层进行改善。先在 C/C 复合材料表面用 CVD 法沉积 SiC 层,再用 Na$_2$O、K$_2$O、Al$_2$O$_3$、CaO 及 B$_4$C 制备封填层,在高温过程中上述成分相互反应,生成金属硼化物,其抗氧化温度可达1 100℃。

由于在高温下,B$_4$C 及 SiC 先与氧反应,生成稳定 B$_2$O$_3$ - Si 二元体系,它既可以通过 B$_2$O$_3$ 的流动性携带 SiO$_2$ 对内层的裂纹进行愈合,又可以形成稳定且致密的阻氧屏障,掩蔽 C/C 复合材料基体表面的氧化反应活性中心,达到双重抗氧化效果,其有效防护温度可以达到 1 200℃。

2）磷酸盐玻璃涂层

磷酸盐是一种无机黏结剂,无毒、无味、无公害且耐高温。磷酸盐涂层原材料价格低廉,涂刷处理工艺简便,并且适用于飞机碳刹车盘的工作温度范围,在飞机碳刹车盘非摩擦面的防氧化研究领域备受青睐。磷酸铝、磷酸钙、磷酸钡、磷酸锌和磷酸锶都是良好的玻璃形成体,通过相互配合可获得多种性能玻璃。以磷酸盐玻璃结构以[PO₄]网络为基础,可能还会有偏磷酸盐环,而稳定的磷酸盐玻璃中最重要的组分为磷酸铝。磷酸铝黏结剂是由磷酸二氢铝、水和磷酸组成的酸性混合物,在加热过程中,逐步失水,先后生成具有优良黏结性能的 $Al_2(HPO_4)_3$ 和 $AlPO_4 \cdot 2H_2O$,约在 700℃ 形成 $AlPO_4$,因其分子间形成空间网络状结构而导致高强度。

磷酸盐系列黏结剂涂层具有较强的黏结能力,其固化生成产物与涂层粉料和基体都具有较好的相容性。一般认为,磷酸及其盐系列的胶结理论主要分为两种:一种是薄膜胶结理论,即酸式磷酸盐受热生成一层薄膜,将周围的颗粒包裹起来而促使颗粒黏结在一起;另一种是无机聚合理论,即酸式磷酸盐受热发生聚合作用生成链状分子,在较高温度时形成玻璃态而使颗粒黏结。

磷酸盐对 C/C 复合材料有良好的润湿性,可将涂层料浆充分地铺展在基体材料表面,从而封填基体材料表面的孔洞等缺陷,减少了基体材料的氧化活性点及基体材料与涂层系统的热膨胀失配。另外,磷酸受热脱水产生磷酸→亚磷酸→焦磷酸 P_4O_{10} 一系列的转变,P_4O_{10} 是一种磷氧相互交联的网络架状结构,当其附着在 C/C 复合材料内孔表面时,会形成一层薄的内孔涂层。通过外层涂层或涂层裂纹渗入的氧,受到 P - O 网状结构的阻挡,而阻滞材料氧化。P_4O_{10} 能在一定的温度下沿着与氧扩散的反方向运动到涂层表面,并与涂层表面的氧化物反应,从而抑制 C/C 复合材料的氧化。

以氧化硼、氧化铝、磷酸铝以及几种酸性氧化物为涂料制备所得的Ⅰ型磷酸盐涂层在静态空气中经 650℃氧化 30 h 后失重率为 1.2%,经 800℃氧化 8 h 后失重率为 7.07%。以氧化硼、氧化硅以及几种磷酸盐为涂料制备所得的Ⅱ型磷酸盐涂层在 700℃温度下静态氧化 66 h 后的失重率为 1.11%(见图 4.63)。在氧化试验过程中,Ⅱ型磷酸盐涂层与基体结合牢固,一直保持完好,没有发生剥落,说明该涂料具有高温热稳定性好的优点,适合作为 C/C 复合材料航空刹车盘表面防氧化涂层。

图 4.63　磷酸盐涂层在 700℃温度下静态氧化失重情况

4.8.4 C/C复合材料的应用

由于C/C复合材料具有耐高温、低密度、高比强度和比模量及耐腐蚀等诸多优异的性能，它兼具结构材料和功能材料的双重特性，因而自其被发明以来，就得到了各国的高度重视，被广泛应用于航空航天等领域。近年来，随着C/C复合材料的技术不断地成熟与发展，其成本逐年下降，使其向民用领域的推广应用逐渐成为现实。

1. C/C复合材料在刹车盘上的应用

C/C复合材料最典型的应用之一就是飞机刹车盘。由于C/C复合材料具有轻质、耐高温和良好的摩擦性能等优点，在20世纪70年代C/C复合材料刹车盘开始取代其他材料的刹车盘，采用C/C复合材料刹车盘后，空中客车A300－600可减重590 kg，A330及A340可减重998 kg。同时，由于C/C复合材料的优异的高温性能、合适的摩擦系数和良好的耐磨性，使其使用寿命可以大大提高，延长刹车盘的更换周期。一般来说，C/C复合材料刹车盘的使用寿命可达1 500～3 000个起落，是其他刹车盘寿命的5～6倍。据测算，全球每年70%的C/C复合材料用作刹车盘。

2. C/C复合材料在耐烧蚀材料领域的应用

C/C复合材料以其耐烧蚀的特性被广泛应用于航天飞机的机翼、鼻锥、货舱门，火箭发动机尾喷管、喉衬等构件。

3. C/C复合材料在工业制造领域的应用

①玻璃制造领域：C/C复合材料可取代石棉应用于熔融玻璃滑道，无毒且与玻璃不浸润。

②高温螺栓：大多数陶瓷、高温合金和合金在750℃以上强度都会下降，在这种条件下就需要用C/C复合材料制成螺栓。

③高温热压模具：取代高强石墨用作陶瓷或高温合金模具，使用温度可达1 500～2 500℃，承受压力达100～300 MPa。

④高温气体管道：C/C复合材料可用作高导热气体通道，具有抗酸透汽作用。

⑤高温电炉加热元件：超薄超长复杂结构加热片，在通电快速升降温过程，传统石墨易脆断，C/C复合材料韧性好，强度高，抗热震，长期服役性好。

⑥多晶硅熔制热场材料及坩埚：C/C复合材料抗热震，长寿命，杂质少，更换周期短，晶硅生产效率高。

⑦扩散焊高温炉中工件支架：金属支架密度大，重量大，易变形；C/C复合材料耐高温，强度、刚度高，抗蠕变，不变形，其密度低，运载重量小，安全稳定性好。

4. C/C复合材料在生物医学领域的应用

由于碳元素是所有已知材料中生物相容性最好的，它与骨骼、血液及软组织都具有良好的相容性，这为C/C复合材料在生物医学领域的应用提供了广阔的空间。C/C复合材料能控制孔隙的形态，这是很重要的特性，因为多孔结构经处理后，可使天然骨骼融入材料之中。C/C复合材料作为生物医用材料主要有以下优点：

①生物相容性好，强度高，耐疲劳，韧性好；

②在生物体内稳定，不被腐蚀；

③与骨的弹性模量接近，具有良好的生物力学相容性。

目前 C/C 复合材料在临床上已有骨盘、骨夹板、骨针和尾椎的应用,人工心脏瓣膜、中耳修复材料也有研究报道,人工齿根已取得了很好的临床应用效果。

思 考 题

1. 碳有哪些同素异构体? 试比较其性质与结构的异同点。

2. 简述碳化与石墨化过程的差异。如何判定石墨化程度?

3. 碳纤维原料有哪些? 试比较不同原料碳纤维性质的异同。

4. 碳纤维原丝氧化过程的机理是什么?

5. 简述 C_{60} 的性质、结构与功能。

6. 简述碳纳米管的性质、结构与功能。

7. 简述 C/C 复合材料的制备方法。

8. 简述 C/C 复合材料的性质及其对应的用途。

9. 简述 C/C 复合材料的防氧化机制及防氧化的方法。

10. 简述碳纤维的制备流程。

11. 查阅文献资料,阐述石墨烯的发展现状及发展前景。

第5章 陶瓷基复合材料

陶瓷基复合材料(CMC)具有高比强、高比模、耐高温和抗氧化等优良性能,已用作液体火箭发动机喷管、导弹天线罩、航天飞机鼻锥、飞机刹车盘和高档汽车刹车盘等,成为高技术新材料的一个重要分支。

5.1 概 述

5.1.1 应用背景

新一代飞机的超声速巡航、非常规机动性、低环境污染、低油耗和低全寿命成本等性能,极大程度上是靠发动机性能的改善来实现。提高发动机的推重比和平均级压比、降低油耗是军用航空发动机发展方向,提高发动机的总增压比和涵道比、降低油耗是民用发动机的发展方向。增加航空发动机的涡轮进口温度和降低结构质量是提高推重比和降低油耗的主要途径。如当推重比为 10 时,涡轮前进口温度为 1 550~1 750℃;当推重比为 15~20 时,涡轮前进口温度高达 1 800~2 100℃,与之相适应,发动机的平均级压比也由 1.44 提高到 1.85,这意味着发动机构件要在更高的温度和压力下工作。由于发动机的质量反比于推重比,在不增加推力的情况下,若质量降低 50%,可使推重比提高一倍。CMC 的密度仅为高温合金的 1/3~1/4,最高使用温度为 1 650℃,其"耐高温和低密度"特性高温合金超越金属和金属间化合物,因而美、英、法和日本等发达国家一直把 CMC 列为新一代航空发动机材料的发展重点,并投入巨资进行研究。目前航空发动机用连续纤维增韧 CMC 已在推重比 9~10 一级的多种型号军用发动机和民用发动机的中等载荷静止件上试验成功,并进入工程化应用阶段,主要部位有燃烧室、燃烧室内衬、燃烧室筒涡轮外环、火焰稳定器和尾喷管(矢量喷管)调节片和导向叶片等等(见表 5.1)。更高载荷的静止件或转动件,例如涡轮转子和涡轮叶片还处于探索阶段。

综合当前商业化 SiC 纤维和 CMC 的性能水平,SiC/SiC 是氧化环境中使用温度最高和寿命最长的 CMC,目前在发动机环境下长时间工作达1 000 h的最高温度为 1 300℃。美、英、法各国在推重比为 15~20 发动机的研制计划中,CMC 更成为不可缺少的材料,应用部位显著增加,目前已进行了大批试验。

表 5.1　CMC 在航空发动机上的演示验证情况

飞机型号/发动机型号	推重比	应用部位和效果
F-22/F-119（美）	10	矢量喷管采用 CMC（内壁板）和钛合金（外壁板）的复合结构代替高温合金,有效的减重解决了飞机重心后移的问题
EF-2 000/EJ-200（欧）	10	CMC 燃烧室、火焰稳定器、尾喷管调节片分别通过了军用发动机试验台、军用验证发动机的严格审定,证明了 CMC 未受高温高压的损伤
阵风/M88—Ⅲ（法）	9～10	CMC 作尾喷管调节片试验成功
F-118F/F414（美）	9～10	成功应用于 CMC 燃烧室
B-777/Trend(遗达) 800（美/英）	民用	CMC 用作扇形涡轮外环试验成功,实践表明,使用 CMC 构件大大节约了冷却气量,提高了工作温度,降低了结构质量并提高了使用寿命
F-15、F-16/F100	7.85	排气喷嘴密封
F-15、F/A-18/F110（美）	9.5	密封
A320 波音 737/CFM56（美/法）	5	排气喷嘴
波音 787/Trent1000（美/英）	6.189	火焰筒
C919/Leap-X（美/法）	约为 5	高压涡轮外壳; 将 CMC 应用于发动机后,每架飞机每 10 年能够节省 100 万美元的燃油费
2020 年 波音 777X/GE-9X（美）	5.2	燃烧室、高压涡轮导向叶片及高压涡轮外环; 使发动机的重量比采用高温合金约减轻 1/3,减小冷气消耗量达 15%,燃油消耗显著降低。发动机推力、推重比和燃油热效率均取得显著提高

　　导弹向小型化、轻型化和高性能方向发展,必须提高火箭发动机的推重比。发展低密度、耐高温、高比强、高比模、抗热震和抗烧蚀的各种连续纤维增韧 CMC,对提高射程、改善导弹命中精度和提高卫星远地点姿控、轨控发动机的工作寿命都至关重要。发达国家已成功将 CMC 用于导弹和卫星中,如作为高质量比全 C/C 喷管的结构支撑隔热材料和小推力液体火箭发动机的燃烧室-喷管材料等。CMC 构件大大提高了火箭发动机的推重比,简化了构件结构并提高了可靠性,C/SiC 头锥和机翼前缘还提高了航天飞机的热防护性能。未来火箭发动机技术对 CMC 性能的要求见表 5.2。

表 5.2　未来火箭发动机对 CMC 性能的要求

材料类型	密度 $g \cdot cm^{-3}$	最高使用温度/℃	拉伸强度 MPa	剪切强度 MPa	断裂韧性 $MPa \cdot m^{1/2}$	径向线烧蚀率 $mm \cdot s^{-1}$	径向热导率 $W \cdot m^{-1} \cdot s^{-1}$
烧蚀防热材料	2.5～4	3 500～3 800	100～150	≥50	10～30	0.1～0.2	≥10

续表

材料类型	密度 g·cm⁻³	最高使用 温度/℃	拉伸强度 MPa	剪切强度 MPa	断裂韧性 MPa·m¹ᐟ²	径向线烧蚀率 mm·s⁻¹	径向热导率 W·m⁻¹·s⁻¹
热结构支撑材料	2~2.5	1 450~1 900	100~300	50~100	30		
绝热防护材料	1~2	1 500~2 000	10~30	2.5~10			0.5~1.5

由于在航空和航天领域中,CMC 的服役环境和条件不同,可将 CMC 分为超高温有限寿命、超高温瞬时寿命和高温长寿命 CMC。超高温瞬时寿命 CMC 主要用于战略和战术导弹的雷达天线罩、连接裙、燃烧室和喷管,高温长寿命 CMC 用于航空发动机热端部件,短时多次重复使用(或多次点火)的有限寿命 CMC 构件,主要用于航天飞机头部和机翼前缘,卫星发动机姿态控制系统燃烧室和喷管。

5.1.2 陶瓷基复合材料的分类

陶瓷基复合材料的分类方法很多,通常按照增强材料形态和陶瓷基体进行分类。

1. 按增强材料形态分类

按增强材料形态分类,通常包括颗粒增强陶瓷基复合材料、短切纤维(晶须)增强陶瓷基复合材料、片材增强陶瓷基复合材料和连续纤维增强陶瓷基复合材料。

颗粒增强体按其相对于基体的弹性模量大小分为两类:一是延性颗粒复合于强基质复合体系,通过第二相金属粒子的加入在外力作用下产生一定的塑性变形或沿晶界滑移产生蠕变来缓解应力集中,达到增强增韧的效果,如一些金属陶瓷、反应烧结 SiC 和 SHS 法制备的 TiC/Ni 等均属此类;二是刚性粒子复合于陶瓷中,利用第二相粒子与基体晶粒之间的弹性模量与热膨胀系数上的差异,在冷却中粒子和基体周围形成残余应力场,这种应力场与扩展裂纹尖端应力交互作用,从而产生裂纹偏转、绕道、分支和钉扎等效应,对基体起增韧作用。一般选择弥散相的原则如下:① 弥散相往往具有高熔点、高硬度,如 SiC、TiB_2、B_4C、CBN 和 ZrO_2 等,基体一般为 Al_2O_3、ZrO_2 和莫来石等。②弥散相应有最佳尺寸、形状、分布及数量,对于相变粒子,其晶粒尺寸还与临界相变尺寸有关,如 t - ZrO_2 一般应小于 3 μm。③弥散相在基体中的溶解度须很低,且不与基体发生化学反应。④弥散相与基体应有良好的结合强度。

与纤维复合材料相比,颗粒增强陶瓷基复合材料的制造成本低、各向同性,除相变增韧粒子外,颗粒增强在高温下仍然起作用,显示出颗粒弥散增强材料的优势。

许多材料特别是脆性材料在制成纤维后,其强度远远超过块状材料的强度。晶须直径小,长径比大、晶体结构完整,因此强度很高,是目前所有材料中强度最接近于理论强度的材料。传统陶瓷晶须一般用气相结晶法生产,工艺复杂、成本较高,用稻壳制备 SiC 晶须,其成本大大降低。

设计纤维或晶须补强陶瓷时,选择纤维增强材料有以下几个原则:①尽量使纤维在基体中均匀分散,多采用浆料高速搅拌、超声分散,添加表面活性剂避免浆料沉淀或偏析。②弹性模量要匹配,纤维的强度和弹性模量一般要大于基体材料。③ 纤维与基体要有良好的化学相容性,无明显的化学反应或形成固溶体。④纤维与基体热膨胀系数要匹配。只有纤维与基体的热膨胀系数差不大时才能使纤维与界面结合力适当,保证载荷转移效应,并保证裂纹尖端应力场产生偏转及纤维拔出,对热膨胀系数差较大的,可采用在纤维表面涂层或引入杂质使纤维-基体界面产生新相缓冲其应力。⑤适当的纤维体积分数。体积分数过低则力学性能改善不明显,过高则纤维不易分散,不易致密化。⑥纤维直径必须在某个临界直径以下,一般认为纤维直径尺度与基体晶粒尺寸在同一数量级。

片材增强陶瓷基复合材料实际上是一种层状复合材料,该材料的诞生源于仿生的构想,其性能主要是由结构单元性能和两界面的结合状态所决定。陶瓷结构单元一般选用高强的结构陶瓷材料,在使用中可以承受较大的应力,并具有较好的高温力学性能。基体采用较多的是 SiC、Si_3N_4、Al_2O_3 和 ZrO_2,以促进烧结,界面分隔材料通常为 C 和 BN 叠层后形成的 SiC 陶瓷基层状复合材料和 Si_3N_4/BN 陶瓷基层状复合材料。

2.按基体材料分类

按基体材料分类,通常包括氧化物陶瓷基复合材料、非氧化物陶瓷基复合材料和微晶玻璃基复合材料。氧化物陶瓷主要有 Al_2O_3、SiO_2、ZrO_2、MgO、ThO_2、UO_2 和 $3Al_2O_3 \cdot 2SiO_2$ (莫来石)等;非氧化物陶瓷包括碳化物、氮化物、硼化物和硅化物,主要有 SiC、TiC、B_4C、ZrC、Si_3N_4、TiN、BN、TiB_2 和 $MoSi_2$ 等;微晶玻璃主要有钡长石和锂霞石。

氧化物陶瓷的熔点多数超过 $2\,000\,℃$,在小于 $800\sim1\,000\,℃$ 温度下强度降低不大,高于此温度后大多数材料的强度急剧降低。非氧化物陶瓷具有高硬度、高耐火度和高耐磨性,但其脆性大,高温抗氧化能力不高,在氧化气氛中将发生氧化而影响材料的使用寿命。微晶玻璃可利用其高温熔融特点与纤维充分润湿,然后低温析晶陶瓷化,从而获得致密 CMC,性能处于氧化物 CMC 和非氧化物 CMC 之间。

5.1.3　陶瓷基复合材料的性能特征

在陶瓷基体中加入陶瓷颗粒,通过弥散强化提高抗弯强度和断裂韧性,但提高效果还不理想,尤其是断裂韧性比金属材料差很远,这就限制了它作为结构件的应用范围。用延性(金属)颗粒强化陶瓷基复合材料,断裂韧性可显著提高,但强度变化不明显且高温性能下降。

在陶瓷基体中加入适量的短纤维(或晶须),可以明显改善韧性,但强度提高不够显著,其模量与基体材料相当。在陶瓷基体中加入数量较多的高性能连续纤维(如碳纤维或碳化硅纤维)时,除了韧性显著提高外,强度和模量均有不同程度的增加。纤维-陶瓷的韧性受纤维、基体、纤维与基体的结合强度、基体孔隙率和工艺参数影响,纤维与基体的结合强度过大将使韧性降低,若结合强度过小将使强度降低。基体中的孔隙能改变 CMC 的破坏模式,孔隙率越小,韧性越差。

纤维增强陶瓷 CMC 的拉伸和弯曲性能与纤维的长度、纤维取向和含量、纤维与基体的强度和弹性模量、热膨胀系数匹配程度、基体孔隙率和纤维损伤程度密切相关。无规则排列短纤维增强陶瓷 CMC 的拉伸和弯曲性能有时低于陶瓷基体,这是由无规则排列纤维应力集中的影响以及热膨胀系数不匹配造成。将纤维定向可显著提高纤维长度方向强度,降低应力集中。

5.1.4　陶瓷基复合材料增韧模式及增韧机制

1.氧化锆颗粒相变型增韧模式

ZrO_2具有三种晶型:高温型立方相、中温型四方相和常温型单斜相。中温型四方相ZrO_2在外应力的抑制下可以介稳保持到室温,一旦材料受到外来应力的作用,这种受抑制的介稳四方相ZrO_2将会发生相变,相变过程还伴随$3\%\sim5\%$的体积膨胀,体积膨胀又会在裂纹尖端周围产生大量微裂纹。相变、体积膨胀与微裂纹的形成都会消耗裂纹尖端断裂能,提高材料强度与断裂韧性,由此产生了系列ZrO_2增韧陶瓷。

ZrO_2相变增韧的主要机理有应力诱导相变增韧、相变诱发微裂纹增韧和残余应力增韧等,增韧机理并不互相排斥,在不同条件下有一种或几种机理起主要作用。

(1)应力诱导相变增韧

在部分稳定ZrO_2增韧陶瓷烧结致密后,四方相ZrO_2颗粒弥散分布于陶瓷基体中,陶瓷基体可以是同质基体,也可以是异质基体,冷却时亚稳四方相颗粒受到基体的抑制而处于压应力状态。陶瓷基体在外力作用下产生裂纹,裂纹尖端附近由于应力集中存在张应力场,减轻了对四方相颗粒的束缚,在应力作用下诱发转变为单斜相并伴随体积膨胀。相变和体积膨胀的过程除消耗能量外,还将在主裂纹作用区产生压应力,阻止裂纹扩展。只有在增加外力的作用下才能使裂纹继续扩展,于是材料强度和断裂韧性大幅度提高。

(2)微裂纹增韧

ZrO_2晶体的t→m相变驱动力与晶粒尺寸密切相关。在相同压应力约束下,粗颗粒优先相变。图5.1为ZrO_2颗粒尺寸与增韧机制的关系示意图。ZrO_2从高温冷却下来到达起始相变点M_s时,大于d_h的最粗颗粒发生相变,生成很粗的m相(图中1区)。这对增韧没有效果,是应该防止的相变。

图5.1　ZrO_2颗粒尺寸与增韧机制

当温度继续下降到相变结束点M_f时,$d_m<d<d_h$的颗粒发生相变,因为相变产生膨胀,而且此时的t相颗粒较粗,应变能大于基体的断裂强度,使基体产生微裂纹。这些尺寸很小的微裂纹在主裂纹尖端扩展过程中会导致主裂纹分叉或改变方向,延长了裂纹扩展路径,消耗了主裂纹扩展能量。此外,裂纹尖端应力集中区域内微裂纹本身的扩展也起到消耗主裂纹尖端能量的作用,抑制了主裂纹快速扩展,提高了韧性,形成微裂纹韧化(2区)。

（3）残余压应力增韧

当温度进一步从 M_f 下降到室温时，$d_c < d < d_m$ 的颗粒克服基体的压应力发生相变。由于此时粒径较小，相变驱动力小，温度也低，积累膨胀较小，因此应变力不足以使基体产生微裂纹，但这部分 m 相周围存在着残余压应力。当裂纹扩展进入残余压应力区时，残余应力释放，有闭合阻碍裂纹扩展的作用，从而产生残余应力韧化。

陶瓷材料可以通过引入残余压应力达到强韧化。由于烧结体表面不存在基体的约束，因此 t 相容易转变为 m 相，而内部的 t 相由于受到来自基体各个方向的压力而保持亚稳态，因此表面的 m 相要比内部多。陶瓷在表层发生 t→m 相变而获得表面残余压应力，起始于表面的裂纹扩展将变得困难，从而起到增强增韧作用。

ZrO_2 增韧 Al_2O_3 是典型相变增韧陶瓷，因其表面存在压应力，提高了耐磨性和耐冲击性。ZrO_2 增韧 Al_2O_3 陶瓷已被应用于切削碳素钢的刀具和坦克防弹装甲材料。

2. 碳氮化物陶瓷颗粒弥散强韧化模式

用碳氮化物陶瓷颗粒作为增韧剂，制作碳氮化物颗粒增韧 CMC，其原料的均匀分散及烧结致密化都比短纤维及晶须复合材料简便易行。尽管颗粒的增韧效果不如晶须与纤维，但若颗粒种类、粒径、含量及基体材料选择得当，仍有一定的韧化效果，同时带来高温强度和高温蠕变性能的改善。碳氮化物陶瓷颗粒增韧 CMC 目前同样受到重视并开展了韧化机理研究，主要有基体晶粒细化、裂纹转向与分叉等，表 5.3 列出了 SiC 颗粒增强氧化铝陶瓷的力学性能。

表 5.3　SiC_p/Al_2O_3 复相陶瓷的室温和高温力学性能

材料	抗弯强度/MPa		断裂韧性/(MPa·m$^{1/2}$)			
			实验值		计算值	
	室温	1 200℃	室温	1 200℃	室温	1 200℃
10%（体积分数）SiC_p/Al_2O_3	477	454	5.74	3.67	6.36	3.17
20%（体积分数）SiC_p/Al_2O_3	574	459	6.31	4.25	7.40	3.74
Al_2O_3	475	350	5.17	2.46	—	—

近年的研究表明，纳米颗粒在提高陶瓷基复合材料强度的同时，韧性增加较小。要达到补强增韧的效果，还需要从以下两方面着手：

①两种或两种以上纳米颗粒协同强化。一种纳米颗粒固溶于基体晶粒中，利用残余压应力等方式提高强度；一种纳米颗粒分散于基体晶粒的晶界上，在陶瓷受力作用时，晶界能够滑移，产生塑性变形。

②微米晶须和纳米颗粒多尺度协同强化。在陶瓷基体中同时引入纳米颗粒和微米晶须，颗粒强化与晶须增韧共同作用，起到补强增韧效果，部分实验结果见表 5.4。

表 5.4　微米-纳米复合增强陶瓷的力学性能和可使用温度

材料	断裂韧性/(MPa·m$^{1/2}$)	抗弯强度/MPa	最高使用温度/℃
SiC/Al_2O_3	4.8	1 520	800～1 200

续表

材料	断裂韧性/(MPa·m$^{1/2}$)	抗弯强度/MPa	最高使用温度/℃
Si$_3$N$_4$/Al$_2$O$_3$	4.7	850	800～1 300
SiC/MgO	4.5	700	600～1 400
SiC/Si$_3$N$_4$	7.5	1 400	1 200～1 450

如果在陶瓷基体中引入第二相材料,且该相不是预先单独制备的,而是在原料中加入可以生成第二相的原料,通过控制生成条件和反应过程,发生高温化学反应或者相变过程,在主晶相基体中生长均匀分布的晶须、高长径比的晶粒或晶片的增强体,形成陶瓷基复合材料,则称为自增韧。自增韧不仅可避免两相不相容与分布不均匀的缺陷,强度和韧性也都比外来第二相增韧的同种材料高。目前,自增韧 CMC 被广泛应用,如玻璃陶瓷、Sialon 陶瓷、Si$_3$N$_4$、Al$_2$O$_3$、Al-Zr-C、Ti-B-C、SiC 和 ZrB$_2$/ZrC$_{0.6}$/Zr,尤以 Sialon 陶瓷 Si$_3$N$_4$ 最为成功。

3.纤维界面裂纹偏转型增韧模式

纤维增强陶瓷 CMC 的增韧机制包括基体预压缩应力、裂纹扩展受阻、纤维拔出、裂纹偏转、纤维桥联和相变增韧等,它们能单独或联合发生作用。

(1)基体预压缩应力

当纤维的热膨胀系数高于基体,在低于制造温度的环境下,基体中会产生沿纤维轴向的压缩应力,可以阻止基体开裂并有利于纤维轴向强度和韧性。

(2)裂纹扩展受阻

当纤维的断裂韧性比基体本身的断裂韧性大时,裂纹垂直于纤维,其扩展至纤维时可被阻止,甚至由于纤维的残余拉应力而使裂纹闭合。

(3)纤维断裂和纤维断头拔出

具有较高断裂韧性的纤维,当基体裂纹扩展到纤维时,应力集中导致结合较弱的纤维/基体界面解离,在应变进一步增加时,纤维断裂并使其断头从基体中拔出,提高断裂功。

(4)裂纹偏转

裂纹沿结合较弱或多孔的纤维/基体界面弯折,偏离原来的扩展方向,甚至形成多个裂纹继续扩展,裂纹扩展路径增加,使裂纹原扩展能分散、消耗和减弱。

(5)相变增韧

基体中裂纹尖端的应力场引起裂纹尖端附近的基体发生相变,称为应力诱导相变,当相变造成体积膨胀时,它会挤压裂纹使之闭合,应力诱导相变的增韧机制随温度升高而降低。

(6)纤维/基体界面脱黏

弱结合界面有利于纤维与基体解离脱黏,界面解离导致裂纹偏转和纤维拔出,这些过程都将吸收能量,增强 CMC 的韧性及断裂功。

(7)纤维桥接增韧

在基体开裂后,纤维仍然承受外加载荷,并在基体的裂纹面之间架桥,避免灾难性脆断损毁,桥接纤维牵伸力有使基体裂纹闭合的趋势,从而增加材料的韧性。

表 5.5 和表 5.6 分别列出了碳纤维与碳化硅晶须增强陶瓷 CMC 的室温力学性能,可见断裂韧性相比纯陶瓷有显著提升。

表 5.5　典型 C_f/SiC 复合材料的力学性能

材料	抗弯强度/MPa	断裂韧性/(MPa・m$^{1/2}$)	工艺
1D C_f/SiC	557	21.0	HP
3D C_f/SiC	520	16.5	CVI
1D C_f/SiC	967	25	PIP
3D C_f/SiC	570	18.3	PIP
1D C_f/SiC	726	23.5	PP+HP
3D Tyranno/SiC	510	16.4	PIP
3D Tyranno/SiC	420	11.5	PIP

表 5.6　SiC 晶须补强陶瓷的力学性能

材料	抗弯强度/MPa	断裂韧性/(MPa・m$^{1/2}$)
Si_3N_4	600~800	5.6
$SiC_w(10~50)/Si_3N_4$	590~680	7.8
Al_2O_3	500	4
$SiC_w(20)/Al_2O_3$	800	8.7
莫来石	244	2.8
$SiC_w(20)/$莫来石	452	4.4
3Y[①](TZP)	1 150	6.8
$SiC_w(20)/3Y(TZP)$	590~610	10.2~11.0

注:括号内为体积分数。①为 3%(摩尔分数)Y_2O_3 稳定的 ZrO_2。

5.2　陶　瓷　纤　维

5.2.1　碳化硅纤维

1.理化性能

SiC 纤维的力学性能高于玻璃纤维,其强度与碳纤维相当,模量只有碳纤维的 50%~60%,抗氧化性能显著增强。SiC 纤维中氧含量是影响其力学性能和高温强度的主要因素,SiC 纤维的高温强度随氧含量的降低几乎成线性增加的趋势。表 5.7 为目前商用 SiC 纤维的部分性能。

表 5.7　典型 SiC 纤维的性能

纤维性能	Nicalon 系列			Tyranno 系列				Sylramic
	NL-20	Hi-Nicalon	Hi-Nicalo(S)	Lox M	Lox E	ZE	SA	
组成/(%)(原子)	$SiC_{1.34}O_{0.36}$	$SiC_{1.39}O_{0.01}$	$SiC_{1.05}O_{0.2}$	$SiTi_{0.02}C_{1.37}O_{0.16}$	$SiTi_{0.02}C_{1.59}O_{0.16}$	$SiTi_{<0.01}C_{1.52}O_{0.05}$	$SiCAl,O_{<0.08}$	$SiCTi_{0.02}O_{0.02}B_{0.09}$
抗拉强度/GPa	3.0	2.8	2.6	3.3	3.3	3.4	2.8~3.0	2.8
弹性模量/GPa	220	270	390~420	187	206	233	390~420	
断裂应变/(%)	1.4	1.0	0.6	1.8	1.7	3.5	0.8	0.7
密度/(g·cm⁻³)	2.55	2.74	3.10	2.48	2.55	1.5	2.5	3.1
直径/μm	14	14	12	11	11	11	10	10
电阻率/(Ω·cm)	10^3~10^4	1.4	0.1			2.5		
膨胀系数/$10^{-6}K^{-1}$	3.9	3.5	5.1	3.1		0.3	4.5	4.0~5.4
使用温度/℃	900	1400	1600				1600	1400

2.制备工艺及原理

SiC 纤维制备方法有 CVD 法、先驱体转化法和活性碳纤维转化法,其中 CVD 法因成本高且不能生产连续纤维而未能商业化,先驱体转化法是商用 SiC 纤维的唯一制备方法。

(1)先驱体转化法

先驱体转化法是以有机聚合物为先驱体,利用其可熔特性成型后,经高温热分解处理,使之从有机聚合物转变为无机陶瓷的方法。SiC 就是用聚碳硅烷为先驱体,通过在 250～350℃下熔融纺丝形成先驱体纤维,并经 160～250℃ 不熔化处理,再在 1 200℃以上高温裂解而制得。射线照射前体纤维时须在真空或惰性气氛中进行,可有效避免前体纤维吸收氧。而且射线照射会使得处于具有冷却效果的惰性气体中的前体纤维产生热,从而产生有利变化。

用射线或在惰性气氛中处理先驱体纤维,可防止氧进入 SiC,尤其是采用放射源的 γ 射线和加速器中的电子射线进行先驱体纤维的预处理能够获得令人满意的效果。射线照射切断了聚碳硅烷结构中的 Si—H 键和 C—H 键,释放出氢气,并形成 Si—C 键,使相对分子质量增加。惰性气流中用电子束照射,不仅能避免吸收氧,而且射线的照射产生热,此外惰性气体还可给纤维降温。

(2)活性碳纤维转化法

活性碳纤维(AC)转化法是利用气态的一氧化硅与活性碳反应转化生成 SiC,包括:①AC 制备;②在 1 200～1 300℃的温度、一定真空度的条件下,AC 与氧化硅发生反应生成 SiC 纤维。

在制造纤维之前,有机原纤维一般要在 200～400℃空气中进行几十分钟乃至几小时的不熔化处理,随后进行(碳化)活化处理,碳化和活化也可同时进行。活化方法主要包括物理活化(水蒸气和二氧化碳活化法)与化学活化(用化学试剂如氢氧化钾、磷酸和氯化锌等进行处理)。工业上多以物理活化法为主,用水/二氧化碳为活化介质,在惰性气体(如氮气)中 600～1 000℃处理。酚醛系纤维中因为酚醛树脂具有苯环型的耐热交联结构,可以直接进行碳化和活化,而不必经过预氧化,其工艺简单而且容易制得比表面积大的 AC。

3.先驱体转化法碳化硅纤维的性能

1975 年日本东北大学矢岛教授在实验室制备出了碳化硅纤维,开创了从聚碳硅烷制备碳化硅纤维的新方法。日本碳公司取得了碳化硅纤维的专利实施权后,经过 10 余年的努力,实现了工业化,现年产达百吨级,成为世界上最大的连续碳化硅纤维生产企业。在产品开发过程中,主要解决了三大关键技术问题:①聚碳硅烷的质量控制与制备条件的优化技术;②脆性原丝的纺丝与处理技术;③脆性原丝的不熔化与连续烧成技术。为满足聚合物基、金属基和陶瓷基复合材料的不同需求,逐步完善形成了陶瓷级、高体积电阻率(HVR)级、低体积电阻率(LVR)级和碳涂层的 Nicalon 系列纤维。在 Nicalon 纤维制备工艺的基础上,采用电子束辐射交联技术不熔化处理制得低氧含量的 Hi-Nicalon 纤维并实现了工业化,通过除碳处理又制得近化学计量比的 Hi-Nicalon-S 纤维,并实现了商品化。该公司碳化硅纤维的品种与性能如表 5.8 所示。

表 5.8　日本碳公司 Nicalon 纤维的性能

牌号	NL-202	NL-400	NL-500	NL-607	Hi-Nicalon	Hi-Nicalon-S
纤维直径/μm	14/12	14	14	14	14	12

续表

牌号	NL-202	NL-400	NL-500	NL-607	Hi-Nicalon	Hi-Nicalon-S
抗拉强度/GPa	3.0	2.8	3.0	3.0	2.8	2.6
弹性模量/GPa	220	180	220	220	270	420
伸长率/(%)	1.4	1.6	1.4	1.4	1.0	1.0
密度/(g·cm⁻³)	2.55	2.30	2.50	2.55	2.74	3.1
电阻率/(Ω·cm)	$10^3 \sim 10^4$	$10^6 \sim 10^7$	0.5~5.0	0.8	1.4	0.1

　　日本宇部兴产公司是继日本碳公司之后又一家从事先驱体法生产连续碳化硅纤维的企业,自 1984 年获得矢岛教授的专利后,用 4 年时间建成月产吨级的连续纤维生产线,开发出 Tyranno 系列产品。其在聚碳硅烷先驱体的合成过程中引入了钛、锆和铝等异质元素,在后续的烧成工艺中起到烧结并抑制晶粒长大的作用,通过高温烧结除去纤维中富余的氧和碳,制备了近化学计量比的碳化硅纤维,其耐热性显著提高。产品主要有耐热级(LoxM、LoxE、S、ZM、ZMI、ZE 和 SA)与半导体级(A、C、D、F、G 和 H)两个系列共 10 多种,半导体级碳化硅纤维电阻率在 $10^{-1} \sim 10^6$ Ω·cm 之间(见表 5.9 和表 5.10)。

表 5.9　Tyranno 耐热级 SiC 纤维的性能与组分

特性和组分	Si-Ti-C-O/S	Si-Ti-C-O/LoxM	Si-Zr-C-O/ZMI	Si-Al-C/SA
纤维直径/μm	8.5	11	11	10
抗拉强度/GPa	3.3	3.3	3.4	2.8
弹性模量/GPa	170	187	200	380
伸长率/(%)	1.9	1.8	1.7	0.7
密度/(g·cm⁻³)	2.35	2.48	2.48	3.10
热膨胀系数/$10^{-6} K^{-1}$	3.1	—	4.0	4.5
热导率/(W·m⁻¹·K⁻¹)	1.0	1.4	2.5	65
w_{Si}/(%)	50	55	56	67
w_C/(%)	30	32	34	31
w_O/(%)	18	11	9	<1
w_{Ti}/(%)	2	2		
w_{Zr}/(%)			1	
w_{Al}/(%)				<2

表 5.10　Tyranno 半导体级 SiC 纤维的性能

性能	A	C	D	F	G	H
纤维直径/μm	8.5	11.0	11.0	11.0	11.0	11.0

续表

性能	A	C	D	F	G	H
抗拉强度/GPa	3.3	3.3	3.3	3.0	2.8	2.8
弹性模量/GPa	170	170	170	170	180	180
伸长率/(%)	1.9	1.9	1.9	1.8	1.6	1.6
密度/(g·cm^{-3})	2.29	2.35	2.35	2.40	2.43	2.43
电阻率/(Ω·cm)	10^6	10^4	10^3	10^1	10^0	10^{-1}

美国 Dow Corning 公司于 1980 年用甲基聚二硅氮烷(met hylpolydisilazane,MPDZ)和氢化聚硅氮烷(hydridopolysilazane,HPZ)为先驱体制得了硅-碳-氮纤维。随后,通过在聚碳硅烷中引入硼元素,纺丝后在 1 800℃热解获得含硼的多晶碳化硅纤维。该纤维强度高、弹性模量大、耐热性能好,商品名为 Sylramic。硼的引入有利于烧结致密化,提高产品的耐高温性能和烧结性能,但硼元素的引入方式及在纤维中的存在方式都对纤维性能有较大影响。德国 Bayer AG 公司,在 1990 年合成了新型的聚硼氮烷(polyborosilazane,PBSN)先驱体,纺丝热解转化制得了在 2 000℃仍能维持无定型态的 Si-B-N-C纤维,其力学性能及耐热性俱佳,并已制得连续长纤维,商品名为 Siboramic。

5.2.2　氧化铝纤维

美国 3M 公司研制的 Nextel 720 纤维具有呈针状莫来石环绕细晶 Al$_2$O$_3$ 结构,在 1 400℃时强度保持率达到 85%,以其增韧的金属及陶瓷基复合材料具有低密度、高强度、高硬度和耐磨抗氧化等优良性能,被 3M 公司定位为航空航天用特种纤维。高性能氧化物纤维的出现引起国内外研究人员的广泛兴趣,同时也促使氧化物 CMC 的进一步发展。

1.氧化铝纤维的制备方法

氧化物纤维的制备技术主要有溶胶-凝胶法、淤浆法、单晶熔体生长法和基体纤维浸渗法等四种,其专利技术分属于相应的纤维供应商,纤维制备技术路线不同,纤维的物理化学性能差别较大。

(1)溶胶-凝胶法

溶胶-凝胶法是 3M 公司制备氧化物纤维的主要工艺。将 Al 粉与适量甲酸、乙酸和水混合加热,获得澄清(HO)Al(HCOO)(CH$_3$COO)溶液,浓缩后加入去离子水稀释,再加入适量正硅酸(TEOS)乙醇溶液,待 TEOS 完全水解后在水槽中浓缩即获得可拉丝溶液,经过拉丝和烧结即得氧化物纤维。主要反应方程式如下:

$$Al + HCOOH + CH_3COOH + H_2O \rightarrow (HO)Al(HCOO)(CH_3COO) + H_2 \uparrow \quad (5.1)$$

$$Si(OC_2H_5)_4 + H_2O \rightarrow Si(OC_2H_5)_4 - m(OH)_m + C_2H_5OH \quad (5.2)$$

$$(HO)Al(HCOO)(CH_3COO) + Si(OC_2H_5)_3OH \rightarrow (Al-O-Si)_n \quad (5.3)$$

通过添加氧化铝仔晶可以降低氧化铝的晶化温度,通过添加氧化钇和氧化锆可获得 YSZ

（氧化钇稳定氧化锆）增强的氧化物纤维。

图 5.1 为（HO）Al（HCOO）（CH₃COO）水解产物 DTA、TGA 和 DTGA 曲线，对比可知分解过程至 650℃完成。650℃处理后的氧化铝为无定形，860℃和 1 030℃的放热峰分别是 γ-Al₂O₃ 和 θ-Al₂O₃ 的形成温度，（HO）Al（HCOO）（CH₃COO）水解产物分解形成 Al₂O₃ 的温度比一般无机盐分解形成的温度低 150℃。（HO）Al（HCOO）（CH₃COO）与 Si（OC₂H₅）₄ 水解产物 Si（OC₂H₅）₄ $-m$（OH）$_m$ 缩聚得到网络状（Al-O-Si）$_n$ 凝胶，其莫来石化温度仅 980℃，远低于传统烧结工艺的 1 600℃。由于 Al₂O₃ 及莫来石形成温度低，因此用该法制备的氧化物纤维晶粒细小，室温强度高。

图 5.1 （HO）Al（HCOO）（CH₃COO）水解产物的差热和热重曲线

（2）淤浆纺丝法

美国杜邦公司的 FP 和 PRD-166 纤维、日本三井矿山公司的 Almax 纤维都是采用此法制备的。该法是将纳米 α-Al₂O₃ 粉体与添加剂混炼制成泥浆，然后进行纺丝，在空气中高温烧结后再在气体火焰中处理数小时制得连续氧化铝纤维。受到 α-Al₂O₃ 粒径及高处理温度的限制，该法制备的纤维直径较大，强度较低。

（3）激光微区熔融生长法

萨比康公司制备的单晶氧化铝纤维强度高、模量高和高温力学性能高，但纤维直径较大、不易编织、成本高、不易规模化生产。

（4）基体纤维浸渗法

用无机盐水溶液浸渗亲水性良好的黏胶丝基体纤维，高温处理去除基体纤维后再烧结获得陶瓷纤维。纤维的强度主要与基体纤维的空隙率和铝盐的粒径有关。该工艺简单，但纤维强度较低，不能作为工程材料使用。

2.氧化铝纤维的性能

表 5.11 为目前商用 Al₂O₃ 基纤维的物理性能及化学组成。

表 5.11 几种氧化铝陶瓷纤维的性能

商品名	Fiber FP	PRD-166	Nextel 312	Nextel 440	Nextel 550	Nextel 610	Nextel 650	Nextel 720	Almax	Saphikon
生产商	Dupont	Dupont	3M	3M	3M	3M	3M	3M	Mitsui Mining	Saphikon
组成（质量分数）	>99% α-Al_2O_3	约80% α-Al_2O_3 约20% ZrO_2	62% Al_2O_3 24% SiO_2 14% B_2O_3	70% Al_2O_3 28% SiO_2 2% B_2O_3	73% Al_2O_3 27% SiO_2	0.2%～0.3% SiO_2 0.4%～0.7% Fe_2O_3 >99% α-Al_2O_3	89% Al_2O_3 10% ZrO_2 1% Y_2O_3	85% Al_2O_3 15% SiO_2	>99% α-Al_2O_3	100% Al_2O_3
密度/g·cm^{-3}	3.92	4.2	2.7	3.05	3.03	3.88	4.10	3.4	3.6	3.96
晶粒尺寸/μm	0.5	0.5 α-Al_2O_3 0.1～0.3 ZrO_2	<0.5 Min Glass	<0.5 α-Al_2O_3+M+SiO_2	<0.5	0.1	α-Al_2O_3 +YSZ	<0.5 α-Al_2O_3 +mullite	0.4	Singl-Crystal α-Al_2O_3
直径/μm	20	20	10～12	10～12	10～12	14	10～12	10～12	10	125
纤维丝束	200	200	740～780			390			1 000	Mono-filament
工艺	slurry spinning	slurry spinning	sol-gel	sol-gel	sol-gel	sol-gel	sol-gel	sol-gel	slurry spinning	Laser
弹性模量/GPa	380	380	150	190	193	373	358	260	210	470
强度/GPa	1.38	2.3	1.7	2.0	2.0	2.93	2.55	2.1	1.8	3.5
热膨胀系数/$10^{-6}K^{-1}$	～9	～9	3	5.3	5.3	7.9	8.0	6	8.8	9

一般情况下，对于多晶氧化物纤维，高强相 α-Al_2O_3 含量越多、缺陷越少和晶粒越小，则纤维的室温强度越高。室温强度最高的是萨比康公司生产的单晶熔体生长蓝宝石纤维，强度达 3.5 GPa；Nextel 610 由大于 99% 的 α-Al_2O_3 组成，且晶粒尺寸约为 0.1 μm，是室温强度最高的多晶氧化物纤维；FP 纤维粒径最大，强度最低；在 FP 纤维中加入了 ZrO_2 增强相的 PRD-166 纤维强度高于 FP 纤维。

对于直径<1 μm 的多晶氧化物纤维，如果其他参数固定，蠕变速率只与扩散系数成正比。纤维的直径越大，低晶界扩散系数复合氧化物的含量越多，则纤维的抗蠕变性能越好。加入第二相形成固溶体或者加入纳米颗粒，可以阻止晶界的滑移和旋转，进而提高纤维的抗蠕变性能。此外，两相混合物比单相的抗蠕变性能好，颗粒形貌也影响纤维的抗蠕变性能。

图 5.2 和图 5.3 分别为 Nextel 系列纤维的高温强度保持率及蠕变极限温度。Nextel 720 纤维高温强度保持率和极限抗蠕变温度最高，Nextel 650 次之，Nextel 312 最差。Nextel 720 纤维是由 Al_2O_3 和莫来石组成的复相多晶氧化物纤维，呈针状莫来石环绕细晶 Al_2O_3 结构。由于莫来石晶界扩散系数低，处于晶界的莫来石不易长大。同时，处于晶界的莫来石使氧化铝晶粒彼此隔离，限制了氧化铝晶粒高温生长和晶界滑移，因此，Nextel 720 高温强度保持率高、

高温抗蠕变性能优良。Nextel 650 含有一定量 YSZ,阻止了高温晶粒长大,因而高温强度损失较少;大尺寸的 YSZ 隔离晶界,减小了界面扩散,从而提高了纤维的抗蠕变性能。Nextel 610 中含有少量低熔点氧化物 Fe_2O_3,而且氧化铝粒径细小,高温长大不受限制,因此高温下晶粒长大严重,抗蠕变性能差,强度损失较大。Nextel 550 由 73%Al_2O_3 和 27%SiO_2 组成,其组成处于莫来石陶瓷的固溶范围,但 Al_2O_3 组分略高于莫来石理论成分点($w_{Al_2O_3}$:w_{SiO_2}=71.8:28.2),高温下 Al_2O_3 和 SiO_2 反应生成粗大的莫来石晶粒,致使强度下降,而残余的 SiO_2 玻璃相高温下的黏性流动使其抗蠕变性能变差。Nextel 312 和 Nextel 440 是由 Al_2O_3、SiO_2 和 B_2O_3 组成的,低熔点玻璃相的存在虽然可以减缓晶相的长大速度,但其高温下的黏性流动使纤维的强度严重下降,抗蠕变性能变差。

图 5.2　Nextel 系列纤维强度保持率随温度的变化曲线

图 5.3　Nextel 系列纤维的蠕变极限温度

图 5.4 是 FP、PRD-166 和 Almax 断裂应力随温度的变化曲线。纤维的强度均随着温度的升高而下降。FP 纤维是致密的 α-Al_2O_3,抗蠕变性能较差,高温下晶粒的长大使强度下降严重。PRD-166 是在 α-Al_2O_3 中加入 ZrO_2 进行稳定,抑制了晶粒的长大,阻碍了界面滑移,故强度保持率和抗蠕变性能较 FP 纤维好。Almax 纤维是多孔 α-Al_2O_3,晶粒长大和界面滑移严重,强度下降较快,抗蠕变性能差。

图 5.5 是几种氧化物纤维的弯曲应力松弛系数[①]与温度的关系曲线,Saphikon 纤维的抗

---

①　弯曲应力松弛(BSR)技术包括强制纤维进入半径环(R_0)。在高温暴露之后,在室温下纤维中观察到蠕变感应曲率半径(R_0)。BSR 测试的显著参数是 BSR 比率,$m=1-R_0/R_a$。m 值越高,材料的抗蠕变性越强。

蠕变性能最好,YAG 纤维次之。Saphikon 为 c 轴定向的单晶氧化铝纤维,有序性高,晶界不易移动,抗蠕变性能较好;呈石榴石结构的稳定立方晶相的 YAG 复合氧化物的扩散系数较小,抗蠕变性能较好。YAG 将是最好的氧化物纤维,可长期应用于 1 500℃ 的环境中,但是由于制备工艺的限制,尚不能进行小批量生产。我国尽管已能生产连续氧化铝基陶瓷纤维,但性能与种类和国外相比仍有非常大的差距。

图 5.4　断裂应力与温度的关系曲线

图 5.5　几种纤维的弯曲应力松弛系数与温度的关系

5.2.3　氮化硼纤维

BN 纤维具有良好的高温稳定性、耐腐蚀性、抗氧化性以及高吸收中子的能力等,可用于温度传感器套、火箭、燃烧室内衬、导弹和飞行器的天线窗、电绝缘器、重返大气层的降落伞以及火箭喷管鼻锥等陶瓷基复合材料的增强材料。

1.氧化硼纤维的制备方法

BN 纤维的合成方法有两种,一种是化学转化法,将无机 B_2O_3 凝胶纤维在 NH_3 气氛下高温氮化,另一种是有机先驱体转化法。前者氮化反应是气固非均相反应,难以制得均质的 BN 纤维,因而主要采用后者合成高性能 BN 纤维。山东工业陶瓷研究院采用化学转化法经低温氮化和高温热拉伸工艺制备 BN 纤维已达到小批量生产,密度为 $1.8 \sim 2.2 \ g \cdot cm^{-3}$、介电常数为 3、介电损耗为 2×10^{-4},热膨胀系数为 $1.9 \times 10^{-6} \ K^{-1}$。

有机先驱体转化法一般过程是利用小分子含硼或含氮物质为原料,经过逐步合成和聚合,得到具可纺性的先驱体聚合物,依据先驱体聚合物性质,通过熔融法或湿法纺丝得到先驱体纤维,不熔化处理后,在 NH_3 或 N_2 气氛中一步或分步在约 $1\,800\,℃$ 烧成,即得 BN 陶瓷纤维。

(1)无氧有机先驱体转化法

日本学者谷口五十二在 1976 年专利中介绍了这种合成方法,即以三氯化硼(BCl_3)与苯胺($C_6H_5 - NH_2$)或甲苯胺反应:

$$n BCl_3 + nH_2N - \bigcirc \rightarrow \underset{n}{[B-N]} + 2nHCl \uparrow \qquad (5.4)$$

含氯硼氮低聚物进一步与氨反应:

$$\underset{n}{[B-N]} + 2nNH_3 \rightarrow \underset{n}{[B-N]} + nNH_4Cl \qquad (5.5)$$

产物在 $300\,℃$ 以上进行高分子化处理,得到软化点约 $230\,℃$ 的高聚物,在 $260\,℃$ 左右熔融纺丝制得先驱体纤维丝,在氨气中加热进行不熔化处理,最后在氮气中烧结到 $1\,800\,℃$ 可得白色 BN 纤维,这种纤维抗张强度达 500 MPa 以上。

目前研究最活跃的方法是以 BCl_3 和 NH_4Cl 为原料,先合成 $2,4,6$ -三氯环三硼氮烷(TCB),再添加二甲胺[$(CH_3)_2NH$]和六甲基二硅氮烷(HMDS),经反应合成线型结构的先驱体;或仅添加 HMDS,经反应合成网状结构的先驱体;或添加 $Cl_2BN(SiMe_3)_2$,冷冻至 $-40\,℃$ 通入 NH_3,经反应合成相对分子质量大于 $1\,000$ 的可纺丝的先驱体。

(2)含氧先驱体化学转化法

由于非氧先驱体合成工艺要求严格,陶瓷产率较低。1991 年,佐治亚理工学院 Venkatasubramanian 报道了用 sol-gel 方法制备 BN 纤维的工艺路线,以三正丁基硼酸盐和三甲氧基硼酸盐反应合成聚硼酸锂凝胶,反应过程如下:

烷氧基硼的水解:

$$H_2O + \underset{OR}{\overset{RO \quad OR}{B}} \xrightarrow{ROH} \underset{OR}{\overset{RO \quad OR}{B}} \xrightarrow[-ROH]{+H_2O} \underset{OR}{\overset{RO \quad OR}{B}} \qquad (5.6)$$

烷氧基硼的水解产物环化:

$$\text{LiOR} + \begin{matrix} \text{RO} \quad \text{OR} \\ \text{B} \\ \text{OR} \end{matrix} \rightleftharpoons \left[\begin{matrix} \text{RO} \quad \text{OR} \\ \text{B} \\ \text{RO} \quad \text{OR} \end{matrix} \right]^{-} \text{Li}^{+} \quad \begin{matrix} \text{RO} \quad \text{OR} \\ \text{B} \\ \text{OR} \end{matrix} + \begin{matrix} \text{RO} \quad \text{OR} \\ \text{B} \\ \text{OR} \end{matrix} +$$

$$\left[\begin{matrix} \text{RO} \quad \text{OR} \\ \text{B} \\ \text{RO} \quad \text{OR} \end{matrix} \right]^{-} \text{Li} \xrightarrow{-3\text{ROH}} \quad (\text{环状结构}) \text{Li}^{+} \tag{5.7}$$

单环化合物与水反应形成链状高聚物：

$$n \ (\text{环状结构}) \ \text{Li}^{+} + n\text{H}_2\text{O} \xrightarrow{-2n\text{ROH}} (\text{链状结构})_n \tag{5.8}$$

$$(\text{gel})$$

用溶胶凝胶法获得可纺丝原料,纺丝高温处理制得氧化物纤维,在 NH_3 下高温共氨解制得 BN 纤维。

2. 氮化硼纤维的性能

表 5.12 为不同合成工艺制备的氮化硼纤维的性能,可见化学转化法制备的氮化硼纤维的力学性能明显优于有机先驱体法制备的氮化硼。

表 5.12　不同合成路线制备的 BN 纤维性能的比较

研制者	方法	纤维直径/μm	拉伸强度/MPa	弹性模量/GPa
Paciorek	非氮先驱法	10~20	250	5.5
Pieer	非氧先驱法	18~25	200	1.7
木村良晴（日）	非氧先驱法	15	250	
向阳春（中）	非氧先驱法	30	150	
Venkatasubramanian	含氧先驱体法	15~20	340~860	23~83
Carborundum（美）	化学转化法	6	830	210
山东工陶院	化学转化法	4~10	1 200~1 500	100~140

5.2.4　硅酸铝纤维

硅酸铝纤维具有耐高温、热稳定性好、热导率低、热容小、抗机械振动好、受热膨胀小和隔热性能好等优点,经纺织或编织可制成硅酸铝纤维板和硅酸铝纤维毡、硅酸铝纤维绳、硅酸铝纤维毯等产品,是取代石棉的新型材料,广泛用于冶金、电力、机械和化工的热能设备上的保温。

硅酸铝纤维是 $Al_2O_3 - SiO_2$ 系统的玻璃熔融物在骤冷条件下形成的玻璃体,化学组成和物理性质见表 5.13。

表 5.13　硅酸铝纤维的化学组成及物理性质

$\dfrac{w_{Al_2O_3}}{\%}$	$\dfrac{w_{SiO_2}}{\%}$	$\dfrac{w_{Fe_2O_3}}{\%}$	$\dfrac{w_{K_2O+Na_2O}}{\%}$	纤维直径 μm	纤维长度 mm	高温收缩率/(%) (1 150℃×6 h)	热导率 $W \cdot m^{-1} \cdot K^{-1}$	长期使用温度/℃
48.93	47.9	0.98	<0.5	2~4	50	3.6	0.15~0.17 (700℃)	1 000

从热力学观点看,硅酸铝纤维这种玻璃体处于一种亚稳状态。图5.6为硅酸铝纤维的差热分析曲线,当温度条件具备时,玻璃会部分转向结晶态,并伴随着放热和体积收缩。从曲线上可以看出,980℃时有一放热峰,这是由放出结晶热引起的,该峰值温度是莫来石生成温度。一旦发生结晶,纤维力学性能将迅速下降,因此 1 000℃ 以下只用其隔热性能。

图 5.6　硅酸铝纤维的差热分析曲线

5.3　陶瓷基复合材料的界面

5.3.1　界面的功能及类型

1.界面功能

界面是陶瓷基复合材料强韧化的关键,主要功能有以下几点:

①脱黏偏转裂纹作用。当基体裂纹扩展到结合程度适中的界面区时,界面发生解离,并使裂纹发生偏转,通过调节界面应力,阻止裂纹直接切断纤维扩展。

②传递载荷作用。纤维是复合材料中的主承载相,复合材料承担载荷通过界面相向纤维传递,界面需具有足够的强度。

③缓解热失配作用。陶瓷基复合材料是在高温下制备的,由于纤维与基体的热膨胀系数存在差异,当冷却至室温时会产生内应力,因此,界面区具备缓解热残余应力的作用。

④阻挡层作用。在复合材料制备所经历的高温下,纤维和基体元素会相互扩散或溶解,甚至发生化学反应,导致纤维/基体的界面结合过强。要求界面区具有与基体和纤维的化学相容性,阻止元素相互扩散,阻止发生化学反应。

2.界面类型

纤维增强陶瓷基复合材料沿纤维方向受拉伸时,根据纤维/基体界面结合强度的不同,复合材料的断裂模式不同,以此为依据分为三种类型:

①强结合界面——脆性断裂。当外加载荷增加时,基体裂纹扩展到界面处,由于界面结合强,裂纹无法在界面处发生偏转而直接横穿过纤维,使复合材料断裂[见图 5.7(a)]。但是对于颗粒增强陶瓷基复合材料来说,强结合界面是产生压应力、实现强韧化的必要条件。

图 5.7　纤维增强陶瓷基复合材料的三种断裂模式

②弱结合界面——韧性断裂。当基体裂纹扩展到界面处时,由于界面结合不是很强,因此裂纹持续在界面中扩展,并可能在界面处发生偏转绕过纤维,从而实现纤维与基体的界面解离、纤维桥联和纤维拔出[见图5.7(b)]。

③强弱混合界面——混合断裂。混合断裂是以上两种理想情况断裂模式的混合[见图5.7(c)],即在界面结合强处发生脆性断裂,而在界面结合弱处发生韧性断裂。

在图 5.7(a)中,随外载 P 增加,少量纤维先断裂,当 $P=P_{nc}$ 时,全部纤维几乎在图中的同一水平面上发生断裂;在图 5.7(b)中,个别纤维(界面结合较强的)先断裂,当 $P=P_b$ 时,剩余纤维断裂,纤维断裂不在同一水平面上;在图5.7(c)中,当载荷 P 增至某一值时,个别界面结合强的纤维先断裂,当 $P=P_{nc}$ 时,所有界面结合强的纤维在同一水平面上发生断裂,最后在 $P=P_{max}$ 时,全部纤维发生断裂。基于上述分析,图 5.7(b)断裂模式断裂的复合材料具有较高的断裂韧性。

5.3.2　界面的性能和结构

1.界面的性能

根据复合材料中纤维/基体之间界面相应起的作用,以及高温长期服役后组织结构的演

化,界面成分、结构和物理化学性能应具有以下特点:

①与纤维和基体之间具有化学和物理相容性。化学相容性是指不能与纤维或基体发生固溶或反应,形成新的化合物或固溶体;物理相容性是指不能与纤维或基体有良好的润湿性,形成牢固的嵌套结构;否则都可能导致强结合界面而脆性断裂。

②高温稳定性。陶瓷基复合材料大多数在高温使用,界面相在高温下不能出现组织和结构改变,或发生分解析晶和相变而引起界面相的作用失效,影响整个复合材料的性能。

③具有低的剪切强度。低的剪切强度有利于界面碎裂而产生大量微裂纹,便于基体裂纹在此处扩展并发生多方向偏转,分解降低裂纹前端应力。

④有一定的厚度。界面可近似于线弹性材料,符合胡克定律。厚度越大,界面压应力导致的变形量越小,能产生的微裂纹量比较多且不易闭合。

2.界面的解离方式

根据基体裂纹在纤维/基体界面处发生偏转的方式、形态和位置,可将界面解离分为三种形式(见图 5.8):

①无界面涂层且界面结合较弱,界面解离的形貌基本上与纤维的粗糙表面相吻合[见图 5.8(a)]。

(a)界面结合弱　　　　(b)界面结合强　　　　(c)具有纤维涂层

图 5.8　基体裂纹沿晶界扩展的三种形式

②纤维/基体之间无界面涂层且界面结合较强时,界面解离后,有部分基体黏结在纤维表面上[见图 5.8(b)]。扩展至界面处的基体裂纹沿着纤维表面和穿过部分基体偏转这种形式是属于纤维/基体之间界面结合较弱的情况。

③在具有纤维涂层的情况下,界面解离发生在纤维涂层之中,当界面相强度较低或疏松多孔时,基体裂纹扩展至界面相在界面相内发生弯折或偏转[见图 5.8(c)]。

虽然裂纹沿界面扩展可分为上述三种方式,但实际上,常见的形式是图 5.8(b)和图 5.8(c)两种,特别是以图 5.8(c)为主,而图 5.8(a)的形式比较少见。

3.界面的微观结构

在大多数纤维增强陶瓷基复合材料中,所存在的界面相主要包括以下几种结构,不同结构的界面相将产生不同的裂纹偏转方式(见图 5.9)。

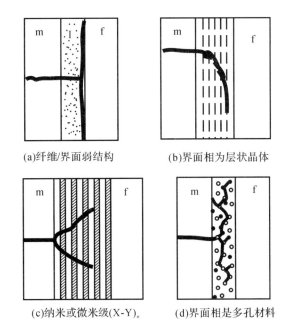

(a)纤维/界面弱结构　　　(b)界面相为层状晶体

(c)纳米或微米级(X-Y)$_n$　　　(d)界面相是多孔材料

图 5.9　纤维增强陶瓷基复合材料中几种不同结构的界面相

①单一组分的乱层状结构涂层。界面相与纤维之间是简单的弱界面结合,基体裂纹扩展至纤维/界面相之间的界面处发生偏转,导致界面解离[见图 5.9(a)]。比如通过化学气相渗透(CVI)法制备热解碳涂层的碳化硅纤维(Nicalon/PyC)增强碳化硅复合材料、氮化硼涂层的碳化硅纤维(Nicalon/BN)增强碳化硅复合材料,前者的界面相为 Nicalon 纤维表面的 SiO_2 与热解碳的复合层,后者的界面相为 BN。此外,$LaPO_4/Al_2O_3$ 之间的界面也属于弱界面结合。

②单一组分的规则层状结构。界面相由层状晶体材料组成,每层之间结合较弱,且层片方向与纤维表面平行。纤维/界面相的结合较强,它不再是基体裂纹发生偏转的位置。当基体裂纹扩散至界面相时,裂纹分叉或以分散的方式在界面相中发生偏转[见图 5.9(b)]。这是一种理想界面,乱层石墨结构的裂解碳涂层与六方晶型的 BN 涂层属于此类界面相。

③多组分重叠层状结构。界面相由纳米或微米尺度的、结构和性能不同的层状材料构成,即$(X-Y)_n$,其中 X 和 Y 代表两种不同材料,n 为 X-Y 重复的数目。界面相与纤维之间的界面结合很强,但界面相中的 X-Y 界面处,或每层中材料自身的强度较小。它的优点是:可通过调整 X 和 Y 的结构、层数 n 以及 X 和 Y 的厚度来改变界面相的显微结构;界面相层片之间能够相互配合以呈现多种功能,例如,X 层片起裂纹偏转层作用,而 Y 层片起阻挡层作用。具有两种不同层片结构的界面相已被广泛研究,如用于硅基玻璃陶瓷复合材料中的BN-SiC双层($n=1$)界面相,用于 SiC/SiC 复合材料中的 PyC-SiC 多层($n>1$)界面相。当基体裂纹扩展至这类界面相时,裂纹分叉并偏离原扩展方向,分叉的裂纹继续扩展时还可在界面相中的X-Y界面处引起二次界面解离[见图 5.9(c)]。

④多孔结构。当基体裂纹扩展至多孔界面相时,裂纹在界面相中沿微孔发生多次偏转,缓解了裂纹尖端的应力集中[见图 5.9(d)],例如在 Al_2O_3 纤维增强 Al_2O_3 基复合材料中采用的多孔氧化铝或氧化锆涂层。

⑤相变收缩结构。采用能够在剪应力作用下产生相变收缩的材料作为界面相,如

$MgSiO_3$ 若发生相变,将产生 5.5% 的体积收缩,可使界面相与纤维之间界面结合减弱,从而促进界面解离。

5.3.3 界面的制备工艺

纤维涂层制备方法主要包括化学气相沉积(CVD)、化学气相渗透(CVI)、原位生长、溶胶-凝胶(sol-gel)和聚合物裂解法等,也有电镀、物理气相沉积、等离子喷涂和喷射法等。如果按涂层物质的形成,还可以将上述方法归于两类:直接法和间接法。直接法涂层材料在涂覆前后是不发生化学变化的,例如物理气相沉积和等离子喷涂;间接法的涂层材料则是在涂覆过程中通过化学合成或者转化而形成的。

1.CVD 和 CVI 法制备纤维涂层

CVD 法是将几种气体输送至纤维表面并在该处发生化学反应,反应产物沉积于纤维表面形成涂层,涂层的厚度可以从数纳米至数微米。设备和工艺过程如图 5.10 所示。

图 5.10　制备纤维涂层的 CVD 装置和工艺过程

CVD 法可以为纤维涂覆多类物质(如碳、碳化物、氮化物和氧化物)的涂层。涂层的厚度取决于反应气体浓度、反应炉温度、纤维在反应炉内的停留时间(=反应炉工作区长度/走丝速度)以及重复进行涂层的次数等。CVD 可以连续对长纤维涂敷,因此可以和缠绕法联合使用。

CVI 法与 CVD 法的原理相同,但 CVI 法的沉积不仅在丝束表面进行,而且使气态先驱体渗入丝束内部,或者渗入由纤维编织的预制体内部发生化学反应并进行反应产物沉积,因此能够制得较均匀的纤维涂层。纤维先编织成预制体然后再进行涂层,还可以避免编织工序对涂层造成的损害,并且简化了涂层设备(可以与陶瓷基体共用 CVI 设备)。CVI 法可以制备碳化物、硼化物、氮化物和氧化物等多种纤维涂层,如表 5.14 所示。

表 5.14　CVI 法制备纤维涂层的源气和工艺条件

	涂层种类	源气	温度/℃
碳化物	PyC	CH_4/C_2H_4	800~900
	TiC	$TiCl_4+CH_4(C_2H_2)+H_2$	400~600
	SiC	$SiH_4+C_xH_y$	200~500
	B_xC	$B_2H_6+CH_4$	400

续表

涂层种类		源气	温度/℃
氮化物	BN	$SiH_4 + N_2 + H_2$	$300 \sim 400$
		$BCl_3 + NH_3 + H_2$	$25 \sim 1\,000$
		$BH_3 N(C_2 H_5)_3 + Ar$	$25 \sim 1\,000$
		$B_2 H_4 + NH_3 + H_2$	$400 \sim 700$
	ZrN	$ZrBr_4 + NH_3 + H_2$	800
	AlN	$AlBr_3 + NH_3 + H_2$	$200 \sim 800$
氧化物	SiO_2	$SiH_4 + H_2O$	$200 \sim 600$
		$SiH_4 + CO_2 + H_2$	$200 \sim 600$
		$Ti[OCH(CH_3)_2]_4 + O_2$	$250 \sim 700$
	TiO_2	$TiCl_4 + O_2$	$250 \sim 700$
	ZrO_2	$Zr[OCH(CH_3)_2]_4 + O_2$	$250 \sim 500$
		$ZrCl_4 + O_2$	$250 \sim 500$

CVD 法和 CVI 法的共同优点是：

①采用的气态先驱体简单并容易获得。例如裂解碳涂层可用 CH_4、$C_2 H_4$ 或 $C_3 H_6$，SiC 涂层可用 $CH_3 SiCl_3$(MTS)＋ H_2，BN 涂层可用 BX_3(其中 X 代表 F、Cl 或 Br)＋NH_3。

②能够在较低的温度和压力下进行，因此涂层工艺过程对纤维的损伤小。

③涂层的成分、厚度和结构可以根据不同要求进行控制。

④循环变化源气成分，还可以制得不同材料叠层结构的涂层，每层厚度可达纳米级，因而使界面相的设计与控制具有很大的灵活性。例如$(PyC＋SiC)_n$层状涂层，其中 n 由循环次数决定，每一层的 PyC 或 SiC 的厚度则由该次循环所经历的时间所决定。

2.溶胶-凝胶法制备纤维涂层

溶胶-凝胶法主要用于对纤维涂覆氧化物涂层，也可用于涂覆氮化物涂层，采用溶胶-凝胶法制备纤维涂层的设备及流程简图如图 5.11 所示，它的原理是：将醇盐或其混合物溶于溶剂用以浸渍纤维，溶液先胶凝形成胶体，溶胶经过一定时间后水解(或氨化)转变为凝胶，凝胶在加热过程中通过蒸发脱去所含液相，最后在一定温度下烧结成为涂层材料。高温炉仅对出厂前涂有保护胶层的纤维使用，通过高温除去这层保护胶层使纤维的表面裸露。采用超声波浸渍可以达到对丝束内部浸渍均匀，浸渍液为金属醇盐溶剂、水和催化剂(助溶剂)。水解炉中通入水蒸气，使纤维束中浸渍的溶液水解缩聚成为溶胶，此溶胶经过一定时间和加温成为含有大量水分的湿凝胶，湿凝胶脱水后形成 SiO_2 或 Al_2O_3 涂层。如果对水解炉通入的不是水蒸气而是氨气，则生成的是氮化物涂层。

溶胶-凝胶法制备纤维涂层有下列优点：

①设备和工艺过程简单、生产成本低。

②反应过程容易控制，通过调整原料的纯度，可以获得成分准确和纯度高的涂层，甚至可以获得非晶态涂层。

③涂层厚度均匀，通过多次重复工艺循环，可以均匀增大涂层厚度(超过 200 nm)。

④如果在循环中采用不同配方，还可制备多层结构$(X - Y)_n$的复合涂层，例如 X 和 Y 分

别为具有不同成分的氧化物或氮化物。

⑤烧结温度低,纤维在涂层工艺过程中所受的损伤很小。

图 5.11　溶胶-凝胶法制备纤维涂层工艺的设备及流程

Nextel 720 纤维典型的界面为 $LaPO_4$。将磷酸二氢铵与硝酸镧溶液混合,化学反应形成透明稳定的磷酸镧溶胶,将 Nextel 720 纤维在其中反复浸渍,然后干燥热解,即获得 $LaPO_4$ 界面层。为了避免在浸渍过程中纤维丝粘连,通常在溶胶表面添加憎水性表面剂,或者预先通过 CVI 方法在 Nextel 720 表面制备纳米级 PyC 界面层,使单丝纤维具有一定刚度,从而避免在浸渍过程中因表面张力和毛细引力引起的单丝粘连。

3.聚合物裂解法制备纤维涂层

聚合物裂解法又称为液态先驱体转化法。它是以先驱体聚合物的溶液浸渍纤维,在一定的温度和保护气氛下,先驱体聚合物裂解生成包覆于纤维表面的陶瓷涂层。聚合物裂解法制备连续纤维涂层的设备和工艺流程简图如图 5.12 所示。采用此法较成功的例子是,用沥青为先驱体对纤维涂覆裂解碳涂层;用聚碳硅烷为先驱体对纤维涂覆 SiC 涂层。用聚合物裂解法进行纤维涂层存在的问题是由于聚合物先驱体的陶瓷转化率(<70%)不高,裂解时产生大量气体逸出,因而涂层容易开裂或在内部形成气孔。为了减少这种不利影响,必须研制并采用陶瓷转化率高的聚合物先驱体,同时还可采用多次涂覆和裂解。

图 5.12　聚合物裂解法制备连续纤维涂层的设备和工艺流程简图

4.原位合成法形成界面相

原位合成法形成的界面相不是对纤维涂覆涂层,而是在复合材料的制备过程中,基体和增强体之间相互扩散和发生化学反应,在基体和增强体之间形成材料成分和结构既不同于基体又不同于增强体的一个薄层区域,称为界面相。由于它不是预先涂覆而是在复合工艺过程中原位生成的,故名原位合成。原位合成界面相的实例是 Nicalon/玻璃-陶瓷复合材料中的富碳界面相,由增强体中的 SiC 与基体中的氧反应生成。

5.3.4　界面的性能表征

界面相的性能是影响复合材料性能的关键因素,界面性能取决于其成分与结构。通常界面的厚度可以依据增重率计算,但是结构及成分需要借助仪器实现。

1.界面结构表征

界面相的结构包括界面相的组成、厚度和微观结构。通过 SEM、EDAX、XRD 和 EDS 等,可分析纤维涂层的结构、成分、形貌以及涂层与纤维和基体之间的结合情况,也可以采用高分辨场发射俄歇电子探针得到界面成分的信息。图 5.13 是典型的纤维涂层的扫描俄歇测量谱线,它证明了碳涂层的存在。

图 5.13　碳涂层-Nextel 440 的扫描俄歇测量图谱

2.界面力学性能的表征

为了建立、评价和完善复合材料的力学模型以及复合材料力学性能与纤维/基体之间的关系,有必要测定界面的性能,它将有助于选择合适的纤维、基体和制备工艺,以及选择合适的纤维涂层。测量界面性能(主要是界面强度)一般有两种方法:纤维压出法和纤维拔出法。

(1)纤维压出法

纤维压出法是测量脆性纤维增强脆性基体的复合材料界面剪切性能的一种简单可行的方法。用标准显微硬度计(具有 V 形压头)将纤维从复合材料试样中压出,测试纤维/基体之间界面的摩擦剪切强度。将 V 形压头的尖端对准纤维中心,然后在压头上施加一定的载荷,使纤维沿着纤维/基体的界面滑动一定距离,其位移量取决于由压头所施加的载荷的大小。假设压头所施加的载荷完全被纤维/基体间的摩擦应力所承担,纤维被弹性压缩的量超过其脱黏长度(此长度由摩擦应力大小来决定),摩擦应力 τ、外加载荷 F 和纤维滑动位移 u 之间的关系式为

$$\tau = F^2 / (4\pi^2 u r^3 E_f) \tag{5.9}$$

式中:r 为纤维半径;E_f 为纤维弹性模量。

孙文训等提出了用束顶出法研究界面结合情况,并研制了束顶出界面力学性能测试仪(见图 5.14),用以测量纤维束与周围基体的结合情况,并将该方法用于碳/碳复合材料的界面力学性能的研究。束顶出法根据三维编织碳/碳复合材料的结构特点,以一束纤维为对象,试验中将整束纤维从试样中用压头顶出,以评定束间界面的结合情况,束顶出试验装置简图如图 5.15 所示。

A—载荷传感器(49~245 N)
B—高强度合金压头(Φ=0.5~ 0.6 mm)
C—CCD图像采集摄像头
D—样品控制台
E—加载及精密定位机构
F—微机控制台

图 5.14 纤维束顶出界面力学性能测试仪

压头

纤维束

碳基体

支撑

图 5.15 纤维束顶出及其安装示意图

(2)纤维拔出试验

纤维拔出试验是将纤维单丝复合在基体材料中制成如图 5.16 所示的试样。然后沿纤维轴向施加载荷 P,将纤维从基体材料中拔出,以测定界面剪切应力。这种方法最先在聚合物基复合材料中应用,后来也广泛用于具有脆性基体的陶瓷基复合材料。

利用剪滞分析方法(Shear Lag Theory)测得的界面剪切强度 τ_i 为

$$\tau_i = \sigma_{fu} \cdot d_f / (2l_c) \tag{5.10}$$

式中:σ_{fu} 为纤维断裂强度;d_f 为纤维直径;l_c 为纤维临界长度。测试时,用不同长度的纤维埋

入基体,即改变纤维的长径比 l/d_f。显然,当埋入的长度等于 $l_c/2$ 时,纤维中的应力恰好达到 σ_{fu},纤维被拔出而不被拉断,由此测算出 l_c 值。将 l_c 值代入式中便可以计算出界面剪切强度 τ_i。

(a)穿透试样　　　　　　　　　　　　　(b)非穿透试样

图 5.16　纤维拔出试验示意图
1—夹具;2—模具;3—基体;4—纤维

图 5.17 是玻璃纤维和碳纤维拔出试验时载荷 P 和拔出位移间的关系曲线。曲线上的尖峰对应着纤维脱黏力,随着拉出位移的继续增加,载荷降低并保持较低值,直至纤维被完全拔出。

(a)玻璃纤维拔出 P-f 曲线　　　　　　　　(b)碳纤维拔出 P-f 曲线

图 5.17　纤维拔出试验典型载荷-位移曲线

5.3.5　界面材料

陶瓷基复合材料一般由基体、陶瓷纤维以及一个或多个纤维/基体界面涂层(纤维涂层)组成,界面的作用是提供一个弱的纤维-基体界面,阻止基体裂纹贯穿纤维,增加复合材料的韧性。为了保持纤维-涂层-基体的脱黏性能,界面在高温腐蚀环境中必须保持化学和力学稳定性,保护纤维在制造和使用过程中不受环境损伤。近年来,界面的发展明显滞后于陶瓷纤维的发展,因而限制了陶瓷基复合材料的推广应用。

1.非氧化物复合材料的界面材料

氧化物和非氧化物陶瓷都可采用 SiC 纤维增韧,包括用熔融铝浸渍氧化制造的 SiC 纤维增强氧化铝基体复合材料,用热压方法制造的 SiC 纤维增强玻璃陶瓷基体复合材料,通过 CVI 方法制造的 SiC 纤维增强 SiC 基体复合材料,通过聚合物高温分解制造的 SiC 纤维增强 SiC

或 SiC/Si_3N_4 基体复合材料和用熔融硅渗透的方法制造的 SiC 纤维增强 SiC - Si 基复合材料。

纤维-涂层-基体界面的氧化是阻碍非氧化物陶瓷广泛应用的一个主要问题。当纤维末端暴露在环境气氛或基体出现裂纹时,环境中的氧气就会到达纤维涂层,界面就会暴露在氧化环境中。当复合材料受到超过裂纹强度(比例极限)的应力时,裂纹就会发生扩展。有时候即使陶瓷基复合材料在低于比例极限条件下工作,也有可能发生裂纹扩展。基体裂纹一旦形成,即使应力减小到低于基体裂纹强度也不会自动愈合。氧气会沿着基体裂纹进入,因此纤维涂层会发生氧化,并导致纤维性能的下降。涂层的氧化还会降低界面的脱黏性能,最后降低复合材料的强度和韧性。

(1)碳涂层

碳涂层是最早可以使陶瓷纤维增强陶瓷基复合材料产生韧性的涂层之一。在用热压方法制造的玻璃陶瓷基复合材料中,可以使用 Nicalon 纤维分解的方法来原位形成碳涂层,或者通过 CVD 制备。涂层的厚度一般为 $0.1 \sim 0.3~\mu m$,复合材料的韧性随着涂层厚度的增加而提高,但是基体和纤维之间传递的载荷却随着涂层厚度的增加而减小。图 5.18 为用 CVI 方法制备的具有碳涂层的 Nicalon 纤维增强 SiC 基复合材料,可见其室温及高温韧性都得到了很大提高。

图 5.18 CVI 法制备的 Nicalon 纤维增韧 SiC 基复合材料的拉伸应力-应变曲线

图 5.19 是 SiC/SiC 复合材料中碳涂层氧化示意图,碳氧化生成 CO 和 CO_2 气体,气体释放出之后就在纤维和基体之间留下了缝隙,导致两边临近的纤维和基体发生氧化并生成 SiO_2。随后氧气沿着纤维和基体氧化逸出后的空隙进行扩散,导致复合材料不断氧化,直到纤维和基体氧化生成的 SiO_2 封闭了空隙。根据 Nicalon 纤维和 SiC 基体的氧化速率常数,可计算封闭空隙所需要的时间,发现其与纤维和基体的氧化速率系数成反比,却随着纤维涂层厚度的增加而增加。

图 5.20 为碳涂层的氧化深度与温度的函数关系图。即使纤维涂层的厚度只有 $0.1~\mu m$,纤维涂层的氧化深度都在毫米量级,因此纤维涂层的氧化与纤维末端的暴露密切相关。在 $900 \sim 1~200~℃$ 温度范围内,氧化深度与温度成反比,由于碳氧化造成的空隙会很快被封闭,因此限制了氧化的深度;在 $700 \sim 800~℃$ 温度范围内,碳氧化持续发生,造成厘米级氧化深度,因

此该温区是最有害的,它可以导致复合材料的脆化。

图 5.19　单轴 $SiC_f/PyC/SiC$ 复合材料的界面氧化过程示意图

图 5.20　纤维末端暴露的单轴 $SiC_f/PyC/SiC$ 纤维界面的氧化深度

　　虽然非氧化物复合材料被设计在比例极限温度以下工作,但是应该考虑到有时候也会在比例极限以上的温度工作。当发生这种情况时,氧气会沿着基体裂纹和氧化的碳纤维涂层进行扩散。氧化前沿会沿着纤维方向前进,氧化深度与上述观察到的末端暴露的情况相近。此外,空隙被 SiC 氧化生成的 SiO_2 所封闭的机制在 $700\sim800℃$ 的中温区不起作用。因此,要寻找另外的封闭基体裂纹机制,使氧化失效最小化。

　　在碳纤维增强的碳基(C/C)复合材料中,将硼掺杂到基体中可以帮助封闭中温区的基体裂纹。硼氧化生成的 B_2O_3 玻璃,充当裂纹封闭剂的作用。Dupont Lanxide 已经把这种硼封闭的方法应用于 CVI SiC/SiC 复合材料中。但是,还不清楚当裂纹扩展时硼添加剂是否能快速地生效,起到阻止碳纤维涂层氧化的作用。

　　(2)氮化硼涂层

　　除了碳以外,BN 是唯一能在非氧化物复合材料中发生缓慢破坏的纤维涂层。当在低温下沉积的时候,生成的 BN 是无定形,或杂乱结构;当在高温下沉积的时候($>1\,500℃$),生成的 BN 一般为有序的六方结构,能够增加陶瓷基复合材料韧性。

　　与碳涂层一样,具有 BN 涂层的纤维增强陶瓷基复合材料的韧性随着涂层厚度的增加而提高。BN 涂层的最理想的厚度范围应该是 $0.3\sim0.5\ \mu m$,要比碳涂层的厚一些。图 5.21 是用熔体渗透的方法制备的 Hi - Nicalon SiC 纤维增强的 SiC - Si 基复合材料的拉伸试验结果,图 5.22 是用热压方法制备的 Nicalon SiC 纤维增强玻璃陶瓷基复合材料的拉伸试验结果,二者都具有 BN 涂层。非线性的应力-应变曲线和大于 0.6% 的断裂应变表明复合材料具有良好的韧性。

由于 BN 被氧化之后的产物是液态的氧化硼而不是气态的氧化物,因此可以预料 BN 在干燥的空气或氧气中的氧化率要比碳低得多。试验中观察到 SiC - Si 基复合材料在 700～1 200℃的温度范围氧化 100 h,BN 涂层的氧化深度很浅,仅 10 μm 甚至更小。通常认为,BN 氧化生成的氧化硼液体与纤维和基体的氧化产物二氧化硅相互作用生成一种硼硅酸盐玻璃,这种玻璃的成分由于氧化硼不断地从表面挥发而随时间发生变化。BN 涂层氧化的深度要比碳涂层氧化的深度浅得多,因此在干燥的氧化环境中 BN 涂层比碳涂层的性能更好。

图 5.21　熔融渗透制造的 Hi - Nicalon/BN/SiC - Si 复合材料拉伸试验结果
（纤维方向为 0°和 90°的纤维的数量的比值为 4∶2 和 4∶4 两种情况）

图 5.22　具有 BN 涂层的热压 Nicalon 纤维增韧玻璃
陶瓷基复合材料的拉伸试验结果

在潮湿环境中的氧化试验显示,BN 涂层的氧化性能和碳涂层的氧化性能很相似,氧化产物 B_2O_3 很快以氢氧化硼的形式挥发掉了。图 5.23 是 Hi - Nicalon/BN/SiC - Si 复合材料的界面氧化深度。在 1 200℃时,氧化过程进行 1 h 之后空隙被封闭;在 900℃时,氧化进行了大约 4 h;在 700℃时空隙不会被封闭,氧化会一直进行下去直到 100 h。因此,可以看出复合材料在 700～800℃发生脆化的可能性高于在1 200℃发生的可能性。

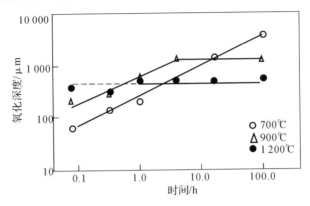

图 5.23　用熔融渗透方法制造的 Hi - Nicalon/BN/SiC - Si 复合材料的界面氧化深度(BN 厚度为 0.5 μm)

当基体裂纹存在时,氧化剂(氧气和水蒸气)能够迅速地通过基体裂纹扩散并氧化纤维涂层。一般涂层厚度小于 1 μm,因此涂层会迅速氧化(在高于 900℃的试验温度下只需要几分钟),并且这种损伤会迅速地扩展到纤维上。由末端氧化研究可知,在干燥环境中,这种损伤会由于侧面的氧化产物的放慢而被限制;在潮湿环境中,由于 BN 涂层氧化的速度很快,损伤会迅速扩展。

封闭由过应力所产生的基体裂纹的方法有两种:①基体强化或变形,如通过蠕变;②在氧化之前,能够提供封闭裂纹的氧化产物的基体添加剂。原则上说,基体封闭方法在复合材料受到显著破坏之前都会起作用。Nicalon纤维增强的具有 BN/SiC 涂层的玻璃陶瓷基复合材料的应力断裂试验显示封闭确实发生了,一个试样在 1 100℃的空气中受到 138 MPa 的应力(远高于 88 MPa 的快速断裂比例极限应力),经过 19 个月之后,其残余强度仍与未氧化的试样相当。

在水蒸气环境下,晶体 BN 和硅掺杂的 BN 具有比无定形的 BN 更优良的抗氧化性能。其中硅掺杂的 BN 既能保持 BN 的脱黏性能并且在干燥和潮湿环境下都能明显提高 BN 的抗氧化性能,因而更引人注意。虽然硅对抗氧化的影响还没有进行定量的评估,但是有理由相信在 BN 中添加硅可以显著降低涂层的氧化速率。氧气在 B_2O_3 中的扩散速率比在 SiO_2 中的扩散速率高 3 个数量级,且氢氧化硅的挥发也比氢氧化硼低得多,因此硅在 BN 中的掺杂还可以降低水蒸气环境中涂层的挥发。

(3)其他的纤维涂层

对于 BN/C/BN、BN/C/Si_3N_4、SiC/C/SiC 和 BN/SiC 等多层涂层,其分层涂层中每一层的碳或者 BN 涂层都没有单一的碳或者 BN 涂层厚。多层涂层的脱黏层也应该是多层的,另外还有一些碳化物(如 Ti_3SiC_2)、氮化物(如 AlN),以及多种氧化物,也都具有层状结构。

虽然很难对所有涂层的抗氧化性都作出评估,但是探索最好的抗氧化涂层具有重要意义。为了保证基体和纤维之间进行有效的载荷传递,对于直径 10 μm 上下的纤维束来说纤维涂层的厚度最大值为 1 μm,而对于直径在 100 μm 的单丝纤维来说涂层的最大厚度为 5~10 μm。

由于氧化物陶瓷不会发生氧化,所以一般认为氧化物涂层是抗氧化最好的选择。虽然这种想法对于防止纤维涂层的氧化是正确的,但对于非氧化物纤维来说它并不能起到很好的保护作用,并且不能保持一个弱的纤维-基体界面层。通过应用扩散分析,Luthra 证明了即使存在 SiO_2 这样的抗氧化层,非氧化物纤维仍然会迅速地从纤维和氧化物涂层之间的界面开始氧化。纤维涂层界面一旦发生这样的氧化,纤维就会和涂层结合起来,也许还会和基体强结合,这样就会损坏复合材料的韧性。涂层的成分也会发生变化,这对于弱结合的涂层和脱黏发生在涂层内部的情况尤其重要。由于纤维涂层反应可发生在涂层的制备温度,因此很难做到制备氧化物纤维涂层时不损害纤维和复合材料的性能。

二氧化硅在所有的氧化物中的氧气扩散率最低,因此在 1 100 ℃以上的温度可生成二氧化硅的材料都能提供最好的防氧化保护。但是 Luthra 已经证明 SiC 或 Si_3N_4 氧化形成的微米级厚的涂层所提供的抗氧化保护是有限的,在 1 200 ℃下大概只能持续 100 h,在氧气存在的条件下,没有一种非氧化物涂层可以保护 SiC 涂层不受氧化超过 100 h。抗氧化要全面考虑复合材料系统,确定氧化降低复合材料的性能机制,通过改变复合材料系统包括纤维、涂层和基体来避免这个问题。

(4)避免氧化脆化的系统方法

在氧化环境下,当存在裂纹时,没有一种纤维涂层可以保护纤维在 1 200 ℃的温度下免受氧化超过 100 h。但是这并不意味着不需要纤维涂层,应该继续探索以下两种方法:

①非氧化物纤维涂层的抗氧化性要进一步提高,从现在的只能保护几分钟(在 1 200 ℃)的 1 μm 厚的 BN 涂层到理论上的最大值可持续 100 h 的 1 μm 厚的可生成二氧化硅的涂层。

②探索迅速封闭裂纹的技术,要在纤维涂层被氧化之前封闭裂纹。

图 5.24 粗略地表示了一个有裂纹的陶瓷基复合材料。裂纹的宽度与涂层的厚度相当,大约在 1 μm 的量级。图 5.25 表示一个裂纹/涂层/基体区域的氧化效应,其中(a)表示了发生在裂纹区域的复杂过程,氧气和水蒸气等各种氧化剂,通过裂纹扩散到复合材料内部,使裂纹边缘和纤维涂层(如箭头所示)发生氧化。图 5.25(b)显示氧化产物的体积大于基体裂纹的体积,SiC 氧化之后全部生成了二氧化硅,可以完全填充裂纹区域并阻止进一步的氧化。图 5.25(c)表明,虽然裂纹的宽度已经减小了,但是裂纹没有被氧化产物完全封闭。图 5.25(d)表明,涂层在裂纹愈合之前就被氧化透了,通过裂纹扩散进来的氧气可以继续氧化纤维。综上分析,最好的情形应该如图 5.25(b)所示,裂纹在涂层被完全氧化之前完全愈合,这样就可以阻止了纤维-涂层-基体界面的显著的破坏。

裂纹愈合之后,界面的脱黏性能可能会受到影响,而采用具有多个脱黏层的多层涂层就可以避免这种情况。当裂纹扩展到纤维/涂层界面时,界面在裂纹愈合之前将不可避免发生氧化。如果存在多个脱黏层,在裂纹愈合之后界面的脱黏性能还会保持得很好,这一点还需要在一个复合材料系统中得到证明。除了关注裂纹愈合和涂层的使用寿命,还要在实际环境的条件下考核愈合区域的持续性能。

图 5.24　连续纤维增韧陶瓷复合材料暴露在高于基体
开裂强度的应力下的基体裂纹的示意图

图 5.25　图 5.24 中椭圆区域中的裂纹/基体/纤维
涂层区域的氧化进程示意图

（5）涂层的制备

CVD 是一种可以在各种不同结构上沉积相当均匀涂层并且维形的方法，因此是最常用于制造复合材料系统涂层的方法，且或许是唯一的能够成功地应用于制造具有良好的力学性能的韧性复合材料的方法。很多涂层都是用 CVD 方法制造的，如碳涂层、BN 涂层、硅掺杂的BN 涂层和 SiC 涂层。

碳涂层通常是用碳氢化合物，如 CH_4 和 C_2H_2，在 1 000～1 800℃的高温进行裂解来沉积的。BN 涂层是三氯化硼和氨气在 $800\sim1\ 200\ ℃$ 下进行反应得到的,其中用氮气作为载气,BN 的结晶能力和沉积率随着温度的升高而提高,但随着温度的升高涂层也变得不均匀。当在纤维束上进行沉积时非均匀度比较小,而当在三维构件上进行沉积时非均匀度比较大。BN 涂层的化学性质不但取决于先驱体,还取决于其他因素。例如,在石英反应器中制造的 BN 涂层中含有氧杂质,原子百分比可达 12%,而在碳炉中制造的涂层中含有碳杂质,原子百分比可达 20%。

2. 氧化物复合材料的界面材料

氧化物纤维抗蠕变性能低,且缺乏适当的氧化物纤维涂层来促进纤维-基体的脱黏,因此氧化物陶瓷复合材料的发展滞后于非氧化物复合材料的发展(与 SiC 相比)。20 世纪 90 年代,在抗蠕变氧化物纤维(如 Nextel 720)和界面控制方面的进展已经使氧化物复合材料在工业和国防领域的应用潜力得到提升。有效的涂层能够提供弱的纤维-基体的界面结合,因此使复合材料具有韧性行为。

氧化物复合材料纤维涂层的最初研究不是采用非氧化物 C 和 BN,而是集中在与纤维和材料本身并不形成化合物的混合氧化物,这种涂层模仿了 C 和 BN 的层状晶体结构,能够为氧化物复合材料提供弱的界面结合。人们也利用多孔和易变形的涂层来降低纤维与基体间界面的机械结合。

(1)多孔涂层和多孔基体

1)多孔涂层

为了降低纤维-基体界面的脱黏强度,在纤维涂层中增加孔隙以提供一条较弱的路径,使得基体裂纹能够沿此路径向远离纤维的方向偏转。人们尝试各种各样的方法在纤维涂层中增加孔隙,包括溶胶-凝胶法和共沉积方法。涂层中的孔隙一般是在复合材料基体加工之后产生的,这是为了防止在复合材料致密化过程中堵塞孔隙。为了获得这些孔隙,在沉积的涂层中常常包括 C,在基体加工完毕之后,除去这些 C 就可以获得孔隙。例如,在聚胺的聚甲基丙烯酸甲酯(Darvan C)溶液中混合水软铝石溶胶,利用溶胶-凝胶法给纤维涂上涂层混合,再在氩气气氛中加热制备氧化物-碳涂层。

CVD 被认为是制造氧化锆多孔涂层的方法之一,利用一定比例的共沉积 C 和碳化锆的氧化可以产生 40% 的多孔氧化锆涂层。然而在 $1\ 100\ ℃$,涂层的氧化会引起氧化锆的烧结从而使涂层致密化。

2)无涂层/多孔基体

如果消除制备纤维涂层的这一过程,陶瓷基复合材料的成本会降低而且整个工艺也会得到简化。通用电气公司(GE)和加州大学圣巴巴拉分校(UCSB)的研究者正在研究 Nextel 610 或 Nextel 720 纤维增强多孔氧化铝-莫来石基体复合材料系统。GE 公司以氧化铝颗粒和有机硅聚合物为复合材料基体。有机硅聚合物使素坯具有强度形成预制体,分解产生的硅与氧化铝基体颗粒反应而黏结在一起。UCSB 通过压力浸渗的方法把具有双峰分布的粗糙莫来石颗粒和精细氧化铝颗粒压入纤维预制体中形成基体的主要部分,再渗入羟基氯化铝溶液将基体颗粒连接起来。通过在基体中保持足够的孔隙,使得裂纹在基体中分叉并沿连续纤维发生偏转,整个复合材料的孔隙率依据纤维承载情况在 20%~50% 之间。除了在整个基体中延长了多孔的界面区域以外,这种方法与前面描述的多孔涂层的机理十分相似。

由于多孔基体力学性能较差,多孔陶瓷基复合材料应用范围受到一定限制。多孔基体复合材料抗压和层间的性能一般较差,这造成了设计一个能够承受非水平载荷的结构是一件十分困难的事情。另外,把多孔基体同相邻的结构结合在一起也十分困难,因此,连续纤维三维编织结构比二维编织结构更加具有优势,三维编织 CMC 承载更大。

工业燃气涡轮或热交换机等工业场合要求复合材料在高温下连续工作若干年,但随时间的推移,纤维性能乃至复合材料的性能会随基体颗粒与纤维的反应和烧结而恶化。在长时间暴露在工作温度下复合材料有致密化的趋势,引起基体中孔隙尺寸分布的改变,进而改变复合材料的力学性能。国防领域应用中界面和基体形态的稳定性可能不会十分重要。在该领域中,尤其是在很高的温度下,陶瓷构件的服役时间相对较短。然而在多孔基体中,无涂层的纤维需要承受工作环境下降低纤维强度的多种腐蚀因素影响。

(2)逸出和隔离弱界面

1)逸出界面

逸出界面涂层的概念是基于碳涂层纤维复合材料的。在复合材料致密化之后,碳涂层能够被氧化掉,从而在纤维-基体界面上形成空隙。从本质上说,纤维-基体界面在一开始就已经脱黏,而不是由于扩展裂纹前端的应力集中产生。这是成本相对低廉的制备涂层的途径,很容易利用溶胶-凝胶法和 CVD 技术沉积碳涂层,但采用这种逸出界面存在两个重要问题。

第一个重要问题是如果界面完全脱黏如何保证载荷传递到纤维。基于混合定则的试验数据表明,即使除去碳涂层,在基体和纤维的界面上也能产生载荷传递。载荷传递的程度依赖于逸出层的厚度、纤维表面的粗糙度和纤维直径沿长度方向的变化率。如果逸出区域与纤维尺寸相比并不是太厚的话,那么基体和纤维就存在部分的接触,使得载荷传递得以进行。

第二个问题是裸露的纤维表面会暴露在工作环境中,这会引起纤维强度的降低。因此,使用逸出界面的复合材料必须在真实工作环境中进行测试。

2)隔离弱界面

隔离弱界面是一种很有前景的脱黏方法,基于无空隙弱纤维-基体界面边界发展而提出,在致密的氧化物陶瓷基复合材料中使用隔离可以削弱纤维-基体的界面结合。典型的复合材料是用钇铝石榴石单晶纤维在掺杂氧化铝的氧化锶或者氧化钙基体上热压制备而成,锶或钙优先存在于钇铝石榴石-氧化铝界面上。维氏硬度测试发现,隔离界面比没有掺杂的钇铝石榴石-氧化铝界面有更弱的结合。迄今为止,这种涂层仅有初步研究,而且只限于理想化的复合材料,还有必要做一些定量的试验来确定它是否能够为复合材料增加裂纹偏转。而且,初步的结果只对单晶-多晶基体界面有效,为多晶-多晶纤维-基体界面选择合适的隔离层可能会更加困难。

(3)致密氧化物纤维涂层

1)无反应氧化物

复合材料纤维与基体之间的化学稳定是纤维涂层的首要条件。如果纤维与基体发生反应,就会产生牢固的界面结合,导致复合材料脆性断裂。一般认为混合氧化物与氧化物纤维是稳定的,尤其是能耐高温的纤维(氧化铝纤维,例如 FP、PRD-166 和 Nextel 610),因此受到了更多关注。这些混合氧化物主要包括氧化锡、氧化锆、氧化钛和钛酸锆,可能还有钛锡酸锆。

含有氧化锡涂层的氧化铝纤维增强氧化铝 CMC 试验表明,部分裂纹在涂层-纤维的界面上发生偏转。然而纤维拔出程度却随基体的致密度增加而下降,导致复合材料脆性断裂增加。另外,高温下氧化锡也存在热稳定性的问题,比如在空气中超过 1 300℃,氧化锡(固体)就会分解为 SnO(气体)和 O_2(气体)。当试验环境中氧分压减少时,这个反应会在更低的温度下发生。

氧化锆涂层和空隙,以允许裂纹在氧化铝-氧化锆界面间发生偏转。钛酸盐涂层被认为是一种不与氧化铝反应的界面涂层,能够在纤维与基体之间提供一个反应阻挡层,隔离纤维与基体。然而钛酸盐涂层非常致密,使得界面脱黏强度非常高。

2)层状氧化物

硅酸钾云母[$KMg_{2.5}(Si_4O_{10})F_2$]和氟石金云母[$KMg_3(AlSi_3O_{10})F_2$]测试表明,人造云母容易沿着包括氟和层间碱金属阳离子的晶面分层。由于这些弱的晶面沿纤维-基体界面存在,促使了裂纹偏转。然而由于多组分化合物有复杂的化学特性,它们与当前可用的纤维和基体是高温化学不相容的,这导致了复合材料长时间暴露在高温下是不稳定的和无效的。

β-氧化铝($Me^{1+}Al_{11}O_{17}$)和磁铁铅矿($Me^{2+}Al_{12}O_{19}$)等层状氧化物,与氧化铝是相容的,曾被认为氧化铝纤维增强复合材料很有前景的候选涂层。虽然这些层状氧化物不像氟云母一样容易在基本的晶面上产生分离,但它们的断裂能很低,足够促使裂纹沿纤维-基体界面偏转。β-氧化铝和磁铁铅矿的结构都包含层状尖晶石簇[$(Al_{11}O_{16})^+$],在尖晶石层与层之间沿 c 轴方向填充有碱、碱土和稀土阳离子(如图 5.26 所示)。

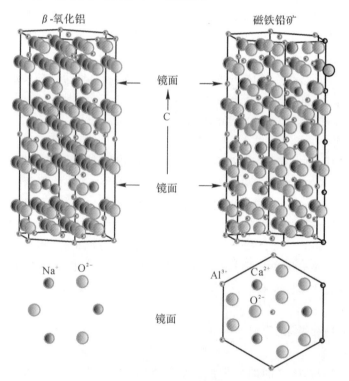

图 5.26　六方 β-氧化铝和磁铁铅矿结构

含有钠和钾的 β-氧化铝高温下碱离子分离,与纤维基体可发生反应。但原子序数更大的碱离子(比如铷),因其原子半径更大,在 β-氧化铝结构中有较低的活性,可以使离子的挥发降低到最小程度。包含碱土或稀土离子的磁铁铅矿结构并没有表现出挥发问题,因而更有希望作为纤维涂层的候选材料。Nextel 720 和 $RbAl_{11}O_{17}$ 的相容性研究表明,对有涂层的纤维在

1 100℃热处理 1 h 之后,纤维强度有下降;而经过相似的热处理之后,Nextel 610 与 $RbAl_{11}O_{17}$ 保持稳定。

铝酸钙($CaAl_{12}O_{19}$)是被研究的最详尽的层状氧化物磁铁铅矿。对包含 $CaAl_{12}O_{19}$ 涂层的热压单晶纤维(Al_2O_3 和 YAG 纤维)增强(Al_2O_3 和 YAG)基体复合材料的研究表明,涂层有促使裂纹偏转的作用,但钙有从涂层扩散到基体的倾向。

与其它氧化物相比,$CaAl_{12}O_{19}$ 可以在较低温度下转变为磁铁铅矿结构,这是选择 $CaAl_{12}O_{19}$ 作为层状氧化物界面涂层的最初原因。采用新型溶液先驱体能够在更低温度下完成磁铁铅矿结构转变,并将其扩展到更大的成分范围,其中包括不易受基体与纤维间移动影响的阳离子。磁铁铅矿包括碱土和稀土元素,可能与包含莫来石的纤维化学不相容,例如 Nextel 720(针状莫来石,含有 SiO_2)。为了利用磁铁铅矿纤维涂层,目前需要制备一种不包含 Si 的更耐高温的纤维,例如 YAG 或抗蠕变的搀杂氧化铝,这种纤维要能保证界面的稳定性,允许在高温下加工。

可作为纤维涂层的层状氧化物还有层状钙钛矿,包括铌酸钙钾($KCa_2Nb_3O_{10}$)和钛酸钕钡($BaNd_2Ti_3O_{10}$),$KCa_2Nb_3O_{10}$ 的熔点是 1 460℃,而 $BaNd_2Ti_3O_{10}$ 的熔点要超过 1 800℃。这两种化合物与氧化铝之间是稳定的,至少到 1 250℃都是稳定的,但是它们与 Nextel 720 纤维(包含莫来石)和 YAG 纤维之间可能存在复杂的化学反应。钾元素在 $KCa_2Nb_3O_{10}$ 中具有挥发性,铌酸盐薄膜加热到 800℃时,钾的损失相当严重。

3)弱结合的非层状氧化物

利用能量较高的纤维涂层可使纤维或基体或两者都存在弱界面,在裂纹扩展引起的应力集中的作用下易于脱黏。稀土磷酸盐与氧化铝之间的结合较弱,它们的一般形式是 Me^+PO_4,这其中包括独居石家族,大部分由镧系(La、Ce、Pr、Nd、Pm、Sm、Eu、Gd 和 Tb)稀土元素组成,在某些时候镧系元素会被二价和四价氧离子代替,例如钙或锶。另外还包括磷钇矿家族,它们由钪、钇和少量的镧系(Dy、Ho、Er、Tm、Yb 和 Lu)稀土元素组成。通常,稀土磷酸盐都有较高的熔点,例如,独居石 $LaPO_4$ 的熔点是 2 072℃±20℃。

其他 ABO_4 形式的化合物也可作为氧化铝基复合材料弱结合的非层状氧化物纤维涂层,包括钨酸盐($Me^{2+}WO_4$)、钼酸盐($Me^{2+}MoO_4$)、钽酸盐($Me^{2+}TaO_4$)和铌酸盐($Me^{2+}NbO_4$)。碱土金属钨酸盐的熔点在 1 358℃($MgWO_4$)到 1 580℃($CaWO_4$)(白钨矿)之间,同种金属的钼酸盐比钨酸盐的熔点低,钽酸盐的熔点约为 1 900℃,铌酸盐的熔点约为 1 600℃。

(4)涂层制备

1)不混合液相涂层技术

大多数有前景的氧化物涂层似乎都是多组分氧化物,溶液方法是生产这些复杂氧化物涂层最常用的方法。尽管 CVD 方法已经成功制备了 $LaAl_{11}O_{18}$ 和独居石,但是使用 CVD 时常常很难在涂层中达到化学计量比。溶液先驱体法允许精确地控制化学计量比,而且利用无机聚合物可生成先驱体溶胶。先驱体溶胶在低温下分解成想要的相,比如有报道称可以在 100℃下由水溶液形成独居石。

溶液方法的主要缺点是很难获得连续、致密和无桥联的涂层,而 CVD 涂层在形态上比溶胶-凝胶法获得的涂层好。图 5.27 是不混合液相涂层技术原理示意图,利用表面能关系,使得纤维之间一直被正乙烷分割,直到涂层先驱体发生凝胶。先驱体的特性决定了涂层的质量,最好的先驱体是能够形成薄膜,并且发生最小的气体分解,过多的气体分解将会导致涂层从纤维表面脱离,并导致纤维发生桥接。美国空军 Wright 实验室、McDermott 技术公司(前身是 Babcock 和 Wilcox 公司)和 Lynchburg 研究中心正在使用溶胶-凝胶不溶液相涂层技术来制备纤维涂层,其优点是具有相当低的成本,关键因素是液相涂层先驱体的化学性质。

(a)从纵向来看纤维束涂层中的一系列情况

(b)溶胶-凝胶纤维束涂层在两相液体中理想化的结果(在结合部分)

图 5.27 不混合液相涂层技术的示意图

2)杂凝聚技术

杂凝聚技术利用了纤维和浆料或液态媒介中高介电常数的胶体颗粒之间产生的静电吸引力,例如水。常常需要表面活性剂来改变纤维或者涂层颗粒上等电位的点,以便在给定的 pH 值下产生静电引力。

杂凝聚技术的优点体现在两个方面:一是利用静电驱动力保证了纤维涂层的致密性。二是涂层作为需要的相直接沉积,避免了溶胶-凝胶分解时纤维和界面之间的反应。这项技术的一个缺点是需要反复浸渍以获得足够的涂层厚度。利用这项技术进行连续涂层制备往往非常复杂,纤维经过静电引力作用后要洗净残余的溶剂,再重新吸收表面活性剂,在重新将纤维暴露于溶胶中之前,完全洗净残余的表面活性剂,从而完成一次浸渍。完全洗净残余的表面活性剂是为了防止残余表面活性剂改变溶胶 Zeta 电位,影响溶胶液和纤维之间的静电关系,造成溶胶的污染。为了使纤维束在溶胶的浸渍过程中经过一次浸渍就获得足够厚度的涂层,氧化物纤维与候选的利用表面活性剂技术制备的涂层颗粒间须具有最大静电势。

5.4　碳化硅陶瓷基复合材料

5.4.1　碳化硅陶瓷基复合材料界面和纤维

高性能的连续纤维只为陶瓷增韧提供了必要条件,能否有效发挥纤维的增韧作用而使 CMC 在承载破坏时具有韧性断裂特征,还取决于界面状态。表 5.15 为 C/SiC 复合材料有无界面两种情况下的力学性能对比。PyC 界面层显著提高 C/SiC 复合材料韧性和力学性能。

表 5.15　PyC 界面层对 C/SiC 复合材料力学性能的影响

C/SiC 复合材料的性能	无界面层	0.2 μm PyC 界面层
气孔率/(%)	16	16.5
体积密度/(g·cm^{-3})	2.05	2.01
弯曲强度/MPa	157	459
断裂韧性/(MPa·m$^{1/2}$)	4.6	20
断裂功/(J·m^{-2})	462	25 170

碳纤维、碳化硅纤维和 Nextel 720 纤维都已用作碳化硅陶瓷基复合材料的增强相,其中碳纤维作为一种比较价廉的纤维目前被大量使用,但是高温易氧化的特性使其对裂纹十分敏感,任何裂纹都会成为氧化源导致碳纤维全部氧化,特别当复合材料处于 700～800℃的中温循环载荷或有温度梯度的情况下更会加剧上述过程。

纤维与基体的界面必须是利于裂纹扩展的低能(弱结合)面,通过提供一个具有损伤容限的界面使基体裂纹的扩展在界面进行,从而产生纤维与基体脱黏达到增韧目的。碳纤维常用 PyC、BN 和 PyC/SiC/PyC/SiC 作为界面,碳化硅纤维通常用 PyC 和 BN 作为界面,Nextel 720 常用 PyC 或 LaPO$_4$ 作为界面。以 BN 作为 SiC 纤维增强玻璃陶瓷界面层的实验表明,基体裂纹因 B$_2$O$_3$ 和 SiO$_2$ 生成能够被有效封填。该试样在 1 100℃的空气介质和 138MPa 的静应力条件(基体产生裂纹的应力为 88 MPa)长达 1.7 年,试样的残余强度与未氧化试样相似。

对于 SiC 纤维增强的复合材料,层化的界面如 BN/C/BN、BN/C/Si$_3$N$_4$、SiC/C/SiC、BN/SiC 以及重复这些涂层单元的复合层的实验说明,非氧化物复合材料的氧化问题得到较大改善。美国 Bayer 在 Si-B-N-C 纤维中发展了原位自生 BN 界面层和抗氧化 SiO$_2$ 外保护层。

5.4.2　碳化硅陶瓷基复合材料的制备

碳化硅陶瓷基复合材料具有优异的性能和广阔的应用前景,因此该材料的制备方法得到了广泛的关注与发展。工艺决定结构,结构决定性能,碳化硅陶瓷基复合材料性能与制备方法及工艺密切相关。目前常用的制备方法有化学气相渗透(CVI)技术、先驱体浸渍裂解(PIP)技术和液相硅浸渍(LSI)技术等。

1.CVI 技术

CVI 是在 CVD 基础上发展起来的方法。CVI 与 CVD 的区别在于:CVD 主要从外表面开始沉积,而 CVI 则可以通过孔隙渗入内部沉积。图 5.28 为 CVI 制备碳化硅陶瓷基复合材料工艺示意图,图 5.29 为 CVI 制备的两种 C_f/SiC 陶瓷基复合材料。其典型的工艺过程是将纤维编织体置于 CVI 炉中,源气(即与载气混合的一种或数种气态先驱体)通过扩散或由压力差产生的定向流动输送至编织体周围后向其内部扩散,此时气态先驱体在孔隙内发生化学反应,所生成的固体产物(成晶粒子)沉积在孔隙壁上,成晶粒子经表面扩散进入晶格点阵,使孔隙壁的表面逐渐增厚。为了进行深孔沉积,CVI 过程在低温(800~1 100℃)和低压(1~10 kPa)下进行,以降低反应速度并提高气体分子在多孔编织体中的平均自由程。控制适当的温度梯度和压力梯度、气态先驱体的流量和浓度,在 2~12 h 内可制备出相对密度为70%~90%的制品。CVI 方法根据工作条件的不同又可细分为等温/等压 CVI(I‐CVI)、温度/压力梯度 CVI(F‐CVI)、压力脉冲 CVI(P‐CVI)和数控 CVI(PC‐CVI)等。界面制备按照以下化学反应进行:

$$C_x H_y \rightarrow C + H_2 \uparrow \tag{5.11}$$
$$BCl_3 + NH_3 \rightarrow BN + HCl \tag{5.12}$$

基体制备按照下述化学反应进行,CVI 过程中需要氢气催化:

$$CH_3 SiCl_3 \xrightarrow{H_2} SiC + HCl \uparrow \tag{5.13}$$

CVI 法的主要优点是:能在低压、低温下进行基体的制备,材料内部残余应力小,纤维受损伤小;能制备硅化物、碳化物、氮化物、硼化物和氧化物等多种陶瓷材料,并可实现微观尺度上的成分设计;能制备形状复杂和纤维体积分数高的近尺寸部件;在同一 CVI 反应室中,可依次进行纤维/基体界面、中间相、基体以及部件外表涂层的沉积。

图 5.28 CVI制备碳化硅陶瓷基复合材料工艺示意图

CVI 法的缺点是:SiC 基体的致密化速度低、生产周期长和制造成本高;SiC 基体的晶粒尺寸极其微小,复合材料的热稳定性低;复合材料不可避免地存在 10%~15% 的孔隙以作为大相对分子质量沉积副产物的逸出通道,从而影响了复合材料的力学性能和抗氧化性能;编织体的孔隙入口附近气体浓度高,沉积速度大于内部沉积速度,易导致入口处封闭形成"瓶颈效应"

而产生密度梯度；制备过程中会产生强烈的腐蚀性产物，尾气处理危险、复杂。

(a)航空发动机消音管道　　　　　　(b)液体火箭发动机喷管

图 5.29　CVI 制备的 C_f/SiC 陶瓷基复合材料

2. PIP 技术

PIP 典型工艺特征是用纤维编织件为骨架，真空排除编织件中的空气，采用液态的聚碳硅烷溶液或熔体浸渍到多孔的纤维编织体内，经过干燥、交联固化，然后在惰性气体保护下高温裂解热解，先驱体原位转化成 SiC 基体。由于裂解小分子逸出形成气孔和基体裂解后的收缩，制备过程须多次实施浸渍/裂解过程才能实现材料的致密化。聚碳硅烷通常以二甲苯或二乙烯基苯为溶剂，干燥固化后，热解反应如下：

$$[(CH_3)SiH—CH_2]_n \xrightarrow{Ar} nSiC + nC + 3nH_2 \uparrow \tag{5.14}$$

$$[(CH_3)SiH—CH_2]_n \xrightarrow{H_2} nSiC + nCH_4 \uparrow + H_2 \uparrow \tag{5.15}$$

聚乙烯硅烷热解反应催化气体不同，产物不同。当采用氩气气氛时，分解产物为 SiC 和 C；当采用氢气气氛时，由于氢气能与 C 反应，因此产物为纯 SiC。

PIP 工艺的优点是：先驱体分子可设计，可制备所期望结构的陶瓷基体；在单一的聚合物和多相的聚合物中浸渍，可以得到组成结构均匀的单相或多相陶瓷基体；裂解温度较低（小于 1 300℃）且无压烧成，因而可减轻纤维的损伤和纤维与基体间的化学反应，对设备要求也较低；对各种纤维编织体的适应性强，可制备大型复杂形状的 C_f/SiC 复合材料构件，能够实现近净尺寸成型。

PIP 工艺的缺点是：由于高温裂解过程中小分子逸出，不易致密化，需要多个周期的浸渍裂解过程，制品孔隙率较高，工艺成本较高；裂解过程中基体的体积收缩较大，易产生裂纹和气孔；基体体积收缩大，对碳纤维容易造成损伤。

3. LSI 技术

LSI 典型工艺特征是在多孔碳基体中渗硅，碳硅反应生成 SiC。Si 的熔点为 1 410℃，它在真空熔融状态能够与 C 反应形成 SiC 陶瓷。先采用沥青或酚醛等树脂先驱体浸渍碳纤维编织体，然后高温裂解生成多孔 C_f/C，在此基础上，熔体 Si 在真空下通过毛细作用浸渗处理，使 Si 熔体与碳基体反应生成 SiC 基体。图 5.30 为 LSI 制备碳化硅陶瓷基复合材料示意图，图 5.31 为 LSI 制备的两种 C_f/SiC 陶瓷基复合材料。

(a) 预制体的制备

(b) 液态硅渗透

图 5.30　LSI 制备碳化硅陶瓷基复合材料工艺示意图

(a) 刹车盘　　　　　　　　(b) 太空反射镜

图 5.31　LSI 制备的 C_f/SiC 陶瓷基复合材料构件

　　LSI 工艺的优点是,可以通过调整多孔碳的体积密度和孔隙率控制最终复合材料的密度。该工艺的不足在于:熔体 Si 与碳基体反应的同时不可避免会与碳纤维反应,纤维被侵蚀导致性能下降,从而限制了整体复合材料性能的提高;复合材料中的基体组成包括 SiC、Si 及 C 三种物质,残余单质 Si 的存在对材料高温性能不利;通过 LSI 法制备的材料表面不均匀,须加工处理。为克服熔体 Si 对碳纤维的侵蚀,可将 LSI 法与 CVI 法或 PIP 法相结合,这样既能改善 CVI 或 PIP 制备 C_f/SiC 致密度低的问题,又能有效抑制 Si 对碳纤维的侵蚀作用。

5.4.3　碳化硅陶瓷基复合材料的主要性能

　　表 5.16 列出了连续碳纤维和碳化硅纤维增韧 SiC 基复合材料的力学性能,可见复合材料断裂韧性相比块体陶瓷大幅度提高。

图 5.32 为连续碳纤维增强碳化硅陶瓷基复合材料的典型应力-应变曲线，由图可见，未增强的陶瓷为脆性断裂，而增韧后明显具有类似金属的断裂行为。图 5.33 为 Nextel 720/SiC 陶瓷基复合材料的应力-应变曲线，由图可见，在 1 300℃时 CMC 强度严重下降，这主要是 Nextel 720 纤维晶粒长大，导致抗蠕变性能差引起的。

表 5.16　连续纤维增强 SiC 基复合材料及其性能

制造者	法国 SEP		德国 MAN		日本 Toshiba	日本 Tyoto	西工大		南航
CMC 体系	2DC/SiC	2DSiC/SiC	2DC/SiC	2DSiC/SiC	1DSiC/SiC	2DSiC/SiC	3DC/SiC	3DSiC/SiC	3DC/SiC
制造技术	ICVI	ICVI	FCVI	FCVI	CVI+RMI	CVI+PIP	ICVI	ICVI	CVI+PIP
开口孔隙率/(%)	10	10	10～15	10～15	2	8	16		6
纤维体积分数/(%)	45	40	42～47	40～50	30	35	40	40	40
体积密度 g·cm^{-3}	2.1	2.5	2.1～2.2	2.3～2.5	3.0	2.55	2.06	2.5	2.3
抗拉强度 MPa	317	187	270～330	300～350	556	350	200～210		270～300
拉伸断裂应变/(%)	0.93	0.22	0.6～0.9	0.5～0.8	0.9	0.2	0.58		0.5～0.8
弹性模量 GPa	76	211	90～100	180～220	240				100～200
泊松比 %			0.2		0.2				0.2
抗弯强度 MPa	454	259	450～500	500～600		620	430～500	862	430
真空 1 300℃ 抗弯强度 MPa							370～400	890～1 000	
真空 1 600℃ 抗弯强度 MPa							445		390
抗压强度 MPa	520	800	450～570	440			447		620
剪切强度 MPa	26		44～55	65～75			30	67	55～56
断裂韧性 MPa·m$^{1/2}$		25				25	20	35	25
断裂功 kJ·m^{-2}		10					24～33	46	40
1 300℃断裂功 kJ·m^{-2}							26	38	38

续表

制造者	法国 SEP		德国 MAN		日本 Toshiba	日本 Tyoto	西工大		南航
热膨胀系数 $\dfrac{}{10^{-6}K^{-1}}$	// 3.0	// 3.0	// 2.0	// 4.0	// 4.9		3.83	4.9	4.0
	⊥ 5.0	⊥ 1.7	⊥ 5.0	⊥ 4.0	⊥ 4.7				
热导率 $\dfrac{}{W \cdot m^{-1} \cdot K^{-1}}$		// 25.0			RT50	// 55.0			// 40
		⊥ 6.0			1 000℃ 30				⊥ 10

图 5.32　连续碳纤维增强陶瓷基复合材料应力-应变曲线

图 5.33　Nextel 720/SiC 陶瓷基复合材料应力-应变曲线

5.5　氧化硅陶瓷基复合材料

　　石英玻璃由于结构网络的高度紧密性和完整性以及原子间很高的键强,同时具有非常低的密度、热膨胀系数和电导率,低的介电性能,较高的机械强度、耐热温度、抗热冲击性和抗腐蚀性,因此碳纤维增韧的石英基复合材料常被作为烧蚀材料用于洲际导弹及航天器再入大气层端头帽,以石英纤维或氧化铝纤维增韧的石英基复合材料被作为高温透波材料用于高马赫数航天器天线罩及天线窗,在国防高性能材料领域有重要的应用背景。

5.5.1　高温透波复合材料

天线罩是保护飞行器在恶劣环境条件下进行通信、遥测、制导和引爆等系统正常工作的一种介质材料,集导流、透波、防热、承载和抗蚀等多功能于一体,在运载火箭、飞船、导弹及返回式卫星等飞行器无线电系统中得到广泛应用。各种有机透波材料具有宽频带和低介电常数等优点,短期承受最高温度为 800℃,只适用于低速飞行器。随着航空航天技术的发展以及现代化战争的需要,飞行马赫数不断提高,处于飞行器气动力和气动热最大最高位置的天线罩需承受的温度和热冲击越来越高,因此耐高温陶瓷基透波材料成为研究重点。

氧化铝是最早应用于天线罩的单一氧化物陶瓷,它的主要优点是强度高和硬度大,不存在雨蚀问题,成功应用于麻雀Ⅲ和响尾蛇等导弹上;其缺点在于热膨胀系数和弹性模量高,导致抗热冲击性能差,只适用于 Ma 在 3 以下的导弹。

配合美国海军的"小猎犬"导弹计划,1955—1956 年,美国康宁公司开发出以 TiO_2 为晶核剂的 Mg - Al - Si 系微晶玻璃,牌号为 9606。该材料介电常数约为 5.7,具有耐高温、强度高和电性能好的优点,从 20 世纪 60 年代起被广泛用来代替氧化铝陶瓷用于 $Ma=3\sim4$ 导弹天线罩,包括海军的"鞑靼人""小猎犬"和"百舌鸟"等。中科院上海硅酸盐研究所的 3 - 3 配方与9606类似,成功应用于我国导弹,但其工艺复杂,成型和晶化处理难以控制。

20 世纪 50 年代末 60 年代初,应航天器防热和通信发展的要求,美国佐治亚理工学院研制出了石英陶瓷材料,它是以熔融石英玻璃碎块为原料,经磨细、制浆和浇注成型后烧结制备而成,可生产出各种形状和规格的制品。石英陶瓷材料具有石英玻璃的许多优良性能,特别是突出的高温电性能稳定性和抗热冲击性能,使其能在 Ma 在 5 以上的条件下使用,并且生产成本显著低于氧化铝陶瓷和微晶玻璃,因此得到各国的重视和大力发展。20 世纪 70 年代以后,被应用于多种型号导弹上,包括美国的爱国者、意大利的"Aspide"导弹等。

表 5.17 为可用作天线罩的陶瓷材料性能。其中氮化硼介电性能仅次于石英玻璃,但六方氮化硼结构呈石墨状,硬度极低,抗雨蚀性能差,只能用于低入射角的场合,同时其烧结性能差,制备困难。氧化铝、微晶玻璃以及熔石英等块体陶瓷均具有陶瓷本身的脆性,因此发展连续纤维增韧的陶瓷基复合材料成为研究热点。

表 5.17　可用作天线罩的陶瓷材料的性能

材料	密度 $g \cdot cm^{-3}$	介电常数	介电损耗角正切	弯曲强度 MPa	弹性模量 MPa	热膨胀系数 $10^{-6}℃^{-1}$	热导率 $W \cdot m^{-1} \cdot K^{-1}$	吸水率 %	抗热冲击
Al_2O_3	3.9	9.60	0.001 4	270	270	8.10	37.680	0	差
微晶玻璃	2.6	5.68	0.000 2	235	235	4.00	3.768	0	好
石英玻璃	2.2	3.42	0.000 4	44	44	0.45	0.795	5	很好
氮化硅	3.2	7.90	0.0040	400	400	3.20	20.930	0	很好
氮化硼	2.0	4.50	0.0003	100	100	3.20	25.120	2	很好
氮化铝	3.3	8.2~8.8	0.001	350	320	4.0	320	2	好

注:氮化铝介电性能在 1 MHz 下测试,其他材料介电性能均在 10 GHz 下。

目前,依据使用温度和条件的差异,透波材料有二氧化硅系、氮化硼系、氮化硅系、磷酸盐系、有机硅树脂系以及氟塑料等多个体系。其中石英纤维增韧熔石英陶瓷基复合材料具有与石英玻璃类似的介电性能和耐烧蚀性能,而韧性比石英玻璃高得多,使用温度高达 1 200℃以上,且温度越高,介电性能越好,可满足高马赫数 $Ma>6.5$ 飞行器天线窗和天线罩材料的需求,从而成为一种优良的介电-防热-结构材料。

熔石英陶瓷的缺点是室温强度低、含 5%～8%气孔、易吸潮、硬度低和抗雨蚀能力差。目前,连续纤维增韧熔石英陶瓷基复合材料的制备方法主要有热压法和硅溶胶循环浸渍法两种。

(1)热压法

将石英纤维束通过在熔石英料浆中渗透、缠绕、干燥后叠层,置于热压炉中烧结而成复合材料。其不足在于:

①热压温度在 1 300℃以上,二氧化硅容易析晶生成方石英,方石英的高低温相变严重,降低了复合材料的抗热震性。同时,氧化物纤维抗剪切性能低,热压对纤维损伤严重。

②缠绕纤维束内和束间基体分布不均,导致该法制备的平板构件和异型构件性能相差悬殊,而且材料性能的方向性强,层间抗剪切能力差。热压法在三维或多维复杂形状构件制造方面不具优势。

(2)硅溶胶循环浸渍法

将纤维预制体在硅溶胶中多次浸渍,再在低于 900℃的温度下热处理,获得多孔的熔石英陶瓷基复合材料,可制备复杂形状的多维复合材料构件,是目前天线罩用二氧化硅基复合材料的主要制备方法。其缺点在于:

①浸渍过程的瓶颈效应制约了复合材料密度的提高,加之热处理温度低,基体没有完全烧结,因此复合材料致密度和力学性能较低,导致加工过程容易出现裂纹或被污染。

②由于烧结温度低,硅溶胶中不仅残余大量羟基,而且呈多孔结构,在飞行器存放以及飞行过程中极易吸潮,从而严重影响材料高温介电性能的稳定性。必须采用氟化物进行表面钝化处理或制备憎水保护膜,增加了制造工序和成本。

③作为硅溶胶稳定剂的 Na 等碱金属存在,使弹头再入大气层时,气动加热导致高温等离子体鞘套内电子密度剧增而发生"黑障",不仅会使飞行器与地面通信中断,而且自由电子进入尾流引起雷达反射面增大,对突防极为不利。

美国通过离子交换法清除硅溶胶中的杂质,并用氟化物处理复合材料半成品,研制出了高性能的石英纤维增韧熔石英陶瓷基复合材料。

天线罩具有薄壁、形状复杂和表面尺寸精度高等特点。传统制备工艺为了避免石英玻璃析晶而限制烧结温度低于 900℃,导致天线罩孔隙率高、强度低、脆性大和成型精度差等问题,需要依靠后续大余量机加工来保证精度,但机加工过程中容易脆裂出现废品或在内部形成致命缺陷。这不仅提高了制造成本,也增加了飞行器飞行过程灾难性破坏的概率。CVI 法是一种制备连续纤维增韧陶瓷基复合材料构件的先进技术,可一次制备出薄壁、复杂和近终尺寸的复合材料构件。由于 CVI 法的制备温度(<800℃)低,不会导致石英纤维析晶,而且复合材料强度高,仅通过表面磨削加工即可达到高精度要求,从而降低成本。该技术不仅能制备天线罩,也可以制备天线窗等各种复杂形状的石英纤维增韧氧化硅复合材料构件,对于发展我国高性能透波材料构件的制造技术有重要意义。

为保持石英陶瓷材料的优点,同时克服其力学和抗侵蚀性能较差的缺点,在 20 世纪 70—

80 年代,以中远程导弹天线窗和天线罩为应用背景,美国通用电器公司和菲格福特公司分别研制了不同结构的三维多向石英或氮化硼织物增强二氧化硅基复合材料。该材料具有石英陶瓷优异的电性能,同时又具有明显好于石英陶瓷的力学性能、抗热冲击性能和抗雨蚀性能。由于受编织技术的限制,当时难以获得大尺寸整体织物,没能在大型天线罩上应用。以高温天线罩和天线窗为应用背景,近年国外还对氮化硼陶瓷和氮化硅陶瓷等材料的常温和高温下的力学、电性能和烧蚀性能进行了大量的研究。

近十几年来,为发展耐高温、宽带和低瞄准误差天线罩,以氮化硅为基本组成的复合陶瓷材料天线罩是西方各国专家研究的主要目标之一,除继续改进热压氮化硅、反应烧结氮化硅制造工艺和技术外,在无压烧结工艺和材料的基础组成上又进行了卓有成效的工作。1995—1996 年,在美国海军部资助下,研究出了以磷酸盐为黏结剂,无压烧结且烧结温度不超过 900℃ 的氮化硅陶瓷材料,其 20℃ 时的介电常数为 4.03,1 000℃ 时介电常数的变化为 5.2%,抗弯强度达 85 MPa,能满足多种战术导弹天线罩的需求。1997 年,在美国陆军资助下,又研制出了无压烧结的 Sion 纳米复合陶瓷天线罩,应用于极超声速飞行器。该材料在 25℃ 和 1 000℃ 下的介电常数和介电损耗分别为 4.78,5.00 和 0.001 4,0.002 5,介电常数变化不到 4.7%,抗弯强度为 190 MPa,为石英陶瓷(48 MPa)的 4 倍,硬度为 10 440 MPa,为石英陶瓷(2 120~5 000 MPa)的 2~5 倍,综合性能显著优越于石英陶瓷。天线罩材料是一种多功能材料,不同天线罩材料具有各自不同的性能优势和不同的适用环境,以及不同的生产制造成本和周期,对天线罩的选材要根据实际使用要求进行综合考虑。在上述材料中,介电性能最好的是石英玻璃和石英纤维增强熔石英陶瓷基复合材料,不仅介电常数最小(分别为 3.4~3.5 和 3.1~3.2),而且介电性能随温度的变化也非常小,从电性能角度看,是现有耐热透波材料中最好的。纤维增强磷酸盐基复合材料在 800℃ 以下具有与石英类材料相近的介电性能(介电常数小于 4),也是一种性能很好的耐热透波材料。

5.5.2　颗粒晶须增强氧化硅陶瓷基复合材料

氮化物具有优良的力学性能和介电性能而被广泛用来增强石英。加入 30% 第二相氮化铝颗粒于 1 400℃ 下烧结,所得的复合材料的抗弯强度和断裂韧性分别为 200 MPa 和 2.96 MPa·m$^{1/2}$。引入 AlN+BN 复合颗粒,复合材料的热导率提高和热膨胀系数下降,使复合材料的临界热震温度由 600℃ 提高到 1 000℃,但材料性能与第二相的引入量、热压温度和方石英的析出量有很大关系。以 SiO_2 - AlN 体系为例,AlN 的引入能有效抑制方石英的析出,减少材料内部缺陷,降低结构损耗,但同时却阻碍了材料的致密化。提高热压温度能够提高材料致密度,但方石英的析出量也随之增多,影响复合材料介电性能和抗热震性能。

晶须和陶瓷粉末尺寸相近,可用处理粉料的方法处理晶须,因此晶须增强陶瓷基复合材料制备工艺相对简单。1988 年吉村昌弘等在 SiO_2 中加入体积分数为 20%~30% 的 Si_3N_4 晶须,于 1 200℃ 及 35 MPa 下进行热压烧结,制得了致密的复合材料,基体没有析晶,断裂韧性 K_{IC} 达到 2.0~2.9 MPa·m$^{1/2}$。

F. P. Meyer 等研究了短切纤维增强熔石英复合材料的性能,并做了雨蚀试验,探讨了超声速雷达天线罩的可能性。与连续纤维增强相比,颗粒、晶须和短切纤维增强的复合材料虽然力学性能有较大提高,且制备工艺简单和成本低,但其增韧效果及抗热震性能远不如连续纤维增强的复合材料,故一般用于要求不太苛刻的部位。

5.5.3 纤维增强氧化硅陶瓷基复合材料

1.碳纤维/熔石英复合材料

碳纤维与石英玻璃在合适的制备温度下不会发生化学反应,C 的轴向热膨胀系数与石英玻璃相当。碳/石英复合材料无论在强度和韧性方面均较石英玻璃本身有大幅度的提高,强度增加了 11 倍,断裂功增加了两个数量级。由于热膨胀系数小,因此抗热震性优异。该材料还具有密度小、表面辐射系数大、热导率低和比热大等特点,因此综合了耐高温、抗热震、隔热性强、比强度大和韧性较高等高性能,是比较理想的防热材料。郭景坤等以此制备了远程导弹端头帽,性能基本满足要求。另外,我国以飞船和回收卫星的典型飞行环境为依据,针对材料的防热性和脆性进行了大尺寸结构件的常温振动和冲击、低温振动和冲击,以及再入加热试验。在此基础上,将碳/石英复合材料用于卫星再入防热,获得成功。

连续碳纤维增强熔石英的制备通常是碳纤维束以一定速度穿过石英玻璃泥浆并吸附适量石英粉(石英粉对碳纤维的润湿性较好),然后在专用设备上以周向缠绕(直绕和斜缠相结合)与轴向铺设相互交替的形式缠绕成型,干燥后在$(1\,300\sim1\,350)℃\times(10\sim20)MPa\times30\,min$条件下烧结而成。该材料和工艺不足之处在于,制得的平板材料和锥型材料(如端头帽)的性能悬殊,因此在制备异型构件时工艺性能和使用性能都会变差。这主要表现在:第一,由于形状限制,缠绕后形状尺寸和最终尺寸之间差别较大,使热压烧结时纤维变形分布错位,对增强效果发挥不利;第二,单束纤维内难以充填料浆及加压时纤维束间聚集使纤维和基体分布极不均匀,致密度低,界面结合弱,材料性能变差;第三,纤维以周向或轴向增强,材料性能方向性强,层间抗剪切能力差。为了克服上述缺点,哈尔滨工业大学制备了短碳纤维增强熔石英基复合材料(还包含其他两种颗粒组分),在致密化、成型精度和性能上有明显优势,已经被我国某新型号导弹选用制作防热部件。表 5.18 为 C_f/熔融 SiO_2 复合材料部分性能。

表 5.18 C_f/熔融 SiO_2 复合材料的性能

材料类型	碳纤维含量(体积分数)%	抗弯强度 MPa	抗拉强度 MPa	弹性模量 GPa	断裂韧性 MPa·m$^{1/2}$	断裂功 J·m^{-2}	断裂应变 %	膨胀系数 10^{-6}K^{-1}
熔融 SiO$_2$	0	50~60				5.94~11.3	0.03	0.54
C/熔融 SiO$_2$	连续正交 30	294	52.9				0.32	
C/熔融 SiO$_2$	连续端头帽 25	轴向 8~10 径向 15~25	轴向 3.6 径向 6.3				轴向 0.36 径向 0.32	2.75
C/熔融 SiO$_2$	短切纤维 20	42.6±7.3		弯曲 60	0.76			

2.石英纤维/熔石英复合材料

连续高硅氧纤维或石英纤维增强的熔石英基复合材料,其断裂强度和断裂韧性有很大提高,断裂模式发生本质变化。为了避免高温下石英纤维析晶,因此复合材料的制备温度低,纤维-基体界面的连接不牢固,难以充分发挥复合材料的力学性能。两向增强的方式有层间强度小,剪切应力作用下层间裂纹生长迅速的特点,这种结构难以在苛刻的疲劳及冲击条件下使用。三向增强结构能克服以上缺点,其结构的三维整体性为材料的力学性能提供较好的损伤容限。三向石英增强熔石英基复合材料（3D Q/SiO₂）具有与石英玻璃类似的介电性能和耐腐蚀性能，但韧性比石英玻璃大得多，是一种先进的透波材料。穿刺高硅氧布增强熔石英是石英纤维束 Z 向穿刺层叠高硅氧布形成三向织物，经 SiO_2 浸渍烧结而成的透波材料，它价格低廉、性能优良。纤维增强熔石英基复合材料与石英玻璃的主要性能比较见表 5.19。

表 5.19　熔石英基复合材料种类及性能

性能		3D Q/SiO₂	石英	连续高硅氧纤维增强熔石英
抗弯强度/MPa		Z:14.0 X:13.2	—	79
介电常数		2.70～2.90	3.78	2.96～3.20
tanδ		0.008	<0.001	0.005～0.006
热导率/(W·m⁻¹·K⁻¹)		270℃，0.838	1.676	0.352～0.427
线膨胀系数/10⁻⁶K⁻¹		0.55(15～800℃)	0.50	0.51～0.53
密度/(g·cm⁻³)		平均 1.78	2.20	1.60～1.65
线烧蚀率 mm·s⁻¹	小功率电机燃烧气流	0.089	—	0.15～0.20
	电弧加热器	0.360	—	0.483～0.507

3. 其他纤维增强熔石英复合材料

氮化硼纤维增强熔石英复合材料（BNf/SiO₂）在合适的工艺制备温度下也是一个较好的匹配系统，并且具有良好的介电性能，是制备天线窗的候选材料。但这种材料还处于研究阶段，力学性能还有待于提高，并且 BNf 的制备工艺和复合材料异型件的制备工艺也不成熟。

美国洛克希德实验室还研制了 Al₂O₃ 纤维增强熔石英复合材料及 SiC 纤维增强熔石英复合材料，用于导弹和卫星等航天器的防热和抗激光加固。

5.6　氮化硅陶瓷基复合材料

5.6.1　颗粒增强氮化硅陶瓷基复合材料

SiC 颗粒的大小和含量显著影响其增强的氮化硅陶瓷基复合材料的韧性和强度。在其极限粒径（d_c）以下，增加 SiC 颗粒的体积含量和粒径可以提高增韧效果。SiC 颗粒对 Si_3N_4 基体的增强与增韧除了传统的弥散强化外，主要还是它会在烧结过程中阻碍基体 Si_3N_4 的晶粒长大。

增强相 SiC 的粒径对材料的力学性能有较大影响，随着 SiC 粒径的增加，材料的强度先提高后降低。SiC 颗粒作为第二相加入材料中将对基体 Si_3N_4 的晶界移动产生一个约束力。研究表明，含有 SiC 的 Si_3N_4 的粒径明显小于不含 SiC 的粒径，且随着 SiC 粒径减小，基体晶粒尺寸逐渐减小，表明加入 SiC 确有阻碍基体晶粒长大的作用。随着第二相 SiC 粒径的增加，材料的韧性先下降后提高，再下降。SiC 粒径在 25 μm 以下时 Si_3N_4 材料强度较好，粒径范围在 30～50 μm 之间时增韧效果较好。

因为 TiN 具有高电导率,TiN 颗粒增强 Si_3N_4 复合材料(TiN_p/Si_3N_4)可用电火花切割加工。为了使 TiN_p/Si_3N_4 材料易于烧结,在对其热压烧结时一般要加烧结助剂,如 Al_2O_3 或 Y_2O_3 等。TiN_p/Si_3N_4 陶瓷复合材料的力学性能见表 5.20,说明 TiN 颗粒对 Si_3N_4 陶瓷有显著的增强增韧作用,但却对材料的硬度有微小的降低。TiN 颗粒的含量对 Si_3N_4 材料的断裂韧性有影响,基本趋势是随着 TiN 颗粒含量增加,复合材料的断裂韧性是上升的。

表 5.20　TiN/Si_3N_4 陶瓷复合材料的力学性能

试样	TiN(质量分数)/%	Si_3N_4(质量分数)/%	HRN15N	σ_f/MPa	K_{IC}/MPa·m$^{1/2}$	切割速率/m·min^{-1}
Si_3N_4	0	100	97.4	450	6.0	0
10TiN(2 μm)	10	90	96.1	743	8.1	0
20TiN(2 μm)	20	80	96.2	660	7.9	2.80
30TiN(2 μm)	30	70	96.8	780	7.9	7.11
30TiN(2 μm)	40	60	95.9	690	9.5	9.82
10TiN(10 μm)	10	90	97	572	7.3	0
20TiN(10 μm)	20	80	96.8	682	6.9	0
30TiN(10 μm)	30	70	96.8	692	7.5	1.55
40TiN(10 μm)	40	60	96.1	497	9.6	4.68
10TiN(30 μm)	10	90	96.0	583	8.4	0
20TiN(30 μm)	20	80	96.8	677	8.2	0
30TiN(30 μm)	30	70	96.0	697	10.2	0.34
40TiN(30 μm)	40	60	95.9	620	11.2	3.89

5.6.2　晶须增强氮化硅陶瓷基复合材料

晶须强化 Si_3N_4 基复合材料的主要制造方法有反应烧结和热压烧结等。反应烧结是将金属硅粉与晶须混合,烧结时硅与氮气反应生成 Si_3N_4,该材料气孔多,力学性能较低。为了得到高密度的材料,可采用二段烧结法,即在硅粉中加入烧结助剂,氮化后升至更高的温度烧结而得到致密的材料。添加烧结助剂热压法是将 Si_3N_4 粉、烧结助剂和晶须混合后放入石墨模具,边加压边升温。由于晶须可能阻碍 Si_3N_4 基体中烧结时物质的迁移,所以烧结比较困难。为了提高密度,需要施加压力,此时晶须在与压力垂直的平面内呈二维分布。由于热压所得到的制品形状比较简单且成本较高,使其使用受到了限制。现在主要应用于切削工具。

反应烧结法制备的碳化硅晶须增强 Si_3N_4 基复合材料(SiC_w/Si_3N_4)的抗弯强度可达 900 MPa,断裂韧性随 SiC 晶须含量的增加而增加。

热压法制备含 30%SiC 晶须的 Si_3N_4 陶瓷基复合材料,弯曲强度为 1 200 MPa,断裂韧性为 8 MPa·m$^{1/2}$。在 Si_3N_4 中添加烧结助剂 Y_2O_3 和 $MgAl_2O_4$,与 SiC 晶须混合,成型后在 1MPa 氮气气氛中 1 700℃预烧结,然后在 1 500～1 900℃、2 000 MPa 制度下热压,得到的 SiC_w/Si_3N_4 抗弯强度可达 900 MPa,断裂韧性为 9～10 MPa·m$^{1/2}$。热压温度越高,材料的强

度越高,但断裂韧性却有所降低。在高压氮气下烧结,SiC_w/Si_3N_4 材料也具有较好的力学性能,如加少量烧结助剂 Y_2O_3 或 Al_2O_3,掺 20% 质量分数 SiC 晶须,在 1 MPa 氮气气氛中 1 825℃烧结,材料的相对密度达 98% 以上,材料的抗弯强度为 950 MPa,断裂韧性为 7.5 MPa·$m^{1/2}$。

热压制备 SiC_w/Si_3N_4 材料具有良好的性能,在转缸式发动机中作为密封件得到了应用。由于该类材料具有优异的耐热性、耐热冲击性、韧性和耐磨性,作为摩擦材料时可以减轻对方的磨损。

5.6.3　纤维增强氮化硅陶瓷基复合材料

纤维增强 Si_3N_4 基复合材料的制备方法有反应烧结法、添加烧结助剂法、液态硅氮化法 (Lanxide 法)、CVI 法以及聚合物热分解法等。

反应烧结法是在纤维预制体中放入金属硅粉末,在硅的熔点附近 1 300~1 400℃,长时间 (50~150 h) 与氮气反应,生成 Si_3N_4 基体的方法。该工艺的特点是形成材料的形状和尺寸与预制体基本一致,易于制备形状复杂构件,大大减少陶瓷材料的加工。

烧结方法至今仍是 Si_3N_4 基复合材料的有效制备方法之一,一般需要 1 750℃以上的高温、良好的烧结助剂以及足够的压力。纤维与基体 Si_3N_4 的界面反应易于损伤纤维,从而恶化材料性能,所以需要耐热高的纤维或对纤维进行涂层,以避免或降低界面反应。纤维与基体的热膨胀系数差不能太大,否则会在材料中产生应力。添加烧结助剂($LiF-MgO-SiO_2$)和热膨胀调节剂,可以使烧结温度降低到 1 450~1 500℃。将碳纤维在含 Y_2O_3、Al_2O_3 或莫来石的 Si_3N_4 粉末制成的浆料中浸渍,再定向排列叠层,于 1 600~1 800℃热压,形成的碳纤维增强 Si_3N_4 复合材料的常温抗弯强度为 190~598 MPa,1 200℃时为 83~865 MPa,常温断裂韧性为 5.8~28.8 MPa·$m^{1/2}$。

液态硅氮化法是将具有一定形状的纤维预制体置在液态硅之上,硅向纤维渗透的同时氮化,从而生成 Si_3N_4 和 Si 结合的基体。该法制备的 SiC 纤维增强 Si_3N_4 复合材料的抗弯强度为 392 MPa,抗拉强度为 334 MPa,断裂韧性为 18.5 MPa·$m^{1/2}$。

CVI 法是用 $SiCl_4$ 和 NH_3 等气体通过纤维预制体,控制反应温度、气体压力和流量,在纤维上沉积出由气体反应形成的高纯度且均匀的 Si_3N_4。CVI 法通常在 800~1 250℃进行,复合材料一般含有 10% 左右的气孔,且难以进一步致密化。

聚合物热分解法中采用聚氮硅烷为先驱体,反复浸渍纤维预制体,然后在 1 200℃热解,反复多次即可获得 C/Si_3N_4 或 SiC/Si_3N_4 陶瓷基复合材料。聚氮硅烷比陶瓷粉末泥浆更容易浸渍,且分解形成陶瓷的温度非常低。

思　考　题

1. 简述陶瓷基复合材料的组成和微结构。
2. 简述陶瓷基复合材料的分类方法。
3. 简述陶瓷基复合材料的增强相的分类、结构及性能。
4. 简述陶瓷纤维的分类、结构及性能。
5. 简述陶瓷基复合材料的设计原则。

6.简述陶瓷基复合材料界面的分类、组成及作用。

7.简述陶瓷基复合材料的断裂模式及模型。

8.简述陶瓷基复合材料的增韧方式及相关机制。

9.简述陶瓷基复合材料的制备方法、分类及其特点比较。

10.简述陶瓷基复合材料的国内外发展现状及趋势。

第6章 气 凝 胶

6.1 概　述

气凝胶(aerogels)是由纳米量级胶体粒子或高聚物分子聚结而成的网状结构多孔性新型固态材料结构,孔中为气态分散介质。SiO_2 气凝胶的外貌如图 6.1 所示,多呈半透明,质量极轻,也被称为"固态烟"或"冷冻烟雾",其内含大量的空气,典型的孔隙尺寸在 1～100 nm 范围,孔隙率在 80%～99.8%,密度最低为 0.03 g/cm³,仅为空气密度的 2.33 倍,是一种具有纳米孔洞和纳米骨架的多孔性材料。SiO_2 气凝胶可承受相当于自身重力几千倍的压力,在温度达到 1 200℃时才会熔化,热导率和折射率也很低,绝缘能力比最好的玻璃纤维高 39 倍。气凝胶也具有凝胶的性质,即具有膨胀作用、触变作用和离浆作用。

图 6.1　SiO_2 气凝胶的外貌

气凝胶问世于 1931 年,由美国加州太平洋大学的 Samuel Stephens Kistler 首先合成。以 Na_2SiO_3 的水溶液为原料,通过溶胶-凝胶法在盐酸催化下水解生成湿凝胶,其中的液相组分为 NaCl 的水溶液。随后 Kistler 发现若对其进行常规的蒸发干燥会使凝胶孔结构塌陷,得到碎裂的干凝胶或粉末,但若将凝胶孔内的 NaCl 水溶液首先置换为乙醇,再利用超临界乙醇干燥技术,在不破坏凝胶孔网络结构的前提下,抽取掉凝胶孔中的液态分散相,制备出具有高比表面积、低堆积密度和低热导率的疏松多孔非晶固态材料,并把它命名为气凝胶。Kistler 成功地制备出了氧化硅、氧化铝、氧化铁、氧化锡、氧化镍和氧化钨气凝胶,并预言气凝胶在催化、隔热、玻璃及陶瓷领域得到应用。由于凝胶孔径为纳米量级,传质速率低,水洗、醇水交换等步骤低效与费时,而且产品的纯度难以保证,因而溶剂置换过程往往烦琐而漫长,成本较高。另外当时也没有发现气凝胶的实际应用价值,从而限制了对其应用的研究,在其后的 30 多年间并没有引起人们的兴趣。

1968 年,法国的 Nicoloan 等利用正硅酸甲酯(TMOS)等有机醇盐为原料,经一步采用溶胶-凝胶法制备出了氧化硅气凝胶,大大缩短了其干燥周期,才使得气凝胶材料的制备与应用得到了发展。但是,TMOS 有剧毒,对人体有害且污染环境,从而也限制了人们的研究。1985年,美国劳伦斯伯克力国家实验室的 Param H. Tewari 和 Arlon J. Hunt 等使用毒性较低的正硅酸乙酯(TEOS)代替毒性较大的 TMOS 作硅源前驱体来制备气凝胶,并用 CO_2 代替乙醇作为超临界干燥介质,在室温对湿凝胶进行了干燥,大大提高了气凝胶生产过程的安全性,推动了气凝胶的商业化进程。同年,首届国际气凝胶专题研讨会在德国维尔兹堡(Wuerzhurg)召开,之后每 3 年举行一次,该会议一直延续至今。

近年来,人们对气凝胶的研究主要集中在三个方面:

①气凝胶的合成条件(如溶剂、催化剂种类、前驱体种类和干燥条件)的影响作用;

②气凝胶的物理化学性质(力学性能和疏水性等);

③气凝胶微观结构控制、表征及介孔结构的研究,如分形结构的研究、凝胶生长过程的模拟和结构模型的研究等方面。

④新型气凝胶的结构设计与应用。

6.2　气凝胶的分类及结构

6.2.1　气凝胶的分类

气凝胶的种类很多,迄今为止已经研制出的气凝胶有数十种。

按气凝胶组成物的性质分类,可以分为无机、有机、无机-有机系列的气凝胶和碳气凝胶,有机气凝胶和碳气凝胶的制备与应用是近年来新兴的研究方向。气凝胶中以研究性能相对优越的无机氧化物气凝胶为主。

按气凝胶中氧化物的数量分类如下:

单元氧化物气凝胶:SiO_2、Al_2O_3、TiO_2、B_2O、MoO_2、MgO、ZrO_2、SnO_2、WO_3、Nb_2O_5、Cr_2O_3 等;金属-氧化物气凝胶混和材料(用作高效催化剂):$Cu-Al_2O_3$、$Pd-Al_2O_3$ 等;双元氧化物气凝胶:$Al_2O_3-SiO_2$、$B_2O_3-SiO_2$、$P_2O_5-SiO_2$、$Nb_2O_5-SiO_2$、$Dy_2O_3-SiO_2$、$Er_2O_3-SiO_2$、$Lu_2O_3-Al_2O_3$、$CuO-Al_2O_3$、$NiO-Al_2O_3$、$PbO-Al_2O_3$、$Cr_2O_3-Al_2O_3$、$Fe_2O_3-Al_2O_3$、$Fe_2O_3-SiO_2$、$Li_2O-B_2O_3$ 等;三元氧化物气凝胶:$CuO-ZnO-ZrO_2$、$CuO-ZnO-Al_2O_3$、$B_2O_3-P_2O_5-SiO_2$、$MgO-Al_2O_3-SiO_2$、$Pb-Mg_{1/3}-Nb_{2/3}O_3$。

气凝胶常见种类及其性能见表 6-1。

表 6.1　气凝胶种类及其性能

类别	主要类型	性能
氧化物气凝胶	SiO_2气凝胶	力学性能、高温隔热性能和吸附效果很好
	Al_2O_3气凝胶	高温热稳定性能优异
	ZrO_2气凝胶	高化学稳定性和热稳定性,同时具有氧化和还原位点
	V_2O_5气凝胶	比电容高、比表面积大、电导率低、离子扩散性能差
	TiO_2气凝胶	独特的光催化性能
碳化物气凝胶	SiC 气凝胶	低热膨胀系数、高耐磨性和化学性能稳定、电磁吸收性能好
	SiOC 气凝胶	较高的力学性能、化学耐久性和气体敏感性
	ZrC 气凝胶	高熔点、高硬度、高化学稳定性
氮化物气凝胶	Si_3N_4气凝胶	耐腐蚀性、抗震性能好、耐高温、热膨胀系数低
	BN 气凝胶	高导热性、良好的电绝缘性
	C_3N_4气凝胶	光催化性能好
有机气凝胶	聚酰亚胺气凝胶	良好热稳定性和力学性能、低介电常数
	聚氨酯气凝胶	较低的热导率,灵活的分子设计性
	聚脲气凝胶	网络结构随密度而变化,力学稳定性和热稳定性良好
	聚吡咯气凝胶	电磁吸收性能好
碳气凝胶	碳气凝胶	更高的孔隙率及比表面积、电导率、密度范围、应用范围更广
	石墨烯气凝胶	具有优良的导电性及多孔网络
生物质气凝胶	纤维素气凝胶	吸油性能好
	蛋白质气凝胶	生物相容性、生物降解性好,可作为食品及药物的载体
无机复合气凝胶	Al_2O_3-SiO_2复合气凝胶	高温隔热性能优异
	TiO_2-SiO_2复合气凝胶	强度高,孔隙大,光催化效率高
	ZrO_2-SiO_2 和 ZrO_2-Al_2O_3复合气凝胶	化学稳定性好,适用于高温反应,具有氧化性和还原性
	Fe_3O_4-SiO_2复合气凝胶	比表面积大、孔隙率高,可用于高效处理染料废水,是很有前途的环保型吸附材料

6.2.2　气凝胶的结构表征

气凝胶是纳米多孔网络结构材料,用于气凝胶结构研究的实验技术有许多种:用透射电镜和扫描电镜观测粒子形状与粒子排列等结构特征,并定量估计孔隙或粒子尺寸;用吸附-解吸法(包括 BET、比重仪和气孔测量仪)测定比表面、孔隙率及骨架密度;用小角 X 射线散射(SAXS)或小角中子散射(SANS)测量构成气凝胶的胶体颗粒(或网络直径)的分布和骨架密度,获得气凝胶结构的一些特殊性质(如分形结构等),用核磁共振(NMR)从分子水平上检测气凝胶结构,也可应用低频拉曼散射研究构成气凝胶网络结构的粒子平均大小。

目前制得的气凝胶孔隙率为 $80\%\sim99.8\%$,典型孔隙尺寸在 $1\sim100$ nm 范围内,比表面积可达 $1\,000$ $m^2 \cdot g^{-1}$,作为基本单元的胶质粒子直径约为 $1\sim20$ nm。

SiO_2 气凝胶的典型结构如图 6.2 所示。密度在 0.01 g $\cdot$ cm^{-3} 以下的超低密度 SiO_2 气凝胶,比表面积达 $500\sim1\,000$ $m^2 \cdot g^{-1}$,孔隙尺寸约为 15 nm,对应的胶质粒子线度约为 $1\sim3$ nm。而碳气凝胶比表面积高达 $400\sim1\,000$ $m^2 \cdot g^{-1}$,孔隙尺寸一般小于 50 nm,网络胶质颗粒或聚合链特征尺度(直径)为 50 nm。部分气凝胶的织构和结构特性见表 6.2。

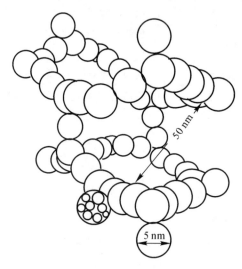

图 6.2 SiO_2 气凝胶的典型结构

表 6.2 部分气凝胶的织构和结构

气凝胶	比表面积/$(m^2 \cdot g^{-1})$	比体积/$(cm^3 \cdot g^{-1})$	平均孔径/nm
SiO_2	$366\sim1\,590$	$2.0\sim4.2$	$6.0\sim12.0$
TiO_2	$97\sim750$	$1.9\sim3.6$	$15.0\sim18.0$
Al_2O_3	$123\sim750$	$5.0\sim7.0$	$30.0\sim40.0$
ZrO_2	$138\sim500$	$1.6\sim1.8$	$14.0\sim16.0$
$Fe-ZrO_2$	227	0.67	6.0
TiO_2-CeO_2	254.5	1.2	18.7
$Fe_2O_3-Al_2O_3$	$230\sim570$		
$Fe_2O_3-SiO_2$	$690\sim760$		
$NiO-Al_2O_3$	$270\sim710$		
$NiO-Al_2O_3-SiO_2$	$30\sim890$		
$Fe_2O_3-Al_2O_3-Cr_2O_3$	$300\sim700$		

6.2.3 气凝胶的分形

气凝胶与其他材料相比还具有分形几何结构,可简单地理解为不规则的几何结构。本体相的分形不同于表面的分形,对于本体相来说,围绕着一个凝胶网络上的任意点(为球心),一个半径为 R 的凝胶球的质量 M,是 R 的统计学函数,有

$$M \approx R^D \tag{6.1}$$

式中:D 称为分形维数。对于表面分形物体,其表面积 A 遵循这样的定律:

$$A \approx R^{Ds} \tag{6.2}$$

实际上,凝胶只能在有限的半径 R 值范围内是分形的,大约处在被称为中间(过渡)范围的 $1 \sim 50$ nm,根据具体的材料有所不同。而在宏观的尺度内,凝胶呈现的是均一的密度。凝胶的分形维数,可以由 X 射线小角散射实验所证实,另一个证据是其对不同横截面积的分子均产生吸附。在 SAXS 数据中,在所谓的中间范围角度,散射强度 $I(k)$ 遵循 Porod 定律:

$$I(k) \approx k^{-2D+Ds} \tag{6.3}$$

式中:k 是在某一个散射角 θ 的波常量,对于一个 X 射线波长 λ,有

$$k = 4\pi/\lambda \sin(\theta/2) \tag{6.4}$$

分子吸附实验中,在低压下被吸附的质量 w 遵循如下类型的定义:

$$w = \sigma^{-(Ds,a/2)} \tag{6.5}$$

式中:Ds,a 是吸附一个横截面积为 σ 的吸附质的表面分形维数。另外,对于小于孔径 r 的孔的容积 $V_{p(r)}$,与 r 的关系是

$$dV_{p(r)}/dr \approx r^{2-Ds} \tag{6.6}$$

气凝胶的表观密度明显依赖于标度尺度。以 SiO_2 气凝胶为例,如果分析尺度大于关联度 $\xi \sim 100$ nm,此时认为 SiO_2 气凝胶材料是均匀的,其密度也为常数(即宏观密度)。如果分析尺度减小到与孔隙尺寸相当的范围,测得的密度将大于其宏观密度;如果分析尺度进一步减小到与最小结构单元线度 $a \sim 1$ nm 相当范围,测得的密度为其网络骨架密度,此时能得到气凝胶结构信息。在 ξ 与 a 之间,SiO_2 气凝胶的密度具有标度不变性,即

$$\rho(L) \propto L^{D-3} \tag{6.7}$$

式中:L 为标度尺度;D 为分形维数。由式(6.7)可知,SiO_2 气凝胶的密度随分析尺度的增加而减小,且具有自相似结构,因此 SiO_2 气凝胶具有典型的分形性质。实验测得在碱性、酸性、中性条件下制得的 SiO_2 气凝胶的分形维数分别为 1.8、2.2、2.4。在气凝胶分形结构动力学研究方面的结构还表明,在不同尺度范围内,有三个色散关系明显不同的激发区域,分别对应于声子、分形子和粒子模的激发。改变气凝胶的制备条件,可使其关联长度在两个量级的范围内变化。因此硅气凝胶已成为研究分形结构及其动力学行为的最佳材料。

6.3 气凝胶的性能

气凝胶在力学、声学、热学、光学和电学等方面均显示其独特性质。它们明显不同于孔隙结构在微米和毫米量级的多孔材料,其纤细的纳米结构不仅使得该材料在基础研究中引起人们的兴趣,而且在许多领域蕴藏着广泛的应用前景。下面具体从力学特性、光学特性、热学特性、电学特性和声学特性等几个方面阐述气凝胶的特性。

6.3.1 力学特性

气凝胶是把气体分散于固体中形成的干凝胶,在微观上具有纳米尺度的均匀结构,所以它

的力学性能除了与组成气凝胶的材料本身有关外,还受到多种因素的影响,如孔隙率与胶体密度等。孔隙率越大,骨架所占比例越小,固体骨架承受的应力越大,气凝胶的强度越低,有效弹性模量与体积模量随孔隙率的变化而变化;气凝胶的密度越大,固体骨架所承受的应力越小,故其强度越高,反之亦然。

以 SiO_2 气凝胶为例,与玻璃相比,其组成和化学性质相似,但在宏观上表现出与非晶态玻璃材料完全不同的力学性能。SiO_2 气凝胶的强度很低,脆性更大。实验表明,SiO_2 气凝胶的弹性模量 E、拉伸强度 δ 与宏观密度 ρ 之间满足下列关系:

$$E \propto \rho^{3.3} \tag{6.8}$$
$$\delta \propto \rho^{2.6} \tag{6.9}$$

被用来制作超级隔热材料应用于航空航天和军事领域的 SiO_2 气凝胶的物理性能见表 6.3。可见其弹性模量不到 10 MPa,抗拉强度只有 16 kPa,断裂韧度只有 0.8 kPa $\cdot$ m$^{1/2}$,呈现脆性大与力学强度低的缺点,所以它不能直接作为结构材料来隔热保温。为了解决此缺点,用晶须、短纤维、长纤维和硅酸钙石等作为增强相,制备气凝胶隔热复合材料,在不影响隔热效果的前提下,提高气凝胶的力学强度。研究气凝胶的力学性能主要是为材料的筛选提供有用的参数。

表 6.3　SiO_2 气凝胶的物理性能

参数	数值
表观密度/(g $\cdot$ cm^{-3})	$0.003 \sim 0.40$
比表面积/(m^2 $\cdot$ g^{-1})	$600 \sim 1\,200$
平均孔径/nm	~ 20
平均粒径/nm	$2 \sim 5$
耐热度/℃	$1\,000$
最低热导率/(W $\cdot$ m^{-1} $\cdot$ K^{-1})	~ 0.013
热膨胀系数/K^{-1}	$2.0 \times 10^{-6} \sim 4.0 \times 10^{-6}$
弹性模量/MPa	$1 \sim 10$
抗拉强度/kPa	$16(\rho = 0.1$ g $\cdot$ cm$^{-3})$
断裂韧度/(kPa $\cdot$ m$^{\frac{1}{2}}$)	$\sim 0.8(\rho = 0.1$ g $\cdot$ cm$^{-3})$
介电常数	$\sim 1.1(\rho = 0.1$ g $\cdot$ cm$^{-3})$
声音传播速度/(m $\cdot$ s^{-1})	$100(\rho = 0.07$ g $\cdot$ cm$^{-3})$

6.3.2　光学特性

除碳气凝胶是黑色不透明的之外,其他气凝胶都可制成透明或半透明材料,对紫外至可见光区的透光性良好,对光的散射小、折射率也很低。气凝胶的这种光学特性最早应用于切仑可夫探测器,切仑可夫探测器对材料的折射率的要求是其在 1.0~1.3 之间。通过获得不同密度的气凝胶可方便地满足切仑可夫探测器对材料折射率的要求,使用这种不同密度的气凝胶作为切仑可夫探测器中的介质材料,可用来探测高能粒子的质量和能量。

在适当条件下可制得高度透明的 SiO_2 气凝胶,该材料在波长为 630 nm 处的特性湮灭系数 $e_{可见光} = 0.1$ m^2·kg^{-1},处于这个波长区的光子在密度为 100 kg·m^{-3} 的气凝胶介质中的平均自由程 $L = 1/(e·\rho) \approx 0.1$ m。SiO_2 气凝胶在波长 $\lambda < 7$ μm 和 $\lambda > 30$ μm 区域的典型湮灭系数 $e \leqslant 10$ m^2·kg^{-1},而在波长为 8~25 μm 区域的典型湮灭系数 $e \geqslant 100$ m^2·kg^{-1},它对红外和可见光的湮灭系数之比达 100 以上。气凝胶的折射率 n 与密度 ρ 之间关系为

$$n - 1 \approx 2.1 \times 10^{-4}/\rho \tag{6.10}$$

因此 SiO_2 气凝胶具有良好的透光度。

6.3.3　热学特性

气凝胶是目前所有固体和多孔材料中热导率最低的材料。它具有高孔隙率,其纳米多孔网络结构使固态传热路线较长,且小于 100 nm 的孔隙尺寸小于空气分子的平均自由程,限制了内部空气运动,导致其能有效限制固相传热、气相传导及气体对流。这一特性使气凝在作为隔热材料方面具有很大的潜力。

气凝胶热传导是由气态传导、固态传导和热辐射传导组成的,由于气凝胶具有纳米多孔结构,因此常压下气态热导率 λ_g 很小。对于抽真空的气凝胶,热传导由固态传导和热辐射传导决定。对硅气凝胶的研究发现,同玻璃态材料相比,由于密度低限制了稀疏骨架中链的局部激发的传播,使得固态热导率 λ_s 仅为非多孔玻璃态材料热导率的 1/500 左右。一般近似认为,密度在 0.07~0.3 g·cm^{-3} 的 SiO_2 气凝胶的固态热导率为

$$\lambda_s \propto \rho^\alpha \tag{6.11}$$

式中:$\alpha = 1.5$。而热辐射热导率为

$$\lambda_r \propto T^3/c \tag{6.12}$$

式中:T 为绝对温度;c 为湮灭系数,与密度 ρ 有关。气凝胶的热辐射为发生在 3~5 μm 区域内的红外热辐射,其 λ_r 随着温度升高而迅速增加,使气凝胶的总热导率增大。如果在 SiO_2 气凝胶材料掺入遮光剂(如炭黑、TiO_2 等),则由红外热辐射引起的传热将大大减小,这种加有遮光剂的粉末状和块状气凝胶在室温常压下的热导率分别达 0.018 W·(m·K)$^{-1}$ 和 0.012 W·(m·K)$^{-1}$,在真空条件下可低达 0.001 W·(m·K)$^{-1}$,不论是在高温还是常温下,均有低于静止空气的导热系数,是目前隔热性能最好的固态材料。

6.3.4　电学特性

气凝胶有独特的电学特性,不仅有绝缘性能优良的无机和有机气凝胶,而且有导电性能强的碳气凝胶。

有机和无机气凝胶具有极低的介电常数 ε,通常 $1 < \varepsilon < 2$,且 ε 具有连续可调的特性,介电强度高,绝缘性能优良。尤其是有机气凝胶和金属氧化物气凝胶,它们都是非常优异的介电体,同时有些金属氧化物气凝胶显示出优越的超导性、热电性和压电性。

初步研究表明,气凝胶介电常数 ε 与密度 ρ(单位 kg/m^3)之间有以下近似关系:

① 纯 SiO_2 气凝胶,$\varepsilon - 1 \approx (1.40 \times 10^{-3})/\rho$　(kg·m^{-3});

②有机 RF 气凝胶,$\varepsilon - 1 \approx (1.75 \times 10^{-3})/\rho$ ($kg \cdot m^{-3}$);

③三聚氰胺-甲醛(MF)气凝胶,$\varepsilon - 1 \approx (1.83 \times 10^{-3})/\rho$ ($kg \cdot m^{-3}$)。

实验测得 $\rho = 8$ $kg \cdot m^{-3}$ 的 SiO_2 气凝胶的介电常数 ε 为 1.008,是目前介电常数最低的块状固体。

碳气凝胶具有良好的导电性(电导率一般为 $10 \sim 25$ $S \cdot cm^{-1}$),其电导率 κ 与密度 ρ 满足标度定律,即

$$\kappa \propto \rho^t \tag{6.13}$$

式中:标度参量 $t = 1.5 \pm 0.1$。而在温度 $T < 50$ K 范围内,碳气凝胶的电导率与温度关系为

$$\kappa(T) \propto \exp[-E_a/(RT)] \tag{6.14}$$

式中:E_a 为活化能,通常随密度增大而减小。此外,碳气凝胶还具有光电导特性,其导电机理和光电导机理正在研究中。

6.3.5 声学特性

气凝胶所具有的独特纳米孔隙、高孔隙率、极小的纳米胶体颗粒和连续网络结构使其对声波传播速率的阻碍作用非常明显,具有低声速且声阻抗变化范围较大的特性,同时气凝胶的声阻抗 Z 与密度 ρ 成正比,可通过控制不同的密度 ρ 来控制不同的声阻抗 Z。

多孔材料对声波的阻力与其孔隙直径和颗粒大小有关。气凝胶的声传播速率 C 和弹性模量 E 与其宏观密度 ρ 之间的关系可用标度定律来描述:

$$C \propto \rho^\alpha, \quad \alpha = 1.0, 1.1, \cdots, 1.4 \tag{6.15}$$

$$E \propto \rho^\beta, \quad \beta = 3.2, 3.3, \cdots, 3.8 \tag{6.16}$$

式中:标度参量 α,β 与制备条件密切相关。例如 SiO_2 气凝胶的弹性模量在兆帕级,比相应非孔性玻璃态材料低 4 个数量级,其纵向声传播速率可低达 10 $m \cdot s^{-1}$,是一种理想的声学延迟或高效隔音材料。除低声速外,在气凝胶内声传播的另一个奇特性质是其弹性常数会随外界压力(方向与声速一致)的增加而减小,而气凝胶的声阻抗为

$$Z = \rho C \quad (10^3 \sim 10^7) \quad [kg \cdot (m^2 \cdot s)^{-1}] \tag{6.17}$$

通过控制其制备条件可以得到一系列不同密度的气凝胶,从而得到不同的声阻抗 Z。

6.3.6 其他性质

气凝胶具有催化性能,这与其高孔隙率、高比表面积、低密度、高的热稳定性和材料中各组分高度分散等独特特点是分不开的。气凝胶具有催化剂的活性与选择性,且寿命远远高于常规催化剂,并可大幅提高活性组分的负载量。它既可作为催化剂的活性组分,也可以作为助催化剂,还可以作为催化剂载体。

气凝胶同时还具有强吸附性能,这与胶体具有高比表面积、低密度、连续网络结构且孔隙尺寸很小又与外界相通的特点息息相关,有"终极海绵"的称号。这种独特的性能使气凝胶在环保、净化和医药等领域有独特的应用。

气凝胶结构在某些尺度上具有非均匀性,这些非均匀性可以表现出典型的分形特性,在基础研究方面被用来对分形学进行研究。

6.4　气凝胶的制备

气凝胶的制备主要包括湿凝胶的制备和干燥两个方面,湿凝胶的制备工艺通常采用溶胶-凝胶法,该法最初是由 Teichner 应用在 SiO_2 湿凝胶的制备之中。

溶胶-凝胶法具有以下优点:

①反应条件温和,通常不需要高温高压。

②对设备技术要求不高,体系化学均匀性好。

③所得产品纯度高,粒径分布均匀,粒度分布窄。

④可通过改变溶胶-凝胶过程参数来控制纳米材料的微观结构。

制备气凝胶需要经历两个步骤:第一步溶胶-凝胶阶段,第二步干燥。

溶胶-凝胶过程可概述如下:在反应物溶液中,首先生成初次粒子,粒子长大,形成溶胶,溶胶粒子相互交联,形成三维的网络结构即凝胶。事实上,溶液中的成核反应尚未完成,粒子的长大、支化和交联就开始进行了,成核速率、粒子生长速率和交联速率影响着凝胶的最终结构。金属醇盐(MOR)先进行水解反应而后再进行分子间的缩聚,两个反应交叉进行,水解过程中包含缩聚反应,而缩聚产物也会发生水解反应,因而产物也非常复杂。

凝胶的干燥也包括两个步骤:凝胶粒子间连续分散相(液相)的除去和新分散相(气体)的重新分散。干燥过程中,气液两相共存于凝胶的孔结构中。当液体开始蒸发时,由于分子间引力而产生的表面张力会导致液体在毛细管中形成弯月面,使液体产生压缩应力,此应力使湿凝胶的网络结构收缩,若凝胶孔壁的机械强度不足以抵抗毛细管力,则孔隙会发生开裂和塌陷。所以干燥方法对于气凝胶的性质有很大的影响。

6.4.1　溶胶-凝胶过程

溶胶-凝胶过程是制备湿凝胶的过程,不论所用的前驱物为无机盐或金属醇盐,其主要反应步骤是前驱物溶于溶剂中(水或有机溶剂)形成均匀的溶液,溶质与水或溶剂产生水解或醇解。反应生成物聚集成 1 nm 左右的粒子并组成溶胶,经蒸发、干燥转变为凝胶。基本原理如下:

①溶剂化。能电离的前驱物,如金属盐的金属阳离子 M^{z+},会吸引水分子形成溶剂单元 $M(H_2O)_n^{z+}$(Z 为 M 离子的价数),同时为保持它的配位数的稳定而强烈地释放 H^+:

$$M(H_2O)_n^{z+} \longrightarrow M(H_2O)_{n-1}(OH)^{(Z-1)+} + H^+ \qquad (6.18)$$

这时如有其他离子进入就可能产生聚合反应,但反应极为复杂。

②水解反应。非电离式分子前驱物,如金属醇盐 $M(OR)_n$(n 为金属 M 的原子价),与水反应:

$$M(OR)_n + xH_2O \longrightarrow M(OH)_x(OR)_{n-x} + xROH \qquad (6.19)$$

反应可延续进行,直至生成 $M(OH)_n$。

③缩聚反应:可分为失水缩聚和失醇反应:

失水缩聚:

$$-M-OH + HO-M \longrightarrow -M-O-M- + H_2O \qquad (6.20)$$

失醇反应:

$$-M-OH+HO-M-\!\!-\!\!-\!\!-M-O-M-+ROH \tag{6.21}$$

溶胶-凝胶过程如图6.3所示。无论是低密度聚合物状的还是高密度胶体状的溶胶粒子,先聚集形成一个个团簇,这些团簇不断扩大并相互联结,形成网络状大团簇,大团簇会和凝胶颗粒逐渐反应从而使自身膨胀扩展到整个容器,这个过程可以认为是凝胶形成的阶段。缩聚反应存在团簇结构形成的过程中,同时凝胶形成后的缩聚反应还将继续进行,特别是在凝胶体表面凹陷处和纤细网络之间(见图6.4),凝胶中的胶体颗粒之间或初始形成的团簇网络结构之间或颗粒与团簇结构之间通过缩聚反应,聚集粘联,进一步形成凝胶体系里的网络结构,从而在整个容器范围扩展得到纳米级孔隙尺寸的三维凝胶网络结构。凝胶形成时间首先由水解和缩聚反应速率决定,而这两者依赖于催化剂和温度。其次,反应物配比也影响凝胶形成时间,同时还决定最终制成的气凝胶的宏观密度。

(a)溶胶　　(b)凝胶

(c)老化　　(d)聚集

图6.3　溶胶-凝胶过程示意图

凝胶形成后还会进行凝胶老化,凝胶老化的过程及老化过程中胶体颗粒和网络外形的变化如图6.5所示。

(a)发生在胶体表面凹陷处

(b)发生在纤细网络之间

图6.4　凝胶形成后的缩聚反应

硅凝胶老化过程中会发生部分溶解—再缩聚,由于表面能的作用使网络变得光滑,硅凝胶的老化过程还伴随着光学性能改变。由于网络随着老化时间的增长而变粗,所得气凝胶的透光性会变差,直至半透明。RF凝胶经过一定的水热老化后强度便难以继续提高,经过酸催化作用可使RF网络间的交联程度进一步提高,明显提高其强度。此外,凝胶网络表面的部分溶解与重新凝聚这个可逆反应因网络表面不同曲率处溶解度不同而不可避免地发生,且溶解优先发生于网络表面的凸起处。凝聚优先发生于表面的凹陷处。所有这些过程即老化过程的最终效果是使凝胶网络变粗变光滑[见图6.5(c)],总体比表面积下降,网络的孔径分布、组成网络的胶体颗粒半径的分布变窄,这种效果还将随 pH 值的增大而增大,当 pH>8.5 时将变得非常突出。

(a) 最初的凝胶网络
由胶体颗粒组成

(b) 胶体颗粒之间相互
融合,联为一体

(c) 进一步老化使网络变
粗、表面更趋光滑

图 6.5 凝胶的老化过程

凝胶形成后,孔隙及周围会充满溶剂,通常溶剂包括醇类、少量水和催化剂,要得到气凝胶,必须用适当的干燥方法去掉溶剂,且干燥过程必须在凝胶经历了一段时间的老化,网络骨架变粗后才能进行。

干燥前的凝胶为纳米颗粒组成的网络和网络构成的纳米空隙组成,空隙中充满溶剂。干燥过程就是用气体取代溶剂,而尽量保持凝胶网络结构不破坏的过程。由于溶剂与固体网络间存在表面张力,导致在干燥过程中凝胶网络承受毛细管力作用。毛细管作用产生的毛细管压力 ΔP 可表示为

$$\Delta P = 2\gamma\cos\theta/r \tag{6.22}$$

式中:ΔP 为毛细管压力;r 为管半径;θ 为液-固接触角;γ 为液体表面张力。

理论上,对于半径为 20 nm 充满乙醇的直筒孔,承受毛细管压力约 2.3 MPa(乙醇液体表面张力 $\gamma=22.75$ dyn·cm^{-1}(1 dyn$=10^{-5}$ N),密度 $\rho=0.7893$ g·cm^{-3})。强烈的毛细管力作用使胶体在干燥过程中进一步接触、加压、聚集、收缩甚至破碎,如图 6.6 所示。在干燥初期,溶剂量大,没有出现弯月面,两个空隙均没有产生毛细管力,如图 6.6(a)所示;当溶剂蒸发到一定程度空隙中出现弯月面,产生毛细管力作用。由于半径不同($r_1>r_2$),产生的毛细管力大小也不同($\Delta P_1<\Delta P_2$),毛细管压力差使得纳米骨架拉裂,在微观上产生裂纹或破裂,裂纹扩展到一定临界尺寸后,产生宏观的开裂和破碎,如图 6.6(b)所示。

(a)毛细管力出现前

(b)毛细管力出现后

图 6.6 凝胶干燥过程中应力的形成

对于干燥方法的选择必须考虑降低干燥过程中凝胶所承受的毛细管力,避免凝胶结构破坏。针对这种问题,无毛细管力作用或低毛细管力作用的干燥过程是湿凝胶的干燥合理选择。

6.4.2 凝胶干燥过程

为了提高凝胶网络强度,改善其结构、降低干燥应力可以预防凝胶碎裂,相应的技术措施有:

①增大凝胶孔径并使凝胶孔径均匀化;

②提高凝胶网络强度;

③降低凝胶孔内液体表面张力及黏度;

④消除毛细管力,即消除干燥过程的气/液界面。

调整凝胶孔结构可采用前述的溶胶-凝胶过程,增强凝胶的机械强度可通过凝胶老化实现,但只靠这两种途径是不足以防止凝胶碎裂的,必须采用一种有效的干燥技术。降低液体的表面张力及黏度的方法之一是加入表面活性剂。第二种方法是采用表面张力及黏度较低的液体,但由于液体要和溶胶-凝胶反应匹配,故这两种方法受到限制。第三种方法是提高蒸发温度及压力来降低孔内液体的表面张力及黏度。但这 3 种方法并不能消除产生张力的气/液界面,从根本上避免凝胶碎裂。

凝胶收缩及碎裂源于毛细管力,因而消除气/液界面的干燥方法是行之有效的。消除气/液界面的方法有冷冻干燥、超临界干燥和常压干燥。

1.冷冻干燥

在低温下将气/液界面转化为能量更低的气/固界面。将凝胶空隙中的溶剂冷冻为固态,通过升华的方法除去,得到气凝胶,这是冷冻干燥法的原理。但冷冻凝胶干燥成功率很低,常得到粉末或形成粗糙的孔,这主要是冷冻过程中溶剂晶体生长所致。凝胶必须冷至溶剂正常熔点之下,溶剂才能结晶,晶核生成于凝胶表面,孔内液体会流向晶核,这样凝胶内就会形成与蒸发干燥非常相似的流动,并因此产生相似的应力,破坏凝胶结构。另外,孔内结晶的生长排斥凝胶网络,致使凝胶网络断裂,最终只能得到粉末状气凝胶而不是气凝胶块体。冷冻干燥形成的气凝胶孔尺寸常为微米级。

2.超临界干燥

超临界干燥为气凝胶干燥手段中研究最早、最成熟和最有效的工艺。

所谓的临界状态是指气态与液态共存的一种边缘状态。在此状态下的液体密度与饱和蒸汽压相同,相界面消失。超临界流体是在超过物质的临界温度、临界压力所形成的高压、高密度物相。如果把凝胶中的有机溶剂或水加热到超过临界温度和临界压力,则系统中的液气界面将消失,凝胶中的毛细管力也不复存在。常用溶剂的临界参数见表 6.4,由表中可知水的临界温度和临界压力都太高,对超临界干燥不利,超临界干燥过程中选用的溶剂不同对应于不同临界温度和临界压力,对设备和操作技术的要求。

表 6.4 常用溶剂的临界参数

名称	沸点/℃	临界温度 t_c/℃	临界压力 p_t/MPa	临界密度 ρ_c/(g·mL^{-1})
二氧化碳	−78.50	30.98	7.375	0.468
氨	−33.40	132 33	11.313	0.236
乙醚	34.60	193.55	3.638	0.265

续表

名称	沸点/℃	临界温度 t_c/℃	临界压力 p_t/MPa	临界密度 ρ_c/(g·mL^{-1})
丙酮	56.00	234.95	4.700	0.269
异丙酮	82.20	235.10	4.650	0.273
甲醇	64.60	239.43	8.100	0.272
乙醇	78.30	240.77	6.148	0.276
正丙醇	97.20	263.56	5.170	0.275
苯	80.10	288.95	4.898	0.306
正丁醇	117.70	289.78	4.413	0.270
水	100.00	373.91	22.050	0.320

　　超临界干燥的过程一般如图 6.7 所示。液体达到超临界状态有两条途径:一种方法(途径 1)是向装有湿凝胶的高压釜内加入同凝胶孔内相同的液体,加热使之达到超临界状态(b点);另一种方法(途径 2)是先用惰性气体加压,防止凝胶内液体蒸发,再升温至超临界状态。达到超临界状态后,将系统恒温减压,排出溶剂蒸气,减压至常压(d点)后可降温至室温,为防止降温过程中溶剂在高压釜壁上冷凝、接触并破坏凝胶,必须在降温前用惰性气体吹扫高压釜。这样凝胶孔内液体不穿过气液平衡线达到超临界状态,消除了气液态的差别,无气/液界面形成,在无觉察中凝胶孔内液体变成了气体,即可得到无裂纹的块状气凝胶。典型的超临界干燥装置如图 6.8 所示。

图 6.7　超临界干燥过程示意图

　　按照所选用的干燥介质临界温度的高低可分为:高温超临界流体干燥和低温超临界流体干燥。常用干燥介质有两种:①高温超临界流体,如甲醇、乙醇和异丙醇等醇类,临界温度都高达 200 ℃以上,多采用临界温度为 239.4 ℃、临界压力为 8.09 MPa 的甲醇;②低温超临界流体,一般采用 CO_2,临界温度为 30.98 ℃、临界压力为 7.375 MPa。

　　低温超临界流体干燥中,先用无水乙醇置换凝胶中的水,得到醇凝胶(指气凝胶的网络孔隙中吸附的是醇)。将凝胶放入萃取釜中,周围灌满乙醇,往釜内通入超临界液体 CO_2。由于超临界CO_2具有很好的扩散能力,会以很快的速度进入凝胶孔中,溶解并置换其中的醇,在55℃、20 MPa条件下保持4 h,分离釜中已观察不到乙醇液体,即可恒温并缓慢泄压到常压。等釜温降至常温时就可取出气凝胶。如果首先制备的是水凝胶,那么先用易溶解在液态CO_2中的有机介质置换水凝胶(指气凝胶的网络孔隙中吸附的是水)中的水,然后再用液态CO_2置换有机介质。

图6.8　超临界干燥装置图

目前气凝胶大规模制备均采用CO_2干燥,与高温超临界流体干燥相比,CO_2具有不可燃烧性和无爆炸性,且是一种不参与反应的惰性气体。CO_2超临界干燥在气凝胶制备中的成功应用,使工业过程变得安全、可靠,推动了气凝胶超临界干燥研究的发展。CO_2超临界干燥避免了溶剂置换,使干燥时间进一步缩短,操作费用大幅降低。由于CO_2临界温度低,多种高温易分解的有机气凝胶经CO_2超临界干燥已制备成功。在超临界干燥中必须选择合适的超临界温度和压力以及适当的干燥速率才能得到高品质的气凝胶。

除超临界干燥外,常压干燥正日益受到广大研究者的青睐,与超临界干燥相比,从设备、费用和安全角度考虑,常压干燥法具有操作简单和费用低等诸多优点,但这种方法研究尚未成熟。在常压条件下,往往需要对凝胶进行不同的处理,使凝胶收缩和开裂的趋势达到最小,这也是目前常压干燥法的研究重点。

表6.5为几种干燥方法的优缺点对比。

表6.5　几种干燥方法的优缺点对比

干燥方法	优点	缺点
超临界干燥法	可获得完整结构气凝胶	设备费用高、制备周期长、操作参数难控制、危险性高
常压干燥法	操作简单、费用低、有潜力	影响参数多、干燥时间长、产品易开裂和收缩、产品热导率高
冷冻干燥法	操作简单、费用低	干燥时间长、产品易开裂、孔隙率低、干燥成功率低

6.4.3 气凝胶的制备举例

1. 无机气凝胶的制备

无机气凝胶的制备一般选用金属有机物(也有少量非金属,像 Si、B 等的有机物)作为原料,利用溶胶-凝胶过程在溶液内形成无序、枝状、连续网络结构的胶体颗粒,并采用干燥工艺去除凝胶内剩余的溶液而不改变凝胶态的结构,由此得到多孔、无序,具有纳米量级连续网络结构的低密度非晶固态材料。

(1)SiO_2 气凝胶的制备

SiO_2 气凝胶是典型的无机气凝胶之一,常用硅质原料为正硅酸乙酯、多聚硅烷、硅溶胶等,常用溶剂为甲醇、乙醇、异丙醇等,常用的酸性催化剂为盐酸、硝酸、醋酸、氢氟酸等,常用的碱性催化剂为氨水和氢氧化钠等。

制备 SiO_2 气凝胶的第一步是在正硅酸乙酯等有机硅中加入适量水和催化剂,使之发生水解反应,即

$$Si(OR)_4 + 4H_2O \longrightarrow Si(OH)_4 + ROH \tag{6.23}$$

式中:R 为烷基(R $=$ CH_3,C_2H_5),水解生成的硅酸再脱水缩聚,即

$$2Si(OH)_4 \longrightarrow (OH)_3SiOSi(OH)_3 + H_2O \tag{6.24}$$

或

$$nSi(OH)_4 \rightarrow nSiO_2 + 2nH_2O \tag{6.25}$$

生成以 $\equiv$Si—O—Si$\equiv$ 为主体的聚合物并形成网络构成凝胶。缩聚反应开始前水解并不需要反应完全,部分水解的有机硅即可产生缩聚反应,同时,已经缩聚的硅氧链上未水解的部分可以继续水解。水解和缩聚的反应速率是控制凝胶结构的重要因素。

图 6.9 给出了 pH 对硅酯水解和缩聚反应相对速率的影响。水解速率还受水与有机硅的比 $W = w_{H_2O}/w_{Si(OR)_4}$ 的影响。在 pH $=2\sim5$ 范围内水解速率较快,体系中存在大量硅酸单体,有利于成核反应,因而形成较多的核,但尺寸都较小,最终将形成聚合物状、弱交联、低密度网络的凝胶;在碱性条件下,缩聚反应速率较快,硅酸单体一经生成即迅速缩聚,因而体系中单体浓度相对较低,不利于成核反应,而利于核的长大及交联,易形成致密的胶体颗粒,最终得到颗粒聚集形成的胶粒状凝胶。强碱性或高温条件下 Si—O 键形成的可逆性增加,即氧化硅的

图 6.9 硅酯水解及缩聚相对速率示意图

溶解度增大,使最终凝胶结构受热力学控制,在表面张力作用下形成由表面光滑的微球构成的胶粒聚集体。

为了进一步降低 SiO_2 气凝胶的密度,可使有机硅与醇及含量低于化学计量比的水混合均匀(水与 TEOS 的摩尔比在 $1.3\sim1.6$ 之间),在酸性条件下加热使其部分水解得到缩合硅的先驱体,然后补足化学计量比的水,以丙酮为溶剂在碱性条件下生成凝胶,按此法制得的 SiO_2 气凝胶的密度下限可达 3 kg·m^{-3}。

（2）Al_2O_3 气凝胶的制备

Al_2O_3 气凝胶的制备通常包括两个步骤：一是通过溶胶-凝胶工艺制备 Al_2O_3 湿凝胶；二是干燥 Al_2O_3 湿凝胶。溶胶凝胶工艺方法可分为有机金属醇盐原料法和无机盐原料法。

1）有机金属醇盐原料法

以有机金属醇盐为前驱体制备的 Al_2O_3 气凝胶其网络结构稳定，具有高比表面积、高强度热稳定好等优点，是目前应用最为广泛的一种。一般是将有机金属醇盐经过水解和缩聚形成凝胶，其中有机金属醇盐前驱体的水解、缩聚反应式如下：

水解反应：

$$Al(OR)_3 + H_2O \longrightarrow Al(OH)_3 + 3HOR \tag{6.26}$$

缩聚反应：

$$Al(OR)_3 + Al(OH)_3 \longrightarrow Al_2O_3 + 3HOR \tag{6.27}$$

$$2Al(OH)_3 \longrightarrow 3H_2O + Al_2O_3 \tag{6.28}$$

式中：R 为烷基基团。其中有机金属醇盐通常为仲丁醇铝或异丙醇铝，将铝醇盐与溶剂、催化剂混合发生水解反应，水解反应后生成大量具有活性的单体，当这些活性单体足够多时，就开始形成胶体颗粒或溶胶，再经过脱水缩聚形成连续三维网络骨架结构的凝胶，凝胶网络中的溶剂失去流动性保留在凝胶网络的孔内。

由于有机金属醇铝中铝的活性较高，因此需要通过加入螯合剂来控制其水解和缩聚速率，通常使用的整合剂有冰醋酸、乙酰乙酸乙酯和乙酰丙酮等。

2）无机盐原料法

无机盐价格低廉，常用作 Al_2O_3 气凝胶的前驱体。一般采用 1,2-环氧丙烷为凝胶网络诱导剂，促进金属离子盐溶液快速凝胶。常用的无机盐为 $AlCl_3 \cdot 6H_2O$ 和 $Al(NO_3)_3 \cdot 9H_2O$。

（3）ZrO_2 气凝胶的制备

ZrO_2 具有独特的力学、电学、光学性质和优良的耐高温性能，ZrO_2 气凝胶兼具 ZrO_2 和气凝胶的特性，具有很高的化学稳定性和热稳定性，并且热导率较低，还具有结构可控、比表面积高和密度低等特点。ZrO_2 气凝胶由锆盐前驱体通过一系列的水解缩聚过程制得。制备过程主要包括湿凝胶的制备及干燥。常用的湿凝胶制备方法有锆醇盐水解法、沉淀法、醇水溶液加热法等。湿凝胶中固体颗粒含量、固体颗粒的大小、固体颗粒之间的结合形式等都对气凝胶的物理和化学性质有较大的影响。

1）锆醇盐水解法

在用锆醇盐水解法制备 ZrO_2 气凝胶时，影响因素很多，如催化剂的种类、浓度，水的含量，前驱体的浓度，老化条件，超临界干燥的温度和种类等。锆醇盐的水解速度非常快。酸催化剂的浓度影响随后的缩合速率。锆醇盐水解法可以得到四种主要类型的产物，水解法步骤如下：

$$Zr(OC_3H_7)_4 + C_3H_7OH + NH_4OH \xrightarrow{\text{水解}} Zr(OH)_4 + C_3H_7OH + NH_3 \tag{6.29}$$

$$nZr(OH)_4 + xC_3H_7OH + xH_2O \xrightarrow{\text{缩聚}} [Zr(OH)_4]n \cdot xC_3H_7OH \cdot xH_2O \tag{6.30}$$

$$[Zr(OH)_4]n \cdot xC_3H_7OH \cdot xH_2O \xrightarrow{110℃} Zr(OH)_4 + C_3H_7OH + H_2O \tag{6.31}$$

$$Zr(OH)_4 \xrightarrow{400℃} ZrO_2(T) \xrightarrow{500\sim700℃} ZrO_2(T) + ZrO_2(M) \tag{6.32}$$

如果没有加入酸或酸不足，锆醇盐会立即发生沉淀。沉淀物通常不具有多孔结构和表面积。在一定的酸浓度范围内,也能观察到快速形成的刚性聚合凝胶内含有一些沉淀微粒。进一步增加酸的用量,将使凝胶时间增加,并形成光学透明、最终完全透明的软湿凝胶。如果酸的浓度足够高,可以完全避免缩合反应。酸的加入量也影响到 ZrO_2 气凝胶的最终性能。从理论上讲,要完全水解 1 个 $Zr(OR)_4$ 分子需要 4 个水分子。然而,形成聚合物凝胶,完全水解是没有必要的。实际上,每个 Zr 原子用 $2\sim4$ 个水分子即可形成水合氧化物。Zr 前驱体浓度是一个对获得的气凝胶性能影响很大的重要合成参数。前驱体浓度较高明显有利于氧桥反应并形成孔隙更小、更致密的气凝胶,理想的浓度在 $0.25\sim0.5$ mol/L,可在相对较低的酸浓度下快速地形成高孔隙率的刚性凝胶。前驱体浓度增加需要更多的酸来获得透明的刚性凝胶,使气凝胶在煅烧后表面积大幅度降低。此外,前驱体浓度越高,平均孔径和孔体积越小。一般来说,延长老化时间可以增大比表面积,提高凝胶的结构强度,但是对孔的大小及分布均无显著影响。

2)沉淀法

以无机盐为原料的沉淀法是一种较常用的制备 ZrO_2 气凝胶的方法,该方法工艺较简单,原料成本低廉,易于实现,克服了锆醇盐水解法原料昂贵、工艺难以控制等不足。以 Zr 的无机盐为原料制备 ZrO_2 气凝胶粉体方法的一般过程是:调节无机锆盐水溶液的 pH,得到 $Zr(OH)_4$ 沉淀,对沉淀进行充分洗涤除去 Cl^-、SO_4^{2-} 等离子,得到纯净的 $Zr(OH)_4$,再经过溶胶化、凝胶化和干燥过程,即可得到 ZrO_2 气凝胶。通过焙烧,还可得到不同密度的 ZrO_2 气凝胶粉体。沉淀法制备 ZrO_2 气凝胶存在着比表面积较低、制备过程烦琐、组成不易控制、重复性较差等缺点。

3)醇-水溶液加热法

醇-水溶液加热法的基本原理是:无机盐的醇水溶液在加热时,溶液的介电常数和溶剂化能会显著下降,从而使溶液变为过饱和状态而形成胶体,同时无机盐在醇水溶液中也会部分发生水解反应。醇-水溶液加热法的一般制备步骤是:将适当浓度的无机锆盐的醇水溶液在水浴中加热($75\sim80$℃),在加热过程中,溶液逐渐变为溶胶、凝胶,老化后(一般在母液中)通过超临界干燥即可获得比表面积高、稳定性好的 ZrO_2 气凝胶粉体。

(4) TiO_2 气凝胶的制备

TiO_2 气凝胶是一种由 TiO_2 纳米微粒相互交联形成,具有多孔网状结构的固态材料。TiO_2 气凝胶结合了气凝胶材料的结构特性和 TiO_2 优异的光催化性能以及化学和光学稳定性,使 TiO_2 气凝胶在太阳能转化、光催化降解等领域具有良好的应用前景。TiO_2 气凝胶常见制备方法为溶胶-凝胶法和模板法。

1)溶胶-凝胶法

溶胶-凝胶法包括 TiO_2 湿凝胶的合成和干燥两个步骤。TiO_2 湿凝胶的合成以钛醇盐作为原料,在适当的反应条件下,使钛醇盐水解形成溶胶,同时溶胶不断发生缩聚反应,缩聚反应完成后,即可形成胶状三维网状骨架结构的 TiO_2 湿凝胶。合成步骤:首先将一定量的钛酸四丁酯(TBOT)和乙醇搅拌混合得到溶液 A,将一定量的去离子水、乙醇和乙酸搅拌混合得到溶液 B,然后在基体中以一定的速度将溶液 B 滴入溶液 A 中。搅拌 5 min 后,加入适量的甲酰胺,在 70℃老化 6 h 后,可制得 TiO_2 湿凝胶。最终通过超临界干燥、冷冻干燥或常压干燥得到高比表面积、高催化活性的 TiO_2 气凝胶。

2)模板法

模板法是指以具有三维网络孔道结构的高分子聚合物脲醛树脂为模板,以 Ti 的金属醇盐为前驱体,采用负压浸渍结合高温去模板技术制备得到 TiO_2 块体气凝胶。用该方法制备的气凝胶内部具有双孔和双连续结构分布的特点。双孔即微米级穿透孔和纳米级介孔,双连续结构指彼此交联的基质骨架和相互连通的穿透孔,骨架和穿透孔相互穿插交织形成网络结构。连续的微米级穿透孔能提供较高的渗透性。降低溶液的渗透阻力,有利于溶液浸入材料内部。位于骨架表面的介孔能提供高的比表面积,有利于增加材料的活性位点。

2. 多组分气凝胶的制备

在气凝胶中添加其他组分形成多组分气凝胶,是改善气凝胶结构、优化气凝胶品质的重要手段,也是制备多组分气凝胶催化剂的一种新型方法。多组分气凝胶主要包括:Al_2O_3-Al_2O_3 复合气凝胶、TiO_2-SiO_2 复合气凝胶、ZrO_2-Al_2O_3 复合气凝胶、Fe_3O_4-Al_2O_3 复合气凝胶和 ZrO_2-Al_2O_3 复合气凝胶。

①Al_2O_3-SiO_2 复合气凝胶。Al_2O_3 气凝胶可以承受 1 000℃左右的高温,但比表面积相对较小,在 1 000~1 200℃发生 γ-Al_2O_3 向 α-Al_2O_3 的晶型转变,使其内部孔洞结构大幅度坍塌,高温性能恶化。Al_2O_3 凝胶中加入 SiO_2,既可以提高 α-Al_2O_3 的晶型转变温度,增强 Al_2O_3-SiO_2 复合气凝胶的热稳定性,又可以弥补 SiO_2 温度低的缺陷,因此,Al_2O_3-SiO_2 气凝胶是理想的高温隔热材料。

②TiO_2-SiO_2 复合气凝胶。近年来,对于纳米 TiO_2 光催化性能研究进一步加深,纳米 TiO_2 被广泛应用于诸多领域。但实际应用时发现,粉末状 TiO_2 容易团聚且回收困难,限制了纳米 TiO_2 的应用。将纳米 TiO_2 制备成 TiO_2 气凝胶能够有效提升 TiO_2 的催化能力。但是,TiO_2 气凝胶制备条件复杂,且制出的气凝胶网络强度较差,不利于实际应用。SiO_2 气凝胶相较于 TiO_2 气凝胶,其比表面积高和孔体积较大,网络结构较强。将两者混合制备兼具两者性能的 TiO_2-SiO_2 复合气凝胶,可以提高气凝胶网络结构强度,充分利用气凝胶多孔结构和吸附性高的特点,同时提高 TiO_2 的比表面积,增强 TiO_2 的光催化性能,还有利于催化剂的回收利用。

③ZrO_2-Al_2O_3 复合气凝胶。在催化领域中,ZrO_2 气凝胶是一种很重要的催化剂载体,其化学稳定性比传统载体(如 γ-Al_2O_3、SiO_2)高,在高温反应方面有着广泛的应用前景,而且它本身也具有氧化性和还原性,同时具备酸性中心和碱性中心等性质,可被应用于 CO、烯烃、二烯等不饱和化合物的催化加氢反应。但是,ZrO_2 气凝胶高温稳定性较差,限制了其应用。在 ZrO_2 的基础上掺杂 Al_2O_3,可以有效地抑制 ZrO_2 高温热处理过程中的晶体生长和晶相转变,减少介孔的坍塌、团簇增加等现象,降低其在乙醇超临界干燥和高温热处理过程中的收缩,提高耐高温性能,有助于 ZrO_2 气凝胶在保温隔热、催化等领域的应用。

④Fe_3O_4-SiO_2 复合气凝胶。Fe_3O_4-SiO_2 复合气凝胶具有比表面积大、孔隙率高等特点,作为吸附剂,能高效处理染料废水且吸附过程中不产生二次污染,其具有磁性,容易分离,再生性能好等特性,是很有前途的环保型吸附材料。

多组分气凝胶的制备可分为 3 种类型:

①2 种或 3 种金属醇盐同时水解得到混合凝胶,再经超临界干燥而制备,如 Al_2O_3-SiO_2(见图 6.10)复合气凝胶是正硅酸乙酯与异丙醇铝混合,以冰醋酸为催化剂,水解、缩聚、干燥而成。

②在醇凝胶形成的一定阶段添加其他物质并使其充分分散,然后经超临界干燥制备。将

正硅酸乙酯、水、乙醇、富勒烯以适当摩尔比混合,pH≈5,老化后干燥,即可得到 C_{60}/C_{70} - SiO_2 气凝胶,随富勒烯增加,气凝胶颜色加深。

③使金属或金属氧化物沉积在已制得的氧化物气凝胶上而制备,如 Fe - SiO_2、Pd - SiO_2、Pd - TiO_2 等。Fe - SiO_2 气凝胶的制备方法为:先将 $FeCl_2 \cdot 6H_2O$ 水溶液滴入氨水,形成 $Fe(OH)_3$ 黄色沉淀,清洗后加入冰乙酸使沉淀溶解形成棕褐色溶液,再加入正硅酸乙酯的水-乙醇溶液,加入盐酸促使水解,凝胶后干燥即得 Fe - SiO_2 气凝胶。

图 6.10　Al_2O_3 - SiO_2 复合气凝胶的制备工艺流程图

3.有机气凝胶结构的制备

有机气凝胶是新兴的研究方向,制备过程与传统的无机气凝胶的水解、缩聚及超临界干燥过程都很相近,甚至连反应的 pH 值、反应物的配比及温度等对凝聚发生过程、网络结构等的影响也有类似之处。有机气凝胶目前研究最多的是 RF 气凝胶,其制备过程中是将原料配比为 1 mol 间苯二酚和 2 mol 甲醛溶于适量的去离子水中,加入适量催化剂(一般用 Na_2CO_3),再经过溶胶-凝胶过程。在这里,间苯二酚(resorcinol)与催化剂(catalyst)的摩尔比值 r_R/r_C 值是一个很重要的参量(无机气凝胶与之对应的参量为 pH),一般说来,r_R/r_C 比值在 50～300 能得到透明的凝胶,超出此范围得到的为不透明胶体。通常,初始溶液中含反应物小于 7%,反应须在 95℃下持续 7 d,而反应物含量较高的,反应时间可大大缩短。经超临界干燥的有机气凝胶,孔隙尺寸一般为 50 nm,比表面积高达 400～1 000 $m^2 \cdot g^{-1}$,网络胶体颗粒直径为 10 nm。

间苯二酚和甲醛在碱性催化剂作用下水溶液中聚合成凝胶,凝胶经超临界干燥制得气凝胶。其主要包括如下两个反应:

(1)酚醛加成反应

在碱性催化剂的作用下,间苯二酚首先形成酚盐负离子,使苯环上邻、对位氢原子活性提高,与甲醛形成一元酚醇和多元酚醇的混合物,这一步是加成反应,速度快。反应式为

$$(6.33)$$

（2）羟甲基的缩合反应

酚醇与酚或酚醇之间发生缩合脱水，使苯环之间通过亚甲基键（—CH$_2$—）和亚甲基醚键（—CH$_2$OCH$_2$—）连接形成基元胶体颗粒。在这些基元胶体颗粒中，小颗粒的溶解能力比大颗粒强，易于溶解而使大颗粒继续生长成团簇，团簇进一步缩聚最终形成网络状体型聚合物，即 RF 有机凝胶。反应式为

$$\tag{6.34}$$

第二步是缩聚反应，反应速度慢。

与硅气凝胶形成的团簇聚集过程不同，RF 溶胶-凝胶过程经历了成核-生长和不稳分解两段历程。决定凝胶结构的主要过程发生在不稳分解区，是交联诱发并控制的微相分离过程。在溶胶-凝胶过程中，聚合的 RF 核的相对分子质量不断增加，支化程度逐渐提高，致使混合熵减小，聚合物与溶剂的相容性降低，诱发相分离。在小分子体系中，这种不相容性会导致宏观尺度（macro-scale）的相分离，但在凝胶中，由于宏观相分离必须压缩或拉伸已支化、扭曲的聚合物链，将消耗很高的能量，因而相分离被限制在纳米尺度。在催化剂浓度较低时，形成的核支化程度和交联密度较低，在成核-生长区存在时间较长，有利于核的长大，因而低催化剂浓度条件下合成的凝胶网络中可发现珍珠串式（string-of-pearls）结构，气凝胶平均孔径（约 20 nm）较大；催化剂浓度较高时，核的支化程度和交联密度会提高，聚合物与溶剂相容性变差，相分离微区因此变小，聚合物核在成核-生长区存在时间变短，聚合物核难以长大，因而高催化剂浓度条件下形成的凝胶网络更具小球熔合特征，网络平滑纤细，孔径（约 5 nm）较小。

4. 碳气凝胶

碳气凝胶最早于 1989 年由美国的 Pekala 以间苯二酚和甲醛为原料，在碱性条件下将溶胶-凝胶过程和超临界干燥制得的气凝胶经碳化得到，这是气凝胶材料研究中具有开创性的进展，它将气凝胶材料从无机界扩展到了有机界，从电的不良导体扩展到了导电体，开创了凝胶材料新的应用领域。

碳气凝胶（carbon aerogel）是由球状纳米粒子相互联结而成的一种新型轻质、多孔、非晶态、块体纳米碳材料，其连续的三维网络结构可在纳米尺度控制和剪裁。它的网络胶体颗粒直径为 3～20 nm，孔隙率高达 80%～98%，典型的孔隙尺寸 <50 nm，比表面积高达 600～1 100 m^2·g^{-1}。

碳气凝胶的制备一般分为三步：

① 有机湿凝胶的制备；

② 有机湿凝胶的干燥；

③ 有机气凝胶的碳化。

关于有机湿凝胶的制备和干燥在这里就不重复介绍。有机气凝胶的碳化是指将有机气凝胶在惰性气体保护下高温热解碳化得到碳气凝胶。在 $700\sim900℃$ 范围内，碳化工艺条件对碳气凝胶结构和性能的影响顺序为：升温速率＞碳化温度＞碳化时间。升温速率越慢，碳化终温越高，碳气凝胶密度越低。RF 碳气凝胶的微孔会随着碳化温度的升高而减少。

相比于无机气凝胶，碳气凝胶及其有机气凝胶的研究目前还处于初级阶段，许多规律和应用价值，尤其是网络结构的控制规律，还有待于人们进一步探索和开拓。

6.5　气凝胶的应用

气凝胶在力学、声学、热学、光学、电学及其他方面拥有许多特殊的特性，不仅在基础研究方面作为基础研究的对象，而且在应用研究方面，已经被用来制成多种特殊功能性材料，其蕴藏的广阔应用前景已受到学术界、商业界、工业部门和能源部门等的高度重视。表 6.6 列出了气凝胶的特性及相关的应用。

表 6.6　气凝胶的特性及相关应用

	特性	应用
机械	弹性、高比表面积	能量吸收剂、高速粒子捕获剂等
光学	低折射率、透明	探测器、光波导、低折射率光学材料及器件等
热学	热导率低	节能材料、保温隔热材料等
电学	低介电常数、高介电强度	介电材料、电极、超级电容器等
声学	低声速	声耦合器件等
密度	超低密度材料	浇注用模具、惯性约束核聚变以及 X 射线激光靶等
孔隙率	高比表面积	催化剂、吸附剂、缓释剂、离子交换剂、传感器等

6.5.1　隔热材料

气凝胶是所有固体材料中隔热性能最好的一种，并具有超低的热导率及良好的热稳定性，可在高温环境下使用。与传统材料相比，气凝胶可以用更轻的质量、更小的体积达到等效的隔热效果，因此作为隔热材料应用潜力巨大。

纯净的气凝胶多是透明无色的，折射率接近 1，对红外和可见光的特性湮灭系数之比达100 以上，能有效透过太阳光，是一种理想的透明隔热材料。

气凝胶在航空航天领域地位举足轻重。当用作航空发动机隔热材料时，既起到了极好的隔热作用，又减轻了发动机质量。此外，气凝胶目前也已经用于火星探测器和宇宙空间站等航天器上。

在建筑及日常生活领域气凝胶也大量应用。气凝胶（一般为 SiO_2 气凝胶）可以替代传统的无机纤维，使房屋既隔热又保暖。当用于高层建筑时，可取代一般幕墙玻璃，大大减轻建筑物自重，并起到防火作用。采用 SiO_2 气凝胶制备的双层隔热窗热导率低于 0.02 $W \cdot (m \cdot K)^{-1}$，安装在建筑物正面吸热，起到比墙体更好的隔热效果。用气凝胶制作的隔热房子已经首先在英国建成。意大利服装公司 Corpo Nove 和美国 Aspen 气凝胶公司分别生产了气凝胶保温服和气凝胶绝热毯。

常见的应用于冰箱等低温隔热系统中的绝热材料为用氟利昂制备的聚氨酯泡沫。由于聚氨酯泡沫含有大量氟利昂气体，气体泄漏会破坏大气臭氧层，导致温室效应，对人类生存环境产生危害而正被逐步淘汰。因此研制热导率低于 0.02 $W \cdot (m \cdot K)^{-1}$、无公害且不燃烧的隔热材料引起了人们兴趣。SiO_2 气凝胶通过添加适量的红外遮光剂可有效降低辐射热传导，能获得极低热导率，可用于冰箱等低温系统隔热。

此外，SiO_2 气凝胶还可应用于太阳能热水器的储水箱、管道和集热器等，集热效率可提高 1 倍以上，热损失下降到现有水平 30% 以下。在管道、窑炉及其他热工设备中用 SiO_2 气凝胶隔热复合材料替代传统的保温材料，可大大减少热能损失。为了使该材料得到更广泛的应用，其成本还有待降低。

6.5.2 声阻耦合材料

气凝胶具有分形结构，控制制备条件可以得到一系列不同密度的气凝胶，声速与密度之间满足标度定律。由于气凝胶具有低声速特性，它可以制备出声学延迟或隔音降噪材料，结合气凝胶优异的隔热保温性能，使它有望发展成为优良的高效环保型保温隔热隔声轻质新型建材。

通过调节气凝胶的密度，气凝胶的声阻抗可在 $10^3 \sim 10^7$ $kg \cdot (m^2 \cdot s)^{-1}$ 调节，因而气凝胶是理想的声阻耦合材料。SiO_2 其纵向声传播速率极低，而声阻抗随密度的变化范围也很大。常用的压电陶瓷超声换能器的声阻 $[\approx 1.5 \times 10^7$ $kg \cdot (cm^2 \cdot s)^{-1}]$ 与空气的声阻 $[\approx 400$ $kg \cdot (cm^2 \cdot s)^{-1}]$ 相差甚大，这势必大大地降低声波的传播效率，为了提高声波的传播效率，降低器件应用中的信噪比，用 1/4 波长的 SiO_2 气凝胶作为压电陶瓷与空气的声阻耦合材料，其耦合结果已使声强度提高 43.5 dB，与理论计算结果非常一致。若采用具有合适密度梯度的气凝胶，其耦合性能还将大大提高。

6.5.3 催化剂和催化剂载体

Kistler 在成功地制备出气凝胶后就预言了它在催化领域的广阔应用前景。气凝胶的结构特性使其在催化剂领域应用非常活跃，气凝胶催化剂的活性和选择性远远高于常规催化剂，而且它还可以有效地减少副反应的发生。这主要有无机氧化物气凝胶催化剂和碳气凝胶催化剂两种类型。气凝胶在催化领域的应用潜能受到了越来越广泛的重视，几乎应用到了所有的催化反应体系，如催化氧化、光催化、催化环氧化、固体酸催化、硝基化、催化加氢、费托合成和合成氨等反应。这些催化剂一般是以 SiO_2 和 Al_2O_3 气凝胶为载体的过渡金属氧化物或几种过渡金属氧化物的混合气凝胶。

气凝胶可以作为催化剂的活性组分，也可以作为助催化剂，还可以作为催化剂载体。在作为催化剂载体时，它能起到极其优良的作用，例如 SiO_2 气凝胶或 Al_2O_3 气凝胶载以 Fe_2O_3 后所形成的催化剂，在费托(Fischer - Tropsch)法合成烷烃反应中的催化活性是普通 Fe_2O_3 催化剂活性的 2~3 倍；Rh 负载于 $TiO_2 - SiO_2$ 气凝胶上催化苯加氢为环己烷。TiO_2 气凝胶在光催化下降解有机污染物，水环境污染物中水杨酸的光降解反应速率约为德固萨(Degussa)

TiO₂ 粉末为催化剂时的 10 倍。NiO - Al₂O₃ 气凝胶比浸渍法制 NiO - Al₂O₃ 催化剂具有更高的活性,且在制备过程中添加氧化镧助剂等能够降低其使用过程中的烧结和积碳等缺点; SiO₂、Pt - SiO₂ 等催化乙醛氧化为乙酸;TiO₂ - SiO₂ 复合氧化物气凝胶或 Ti 取代的分子筛是近年来发现的非常有效的烯烃过氧化催化剂;Ni - SiO₂ 催化甲苯加氢为甲基环己烷; Ni - SiO₂ -Al₂O₃ 催化硝基苯加氢为苯胺;Cu - ZnO - Al₂O₃ 等催化 CO₂ 加氢制甲醇;等等。

6.5.4　高能粒子探测器

太空探测器对材料的要求是:低密度、良好的透光性以及折射率在 1.0～1.3 之间。通过调控 SiO₂ 气凝胶的密度,折射率可在 1.007～1.24 之间连续调节。早期的探测器使用高压气体,结构笨重和造价高,而气凝胶制备的探测器结构简单、造价低、操作更方便且安全。当折射率满足一定条件时,对于空间中不同质量和能量的高能粒子(如 π 介子、K 介子、中子等),很容易穿入该多孔材料并逐步减速,实现“软着陆”,从而可用肉眼或显微镜观察到被阻挡与捕获的粒子,确定该高能粒子的质量和能量。气凝胶在 20 世纪 70 年代早期开始应用于 Cerenkov 探测器,这一将太空微粒带回地球的非凡成就因气凝胶所具有的优异性质而成为可能。

为了在不破坏其结构的前提下捕获高速飞行的彗星微粒和星际尘埃粒子,美国宇航局(NASA)在“星尘”号任务中使用了一种硅气凝胶。图 6.11 为“星尘”号配备的尘埃捕捉器中的气凝胶网格结构。

图 6.11　为“星尘”号配备的尘埃捕捉器中的气凝胶网格结构

6.5.5　在医学领域的应用

在医学领域,由于有机气凝胶及碳气凝胶具有生物机体相容性及可生物降解特性,因而在医学领域具有广泛用途,可能的应用包括用于诊断剂、人造组织、人造器官及器官组件等。它特别适用于药物控制释放体系,有效的药物组分可在溶胶-凝胶过程加入,也可在超临界干燥过程中加入,利用干燥后气凝胶进行药物浸渍也可实现担载。气凝胶用于药物控制释放体系,可获得很高的药物担载量,并且稳定性很好,是低毒、高效的胃肠外给药体系。通过控制制备条件可以获得具有特殊降解特性的气凝胶。这种气凝胶可以根据需要在生物体中稳定存在一定时间后才开始降解,并且降解产物无毒。SiO₂ 气凝胶用于担载药物的实验研究也已经开展。

在全球范围内,出现了越来越多的细菌感染病例,这已经成为一个严重的问题。气凝胶因其超低密度、高孔隙率、良好生物相容性、可调粒径与孔径等特性,被认为是新型抗菌材料递送系统载体。人们通过在气凝胶中加入抗菌剂或表面功能化获得了抗菌气凝胶复合材料,其展现出了优异的抗菌性能。抗菌气凝胶的种类主要包括纤维素基气凝胶、金属氧化物基气凝胶、碳气凝胶和 SiO_2 气凝胶等。

碳气凝胶是具有优异吸附性能的多孔材料,当均匀掺杂金属银纳米粒子时,就具备了抗菌性。研究结果表明,当碳气凝胶载银量达到 6.57% 时,只需要约 80 μg 的载银凝胶材料即可将 10 mL 肉汤溶液中菌浓度为 10^5 cfu[①]/mL 的大肠杆菌彻底杀灭。南京工业大学团队制备了一种 Ag/TiO_2 抗菌气凝胶,该气凝胶对大肠杆菌和金黄色葡萄球菌的抗菌率可高达 99.86% 和 99.12%。南京林业大学化学工程学院的研究团队采用简单的绿色方法制备再生纤维素,并装载不同浓度的阿莫西林,得到抗菌纤维素气凝胶。该气凝胶可以持续释放药物,在初始爆发释放后显示出持久的释放,对大肠杆菌、白色念珠菌、金黄色葡萄球菌和枯草芽孢杆菌均具有有效的抗菌活性。近期,东华大学团队构建出一种笼状结构的超柔性纳米纤维气凝胶,其显示出高效的过滤性能和可再生的抗菌及抗病毒活性。最高过滤效率可达到 99.97%。此外,纤维笼状结构上的卤胺化合物活性位点可以释放氯正离子,赋予了气凝胶可再生的抗菌和抗病毒活性。该气凝胶的笼状结构设计为开发可再生的抗菌和抗病毒的纳米纤维空气过滤器提供了新的思路。

6.5.6 在电学中的应用

气凝胶由于具有超低介电常数和优良的缺口填补能力,可作为大规模集成电路的电介质。在微电子行业中,利用气凝胶低介电常数的特性,可提高响应速度,现已用作多层印刷电路板的内层电介质。通常做法是把凝胶状态时的材料制成薄膜,粘贴在硅或玻璃基板上。气凝胶的介电常数($1 < \varepsilon < 2$)极低且连续可调,因此可望用于高速运算的大规模集成电路的衬底材料。当气凝胶孔隙内填充铁氧体时,就形成一类具有软磁性、低密度与高电阻的纳米复合材料。V_2O_5 气凝胶复合材料可作为充电锂电池的阴极,由于锂的传输受到晶格的限制,因而能达到理论所需的容量。通过与碳的结合,能够部分克服它们低的电传导性。用这种材质作为电极制成的锂电池,其锂电容量和能量密度相对较高。对于快转换速度装置来说,尺寸降到亚微米范围会带来电阻电容延迟现象,因此往往在 GaAs 基装置中,通过引入低介电常数的 SiO_2 气凝胶来克服这一问题。

碳气凝胶结构和孔径可调、比表面积高、质轻、导电性能极其独特,已在电极材料、靶材料、催化剂和水处理等领域有着广泛的应用。研究结果表明,由碳气凝胶合成的电极用于微量金属定量分析时,其最小检测量可达 1 $\mu g \cdot L^{-1}$,表现出较好的电化学性能。碳气凝胶也被用来制造高效高能气电容器,这种气电容器实际上是一种以碳气凝胶为电极的高功率密度、高能量密度电化学双层电容器,它的比电容高达 4×10^4 F·kg^{-1},对于输出电压为 1.2V 的电池,能量密度最高达 288 J·g^{-1}。一般情况下,电池功率密度为 7.5 kW·kg^{-1},重复充电次数可达 100 000 次以上,且价格非常便宜。碳气凝胶是制造新型高效可充电电池的理想材料,这种电池储电容量大、电导率高、体积小、充放电能力强、可重复多次使用,有很好的商业化应用前景。已有研究发现以 RF 碳气凝胶为电极材料,在 1 mol·L^{-1} 的 H_2SO_4 电解液中比电容值达 95 F·g^{-1}。美国劳仑兹利物莫尔国家实验室在美国能源部支持下研究开发了碳气凝胶碳电

---

① cfu 为菌落形成单位,是计算细菌或霉菌数量的单位。

极电容器。Powerstor 公司已将碳气凝胶为电极的超级电容器商品化。此外,碳气凝胶还具有光电导性,因此被用作细网光电管中的数字指示装置。

气凝胶也用于制作荧光太阳能收集器(luminescent solar concentrators,LSC)。荧光太阳能收集器一般是向透明的塑料基体中加入荧光染料,结合太阳能电池制成的。当荧光染料受到太阳光辐射时,就会发出荧光,如果基体的折射率与空气有足够的差值,在基体与空气的界面处荧光辐射将会反射回基体,直接进入另一侧的太阳能电池。气凝胶用于荧光太阳能收集器中具有塑料基体无法比拟的优点,如气凝胶具有良好的热稳定性和光学稳定性及紫外-可见光区良好的透光性;负载染料分子的气凝胶能完全隔离相邻染料分子、杂质和光解产物,避免副反应的发生;气凝胶具有极高的孔隙率,因而浸渍荧光染料时,可以获得很高的负载浓度,并具有很好的稳定性,染料不会浸出,降低了染料分子的平动、转动及振动自由度。

6.5.7　在光学中的应用

气凝胶在 Cerenkov 探测器中的应用体现了气凝胶在光学中的应用,除此之外,气凝胶也可制成低折射率的光学透镜及轻质光学器件。

由于气凝胶具有很高的孔隙率,因而它可以浸渍聚合物等添加剂,用于制备非线性光学活性玻璃。由 SiO_2 气凝胶致密化制得的超纯玻璃在 $0\sim500℃$ 范围内热膨胀系数为零,因而可用于制造特殊环境使用的透镜。利用不同密度的 SiO_2 气凝胶膜对不同波长的光制备光耦合材料,可得到高级光增透膜。

6.5.8　气凝胶的其他应用

在基础研究方面,气凝胶的弹性模量、声传播速率、热导率及电导率等均与宏观密度成标度关系,这类纳米多孔介质的反常输运特性、动力学性质、低温热学性质及其分形结构等已经成为当今凝聚态物理研究的前沿课题。

在能源与环保领域,有机气凝胶及碳气凝胶是理想的吸附核燃料的材料,由轻原子量元素组成的低密度、微孔分布均匀的气凝胶对氘、氚具有良好的吸附性能,因而为惯性约束聚变实验研制高增益靶提供了一个新途径,这对于利用受控热核聚变反应来获得廉价、清洁的能源具有重要意义。气凝胶还可作为新型气体过滤器,例如,$CaO-MgO-SiO_2$ 气凝胶被用作温室气体捕获剂,吸附燃气中 CO_2、SO_2、H_2S、NO 等有毒有害气体,这方面的研究对人类如何防止自身生存环境恶化——大气层产生温室效应方面具有极其深远的意义。有"终极海绵"之称的气凝胶,其表面数百万个小孔是吸收水中污染物质的最佳材料。气凝胶对消灭蟑螂非常有效,可作为无害高效杀虫剂,它本身并没有毒性,但它可附在昆虫体上,并很快将其体内的水分吸附出,从而导致昆虫死亡。此外,气凝胶还正在试探用作化妆品中的除臭剂等。

此外,科学家们正在研制利用气凝胶作为新型太空服的绝缘内衬材料,有助于宇航员首次登陆火星。有科学家相信一层18 mm厚的气凝胶即能充分保护宇航员抵御零下130℃的极度温度环境。气凝胶还用于测试未来防弹住宅和军用装甲车辆。在实验室,一个覆盖 6 mm 厚气凝胶的金属板在炸药的直接爆炸中没有丝毫损坏。研究人员认为,一些由铂金制成的气凝胶能用于加速氢的产生,这样的话,气凝胶就能用来生产以氢为基础的燃料。更有学者相信,人类将会利用气凝胶制造新一代的电脑芯片,可使电脑速度提高 1 倍以上,达至 24 GHz。

思 考 题

1. 请从化学组成和物理性质方面分析 SiO_2 气凝胶与普通玻璃的异同。

2. 气凝胶也被称为"冷冻烟雾"和"终极海绵"，试从结构决定性能的角度阐释这种称呼的依据。

3. 简述两步法制备气凝胶的基本原理及制备过程中团簇网络结构的演化。

4. 简述碳气凝胶的性能及主要应用。

5. 简述超临界干燥过程。

参 考 文 献

[1] 李坚利.水泥生产工艺[M].3版.武汉:武汉理工大学出版社,2020.

[2] 林宗寿.无机非金属材料工学[M].5版.武汉:武汉理工大学出版社,2019.

[3] 肖争鸣.水泥工艺技术[M].2版.北京:化学工业出版社,2015.

[4] 苏达根.水泥与混凝土工艺[M].北京:化学工业出版社,2005.

[5] 林宗寿.水泥工艺学[M].2版.武汉:武汉理工大学出版社,2017.

[6] 颜碧兰,江丽珍,肖忠明,等.通用硅酸盐水泥:GB 175—2020[S].北京:中国标准出版社,2020.

[7] 赵宏义.部分特种水泥的现状和发展途径[J].山东建材,2006(5):12-14.

[8] 隋同波.我国特种水泥的研发及应用[J].中国水泥,2006(3):59-62.

[9] 李彦军,孙松林.机场跑道用低碱水泥的研制及使用[J].中国水泥,2003,8:21-23.

[10] 刘明亮,唐声飞.浅谈核电站工程用水泥的生产[J].水泥工程,1998,4:35-36;60.

[11] 贺蕴秋,王德平,徐振平.无机材料物理化学[M].北京:化学工业出版社,2005.

[12] 马建丽.无机材料科学基础[M].重庆:重庆大学出版社,2008.

[13] 张联盟.材料学[M].北京:高等教育出版社,2005.

[14] 卢安贤.无机非金属材料导论[M].4版.长沙:中南大学出版社,2015.

[15] 杨华明,宋晓岚,金胜明.新型无机材料[M].北京:化学工业出版社,2005.

[16] 戴金辉,葛兆明.无机非金属材料概论[M].哈尔滨:哈尔滨工业大学出版社,2018.

[17] 姜建华.无机非金属材料工艺原理[M].北京:化学工业出版社,2005.

[18] 谢弗.工程材料科学与设计:第2版[M].余永宁,强文江,译.北京:机械工业出版社,2003.

[19] 关长斌,郭英奎,赵玉成,等.陶瓷材料导论[M].哈尔滨:哈尔滨工程大学出版社,2005.

[20] 金志浩.工程陶瓷材料[M].西安:西安交通大学出版社,2000.

[21] 张玉军,张伟儒.结构陶瓷材料及其应用[M].北京:化学工业出版社,2005.

[22] 胡志强.无机材料科学基础教程[M].2版.北京:化学工业出版社,2011.

[23] 王零森.特种陶瓷[M].2版.长沙:中南工业大学出版社,2009.

[24] 张金升,王美婷,许凤秀,等.先进陶瓷导论[M].北京:化学工业出版社,2006.

[25] 曲远方.功能陶瓷及应用[M].2版.北京:化学工业出版社,2014.

[26] 沈曾民.新型碳材料[M].北京:化学工业出版社,2003.

[27] 益小苏,杜善义,张立同.中国材料工程大典 第10卷:复合材料工程[M].北京:化学工业出版社,2006.

[28] 张中伟,王俊山,许正辉,等.C/C复合材料抗氧化研究进展[J].宇航材料工艺,2004,2:1-7.

[29] 张中伟,王俊山,许正辉,等.C/C复合材料1800℃抗氧化涂层探索研究[J].宇航材料工艺,2005,2:42-46.

[30] 成会明.纳米碳管制备、结构、物性及应用[M].北京:化学工业出版社,2002.

[31] 舒武炳,乔生儒,白世鸿,等.C/C复合材料防氧化复合涂层的制备及其性能[J].宇

航材料工艺,1998,5:37 - 40.

[32] 黄剑锋,李贺军,熊信柏,等. 炭/炭复合材料高温抗氧化涂层的研究进展[J]. 新型炭材料,2005,4:373 - 379.

[33] ZHANG Q H, RASTOGI S, CHEN D J, et al. Low percolation threshold in single - walled carbon nanotube/high density polyethylene composites prepared by melt processing technique[J]. Carbon, 2006, 44(4): 778 - 785.

[34] DECK C P, VECCHIO K. Growth mechanism of vapor phase CVD - grown multi - walled carbon nanotubes[J]. Carbon, 2005, 43(12): 2608 - 2617.

[35] PAIVA M C, ZHOU B, FERNANDO K A S, et al. Mechanical and morphological characterization of polymer - carbon nanocomposites from functionalized carbon nanotubes[J]. Carbon, 2004, 42(14): 2849 - 2854.

[36] JAYATISSA A H, GUPTA T, PANDYA A D. Heating effect on C_{60} films during microfabrication: structure and electrical properties[J]. Carbon, 2004, 42(5/6): 1143 - 1146.

[37] SHON H K, LEE T G, KIM D H, et al. The effect of C_{60} cluster ion beam bombardment in sputter depth profiling of organic - inorganic hybrid multiple thin films[J]. Applied Surface Science, 2008, 255(4): 1055 - 1057.

[38] JIN Y F, YAO C F, WANG Z G, et al. Structural stability of C_{60} films under irradiation with swift heavy ions[J]. Nuclear Instruments and Methods in Physics Research Section B: Beam Interactions with Materials and Atoms, 2005, 230 (1/2/3/4): 565 - 570.

[39] IWATA N, MUKAIMOTO K, IMAI H, et al. Transport properties of C_{60} ultra - thin films[J]. Surface and Coatings Technology, 2003, 169: 646 - 649.

[40] CARROTT P J M, NABAIS J M V, CARROTT M M L R, et al. Preparation of activated carbon fibres from acrylic textile fibres[J]. Carbon, 2001, 39 (10): 1543 -1555.

[41] EDIE D D. The effect of processing on the structure and properties of carbon fibers [J]. Carbon, 1998, 36(4): 345 - 362.

[42] PAREDES J I, MARTiNEZ - ALONSO A, TASCÓN J M D. Surface characterization of submicron vapor grown carbon fibers by scanning tunneling microscopy[J]. Carbon, 2001, 39(10): 1575 - 1587.

[43] PARK S J, SEO M K, LEE Y S. Surface characteristics of fluorine - modified PAN - based carbon fibers[J]. Carbon, 2003, 41(4): 723 - 730.

[44] GREENE M L, SCHWARTZ R W, TRELEAVEN J W. Short residence time graphitization of mesophase pitch - based carbon fibers[J]. Carbon, 2002, 40(8): 1217 - 1226.

[45] DHAKATE S R, BAHL O P. Effect of carbon fiber surface functional groups on the mechanical properties of carbon - carbon composites with HTT[J]. Carbon, 2003, 41(6): 1193 - 1203.

[46] RODRiGUEZ - MIRASOL J, THROWER P A, RADOVIC L R. On the oxidation

resistance of carbon – carbon composites：importance of fiber structure for composite reactivity[J]. Carbon, 1995, 33(4)：545 – 554.

[47] 张立同，成来飞，梅辉，等. 陶瓷基复合材料[M]. 北京：中国铁道出版社有限公司，2020.

[48] DHAMI T L, BAHL O P, AWASTHY B R. Oxidation – resistant carbon – carbon composites up to 1 700℃[J]. Carbon, 1995, 33(4)：479 – 490.

[49] ALVEY M D, GEORGE P M. ZrPt$_3$ as a high – temperature, reflective, oxidation – resistant coating for carbon – carbon composites [J]. Carbon, 1991, 29 (4/5)：523 –530.

[50] SMEACETTO F, SALVO M, FERRARIS M. Oxidation protective multilayer coatings for carbon – carbon composites[J]. Carbon, 2002, 40(4)：583 – 587.

[51] ZHANG Y L, FEI T, ZENG W Y, et al. Microstructure and oxidation behavior of C/C – ZrB$_2$ – SiC composites coated with SiC coating at high temperature [J]. Corrosion Science, 2015, 100：421 – 427.

[52] HUANG J F, ZENG X R, LI H J, et al. Mullite – Al$_2$O$_3$ – SiC oxidation protective coating for carbon/carbon composites[J]. Carbon, 2003, 41(14)：2825 – 2829.

[53] 高温陶瓷复合材料先进纤维委员会，等. 陶瓷纤维和涂层：21 世纪先进材料[M]. 陈照峰，译. 北京：科学出版社，2018.

[54] HUANG J F, LI H J, ZENG X R, et al. Yttrium silicate oxidation protective coating for SiC coated carbon/carbon composites[J]. Ceramics International, 2006, 32 (4)：417 – 421.

[55] HUANG J F, LI H J, ZENG X R, et al. Preparation and oxidation kinetics mechanism of three – layer multi – layer – coatings – coated carbon/carbon composites [J]. Surface and Coatings Technology, 2006, 200(18/19)：5379 – 5385.

[56] HUANG J F, ZENG X R, LI H J, et al. Mullite – Al$_2$O$_3$ – SiC oxidation protective coating for carbon/carbon composites[J]. Carbon, 2003, 41(14)：2825 – 2829.

[57] JIN X C, FAN X L, LU C S, et al. Advances in oxidation and ablation resistance of high and ultra — high temperature ceramics modified or coated carbon/carbon composites[J]. Journal of the European Ceramic Society, 2018, 38(1)：1 – 28.

[58] HUANG J F, LIU M, WANG B, et al. SiC$_n$/SiC oxidation protective coating for carbon/carbon composites[J]. Carbon, 2009, 47(4)：1198 – 1201.

[59] 李成功，傅恒志，于翘，等. 航空航天材料[M]. 北京：国防工业出版社，2002.

[60] 周曦亚. 复合材料[M]. 北京：化学工业出版社，2005.

[61] 张长瑞，郝元恺. 陶瓷基复合材料[M]. 长沙：国防科技大学出版社，2001.

[62] 于翘. 液体弹道导弹与运载火箭系列：材料工艺[M]. 北京：宇航出版社，1993.

[63] 陈蓓. 魏锡文，胡学健. 硅酸铝纤维陶瓷基复合材料的性能研究[J]. 重庆大学学报（自然科学版），1997，4：50 – 55.

[64] 向阳春，陈朝辉，曾竟成. 氮化硼陶瓷纤维的合成研究进展[J]. 材料导报，1998，2：66 – 69.

[65] HE R, ZHOU N, ZHANG K, et al. Progress and challenges towards additive

manufacturing of SiC ceramic[J]. Journal of Advanced Ceramics，2021，10(4)：637 - 674.

[66] 温广武. 不连续体增强熔石英陶瓷复合材料的研究[D]. 哈尔滨：哈尔滨工业大学，1996.

[67] 曹峰，李效东，冯春祥. 连续氧化铝纤维制造、性能与应用[J]. 宇航材料工艺，1999，6：6 - 10.

[68] HÜSING N, SCHUBERT U. Aerogel - airy material：chemistry，structure and properties[J]. Angew. Chem. Int. Ed, 1998, 37(1/2)：22 - 45.

[69] 沈军，王珏，吴翔. 硅气凝胶和它的分形结构[J]. 物理，1994,8：483 - 487.

[70] PAJONK G M. Catalytic aerogels[J]. Catal Today, 1997, 35(3)：319 - 337.

[71] 张光磊.气凝胶[M]. 北京：中国铁道出版社有限公司，2020.

[72] 沈晓冬,崔升,等. 高性能气凝胶材料[M]. 北京：化学工业出版社,2022.

[73] 秦国形，李运红，魏微，等. 炭气凝胶结构的形成和控制[J]. 化工新型材料，2006，34(3)：33 - 35.

[74] HERMING S, JARLSKOG G, MJORNMARK U. An aerogel cherenkov counter for the AFS experiment[J]. Physic Scripta, 1981, 23(4)：703 - 707.

[75] BUZYKAEV A R, DANILYUK A F, GANZHUR S F, et al. Measurement of optical parameters of aerogel[J]. Nuclear Instruments and Methods in Physics Research A, 1999, 433(1/2)：396 - 400.

[76] KAYA G G, AZNAR Z, DEVECI H. Aerogels as promising materials for antibacterial applications：a mini - review[J]. Biomaterials Science, 2021,9(21)：7034 - 7048.

[77] 沈晓冬. 3D打印无机非金属材料[M]. 北京：化学工业出版社，2020.

[78] 季军晖,史维明. 抗菌材料[M].北京：化学工业出版社,2003.

[79] 郑有炓. 第三代半导体材料[M]. 北京：中国铁道出版社有限公司,2017.

[80] 樊姗. 石墨烯材料的基础及其在能源领域的应用[M]. 哈尔滨：黑龙江大学出版社，2019.